# Linux后端开发工程实践

万木春　编著

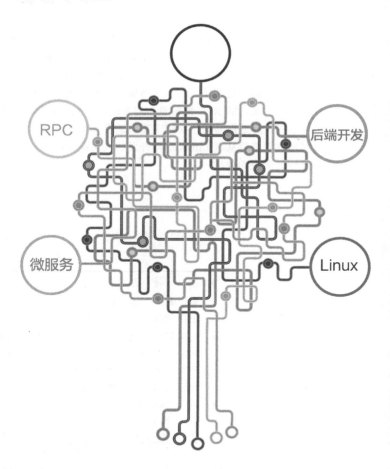

人民邮电出版社

北京

图书在版编目（CIP）数据

Linux后端开发工程实践 / 万木春编著. -- 北京：人民邮电出版社，2024.1
ISBN 978-7-115-62562-5

Ⅰ. ①L… Ⅱ. ①万… Ⅲ. ①Linux操作系统－程序设计 Ⅳ. ①TP316.85

中国国家版本馆CIP数据核字(2023)第161385号

## 内 容 提 要

本书全面介绍了 Linux 后端开发的相关知识和技能，涵盖了 Linux 系统的各种功能和工具、Linux 编程的相关知识和技能，以及开发后端服务和应用程序的内容。本书分为 15 章，主要内容包括 Linux 后端开发概述，开发环境搭建，服务器运维，shell 编程简介，实现简易 shell，使用 Git 管理代码，编译、链接、运行与调试，后端服务编写，网络通信基础，I/O 模型与并发，公共代码提炼，应用层协议设计与实现，MyRPC 框架设计与实现以及微服务集群的构建等。

本书讲解通俗易懂，实例丰富，适合 C/C++开发人员、Linux 后端开发人员、对 Linux 后端开发感兴趣或者希望从事 Linux 后端开发的人员阅读，也适合作为高等院校计算机相关专业师生的学习用书及培训学校的教材。

♦ 编　　著　万木春
　责任编辑　张　涛
　责任印制　王　郁　焦志炜

♦ 人民邮电出版社出版发行　北京市丰台区成寿寺路 11 号
　邮编　100164　电子邮件　315@ptpress.com.cn
　网址　https://www.ptpress.com.cn
　北京七彩京通数码快印有限公司印刷

♦ 开本：787×1092　1/16
　印张：25.5　　　　　　　　　　　2024 年 1 月第 1 版
　字数：598 千字　　　　　　　　　2025 年 4 月北京第 3 次印刷

定价：119.80 元

读者服务热线：(010)81055410　印装质量热线：(010)81055316
反盗版热线：(010)81055315

# 前　言

## 为什么写这本书

作为一名拥有超过 12 年研发经验的 Linux C/C++后端开发工程师，我深刻地认识到这个领域所面临的挑战和机遇。在阅读大量资料之后，我发现市面上虽然有很多关于 UNIX 和 Linux 编程的图书，但更多的是 Linux 系统运维手册，缺乏针对后端开发和工程实践的图书。因此，我决定编写这本书，以填补这个空缺，为这个领域的读者提供一个全面而实用的指南。

本书从实践出发，提供具体的案例和实现代码，帮助读者了解后端开发的实际工作流程和常用工具，以及如何在实践中掌握 Linux C/C++后端开发的核心技能。值得强调的是，市面上还没有完整描述如何从 0 到 1 构建 Linux C/C++后端微服务集群的书，而本书将通过实践案例和详细的代码，帮助读者从 0 到 1 构建一个完整的后端微服务集群。

初学者可以通过阅读本书快速掌握 Linux C/C++后端开发的核心技能，并直接从事相关岗位的研发工作。对于初级、中级或高级后端开发工程师来说，本书也能够帮助他们快速提升技术水平，完善自身的技术知识体系，掌握 Linux 后端开发的技术。无论是想要入门 Linux 后端开发，还是想要深入了解这个领域的读者，本书都将为您提供有价值的内容。

## 目标读者

在阅读本书之前，我建议读者应具备一定的计算机理论基础、Linux 基础、C/C++语言基础。这将有助于读者更好地理解本书中的概念和实践案例。本书的目标读者主要包括以下几类人员。
- C/C++开发人员。
- Linux 后端开发人员。
- 高等院校计算机相关专业的师生及培训学校的学员。
- 对 Linux 后端开发感兴趣，或者希望从事 Linux 后端开发的人员。

## 如何阅读

本书从内容上可分为三大部分：基础部分、进阶部分和高级部分。

基础部分（第 1~6 章）的内容主要包括 Linux 后端开发概述、开发环境搭建、服务器运维、shell 编程简介、实现简易 shell 以及使用 Git 管理代码等方面的知识。对于初学者来说，这些内容是非常有帮助的。

进阶部分（第 7~10 章）的内容主要包括 C/C++程序的编译、链接、运行与调试，后端服务编写，网络通信基础以及 I/O 模型与并发等方面的知识。这些内容将帮助读者更深入地理解 Linux C/C++后端开发的关键技术和实践方法。

高级部分（第 11～14 章）的内容主要包括公共代码提炼、应用层协议设计与实现、MyRPC 框架设计与实现以及微服务集群等方面的知识。这些内容将帮助读者更深入地了解 Linux C/C++后端开发的高级技术。

初学者可以从头开始阅读，按照章节顺序逐步深入，先掌握基础部分的知识，再逐步学习进阶部分和高级部分的内容。这样读者就可以建立起一个完整的知识体系，快速掌握 Linux C/C++后端开发的核心技能。

有一定基础的读者则可以跳过基础部分，直接从进阶部分开始阅读。

已经掌握进阶部分内容的读者，则可以直接跳转到高级部分，学习更加高级和实用的知识。

## 勘误与建议

由于本人水平有限，本书难免存在一些疏漏或者描述不当的地方，我非常欢迎读者批评指正。

本书的全部代码可以从我的 GitHub 项目"BackEnd"上下载，项目链接为 https://github.com/wanmuc/BackEnd。如果您对本书的内容有更好的意见和建议，您可以在 GitHub 上留言，我会认真回复您的反馈。

为了方便和大家进行交流，我创建了一个微信公众号——"Linux 后端开发工程实践"，欢迎大家扫描下方的二维码，关注我的微信公众号，与我交流。如果读者无法从 GitHub 上下载本书的配套代码，在关注我的微信公众号之后，在微信公众号上发送关键字"代码"，即可获取到本书的配套代码的下载链接。

## 致谢

在此，我要特别感谢人民邮电出版社的编辑，他们的帮助使我能够顺利地完成本书的全部内容。他们的专业知识和耐心指导，让我深刻地领悟到了编辑工作的艰辛和重要性。

同时，我也要感谢我的家人和朋友，感谢他们一直以来对我的支持和鼓励，让我能够坚定地走在自己的职业道路上。没有他们的陪伴和支持，我不可能完成这本书的写作。

最后，我要向所有热爱软件开发的工程师致以崇高的敬意。正是你们的努力和创造，推动了软件行业的不断发展和进步。我希望本书能够成为广大软件工程师有价值的学习资料，帮助他们更好地掌握 Linux C/C++后端开发的核心技术。

注：一些图中的英文没有翻译，是为了和程序代码一致，也是为了和一些开发文档一致。

# 目 录

第1章 概述 ··································································································· 1
 1.1 本书不会涉及的内容 ················································································ 1
 1.2 本书专注的内容 ······················································································ 1
 1.3 为什么这么安排 ······················································································ 1
 1.4 Linux 是什么 ·························································································· 2
 1.5 后端开发是什么 ······················································································ 2
 1.6 您将学到什么 ·························································································· 3
 1.7 代码目录结构说明 ··················································································· 3
  1.7.1 目录 MyRPC ··············································································· 4
  1.7.2 第三方依赖 ················································································· 4
 1.8 如何学习 Linux 后端开发 ······································································· 4
  1.8.1 坚持不懈的心态 ·········································································· 4
  1.8.2 以问题作为切入点 ······································································ 4
  1.8.3 动手实践和创造 ·········································································· 5
 1.9 本章小结 ································································································· 5

第2章 开发环境搭建 ·················································································· 6
 2.1 本地开发环境 ·························································································· 6
  2.1.1 代码编辑器 ················································································· 6
  2.1.2 终端管理器 ················································································· 6
  2.1.3 测试工具 ····················································································· 6
 2.2 远端运行环境 ·························································································· 7
 2.3 本章小结 ································································································· 9

第3章 服务器运维 ······················································································ 10
 3.1 什么是 shell ···························································································· 10
 3.2 shell 下的命令行 ···················································································· 11
  3.2.1 命令行的组成 ············································································· 11
  3.2.2 大部分命令具备的共性 ······························································ 11
  3.2.3 使用 man 命令查询在线手册 ··················································· 12
  3.2.4 命令和文件补全 ········································································· 13
  3.2.5 命令行的通配符和特殊符号 ······················································ 13
  3.2.6 内置命令与外部命令 ·································································· 13

3.3 基本的命令操作 ...... 14
    3.3.1 屏幕相关 ...... 14
    3.3.2 目录和文件相关 ...... 14
    3.3.3 进程相关 ...... 21
    3.3.4 网络相关 ...... 22
    3.3.5 系统相关 ...... 22
    3.3.6 用户相关 ...... 24
    3.3.7 命令执行相关 ...... 25
    3.3.8 日期相关 ...... 27
3.4 man 的替代工具 ...... 27
3.5 命令黏合剂：管道机制 ...... 28
    3.5.1 如何使用管道 ...... 28
    3.5.2 行过滤命令 grep ...... 28
    3.5.3 文本分析处理工具 awk ...... 29
    3.5.4 流编辑命令 sed ...... 30
    3.5.5 参数传递命令 xargs ...... 32
    3.5.6 其他常用的辅助命令 ...... 34
3.6 命令输入/输出的重定向 ...... 35
3.7 命令的连续执行 ...... 36
3.8 vi 编辑器简介 ...... 36
3.9 本章小结 ...... 37

# 第 4 章 shell 编程简介 ...... 38
4.1 什么是 shell 编程 ...... 38
4.2 "hello world" 程序 ...... 38
4.3 shell 的执行过程 ...... 38
4.4 调试 ...... 39
4.5 执行方式的不同 ...... 39
    4.5.1 直接执行 ...... 39
    4.5.2 使用 bash 来执行 ...... 40
    4.5.3 使用 source 或英文点号 "." 来执行 ...... 40
4.6 变量 ...... 41
    4.6.1 环境变量 ...... 41
    4.6.2 自定义变量 ...... 41
    4.6.3 特殊变量 ...... 42
    4.6.4 在 C 语言中操作环境变量 ...... 43
    4.6.5 查看进程运行时的环境变量 ...... 44
4.7 选择与判断 ...... 44
    4.7.1 test 命令与判断符号 "[]" ...... 44
    4.7.2 if 语句 ...... 46
    4.7.3 case 语句 ...... 47

## 目　　录

4.8 循环 ........................................................................................... 48
  4.8.1 while 循环 ....................................................................... 48
  4.8.2 until 循环 ......................................................................... 48
  4.8.3 for 循环 ............................................................................ 49
  4.8.4 break 语句和 continue 语句 ............................................ 50
4.9 函数 ........................................................................................... 50
4.10 命令选项 ................................................................................. 51
4.11 本章小结 ................................................................................. 51

## 第 5 章 实现简易 shell ................................................................... 52
5.1 实现的特性 ............................................................................... 52
5.2 执行逻辑 ................................................................................... 52
5.3 实现原理 ................................................................................... 52
  5.3.1 命令行解析 ...................................................................... 52
  5.3.2 特性实现 .......................................................................... 53
  5.3.3 函数介绍 .......................................................................... 53
5.4 编码实现 ................................................................................... 55
5.5 特性测试 ................................................................................... 64
5.6 本章小结 ................................................................................... 65

## 第 6 章 使用 Git 管理代码 ............................................................. 66
6.1 初始化 ....................................................................................... 66
  6.1.1 安装 Git 工具 ................................................................... 66
  6.1.2 设置用户名和邮箱 .......................................................... 66
  6.1.3 创建仓库 .......................................................................... 66
  6.1.4 创建 readme.md 文件 ..................................................... 67
  6.1.5 创建.gitignore 文件 ......................................................... 67
6.2 核心概念 ................................................................................... 67
6.3 常用操作 ................................................................................... 68
  6.3.1 查看当前仓库的状态 ...................................................... 68
  6.3.2 添加文件 .......................................................................... 69
  6.3.3 删除文件 .......................................................................... 69
  6.3.4 回退变更 .......................................................................... 70
  6.3.5 查看提交日志 .................................................................. 70
  6.3.6 查看差异 .......................................................................... 71
  6.3.7 分支管理 .......................................................................... 71
  6.3.8 其他操作 .......................................................................... 73
6.4 团队协作 ................................................................................... 74
  6.4.1 同步代码仓库 .................................................................. 74
  6.4.2 创建自己的分支 .............................................................. 74
  6.4.3 推送分支到远程仓库 ...................................................... 75

| | 6.4.4 | 发起合入请求 | 75 |
|---|---|---|---|
| | 6.4.5 | 发布变更 | 75 |
| 6.5 | 本章小结 | | 75 |

## 第7章 编译、链接、运行与调试 ... 76

- 7.1 单文件程序的编译与链接 ... 76
  - 7.1.1 预处理阶段 ... 77
  - 7.1.2 编译阶段 ... 78
  - 7.1.3 汇编阶段 ... 79
  - 7.1.4 链接阶段 ... 80
  - 7.1.5 ELF 概述 ... 80
  - 7.1.6 符号解析与重定位 ... 82
- 7.2 工程项目的编译与链接 ... 85
  - 7.2.1 makefile ... 86
  - 7.2.2 一个实例 ... 87
  - 7.2.3 实现简易的 make 命令 ... 92
  - 7.2.4 常用的编译和链接选项 ... 100
- 7.3 动态链接与静态链接 ... 102
- 7.4 Linux 动态链接库规范 ... 103
  - 7.4.1 动态链接库的命名 ... 104
  - 7.4.2 动态链接库的三个不同名称 ... 104
  - 7.4.3 动态链接库的管理 ... 105
- 7.5 自定义的动态链接库 ... 107
  - 7.5.1 相关源代码 ... 107
  - 7.5.2 生成携带 "so name" 的动态链接库 ... 108
  - 7.5.3 生成不携带 "so name" 的动态链接库 ... 109
- 7.6 进程的内存模型 ... 110
  - 7.6.1 进程的虚拟地址空间布局 ... 110
  - 7.6.2 栈与堆的区别 ... 111
  - 7.6.3 经典问题剖析 ... 111
- 7.7 调试程序 ... 115
  - 7.7.1 gdb 的启动 ... 115
  - 7.7.2 gdb 常用命令 ... 115
- 7.8 本章小结 ... 118

## 第8章 后端服务编写 ... 119

- 8.1 守护进程 ... 119
  - 8.1.1 什么是守护进程 ... 119
  - 8.1.2 守护进程如何编写 ... 119
  - 8.1.3 代码实现 ... 121
- 8.2 设置资源限制 ... 122

| | |
|---|---|
| 8.3 信号处理 | 123 |
| 8.4 加载配置功能 | 124 |
| 8.5 命令行参数解析 | 125 |
| 8.6 日志输出功能 | 125 |
| 8.7 服务启停脚本 | 126 |
|     8.7.1 加载系统自带的 shell 函数 | 128 |
|     8.7.2 服务相关变量声明 | 128 |
|     8.7.3 服务启动函数 | 128 |
|     8.7.4 服务停止函数 | 128 |
|     8.7.5 服务重启函数 | 128 |
|     8.7.6 服务状态查看函数 | 129 |
|     8.7.7 case 语句 | 129 |
| 8.8 本章小结 | 129 |
| **第 9 章 网络通信基础** | **130** |
| 9.1 TCP/IP 协议栈概述 | 130 |
| 9.2 物理层与数据链路层 | 132 |
|     9.2.1 物理层 | 132 |
|     9.2.2 数据链路层 | 132 |
| 9.3 网络层 | 133 |
|     9.3.1 网际协议的特点 | 133 |
|     9.3.2 IP 数据报格式 | 133 |
|     9.3.3 IP 地址 | 135 |
|     9.3.4 路由选择 | 138 |
|     9.3.5 ARP 与 RARP | 139 |
|     9.3.6 ICMP | 145 |
| 9.4 传输层 | 156 |
|     9.4.1 UDP | 157 |
|     9.4.2 TCP | 158 |
| 9.5 网络编程接口 | 173 |
|     9.5.1 TCP 网络通信的基本流程 | 173 |
|     9.5.2 socket 网络编程 | 174 |
| 9.6 TCP 经典异常场景分析 | 181 |
|     9.6.1 场景 1：Address already in use | 181 |
|     9.6.2 场景 2：Connection refused | 181 |
|     9.6.3 场景 3：Broken pipe | 182 |
|     9.6.4 场景 4：Connection timeout | 182 |
|     9.6.5 场景 5：Connection reset by peer | 184 |
| 9.7 本章小结 | 184 |

# 第 10 章 I/O 模型与并发 ... 185

## 10.1 I/O 模型概述 ... 185
### 10.1.1 阻塞 I/O ... 185
### 10.1.2 非阻塞 I/O ... 185
### 10.1.3 I/O 多路复用 ... 185
### 10.1.4 异步 I/O ... 186

## 10.2 并发实例——EchoServer ... 186
### 10.2.1 Echo 协议 ... 186
### 10.2.2 协程 ... 190
### 10.2.3 benchmark 工具 ... 201
### 10.2.4 单进程 ... 204
### 10.2.5 多进程 ... 205
### 10.2.6 多线程 ... 206
### 10.2.7 进程池 1 ... 207
### 10.2.8 进程池 2 ... 208
### 10.2.9 线程池 ... 209
### 10.2.10 简单的领导者-跟随者模型 ... 210
### 10.2.11 I/O 多路复用之 select(单进程)-阻塞 I/O ... 212
### 10.2.12 I/O 多路复用之 poll(单进程)-阻塞 I/O ... 214
### 10.2.13 I/O 多路复用之 epoll(单进程)-阻塞 I/O ... 216
### 10.2.14 I/O 多路复用之 epoll(单进程)-Reactor ... 222
### 10.2.15 I/O 多路复用之 epoll(单进程)-Reactor-ET 模式 ... 225
### 10.2.16 I/O 多路复用之 epoll(单进程)-Reactor-协程池 ... 226
### 10.2.17 I/O 多路复用之 epoll(线程池)-Reactor ... 229
### 10.2.18 I/O 多路复用之 epoll(线程池)-Reactor-HSHA ... 230
### 10.2.19 I/O 多路复用之 epoll(线程池)-Reactor-MS ... 233
### 10.2.20 I/O 多路复用之 epoll(进程池)-Reactor-协程池 ... 236

## 10.3 基准性能对比与分析 ... 239
### 10.3.1 非 I/O 复用模型对比 ... 239
### 10.3.2 I/O 复用模型对比 ... 240
### 10.3.3 epoll 下 LT 模式和 ET 模式对比 ... 240
### 10.3.4 epoll 下协程池模式和非协程池模式对比 ... 241
### 10.3.5 HSHA 模式下工作线程和 I/O 线程写应答对比 ... 241
### 10.3.6 MS 模式下 MainReactor 线程是否监听可读事件对比 ... 241
### 10.3.7 epoll 下动态和固定超时时间对比 ... 242
### 10.3.8 epoll 下进程池和线程池对比 ... 242

## 10.4 本章小结 ... 243

# 第 11 章 公共代码提炼 ... 244

## 11.1 参数列表 ... 244

11.2 命令行参数解析 245
11.3 字符串 248
11.4 配置文件读取 249
11.5 延迟执行 251
11.6 单例模板 252
11.7 百分位数计算 252
11.8 鲁棒的 I/O 253
11.9 时间处理 254
11.10 状态码 255
11.11 转换 256
11.12 socket 选项 257
11.13 "龙套" 258
11.14 日志文件 260
11.15 服务锁 262
11.16 本章小结 263

第 12 章 应用层协议设计与实现 264
 12.1 协议概述 264
 12.2 协议分类 264
  12.2.1 按编解码方式对协议进行分类 265
  12.2.2 按边界划分方式对协议进行分类 265
 12.3 协议评判 266
 12.4 自定义协议的优缺点 266
  12.4.1 优点 266
  12.4.2 缺点 267
 12.5 协议设计 267
  12.5.1 协议消息格式 267
  12.5.2 协议设计权衡 268
 12.6 预备知识 268
  12.6.1 大小端 268
  12.6.2 字节序 269
  12.6.3 字节序的互转 270
  12.6.4 内存对象与布局 272
  12.6.5 指针类型的本质 272
  12.6.6 序列化与反序列化 273
 12.7 其他协议 274
  12.7.1 HTTP 消息格式 275
  12.7.2 RESP 消息格式 276
 12.8 协议实现 276
  12.8.1 协议编解码抽象 277
  12.8.2 MySvr 实现 279
  12.8.3 HTTP 实现 284

|    |    |    |
|---|---|---|
| | 12.8.4 RESP 实现 | 289 |
| | 12.8.5 混合协议实现 | 293 |
| | 12.8.6 共性总结 | 295 |
| 12.9 | 本章小结 | 296 |

## 第 13 章　MyRPC 框架设计与实现　297

| | | |
|---|---|---|
| 13.1 | 框架概述 | 297 |
| 13.2 | 并发模型 | 298 |
| 13.3 | 框架具体实现 | 299 |
| | 13.3.1 服务启动流程 | 300 |
| | 13.3.2 事件分发流程 | 304 |
| | 13.3.3 服务器端请求处理流程 | 311 |
| | 13.3.4 客户端请求处理流程 | 321 |
| | 13.3.5 分布式调用栈追踪 | 334 |
| | 13.3.6 超时管理 | 338 |
| | 13.3.7 本地协程变量管理 | 338 |
| | 13.3.8 业务层的并发 | 339 |
| 13.4 | 示例服务 Echo | 339 |
| | 13.4.1 目录结构划分 | 340 |
| | 13.4.2 服务描述文件 | 340 |
| | 13.4.3 服务启动 | 341 |
| | 13.4.4 业务处理 | 341 |
| | 13.4.5 配置与辅助文件 | 342 |
| | 13.4.6 通用的服务启停脚本 | 345 |
| | 13.4.7 接口测试 | 346 |
| 13.5 | 工具集合 | 347 |
| | 13.5.1 服务代码生成工具 myrpcc | 347 |
| | 13.5.2 接口测试工具 myrpct | 362 |
| | 13.5.3 接口压测工具 myrpcb | 365 |
| 13.6 | 本章小结 | 371 |

## 第 14 章　微服务集群　372

| | | |
|---|---|---|
| 14.1 | 集群架构概述 | 372 |
| 14.2 | 持久化层 | 372 |
| | 14.2.1 Redis 服务 | 373 |
| | 14.2.2 authstore 服务 | 373 |
| | 14.2.3 userstore 服务 | 375 |
| 14.3 | 业务逻辑层 | 379 |
| | 14.3.1 auth 服务 | 379 |
| | 14.3.2 user 服务 | 383 |
| 14.4 | 接入层 | 387 |

14.4.1　目录结构 ································································· 387
　　14.4.2　代码与配置 ······························································ 388
　　14.4.3　接口测试 ································································· 389
14.5　本章小结 ············································································· 389
第 15 章　回顾总结 ············································································ 390
15.1　6 种思维模式 ······································································ 390
　　15.1.1　不要被编程语言所限制 ··········································· 390
　　15.1.2　掌握多种编程语言是必然的 ···································· 390
　　15.1.3　计算机本身就是一个状态机 ···································· 391
　　15.1.4　动手是最好的实践 ·················································· 391
　　15.1.5　依靠工具提高效率和质量 ······································· 391
　　15.1.6　像工匠一样为自己创造工具 ···································· 391
15.2　写在最后 ············································································· 391

# 第1章 概述

在本章中，我们将介绍本书的内容安排与取舍、Linux 后端开发的概念，以及通过阅读本书可以学习到哪些技能。此外，我们还将分享如何更高效地学习 Linux C/C++后端开发，以帮助读者更好地掌握本书所涉及的知识和技能。

## 1.1 本书不会涉及的内容

在本书中，我们不会详细介绍 Linux 操作系统（后文简称 Linux 系统）的发展史，也不会涉及 Linux 系统安装过程的介绍，更不会深入讲解 Linux 系统的繁杂运维操作。其次，我们既不会列出一个命令的所有选项，也不会事无巨细地罗列一堆详尽的系统 API（除非有必要）。最后，本书不会涉及 C/C++语法和 STL（Standard Template Library，标准模板库）的讲解，读者需要具备一定的 C/C++编程基础。

## 1.2 本书专注的内容

在 1.1 节中，我们说明了本书不会涉及的内容。那么，本书所专注的内容是什么呢？本书将专注于以下几个方面。

- 首先，本书将系统化地介绍 Linux 后端开发技能树，帮助读者理清 Linux 后端开发的体系结构和技能要求。
- 其次，本书将详细解析 Linux 后端开发涉及的要点和核心概念，帮助读者深入理解 Linux C/C++后端开发的关键技术和实践方法。
- 再次，本书将分享 Linux 后端开发的实战经验，帮助读者避开前人踩过的坑，更加高效地完成自己的工作。
- 最后，本书将介绍 Linux 后端开发过程中涉及的、最实用的、能覆盖绝大部分工作场景的操作、命令和辅助工具，帮助读者快速掌握 Linux C/C++后端开发的实用技巧。

## 1.3 为什么这么安排

本书内容之所以如此安排，主要基于以下 5 点考虑。

- 第 1，Linux 系统简单了解即可，不必投入过多的精力。因为这不是本书的重点，并且已有大量其他优秀的图书涉及此方面内容。因此，我们没有对此进行冗长的赘述，以免浪费读者的时间。
- 第 2，本书专注于 Linux C/C++后端开发的核心技术和实践方法，而不是琐碎的装机过程。就好比程序员不必过于关注计算机维修和系统安装等技能，因为在现实中，服务器出现问题通常会有专门的 IT 运维人员来处理。而在云原生的云计算时代，云主机基本上不需要自己维护。如果您入职的是头部互联网公司，这样的公司通常会给每个开发人员分配一台高性能的云主机。
- ❑ 第3，熟悉掌握技术要点和核心概念是优秀 Linux 后端开发人员有别于普通 Linux 后端开发人员的关键，也是您在遇到疑难问题时能否有解决思路的重要基础。因此，本书将重点介绍 Linux 后端开发涉及的技术要点和核心概念，帮助读者深入理解关键技术和实践方法。
- ❑ 第4，Linux 系统下的命令和选项繁多，但最实用、最常用的命令和选项只有少数几个。因此，本书将重点介绍最核心、最实用的命令和选项，而不是让读者费力地全部记住。即使遇到特殊需求，查找命令的帮助手册也可以很快地解决。
- ❑ 最后，尽管 Linux 系统 API 庞大且冗杂，但开发中常用的 API 不多。因此，在后续的内容中，我们仅在编码涉及相关 API 时才进行详细介绍。如果纯粹地按照分类来罗列 API 并进行讲解，则无法加深您对 API 的理解。只有在实际问题的上下文环境中进行讲解，才能使您对一个 API 有更深入的认识，从而知道在什么场景下使用这个 API。

## 1.4 Linux 是什么

前面我们已经讨论了很多关于 Linux 的内容，那么 Linux 到底是什么呢？下面我们简要介绍一下 Linux。

- ❑ Linux 由林纳斯·托瓦兹（Linux Torvalds）于 1991 年 10 月 5 日首次发布，随后在全世界程序员的贡献下不断发展壮大。
- ❑ Linux 是一种自由、免费、开源、支持多用户多任务、性能稳定的网络操作系统。它具有高度的可定制性和灵活性，能够适应不同的应用场景和需求。
- ❑ Linux 是目前后端服务部署的首选服务器，在服务端应用广泛。它被广泛应用于 Web 服务器、数据库服务器、云计算、虚拟化等领域，是现代互联网基础设施的重要组成部分。
- ❑ 虽然存在许多不同的 Linux 分支版本，但它们都使用了 Linux 内核。这些 Linux 分支版本在操作系统的功能、界面、应用程序等方面存在差异，但它们都遵循相同的 Linux 内核原理和基本操作。

## 1.5 后端开发是什么

后端开发是一种从事服务端程序开发的职业，旨在通过计算机语言操作服务器上的资源（如 CPU、内存、磁盘 I/O、带宽等），为 B 端（浏览器）和 C 端（App 或桌面应用）用户提供高可靠、高性能的网络服务。我们经常听到的 B/S 架构、C/S 架构中的 S（Server）就是指后端，这是后端服务的一个大的统称。目前最常见、应用最广的后端服务就是 HTTP/HTTPS 服务，很多开放平台都是通过 HTTP/HTTPS 对外提供服务的，如快递查询、股票查询、天气查询等网络服务。

虽然后端服务对外看来可能只是一个网络服务，但为 100 个用户提供服务与为上百万、上千万乃至上亿用户提供服务相比，差异是有天壤之别的。您的服务请求数据很可能需要经过十几台服务器、多个不同的子系统进行协同处理。国内最大的电商（即电子商务）公司曾统计过，10 笔电商交易消耗的能源可以煮熟一个鸡蛋。一笔电商交易会涉及很多的服务器，其复杂程度可见一斑。

在为大规模（千万级别或亿级别）用户提供服务时，后端需要整合大量的服务器资源，以对外提供高可靠、高并发和高性能的服务。这非常考验研发人员的编码、设计和架构能力，而这些能力也不是一蹴而就的，必须经过工程项目的历练和洗礼才能达到。头部互联网公司的研发人员，都是在用户和业务规模持续快速发展的过程中，通过不断地解决一个又一个技术难题而成长起来的。

## 1.6 您将学到什么

本书将围绕以下知识点展开。
- 从搭建开发环境到操作和管理 Linux 系统。
- 从操作和管理 Linux 系统到使用 Git 管理代码。
- 从使用 Git 管理代码到服务的编译、链接、运行和调试。
- 从服务的编译、链接、运行和调试到后端程序的运行机制。
- 从后端程序的运行机制到网络通信基础。
- 从网络通信基础到 I/O 模型与并发。
- 从 I/O 模型与并发到公共代码的提炼。
- 从公共代码的提炼到应用层协议的设计与实现。
- 从应用层协议的设计与实现到构建自己的 RPC 框架——MyRPC。
- 从构建自己的 RPC 框架——MyRPC，到构建简单的微服务集群。

在整本书的讲述过程中，我们将通过 MyRPC 这个 RPC 框架，串联起后端开发的核心知识点，让您逐步掌握如何构建一个简单的微服务集群。

## 1.7 代码目录结构说明

本书全部代码都保存在 GitHub 上，网址为 https://github.com/wanmuc/BackEnd。下面我们对代码目录进行展开。

```
BackEnd
├── Chapter03
├── Chapter04
├── Chapter05
├── Chapter07
├── Chapter08
├── Chapter09
├── Chapter10
├── Chapter12
├── LICENSE
├── MyRPC
└── readme.md
```

目录 Chapter03～Chapter05 和目录 Chapter07～Chapter10 分别保存了第 3～5 章和第 7～10 章的代码，目录 Chapter12 只保存了一些独立的示例代码，第 11 章和第 12～14 章的代码则保存在目录 MyRPC 中，因为第 11 章和第 12～14 章的代码都是用来实现 MyRPC 框架的。

### 1.7.1 目录 MyRPC

目录 MyRPC 需要特别说明，展开后如下：

```
MyRPC
├── common
├── core
├── protocol
├── service
├── test
├── thirdparty
└── tool
```

子目录 common 为第 11 章提炼的公共代码，子目录 protocol 为第 12 章"应用层协议设计与实现"的代码，子目录 core 和子目录 tool 为第 13 章"MyRPC 框架设计与实现"的代码，子目录 service 为第 14 章"微服务集群"的代码，子目录 test 为所有的单元测试代码，子目录 thirdparty 为依赖的第三方代码或服务。

### 1.7.2 第三方依赖

MyRPC 框架依赖的第三方代码或服务，位于目录 MyRPC 的子目录 thirdparty 下，下面对子目录 thirdparty 展开如下：

```
thirdparty
├── jsoncpp-src-0.5.0.tar.gz
├── protobuf-cpp-3.6.1.tar.gz
├── readme.md
├── redis-stable.tar.gz
└── snappy-1.0.5.tar.gz
```

MyRPC 框架依赖的第三方代码或服务包括 JSON、Protocol Buffers、Redis 和 Snappy，readme.md 文件中有对应的安装和使用指南，这里不再赘述。

## 1.8 如何学习 Linux 后端开发

该如何学习 Linux 后端开发呢？这里有 3 点建议。

### 1.8.1 坚持不懈的心态

由于 Linux 系统的学习曲线比较陡峭，而 Linux 后端开发更是如此，因此需要有坚持不懈的心态，并做好相应的心理准备。如果您对此有浓厚的兴趣，那就更好了，毕竟兴趣是最好的老师。

### 1.8.2 以问题作为切入点

在粗略学习过 Linux 系统的相关知识后，您可能会感到很迷茫，不知道接下来该学习什么。此时，我们应该以问题或困惑作为切入点，因为每当我们遇到问题或感到困惑时，就表明相关的知识点我们没有掌握好，而且这些知识点是很实用的，否则也不会让我们遇到。

在解决问题后，我们应该深入思考，思考为什么会出现这样的问题，问题的根本原因是什么，以后应该如何规避，还有哪些相关的知识点我们没有熟悉，后续可以有针对性地进行系统化学习。

### 1.8.3 动手实践和创造

计算机是一门非常注重实践的学科，因此在学习过程中需要经常动手，进行编码实践和验证。遇到硬核的技术点，自己编码实现是最高效的学习方式。在本书的后续内容中，您将看到很多这样的实现。例如，自己编码实现 shell、make、arp、ping、traceroute 等功能。通过这些实现，您将更深入地理解这些技术，并且能够更加熟练地运用它们。

## 1.9 本章小结

本章概括性地介绍了 Linux 后端开发的概念，同时对本书的内容安排进行了整体介绍，分享了我们在内容取舍方面的决策过程，以便大家在后续的阅读中能做到有的放矢，提高阅读效率。此外，本章还对全书代码的目录结构进行了说明。最后，我们总结了学习 Linux 后端开发的方法和经验。

# 第 2 章　开发环境搭建

无论从事何种类型的开发，都需要一套适合的开发环境。对于 Linux C/C++ 后端开发，同样如此。正所谓"工欲善其事，必先利其器"，我们当然也需要优秀的工具来辅助开发。在本书中，我们选择在 macOS 操作系统上进行开发，并使用其他辅助软件来完成整个开发过程。目前，国内很多头部大厂、外企以及一些创业公司都提供 Mac 计算机作为后端开发的本地开发机。当然，将使用 Windows 操作系统的计算机作为本地开发机也是可以的。

## 2.1　本地开发环境

本节将介绍如何搭建本地开发环境，本地开发环境主要分为三部分：代码编辑器、终端管理器和测试工具。我们将主要针对 macOS 操作系统进行介绍，同时也会顺带介绍 Windows 操作系统下的相关工具。

### 2.1.1　代码编辑器

代码编辑器的选择应该根据个人习惯来决定，只要使用顺手即可。对于 C++ 代码编辑器，常用的有 VSCode、CLion、Vim、Source Insight、Sublime 等。当然，除了这些代码编辑器，还有许多其他代码编辑器可供选择，有些只支持 Windows 平台，有些则同时支持 macOS 和 Windows 两个平台。

### 2.1.2　终端管理器

如果使用的是 macOS 操作系统，则推荐使用 iTerm2 作为终端管理器。虽然 Mac 计算机自带终端管理软件，但使用起来并不是很方便，而 iTerm2 则可以完全替代 Mac 计算机自带的终端管理软件。如果使用的是 Windows 操作系统，则推荐使用 Xshell。Xshell 功能强大，许多公司都在使用它。

### 2.1.3　测试工具

并没有固定的测试工具，需要根据不同的场景进行选择。例如，在测试 HTTP/HTTPS 接口时，既可以使用命令行测试工具 curl，也可以使用带有用户交互界面的 Postman。在某些场景下，我们需要自行开发命令行测试工具。在第 13 章中，我们将介绍如何开发相关的测试工具。

## 2.2 远端运行环境

我们编写的 C/C++ 代码需要在 Linux 系统上进行编译和链接，并且最终需要将得到的二进制可执行文件部署到 Linux 系统上才能对外提供服务。因此，一个可用且稳定的 Linux 系统对于我们学习 Linux C/C++ 后端开发是至关重要的。

推荐使用云服务器作为服务运行环境。大家可以选择在腾讯云、阿里云或华为云上购买相关的云服务器，基础配置即可满足需求。我们主要考虑以下几点。

- 当下处于云计算时代，云计算已经成为基础设施，云服务器也已经非常流行。许多热门的 App 和服务平台已经完成了"上云"。在云服务器上开发并运行程序，可以让我们顺便熟悉云环境并赶上技术趋势，为日后工作或者迁移服务到云上提前做好准备。
- 没有必要在个人计算机上安装 Linux 系统；更没有必要先安装虚拟机，再在虚拟机上安装 Linux 系统。因为这样会浪费很多的时间和精力，而且如果过程不顺利，还可能带来不小的挫败感，让您对学习 Linux 后端开发心生怯意。
- 云服务器价格不贵，最低配置的云服务器，一年的费用仅仅几百元。此外，目前大的云服务器厂商为了争夺用户，对大学生这批潜在的用户推出了很多优惠政策。在校生可以购买一台云服务器来学习，何乐而不为？
- 云服务器具有完善的配置，包括内外网和带宽等，无须我们自己维护。这样可以让我们从烦琐的配置和系统运维中解放出来，专注于后端开发。

关于如何购买 Linux 云服务器，大家可以自行去各大云服务平台上进行操作。笔者在本书中使用的是从腾讯云上购买的云服务器，操作系统为 CentOS。

### 云服务器初始化

购买完 Linux 云服务器后，就会得到云服务器的公网 IP、root 账号及密码等信息。接下来，需要对云服务器进行初始化，并做一些安全设置。因为公网上的服务器面临各种安全威胁，而我们的云服务器是部署在公网上的，所以需要对它进行一些基础的安全加固。

#### 1. 登录云服务器

如果你的本地开发机是 Mac 计算机，则可以打开 iTerm2 终端软件，并使用 ssh 命令登录到 Linux 云服务器。

```
ssh root@ip
```

在上述命令中，你需要将 "ip" 替换为你的云服务器的真实公网 IP。当执行上述命令时，系统会要求你输入与 root 账号对应的密码。输入正确的密码后，你就可以登录到这台云服务器了。

如果你是 Windows 用户，则可以使用 Xshell 登录到这台云服务器。在 Xshell 上新增一个会话，在会话属性中填写对应的公网 IP、root 账号及密码，就可以顺利登录这台云服务器了。

#### 2. 安装 gcc 和 g++

C/C++是编译型语言，C/C++源码需要经过编译器的编译和链接，才能生成二进制的可执行文件。在 Linux 系统下，C、C++对应的编译器分别为 gcc 和 g++。在登录到云服务器后，使用 root 用户安装 gcc 和 g++。

```
[root@VM-114-245-centos ~]# yum -y install gcc-c++
……省略一些安装过程的输出……
[root@VM-114-245-centos ~]# yum -y install gcc
……省略一些安装过程的输出……
```

### 3．划分不同用户

为了避免越权操作并控制访问风险，我们需要为不同的权限划分不同用途的账号。在 Linux 系统下，许多知名服务都不推荐直接使用 root 用户运行，因为一旦配置人员存在疏忽或者服务自身带有逻辑漏洞，就可能会给黑客带来可乘之机。如果服务使用 root 用户运行且刚好有漏洞被黑客利用，则系统很可能被黑客入侵并被直接获取到 root 用户的权限。这种危害是巨大的。

举个例子，Redis 的配置更新漏洞。Redis 提供了客户端动态更新服务配置文件的功能，这本是一件好事。但是当 Redis 配置人员不熟悉网络服务，把服务监听在公网且没有设置强密码或者没有设置密码时，如果 Redis 服务又是以 root 用户启动的，问题就来了。黑客可以轻易地暴力破解你的密码，或者直接接入你的 Redis 服务，使用 Redis 动态更新服务配置文件的功能，覆盖掉 SSH 服务的配置认证信息，把入侵主机加入 SSH 服务信任的主机中，再使用 SSH 客户端，就可以直接接入你的服务器。你可能会疑惑，为什么 Redis 服务能覆盖掉 SSH 服务的配置认证信息？这是因为，Redis 服务是以 root 用户启动的，Redis 服务进而具备了 root 权限，可以对系统文件进行读写。由此可见，在非必要的情况下，我们应该尽量避免使用 root 用户来启动对外服务。

我们可以创建一个名为 backend 的用户，专门用于管理后端服务。在 root 用户下，我们可以使用 useradd 命令来创建用户。

```
[root@VM-114-245-centos ~]# useradd backend
```

### 4．使用随机长密码

为了防止密码被黑客暴力破解（枚举密码），我们应该避免使用简单的短密码，尤其是对于具有重要权限的账户而言。建议给之前创建的 backend 用户设置一个随机的、较长的密码，虽然不太容易记住，但相对来说更加安全。

在 Linux 系统下，我们可以使用 mkpasswd 工具生成任意长度的随机密码。因为 mkpasswd 不是 CentOS 自带的工具，所以我们需要先安装 expect 软件包。我们可以使用 yum 命令来安装这个软件包，安装完成后，执行 mkpasswd 命令以生成长度为 30 个字符的随机密码。在 mkpasswd 命令中，我们可以使用-s 选项来指定特殊字符的个数，使用-l 选项来指定密码的长度。

```
[root@VM-114-245-centos ~]# yum -y install expect
……省略一些安装过程的输出……
[root@VM-114-245-centos ~]# mkpasswd -s -0 -l 30
9vqqydRwwygmsAgabkk7kxykymxrhn
```

接下来，我们可以在 root 用户下使用 passwd 命令来修改 backend 用户的密码。

```
[root@VM-114-245-centos ~]# passwd backend
Changing password for user db.
New password:
Retype new password:
passwd: all authentication tokens updated successfully.
```

有些读者可能会产生疑惑，为什么在输入密码时没有看到任何字符？这是 Linux 系统的安全机制所致。为了保证密码的安全性，Linux 系统在输入密码的过程中不会回显密码原文，也不会回显星号或其他字符，以防止密码被偷窥或推断出密码长度。这也体现了 Linux 系统设计人员的用心良苦，毕竟安全是非常重要的。

### 5．开启认证，修改默认端口

许多后端服务不对外开放，而只在内部开放。其中最典型的服务就是数据库服务。这类服务绝不能监听在公网上，而应该监听在内网或者本地回环地址 127.0.0.1 上。对于可以开启认证的服务，一定要开启认证。同时，我们应该尽量避免在默认端口上开放服务，以免被黑客使用端口扫描工具探测你的服务器上是否存在知名服务。因为一旦黑客发现了这些服务，就有可能通过挖掘相关的安全漏洞来攻击你的服务器。所以，我们要时刻保持警惕，不要让黑客有机可乘。

在我们的云服务器上，提供远程登录服务的 sshd 服务默认监听在知名的 22 号端口上。为了避免被黑客探测到，我们可以使用 vi 命令行编辑器修改 sshd 服务配置文件/etc/ssh/sshd_config 中 Port 的默认值，然后重启 sshd 服务即可。

```
# 使用vi修改sshd服务配置文件/etc/ssh/sshd_config，下面忽略了使用vi修改配置的交互
[root@VM-114-245-centos ~]# vi /etc/ssh/sshd_config
# 重启sshd服务
[root@VM-114-245-centos ~]# service sshd restart
Stopping sshd:                                             [  OK  ]
Starting sshd:                                             [  OK  ]
[root@VM-114-245-centos ~]#
```

在修改了 sshd 服务的监听端口并重启后，我们需要使用-p 选项来指定具体的端口号以登录云服务器。例如，如果把 sshd 服务的监听端口号修改成 1822，那么新的 ssh 登录命令就需要修改为 ssh -p 1822 username@ip，其中的"username"和"ip"需要替换为具体的真实值。如果是在 Windows 系统下使用 Xshell 登录云服务器，那么只需要修改 Xshell 中会话的端口属性即可。

## 2.3　本章小结

本章介绍了如何搭建开发环境，包括本地开发环境和远端运行环境，并介绍了如何对服务器进行基础的安全加固。这些内容对于开发人员来说非常重要，它们可以帮助我们更高效地进行开发，并保障数据和代码的安全。

# 第 3 章　服务器运维

通过前面的准备工作，我们现在已经拥有了一台属于自己的云服务器。接下来，我们需要学习如何操作和管理这台云服务器，并在其上进行 C/C++开发。这是非常重要的一步，它可以帮助我们更好地利用云服务器进行开发和部署。

相较于 B 端或 C 端开发，Linux 后端开发不会有直接的界面反馈，也不会像其他领域那样快速建立成就感。特别是在前期学习枯燥的命令行操作时，我们需要有足够的耐心和毅力。但是，只要我们坚持下去，就能够在学习 Linux 后端开发的道路上走得更远。希望大家能够保持信心，坚持不懈，相信自己一定可以成为优秀的 Linux 后端开发工程师。

本章将向大家介绍如何在 shell 下执行命令，实现对 Linux 系统的操作和管理。我们将提供最实用的操作和管理命令，帮助大家从枯燥的命令行交互中快速建立成就感并坚持下来。此外，我们还将简单介绍 Linux 系统下使用广泛的命令行编辑器 vi。

## 3.1　什么是 shell

当我们使用账户和密码通过认证校验后，就可以进入 Linux 系统指定的 shell 程序了。在 Linux 系统中，默认的 shell 程序是 bourne again shell，简称 bash。bash 可以接收所有来自终端的输入，并具备命令行解析的功能，在读取到用户的输入后，就可以执行相关的命令。与此同时，bash 还支持一套语法，可以编写符合这套语法的脚本程序，以实现更加复杂的功能。在 Linux 系统中，bash 是最常用的 shell 程序，因为它具有广泛的应用和良好的兼容性。在第 4 章中，我们将重点介绍 shell 编程。

shell 作为用户和 Linux 系统之间的桥梁，向用户开放了操作 Linux 系统的接口，以允许用户通过执行各种各样的命令来完成对 Linux 系统的操作和管理。虽然也可以通过在程序中调用系统函数或库函数来操作 Linux 系统，但最终程序都需要通过 shell 来启动执行。图 3-1 是 Linux 系统体系结构的示意图，它可以更好地帮助我们了解 Linux 系统的组成结构。

当用户登录时，Linux 系统会根据/etc/passwd 文件中的配置来确定所使用的 shell 程序。该文件中的每一行数据对应着一个具体的用户配置，这些配置使用冒号进行分隔，最后一个字段即为登录使用的 shell 程序。

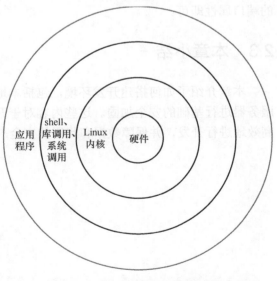

图3-1　Linux系统体系结构的示意图

```
[root@VM-114-245-centos ~]# cat /etc/passwd
root:x:0:0:root:/root:/bin/bash
bin:x:1:1:bin:/bin:/sbin/nologin
daemon:x:2:2:daemon:/sbin:/sbin/nologin
backend:x:500:501::/home/backend:/bin/bash
……省略部分输出……
```

从 /etc/passwd 文件的内容中我们可以看到，root 和 backend 用户的登录 shell 都是 bash，bash 位于 /bin 目录下。此外，我们还可以看到一个特殊的 shell 程序——nologin，这个 shell 程序表明该用户被禁止登录。

## 3.2 shell 下的命令行

对于那些平时主要在 Windows 系统下工作和学习的用户来说，初次使用命令行可能会感到有些不习惯，因为他们习惯了界面化的操作方式。但是，在 Linux 系统下，命令行是最方便、最强大的工具。它可以实现许多界面化操作无法实现的功能，这也是 Linux 系统的一大优势。在后续的学习中，大家将会逐渐感受到这一点。

### 3.2.1 命令行的组成

Linux 应用程序都是通过在 shell 下执行命令来运行的。在 shell 看来，它们就是一个个命令行，而这些命令行都遵循着同一套规则。正是这套规则，让我们能够举一反三，即使遇到不熟悉的命令，也能够快速掌握并使用。通常情况下，一个命令行由 3 个基本要素组成：命令、选项和参数。命令行的基本模式如图 3-2 所示。

表 3-1 对命令行的 3 个基本要素进行了详细的描述。

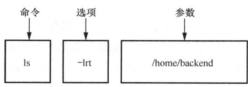

图 3-2 命令行的基本模式

表 3-1 命令行的组成

| 基本要素 | 是否必选 | 含义 |
| --- | --- | --- |
| 命令 | 是 | 要执行的shell内置命令、可执行程序或shell脚本 |
| 选项 | 否 | 让命令执行特定功能，会因不同的命令而不同，有的选项还可以再指定具体的选项参数。选项有长短之分，以 "-" 开头的是短选项，以 "--" 开头的是长选项 |
| 参数 | 否 | 执行命令所需要的输入参数 |

### 3.2.2 大部分命令具备的共性

大部分命令具备的共性如下。

**1. 帮助选项**

通常情况下，大部分命令会提供诸如-h 的短选项或者诸如--help 的长选项，这两个选项的功能通常是相同的。它们会列出这个命令的功能描述、具体的使用方法、各个不同选项、不同参数的含义等等。例如，我们可以在 shell 下执行 who --help 命令，从而查看 who 命令的帮助文档。

例 3-1：查看 who 命令的帮助文档。

```
[root@VM-114-245-centos ~]# who --help
Usage: who [OPTION]... [ FILE | ARG1 ARG2 ]
Print information about users who are currently logged in.

  -a, --all         same as -b -d --login -p -r -t -T -u
  -b, --boot        time of last system boot
  -d, --dead        print dead processes
……省略部分输出……
```

**2．交互式命令的退出**

在 Linux 系统下，有很多交互式命令，如 more、top、man 等。当我们在 shell 下执行这些命令时，它们并不会立即退出，而是进入命令自身的交互状态，等待用户继续输入。在完成操作后，我们可以按 q 键来退出交互式命令，回到当前的 shell 环境中。如果按 q 键无法退出当前命令，可以尝试按【Ctrl + c】组合键。这会给当前进程发送 SIGINT 信号，当前进程接收到 SIGINT 信号后会退出，信号的相关知识点我们将在后续的内容中介绍。

### 3.2.3 使用 man 命令查询在线手册

当使用 Linux 系统时，可以使用 man 命令来查询在线手册。man 命令可以格式化输出命令的使用手册页，当遇到不熟悉的命令时，可以使用 man 命令来查看对应命令的使用手册。man 是 manual 的缩写，它可以帮助你快速了解命令的使用方法。Linux 系统下的标准在线手册分为 8 个章节，每个章节都包含了不同的命令类型和主题。当使用 man 命令时，可以通过数字参数来指定只在具体的章节中进行查询。表 3-2 列出了这 8 个章节的内容。

表 3-2  标准在线手册的 8 个章节

| 章节编号 | 内容 |
| --- | --- |
| 1 | 可执行命令或shell命令 |
| 2 | 系统调用 |
| 3 | 库调用 |
| 4 | 设备和特殊的文件 |
| 5 | 文件格式及约定 |
| 6 | 游戏 |
| 7 | 杂项 |
| 8 | 系统管理命令 |

假如在编写程序时使用了 write 系统调用，但是忘记了相关的调用细节或者需要包含哪些头文件，这时可以在 shell 中执行 man 2 write 命令，查看 write 系统调用的详细信息。man 命令是交互式命令，可以使用【Ctrl + d】组合键进行翻页，查看完相关信息后，按 q 键即可退出

man 命令。如果提示找不到对应的手册，则可以在 shell 中执行 yum install -y man- pages 命令，安装缺失的 man 手册。yum 是 CentOS 下常用的软件包管理命令，在后面的内容中会有更详细的介绍。使用 man 命令可以帮助你快速了解命令的使用方法和细节，提高编程效率。

### 3.2.4　命令和文件补全

bash shell 拥有命令和文件补全功能，可以通过按下【Tab】键来实现。
- 当输入部分命令名时，可以按下【Tab】键来补全命令名。
- 当输入部分文件名时，可以按下【Tab】键来补全文件名。
- 当输入部分命令名时，可以连续按两次【Tab】键来显示所有以当前输入为前缀的命令。

这些补全功能可以帮助你快速输入命令和文件名，减少输入错误并节省时间。

### 3.2.5　命令行的通配符和特殊符号

为了方便命令行的使用，bash shell 提供了许多有用的通配符和特殊符号（见表 3-3）。

表 3-3　通配符与特殊符号

| 符号 | 含义 |
| --- | --- |
| * | 匹配零个或任意多个任意字符 |
| ? | 匹配一个任意字符 |
| \| | 管道符号，用于连接两个命令 |
| \ | 转义符号，用于还原特殊符号和通配符 |
| ; | 连续命令分隔符，用于分隔要连续执行的命令 |
| ~ | 表示当前用户的home目录 |
| - | 表示用户上一次所在的目录 |
| `` | 具有执行命令并返回结果的功能，被包含的内容为要执行的命令，$()具有与此相同的功能 |
| '' | 单引号，被包含的内容不会进行变量替换 |
| "" | 双引号，被包含的内容会进行变量替换 |

### 3.2.6　内置命令与外部命令

内置命令被构建在 shell 中，不需要额外创建进程并等待进程结束，因此内置命令的执行速度快、效率高。例如，cd 就是一个内置命令。而外部命令则没有被构建在 shell 中，外部命令以单独文件的形式存在，当外部命令被执行时，新的进程会被创建，外部命令在新的进程中执行。

内置命令和外部命令的最大区别就是性能。外部命令需要额外创建新的进程，因此执行速度相对较慢；而内置命令则不需要创建新的进程，因此执行速度较快。我们可以使用 type 命令来判断一个命令是否为内置命令。type 命令可以告诉我们一个命令是内置命令、别名还是外部命令，这对于我们选择合适的命令非常有帮助。

13

```
[root@VM-114-245-centos ~]# type cd
cd is a shell builtin
[root@VM-114-245-centos ~]# type type
type is a shell builtin
[root@VM-114-245-centos ~]#
```

## 3.3 基本的命令操作

本节将向大家介绍最实用的基本命令操作，这些命令操作能够满足日常开发、测试、调试的大部分需求。同时，我们还会介绍最常用的命令选项。在本节中，有些命令操作需要大家自行创建一些文件和目录，而有些命令操作的输出会因为运行环境的不同而不同，因此有可能与笔者例子中的输出并不完全一致。但无论如何，我们都会尽力让这些命令操作尽可能地适用于不同的环境和场景。

### 3.3.1 屏幕相关

shell 中的所有输入都会在终端显示，命令的标准输出和错误输出也会在终端显示，屏幕相关的操作非常频繁，其中清屏和回显操作最常用。

#### 1．清屏操作

清屏操作使用的是 clear 命令。

例 3-2：clear 命令可以清空当前终端的输出。clear 命令并不是将输出往上移动，而是通过向终端发送控制字符来清空当前终端的屏幕缓冲区，从而实现清空终端输出的效果。

```
[root@VM-114-245-centos ~]# clear
[root@VM-114-245-centos ~]#
```

#### 2．回显操作

回显操作使用的是 echo 命令。

例 3-3：echo 命令可以将其后的参数输出到终端屏幕，并自动换行。echo 命令可以输出字符串、变量、命令的结果等。

```
[root@VM-114-245-centos ~]# echo "hello linux"
hello linux
```

例 3-4：echo 命令在添加 -n 选项后不会自动换行。

```
[root@VM-114-245-centos ~]# echo -n "hello linux"
hello linux[root@VM-114-245-centos ~]#
[root@VM-114-245-centos ~]#
```

### 3.3.2 目录和文件相关

在 Linux 系统中，目录和文件是以树状结构来组织的。根目录为 "/"，其他所有的目录和文件都是从根目录开始的。目录之间使用 "/" 分隔，例如 "/usr/bin/bash" 表示根目录下的 usr 目录下的 bin 目录下的 bash 文件。在 Linux 系统中，每个目录都可以包含其他目录和文件，这样就形成了一个树状结构。每个目录下都有 "." 和 ".." 两个特殊的目录，"." 表示当前目录，".." 表示上一级目录。现在让我们来看一下相关的命令。

## 3.3 基本的命令操作

### 1. 查看当前的工作目录

查看当前的工作目录使用的是 pwd 命令。

例 3-5：pwd 命令的含义是 "print working directory"，我们可以看到当前的工作目录为 "/root"。

```
[root@VM-114-245-centos ~]# pwd
/root
[root@VM-114-245-centos ~]#
```

### 2. 查看返回路径中的文件名部分

查看返回路径中的文件名部分使用的是 basename 命令。

例 3-6：basename 命令的含义是 "strip directory and suffix from filenames"，它可以从文件名中删除目录和后缀信息，只保留文件名部分。常用的命令格式为 basename NAME [SUFFIX]。其中，NAME 是要处理的文件名，SUFFIX 是要删除的后缀。

```
[root@VM-114-245-centos ~]# basename /usr/bin/cd
cd
[root@VM-114-245-centos ~]# basename /usr/local/include/stdio.h
stdio.h
[root@VM-114-245-centos ~]# basename /usr/local/include/stdio.h .h
stdio
[root@VM-114-245-centos ~]#
```

### 3. 查看目录下的内容

查看目录下的内容使用的是 ls 命令。

例 3-7：ls 命令的含义是 "list directory contents"，它可以列出指定目录下的文件和子目录。当我们不携带目录参数时，ls 命令会默认显示当前目录下的内容。l 选项表示以长格式显示，t 选项表示以修改时间进行排序，r 选项表示逆序排列。

```
[root@VM-114-245-centos ~]# ls -lrt
total 148
-rw-r--r-- 1 root root 107466 Mar 12  2010 jsoncpp-src-0.5.0.tar.gz
-rw-r--r-- 1 root root   5328 Nov  9 11:48 install.log.syslog
-rw-r--r-- 1 root root  14292 Nov  9 11:50 install.log
-rw------- 1 root root   2095 Nov  9 11:50 anaconda-ks.cfg
drwxr-xr-x 3 root root   4096 Mar 29 22:48 svn
drwxr-xr-x 2 root root   4096 Apr 26 19:58 test
[root@VM-114-245-centos ~]#
```

### 4. 修改文件权限

在 ls 命令的输出中，每行文件信息分为 7 个字段，它们分别为文件类型与权限、链接数、所有者、所属用户组、文件大小（以字节为单位）、文件最后修改时间、文件名。其中，第一个字段的 10 个字符里包含了文件类型和权限信息，通常我们会有修改文件权限和归属的需求。在介绍如何修改文件权限之前，我们首先详细介绍第一个字段的含义。第一个字段的解析如图 3-3 所示。

第一个字符表示文件类型，Linux 文件类型有 5 种：[-]代表文件、[d]代表目录、[l]代表链接文件、[b]代表块设备文件、[c]代表字符设备文件。后面的 9 个字符分为 3 组，分别是所有者权限、所属用户组权限、其他用户权限。每组权限从左到右分别是可读权限位、可写权限位、可执行权限位。如果对应的位有权限，就分别显示 "r" "w" "x"；否则显示 "-"，表示无权限。例如，假设一个文件的权限为-rw-r--r--，这表示该文件的所有者具有读

15

写权限,所属组和其他人只有读权限。

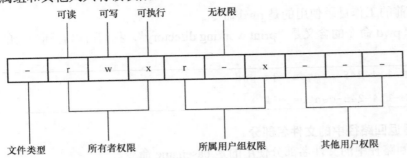

图3-3 文件类型与权限

需要注意的是,对于目录来说,可执行权限位代表是否具有进入该目录的权限。如果没有目录的读权限,那么用户虽然可以进入该目录,但是无法查看该目录中的文件和子目录。

每组权限也可以用一个3位的二进制数来表示:读权限位是"0x4",即第3个二进制位;写权限位是"0x2",即第2个二进制位;执行权限位是"0x1",即第1个二进制位。有权限的话,对应的二进制位为1,否则为0。例如,所有者有读写权限和可执行权限时,对应的是0x7(0x4+0x2+0x1);所属用户组有读权限和可执行权限时,对应的是0x5(0x4+0x1)。

现在让我们通过几个示例来看看如何修改文件的权限。

例3-8:chmod命令的含义是"change file mode bits",第一个参数为最新权限位,第二个参数为要修改的文件。修改root用户home目录下的svn文件夹的权限为"700",即只有所有者才有读写权限和可执行权限。

```
[root@VM-114-245-centos ~]# chmod 700 ./svn
[root@VM-114-245-centos ~]# ls -lrt
total 156
-rw-r--r-- 1 root root 107466 Mar 12  2010 jsoncpp-src-0.5.0.tar.gz
-rw-r--r-- 1 root root   5328 Nov  9  2016 install.log.syslog
-rw------- 1 root root   2095 Nov  9  2016 anaconda-ks.cfg
drwx------ 4 root root   4096 Apr 30 22:45 svn
-rw-r--r-- 1 root root      5 May 13 23:05 test.sh
[root@VM-114-245-centos ~]#
```

例3-9:给root用户home目录下的test.sh文件添加可执行权限,"+x"中的"+"是添加的意思,"x"表示执行权限,相应地,"-"是删除的意思,"r"表示读权限,"w"表示写权限。

```
[root@VM-114-245-centos ~]# chmod +x ./test.sh
[root@VM-114-245-centos ~]# ls -lrt
total 160
-rw-r--r-- 1 root root 107466 Mar 12  2010 jsoncpp-src-0.5.0.tar.gz
-rw-r--r-- 1 root root   5328 Nov  9  2016 install.log.syslog
-rw------- 1 root root   2095 Nov  9  2016 anaconda-ks.cfg
drwx------ 4 root root   4096 Apr 30 22:45 svn
-rwxr-xr-x 1 root root      5 May 13 23:05 test.sh
[root@VM-114-245-centos ~]#
```

### 5. 修改文件归属

修改文件归属使用的是chown命令。

例3-10:chown命令的含义是"change file owner and group",第一个参数表示最新的归属用户和归属组,将它们用":"进行分隔,第二个参数为要修改的文件。把test.sh文件的所有者和所属组都修改成backend。

## 3.3 基本的命令操作

```
[root@VM-114-245-centos ~]# chown backend:backend ./test.sh
[root@VM-114-245-centos ~]# ls -lrt
total 160
-rw-r--r-- 1 root     root      107466 Mar 12  2010 jsoncpp-src-0.5.0.tar.gz
-rw-r--r-- 1 root     root        5328 Nov  9  2016 install.log.syslog
-rw------- 1 root     root        2095 Nov  9  2016 anaconda-ks.cfg
drwx------ 4 root     root        4096 Apr 30 22:45 svn
-rw-r--r-- 1 root     root       14292 May  1 09:37 install.log
-rwxr-xr-x 1 backend  backend        5 May 13 23:05 test.sh
```

例 3-11：只修改文件所有者，把 test.sh 文件的所有者修改成 root。

```
[root@VM-114-245-centos ~]# chown root ./test.sh
[root@VM-114-245-centos ~]# ls -lrt
total 160
-rw-r--r-- 1 root     root      107466 Mar 12  2010 jsoncpp-src-0.5.0.tar.gz
-rw-r--r-- 1 root     root        5328 Nov  9  2016 install.log.syslog
-rw------- 1 root     root        2095 Nov  9  2016 anaconda-ks.cfg
drwx------ 4 root     root        4096 Apr 30 22:45 svn
-rw-r--r-- 1 root     root       14292 May  1 09:37 install.log
-rwxr-xr-x 1 root     backend        5 May 13 23:05 test.sh
```

### 6. 切换目录

切换目录使用的是 cd 命令。

例 3-12：cd 命令的含义是 "change directory"，用于切换到指定的目录。

```
[root@VM-114-245-centos ~]# cd /
[root@VM-114-245-centos /]#
```

例 3-13：切换到当前用户的 home 目录，这里使用了特殊符号 "~"，"~" 表示当前用户的 home 目录。也可以直接执行 cd 命令，cd 命令不带任何参数执行时会直接切换到当前用户的 home 目录。

```
[root@VM-114-245-centos /]# cd ~
[root@VM-114-245-centos ~]#
```

例 3-14：切换回用户上一次所在的目录，这里使用了特殊符号 "-"，"-" 表示用户上一次所在的目录。

```
[root@VM-114-245-centos ~]# cd /home/backend
[root@VM-114-245-centos backend]# cd -
/root
[root@VM-114-245-centos ~]#
```

### 7. 拷贝文件或目录

拷贝文件或目录使用的是 cp 命令。

例 3-15：cp 命令的含义是 "copy"，r 选项表示递归拷贝目录，f 选项表示强制覆盖文件。

```
[root@VM-114-245-centos svn]# ls
mycode  test.c  test1.c
[root@VM-114-245-centos svn]# cp -rf mycode mycode.bak
```

### 8. 创建目录

创建目录使用的是 mkdir 命令。

例 3-16：mkdir 命令的含义是 "make directories"，添加了 p 选项后的 mkdir 命令表示在必要时直接创建父目录，并且目录存在时也不报错。

```
[root@VM-114-245-centos ~]# mkdir /root/mktest/dir
mkdir: cannot create directory '/root/mktest/dir': No such file or directory
[root@VM-114-245-centos ~]# mkdir -p /root/mktest/dir
[root@VM-114-245-centos ~]#
```

### 9. 移动或重命名目录

移动或重命名目录使用的是 mv 命令。

例 3-17：mv 命令的含义是 "move (rename) files"。创建 test 目录，然后对 test 目录进行重命名，新目录名为 test.bak，最后把压缩文件 jsoncpp-src-0.5.0.tar.gz 移到 test.bak 目录下。

```
[root@VM-114-245-centos ~]# mkdir test
[root@VM-114-245-centos ~]# mv test test.bak
[root@VM-114-245-centos ~]# mv jsoncpp-src-0.5.0.tar.gz test.bak
```

### 10. 删除文件或目录

删除文件或目录使用的是 rm 命令。

例 3-18：rm 命令的含义是 "remove"，r 选项表示递归删除，f 选项表示强制删除而不需要确认，使用 rm 命令时要慎重，执行之前要多看几眼命令，防止删除重要的目录。笔者在工作中就遇到过同事使用 rm -rf 误删除线上服务器根目录的情况。

```
[root@VM-114-245-centos ~]# rm -rf test.bak
```

### 11. 创建空文件或者修改文件时间戳

创建空文件或者修改文件时间戳使用的是 touch 命令。

例 3-19：touch 命令的含义是 "change file timestamps"，即修改文件的时间戳。如果文件不存在，则创建一个空文件，touch 命令经常用来创建一个空文件。

```
[root@VM-114-245-centos ~]# touch install.log
```

### 12. 查看文件的 MD5 值、SHA1 值或 SHA256 值

通过查看文件的 MD5 值、SHA1 值或 SHA256 值在传输前后是否一致，可以判断文件在传送过程中是否被篡改过。

例 3-20：md5sum 命令的含义是 "compute and check MD5 message digest"，md5sum 的后面直接跟文件名参数。

```
[root@VM-114-245-centos ~]# md5sum ./install.log
ee8fbedf1977bc88a8b9516a6b83b20b  ./install.log
```

例 3-21：sha1sum 命令的含义是 "compute and check SHA1 message digest"，sha1sum 的后面直接跟文件名参数。

```
[root@VM-114-245-centos ~]# sha1sum ./install.log
161501b85dd16647b9daa780670ea1c826227914  ./install.log
```

例 3-22：sha256sum 命令的含义是 "compute and check SHA256 message digest"，sha256sum 的后面直接跟文件名参数。

```
[root@VM-114-245-centos ~]# sha256sum ./install.log
908a9bac73e8ae4c7881e7804e246e7b485e25d12922ac55a294fbdf8603918a  ./install.log
```

### 13. 对字符串求 MD5 值、SHA1 值和 SHA256 值

对字符串求 MD5 值、SHA1 值和 SHA256 值，在验证 MD5、SHA1 和 SHA256 算法是否正确时特别有用。

例 3-23：使用管道机制，先使用 echo 命令输出字符串，记住一定要添加 -n 选项，这样就不会额外输出换行了，最后使用 md5sum、sha1sum 和 sha256sum 命令对字符串求值，管道机制将在后面的内容中介绍。

## 3.3 基本的命令操作

```
[root@VM-114-245-centos ~]# echo -n "abcde123" | md5sum
7bc6c31880aeda581aa34e218af25753  -
[root@VM-114-245-centos ~]# echo -n "abcde123" | sha1sum
3bf264855de091c7c87ff95bc1710d1fe6dd08c9  -
[root@VM-114-245-centos ~]# echo -n "abcde123" | sha256sum
3332e5eea07ab9d93cd59e3748b9746f66c8abc3a7a126a5c1965ff8525e00ba  -
[root@VM-114-245-centos ~]#
```

### 14．查看文件内容之 cat 命令

查看文件的全部内容使用的是 cat 命令。

例 3-24：cat 命令的含义是"concatenate files and print on the standard output"，n 选项表示输出对应的每行行号。

```
[root@VM-114-245-centos ~]# cat -n install.log
     1  Installing libgcc-4.4.7-17.el6.x86_64
     2  warning: libgcc-4.4.7-17.el6.x86_64: Header V3 RSA/SHA1 Signature, key ID c105b9de: NOKEY
     3  Installing setup-2.8.14-20.el6_4.1.noarch
     4  Installing filesystem-2.4.30-3.el6.x86_64
……省略部分输出……
```

### 15．查看文件内容之 more 命令

分页查看文件内容使用的是 more 命令。

例 3-25：more 命令的含义是"file perusal filter for crt viewing"，常用于在大文件中查找特定的内容。more 命令是交互式命令，在进入 more 命令后，在交互式命令中可以使用【Ctrl＋d】组合键来快速翻页，也可以使用"/"+单词来进行单词搜索，按 q 键即可退出 more 命令回到当前 shell 中。

```
[root@VM-114-245-centos ~]# more install.log
Installing libgcc-4.4.7-17.el6.x86_64
warning: libgcc-4.4.7-17.el6.x86_64: Header V3 RSA/SHA1 Signature, key ID c105b9de: NOKEY
Installing setup-2.8.14-20.el6_4.1.noarch
……省略部分输出……
```

### 16．输出文件的头几行

输出文件的头几行使用的是 head 命令。

例 3-26：head 命令的含义是"output the first part of files"，选项数字 3 表示输出文件的头 3 行。

```
[root@VM-114-245-centos ~]# head -3 install.log
Installing libgcc-4.4.7-17.el6.x86_64
warning: libgcc-4.4.7-17.el6.x86_64: Header V3 RSA/SHA1 Signature, key ID c105b9de: NOKEY
Installing setup-2.8.14-20.el6_4.1.noarch
[root@VM-114-245-centos ~]#
```

### 17．输出文件的末尾几行

输出文件的末尾几行使用的是 tail 命令。

例 3-27：tail 命令的含义是"output the last part of files"，选项数字 3 表示输出文件末尾的 3 行。

```
[root@VM-114-245-centos ~]# tail -3 install.log
Installing compat-libstdc++-33-3.2.3-69.el6.i686
Installing libstdc++-4.4.7-17.el6.i686
*** FINISHED INSTALLING PACKAGES ***[root@VM-114-245-centos ~]#
[root@VM-114-245-centos ~]#
```

例 3-28：为 tail 命令添加 f 选项，就可以实时查看文件的输出，这对于跟踪日志文件非常有用。tail 命令执行之后，只要日志有更新，就能在终端看到且是实时的，再按【Ctrl + c】组合键，就可以退出 tail 命令回到当前 shell 中。

```
[root@VM-114-245-centos ~]# tail -5f ./install.log
Installing gamin-0.1.10-9.el6.i686
Installing glib2-2.28.8-5.el6.i686
Installing compat-libstdc++-33-3.2.3-69.el6.i686
Installing libstdc++-4.4.7-17.el6.i686
*** FINISHED INSTALLING PACKAGES ***
```

### 18．搜索文件

搜索文件使用的是 find 命令。

例 3-29：find 命令的含义是"search for files in a directory hierarchy"，name 选项表示要匹配的文件名，or 选项表示或的关系。下面这条命令将从根目录"/"开始遍历整个目录树，搜索 .h 和 .c 文件。

```
[root@VM-114-245-centos ~]# find / -name '*.c' -or -name '*.h'
/home/background/test/test.c
/root/test/test.c
/usr/include/assert.h
/usr/include/kdb.h
/usr/include/netinet/if_fddi.h
……省略部分输出……
```

### 19．统计文件的行数、单词数和字节数

统计文件相关数据使用的是 wc 命令。

例 3-30：wc 命令的含义是"print newline, word, and byte counts for each file"，wc 命令支持从标准输入读取数据并进行统计。

```
[root@VM-114-245-centos ~]# wc /usr/include/stdio.h
  942   4413  31568 /usr/include/stdio.h
[root@VM-114-245-centos ~]#
```

### 20．确定文件类型，并输出详细信息

确定文件类型，并输出详细信息使用的是 file 命令。

例 3-31：file 命令的含义是"determine file type"，用于确定文件的类型。

```
[root@VM-114-245-centos ~]# file /bin/bash
/bin/bash: ELF 64-bit LSB executable, x86-64, version 1 (SYSV), dynamically
linked (uses shared libs), for GNU/Linux 2.6.32, stripped
[root@VM-114-245-centos ~]#
```

### 21．确认命令的二进制程序、源和 man 手册文件

确认命令的二进制程序、源和 man 手册文件使用的是 whereis 命令。

例 3-32：whereis 命令的含义是"locate the binary, source, and manual page files for a command"。

```
[root@VM-114-245-centos ~]# whereis whereis
whereis: /usr/bin/whereis /usr/share/man/man1/whereis.1.gz
[root@VM-114-245-centos ~]#
```

### 22．打包压缩、解包解压

打包压缩、解包解压使用的是 tar 命令。

例 3-33：tar 命令的含义是"saves many files together into a single tape or disk archive"。当使用 tar 命令进行打包压缩时，c 选项表示创建新的、归档的打包文件，z 选项表示使用 gzip

## 3.3 基本的命令操作

进行压缩，f 选项表示指定生成的打包文件名。jsoncpp-src-0.5.0.tgz 是 f 选项对应的参数，即要生成的打包文件名，jsoncpp-src-0.5.0 是对应要打包的文件夹。

```
[root@VM-114-245-centos ~]# tar -czf jsoncpp-src-0.5.0.tgz jsoncpp-src-0.5.0
```

例 3-34：当使用 tar 命令进行解包解压时，x 选项表示对打包文件进行解包，z 选项表示使用 gzip 进行解压，f 选项表示指定解包的文件名。jsoncpp-src-0.5.0.tgz 是 f 选项对应的参数，即要解包的文件名。

```
[root@VM-114-245-centos ~]# tar -xzf jsoncpp-src-0.5.0.tgz
```

### 3.3.3 进程相关

由于服务都以进程的方式在操作系统中运行，因此在日常工作中，进程相关的操作十分常用，现在让我们来介绍一下进程相关的命令。

#### 1. 查看运行的进程

查看运行的进程使用的是 ps 命令。

例 3-35：ps 命令的含义是 "report a snapshot of the current processes"，e 选项表示输出所有的进程，f 选项表示进行全格式输出。

```
[root@VM-114-245-centos ~]# ps -ef
UID        PID   PPID  C STIME TTY          TIME CMD
root         1      0  0 Apr26 ?        00:00:01 /sbin/init
root         2      0  0 Apr26 ?        00:00:00 [kthreadd]
root         3      2  0 Apr26 ?        00:00:00 [migration/0]
root         4      2  0 Apr26 ?        00:00:04 [ksoftirqd/0]
root         5      2  0 Apr26 ?        00:00:00 [stopper/0]
……省略部分输出……
```

#### 2. 通过关键字过滤某个指定程序是否在运行

通过关键字过滤某个指定程序是否在运行，可以使用 ps 和 grep 命令，并配合管道机制来实现。

例 3-36：首先通过 ps -ef 输出所有正在运行的进程；然后将它们通过管道传输给 grep 过滤命令进行处理，过滤出包含 "ssh" 的输出行；最后使用 grep 过滤掉包含 "grep" 的输出行。管道机制在后面的章节中有详细介绍。

```
[root@VM-114-245-centos ~]# ps -ef | grep ssh | grep -v grep
root       731      1  0 Apr29 ?        00:00:00 /usr/sbin/sshd
root      6377    731  0 08:52 ?        00:00:00 sshd: root@pts/0
[root@VM-114-245-centos ~]#
```

#### 3. 查看某个运行进程的所有 pid

查看某个运行进程的所有 pid 使用的是 pidof 命令。

例 3-37：pidof 命令的含义是 "find the process ID of a running program"。

```
[root@VM-114-245-centos ~]# pidof sshd
32067 5573 731
[root@VM-114-245-centos ~]#
```

#### 4. 杀掉某个程序的所有进程

杀掉某个程序的所有进程使用的是 killall 命令。

21

例 3-38:killall 命令的含义是 "kill processes by name"。

```
[root@VM-114-245-centos ~]# killall programName
```

#### 5. 强杀一个指定 pid 的进程

强杀一个指定 pid 的进程使用的是 kill 命令。

例 3-39:kill 命令的含义是 "terminate a process",选项数字 9 表示发送的是 "SIGKILL" 信号,进程不能忽略也不能捕捉 SIGKILL 信号,只能强制退出,信号的内容在后续章节中有详细介绍。使用管道机制过滤出我们想要强杀的进程的 pid,使用 kill-9 强杀 pid 为 29065 的 test 进程。

```
[root@VM-114-245-centos ~]# ps -ef | grep test | grep -v grep
root     29065     1 96 May10 ?        3-08:57:16 ./test
[root@VM-114-245-centos ~]# kill -9 29065
```

### 3.3.4 网络相关

由于所有服务都是通过网络来对外提供的,因此在日常工作中,网络相关的操作也十分常用,现在让我们来介绍一下网络相关的命令。

#### 1. 查看网络配置

查看网络配置使用的是 ifconfig 命令。

例 3-40:ifconfig 命令的含义是 "configure a network interface",不带参数时表示输出当前网络配置。

```
[root@VM-114-245-centos ~]# ifconfig
eth0      Link encap:Ethernet  HWaddr 52:54:00:5C:49:96
          inet addr:10.105.114.245  Bcast:10.105.127.255  Mask:255.255.192.0
          UP BROADCAST RUNNING MULTICAST  MTU:1500  Metric:1
          RX packets:2693370 errors:0 dropped:0 overruns:0 frame:0
          TX packets:1551125 errors:0 dropped:0 overruns:0 carrier:0
          collisions:0 txqueuelen:1000
          RX bytes:254540408 (242.7 MiB)  TX bytes:2292334406 (2.1 GiB)
……省略部分输出……
```

#### 2. 查看当前服务器开启了哪些网络监听

查看当前服务器开启了哪些网络监听使用的是 netstat 命令。

例 3-41:netstat 命令的含义是 "print network connections, routing tables, interface statistics",l 选项表示只显示监听的套接字,n 选项表示显示点分 IP 而不是域名,p 选项表示显示进程 id 和程序名,t 选项表示显示 TCP 的连接情况。

```
[root@VM-114-245-centos ~]# netstat -nlpt
Active Internet connections (only servers)
Proto Recv-Q Send-Q Local Address           Foreign Address         State       PID/Program name
tcp        0      0 0.0.0.0:1822            0.0.0.0:*               LISTEN      3618/sshd
……省略部分输出……
```

### 3.3.5 系统相关

操作系统是一个动态运行的系统,所有的服务都运行在操作系统之上。因此,实时掌握操作系统的动态就变得尤为重要,尤其是一些关键指标,例如 CPU、内存和磁盘的使用情况等。现在让我们来介绍一下系统相关的命令。

## 3.3 基本的命令操作

### 1. 查看内存使用概况

查看内存使用概况使用的是 free 命令。

**例 3-42**：free 命令的含义是 "display amount of free and used memory in the system"。total 表示总内存量，used 表示当前内存使用总量，free 表示当前内存剩余量，shared 表示共享内存总量，buffers 表示写缓存总量，cached 表示读缓存总量。free 命令输出的第 3 行的 used 表示去掉了系统 buffers 和 cache 后的统计量，是应用真实占用的总内存；free 命令输出的第 3 行的 free 表示加上系统 buffers 和 cache 后的统计量，是系统扣除应用占用后的可用总内存；最后的 Swap 是交换空间使用汇总，通常一旦使用了交换空间，就说明系统内存不足，Swap 的值通常为 0。

```
[root@VM-114-245-centos ~]# free -h
              total       used       free     shared    buffers     cached
Mem:           996M       928M        68M       184K       135M       281M
-/+ buffers/cache:        511M       485M
Swap:           0B         0B         0B
```

### 2. 查看磁盘使用情况

查看磁盘使用情况使用的是 df 命令。

**例 3-43**：df 命令的含义是 "report file system disk space usage"，h 选项表示以人类易读的单位显示大小。

```
[root@VM-114-245-centos ~]# df -h
Filesystem      Size  Used Avail Use% Mounted on
/dev/vda1        20G  4.0G   15G  22% /
```

### 3. 计算文件磁盘空间的使用情况

计算文件磁盘空间的使用情况使用的是 du 命令。

**例 3-44**：du 命令的含义是 "estimate file space usage"，选项 max-depth=1 表示只计算当前下一级目录的磁盘空间大小，h 选项表示使用人类易读的格式来显示磁盘占用空间的大小。

```
[root@VM-114-245-centos usr]# du --max-depth=1 -h
13M     ./sbin
15M     ./include
283M    ./share
……省略部分输出……
```

### 4. 查看系统运行进程的动态列表

查看系统运行进程的动态列表使用的是 top 命令。

**例 3-45**：top 命令的含义是 "display Linux tasks"。top 命令是交互式命令，top 命令类似于 Windows 系统中的任务管理器，它默认按照各个进程的 CPU 占用率从大到小对它们进行排序。在 top 命令中，可以按【Shift + m】组合键，对所有的进程按照内存占用率进行排序。如果想改变为原来的按 CPU 占用率进行排序的方式，按【Shift + p】组合键即可。按 q 键可以退出 top 命令。

```
[root@VM-114-245-centos ~]# top
top - 12:36:50 up 4 days, 22:50,  3 users,  load average: 0.00, 0.00, 0.00
Tasks:  93 total,   1 running,  92 sleeping,   0 stopped,   0 zombie
Cpu(s):  2.0%us,  1.0%sy,  0.0%ni, 97.0%id,  0.0%wa,  0.0%hi,  0.0%si,  0.0%st
Mem:   1020128k total,   952012k used,    68116k free,   138992k buffers
Swap:        0k total,        0k used,        0k free,   289832k cached

  PID USER      PR  NI  VIRT  RES  SHR S %CPU %MEM    TIME+  COMMAND
 4847 db        20   0 1000m  80m 6708 S  0.7  8.1  36:14.98 mongod
 4628 db        20   0 1066m  80m 7040 S  0.3  8.1  37:19.02 mongod
```

```
 4719 db         20   0 1062m  78m 6820 S  0.7  7.9  37:43.04 mongod
……省略部分输出……
```

### 5. 查看处理器相关统计信息

查看处理器相关统计信息使用的是 mpstat 命令。

例 3-46：mpstat 命令的含义是"report processors related statistics"，P 选项指定对哪个 CPU 进行统计，ALL 为 P 选项对应的参数，表示对所有 CPU 进行统计，参数 2 表示每次统计的时间间隔（单位为秒）。

```
[root@VM-114-245-centos ~]# mpstat -P ALL 2
Linux 2.6.32-642.6.2.el6.x86_64 (VM-114-245-centos )  05/01/17  _x86_64_(1 CPU)

12:56:27     CPU   %usr  %nice   %sys %iowait   %irq  %soft %steal %guest  %idle
12:56:29     all   2.01   0.00   1.01    0.00   0.00   0.00   0.00   0.00  96.98
12:56:29       0   2.01   0.00   1.01    0.00   0.00   0.00   0.00   0.00  96.98
……省略部分输出……
```

### 6. 查看系统可用的 CPU 核心数

查看系统可用的 CPU 核心数使用的是 nproc 命令。

例 3-47：nproc 命令的含义是"print the number of processing units available"，我们的云服务器只有一个 CPU 核心。

```
[root@VM-114-245-centos ~]# nproc
1
[root@VM-114-245-centos ~]#
```

## 3.3.6 用户相关

在运维服务器的过程中，免不了新增用户、删除用户或者维护用户信息，现在让我们来介绍一下用户相关的命令。

### 1. 添加用户

添加用户使用的是 useradd 命令。

例 3-48：useradd 命令的含义是"create a new user or update default new user information"，当使用 useradd 命令添加用户时，系统会自动在/home 目录下创建一个名称与用户名相同的子目录，作为所添加用户的 home 目录。以下面的命令为例，系统会创建子目录/home/test 作为 test 用户的 home 目录。

```
[root@VM-114-245-centos home]# useradd test
[root@VM-114-245-centos home]#
```

### 2. 删除用户

删除用户使用的是 userdel 命令。

例 3-49：userdel 命令的含义是"delete a user account and related files"，当使用 userdel 命令删除用户时，r 选项表示移除用户的 home 目录，也就是删除/home/test 这个目录。

```
[root@VM-114-245-centos home]# userdel -r test
[root@VM-114-245-centos home]#
```

### 3. 修改用户密码

修改用户密码使用的是 passwd 命令。

例 3-50：passwd 命令的含义是"update user's authentication tokens"，当使用 passwd 命

令修改用户密码时，后面跟着的参数是要修改密码的用户名。也可以不加参数，这表示修改当前用户的密码。Linux 系统为了安全起见，输入的密码都是不回显的。

```
[root@VM-114-245-centos home]# passwd backend
Changing password for user backend.
New password:
Retype new password:
passwd: all authentication tokens updated successfully.
```

#### 4．切换当前用户

切换当前用户使用的是 su 命令。

例 3-51：su 命令的含义是 "run a shell with substitute user and group IDs"，可以使用 su 命令创建一个子 shell，并在这个子 shell 中切换成指定的新用户。同样，为了安全起见，密码也是不回显的。

```
[root@VM-114-245-centos home]$ su backend
Password:
[backend@VM-114-245-centos home]$
```

#### 5．查看当前系统有哪些用户登录

查看当前系统有哪些用户登录使用的是 who 命令。

例 3-52：who 命令的含义是 "show who is logged on"。

```
[root@VM-114-245-centos test]# who
root     pts/0        Sep 10 08:37 (27.38.28.233)
root     pts/1        Sep 10 10:52 (27.38.28.224)
root     pts/2        Sep 10 09:59 (163.125.244.221)
root     pts/3        Sep 10 10:52 (163.125.66.250)
root     pts/4        Sep 10 11:04 (163.125.66.186)
[root@VM-114-245-centos test]#
```

### 3.3.7 命令执行相关

基本上，Linux 服务器的维护都是通过在 shell 中执行命令来实现的，现在让我们来介绍一下相关的命令和操作。

#### 1．查看执行历史

查看执行历史使用的是 history 命令。

例 3-53：history 命令的含义是 "print history commands"，首先使用 export 命令设置当前会话的 HISTTIMEFORMAT 环境变量，然后使用由 history 命令和 tail 命令组成的管道命令查看最后 5 条执行的历史命令，环境变量的内容将在后续章节中介绍。

```
[root@VM-114-245-centos ~]# export HISTTIMEFORMAT="%F %T  "
[root@VM-114-245-centos ~]# history | tail -5
 2992  2022-05-14 10:58:08 root history
 2993  2022-05-14 10:58:16 root history
 2994  2022-05-14 10:58:18 root history
 2995  2022-05-14 11:03:52 root export HISTTIMEFORMAT="%F %T  "
 2996  2022-05-14 11:04:00 root history | tail -5
[root@VM-114-245-centos ~]#
```

#### 2．在历史命令中搜索命令

在历史命令中搜索命令是使用【Ctrl＋r】组合键来实现的。

例 3-54：首先按【Ctrl＋r】组合键，进入 shell 的搜索命令交互，然后输入所要搜索的命令的关键字，找到之后，按【Tab】键选中它们并退出搜索命令交互。如果找不到，可以

按【Esc】键退出搜索命令交互。下面举例说明，首先输入所要搜索的命令的关键字 grep。

```
[root@VM-114-245-centos ~]#
(reverse-i-search)'grep': ps -ef | grep test | grep -v grep
```

然后按【Tab】键，即可选中我们之前搜索的命令。

```
[root@VM-114-245-centos ~]# ps -ef | grep test | grep -v grep
```

### 3．快速删除当前输入的命令

在 shell 中按【Ctrl + u】组合键，即可把我们当前在命令终端输入的命令全部清空。

### 4．中断当前命令的输入或者中断当前正在执行的程序

中断当前命令的输入或者中断当前正在执行的程序是使用【Ctrl + c】组合键来实现的。

例 3-55：我们输入了一条要执行的命令，但是我们现在并不想马上执行它，也不想把这条辛辛苦苦输入的命令清空。此时，【Ctrl + c】组合键就派上用场了。

首先输入命令。

```
[root@VM-114-245-centos ~]# ps -ef | grep test | grep -v grep
```

然后按【Ctrl + c】组合键，就能做到在不执行命令的情况下还能保留输入的命令。

```
[root@VM-114-245-centos ~]# ps -ef | grep test | grep -v grep^C
[root@VM-114-245-centos ~]#
```

例 3-56：在执行一个交互式命令或其他命令时，我们可以使用【Ctrl + c】组合键来快速中断当前执行的命令。假设我们正在实时查看日志文件 install.log 的输出，如果不再需要查看这个日志文件，可以使用【Ctrl + c】组合键来退出。

```
[root@VM-114-245-centos ~]# tail -3f install.log
Installing compat-libstdc++-33-3.2.3-69.el6.i686
Installing libstdc++-4.4.7-17.el6.i686
*** FINISHED INSTALLING PACKAGES ***
^C
[root@VM-114-245-centos ~]#
```

### 5．强制退出当前命令的执行

当使用【Ctrl + c】组合键无法退出当前执行的命令时，我们也可以尝试使用【Ctrl + \】组合键来强制退出。

### 6．标准输入结束

当执行从标准输入接收数据的命令时，如果想在完成数据的输入后再退出命令，而不是使用组合键【Ctrl + c】或【Ctrl + \】这两种野蛮的方式来退出，则可以使用【Ctrl + d】组合键。它不会触发信号，而是表示一个特殊的输入值 EOF（End Of File），也就是表明输入的结束。对应的命令能感知到输入结束，并正常退出。

### 7．后台执行

有时，我们需要让命令在后台执行，这通常有两种实现方式。第一种实现方式是在命令的后面追加 & 符号，例如 command &。当以这种方式执行时，命令会在后台执行。但是，如果当前终端关闭或退出，后台执行的命令就会收到 SIGHUP 信号并退出，执行被中断。为了避免这种情况发生，我们可以使用第二种实现方式——在命令的前面使用 nohup 命令来启动要执行的命令，并在结尾追加 & 符号，例如 nohup command &。当以这种方式执行时，命令会在后台执行，并且 SIGHUP 信号会被忽略，命令的执行不会被中断。需要注意的是，命令的输出默认会被写入当前目录的 nohup.out 文件。

### 3.3.8 日期相关

在日常工作中，我们经常需要处理和日期相关的数据，日期操作是使用 date 命令来实现的，下面让我们来看一下常见的日期操作。

#### 1. 获取当前系统时间的时间戳

获取当前系统时间的时间戳使用的是 date 命令。

```
[root@VM-114-245-centos ~]# date +%s
1661560715
[root@VM-114-245-centos ~]#
```

#### 2. 将时间戳转换成人类可读的时间格式

date 命令还可以把时间戳（单位为秒）转换成人类可读的时间格式，%Y、%m、%d、%H、%M、%S 都是占位符，分别用于输出年、月、日、时、分、秒。

```
[root@VM-114-245-centos ~]# date -d @1661560715 +"%Y-%m-%d %H:%M:%S"
2022-08-27 08:38:35
[root@VM-114-245-centos ~]#
```

#### 3. 将人类可读的时间格式转换成时间戳

```
[root@VM-114-245-centos ~]# date -d "2022-08-27 08:38:35" +%s
1661560715
[root@VM-114-245-centos ~]#
```

## 3.4　man 的替代工具

man 手册是非常完整的，但是它的缺点也很明显，就是太长了。而在绝大部分情况下，我们只想找到特定的用法。那么，有没有简化易读的手册呢？tldr 就是一个简化易读的手册工具，tldr 是 "too long didn't read" 的缩写，它简化了事无巨细的 man 手册，只列出命令最常用的演示示例。例如，我们可以使用 tldr 查看 cd 命令的常见使用方法。

```
[root@VM-114-245-centos ~]# tldr cd
  cd
  Change the current working directory.
  More information: https://manned.org/cd.
  - Go to the specified directory:
    cd path/to/directory
  - Go up to the parent of the current directory:
    cd ..
  - Go to the home directory of the current user:
    cd
  - Go to the home directory of the specified user:
    cd ~username

  - Go to the previously chosen directory:
    cd -
  - Go to the root directory:
    cd /
[root@VM-114-245-centos ~]#
```

tldr 不是 Linux 系统自带的工具，所以需要我们进行额外的安装才能使用。tldr 可以使用 pip3 来安装，执行 pip3 install tldr 命令即可。需要注意的是，如果你还没有安装 pip3，则需要先执行 yum install python3-pip 命令来安装 pip3。

## 3.5 命令黏合剂：管道机制

命令行的强大之处在于提供了一种高度灵活的方式来组合和操作命令。通过使用管道，我们可以将多个命令连接在一起，将一个命令的输出作为另一个命令的输入，从而实现更加复杂和强大的功能。

### 3.5.1 如何使用管道

在 shell 下，可通过 "|" 符号将多个命令串联起来实现管道功能。一个命令涉及标准输入、标准输出和标准错误，在管道机制中，"|" 符号只能将上一个命令产生的标准输出传递给下一个命令的标准输入，而标准错误是被忽略的。例如，命令 ls -lrt /usr/bin | grep "^l" 可以过滤出 /usr/bin 目录下的所有链接文件，这个管道命令的执行过程如图 3-4 所示。

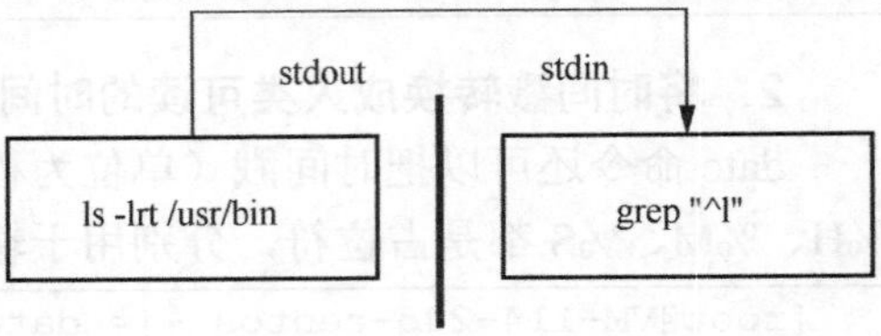

图3-4 管道命令的执行过程

### 3.5.2 行过滤命令 grep

一些命令输出的内容过多，而我们有时候只关心其中的一小部分内容，并且往往因为输出过多而无法快速找到需要的关键信息。此时，grep 命令就能够帮助我们过滤掉不需要的内容，而只保留我们需要的部分。grep 命令支持基于正则表达式的过滤，并且可以根据用户指定的正则表达式规则来匹配需要的内容。表 3-4 列出了最常用的正则表达式规则。

表 3-4 最常用的正则表达式规则

| 正则表达式规则 | 含义 |
| --- | --- |
| keyword | 匹配包含指定关键字（keyword）的行 |
| ^keyword | 匹配以指定字关键字（keyword）开头的行 |
| keyword$ | 匹配以指定字关键字（keyword）结尾的行 |
| * | 匹配前一个字符重复出现零次或无限多次，比如，"go*" 能够匹配 "go" "goo" "gooo"。正则表达式的*和命令行的通配符*在表示零个或任意多个字符时是不一样的，请不要混淆 |
| . | 匹配任意一个字符，空格也算，比如，"te.t" 既匹配 "test"，也匹配 "te t" |
| [charSet] | 匹配指定字符集中的任意一个字符，比如，"a[ba]a" 匹配的是 "aba" "aaa" |
| [^charSet] | 匹配不包含指定字符集中的任意一个字符，比如，对于 "a[^ba]a"，"aba" 和 "aaa" 是不匹配的，"aca" 是匹配的 |
| [b-e] | 匹配一个指定的字符集，这个字符集采用范围的方式来表示，比如，[0-9] 表示任意一个数字，[A-Z] 表示任意一个大写字母 |
| \\{n,m\\} | 对于前一个字符，匹配连续的 $n \sim m$ 个，比如，"a\\{2,3\\}" 匹配的是 "aa" 和 "aaa" |
| \\{n\\} | 对于前一个字符，匹配连续的 $n$ 个，比如，"ba\\{2\\}" 匹配的是 "baa" |
| \\{n,\\} | 对于前一个字符，匹配连续的 $n$ 个及以上，比如，"ba\\{2,\\}" 匹配的是 "baa" "baaa" "baaaa" 等 |

下面让我们来看几个常见的例子。

## 3.5 命令黏合剂：管道机制

**例 3-57**：过滤包含指定的关键字，ps -ef 会输出所有的进程信息，grep 命令会过滤出包含 sshd 的命令。

```
[root@VM-114-245-centos ~]# ps -ef | grep sshd
root         731     1  0 Apr29 ?        00:00:00 /usr/sbin/sshd
root       21233   731  0 22:04 ?        00:00:00 sshd: root@pts/0
root       21297 21273  0 22:04 pts/0    00:00:00 grep sshd
[root@VM-114-245-centos ~]#
```

**例 3-58**：过滤不包含指定的关键字，v 选项表示不包含指定的关键字，对之前的输出再过滤掉第三行的输出。

```
[root@VM-114-245-centos ~]# ps -ef | grep sshd | grep -v grep
root         731     1  0 Apr29 ?        00:00:00 /usr/sbin/sshd
root       21233   731  0 22:04 ?        00:00:00 sshd: root@pts/0
```

**例 3-59**：过滤掉空行以及以"#"开头的行。

```
[root@VM-114-245-centos ~]# cat /etc/init.d/sshd | grep -v '^#' | grep -v '^$'
. /etc/rc.d/init.d/functions
[ -f /etc/sysconfig/sshd ] && . /etc/sysconfig/sshd
RETVAL=0
prog="sshd"
lockfile=/var/lock/subsys/$prog
KEYGEN=/usr/bin/ssh-keygen
SSHD=/usr/sbin/sshd
……省略部分输出……
```

**例 3-60**：在/etc/passwd 文件中匹配 roo。

```
[root@VM-114-245-centos ~]# grep 'ro\{2\}' /etc/passwd
root:x:0:0:root:/root:/bin/bash
operator:x:11:0:operator:/root:/sbin/nologin
[root@VM-114-245-centos ~]#
```

### 3.5.3 文本分析处理工具 awk

awk 作为 Linux 系统中的文本分析处理工具，在命令行中常常用于信息的分割和提取，并且通常被应用到管道中。awk 功能强大且语法复杂，这里仅介绍 awk 的几种常见用法。如果想了解更多关于 awk 的使用方法，可以查看 awk 的帮助手册。

awk 最常用的命令格式为 "awk [-F separator] 'commands' file"，其中[-F separator]是可选部分，在需要指定字段分隔符时使用。默认情况下，awk 使用空格作为字段分隔符。commands 是 awk 的提取动作，通常使用 awk 的 print 命令来提取指定字段。file 是 awk 要分析处理的输入文件。

awk 每次从文件或标准输入中读入一行数据，然后根据指定的分隔符对该行数据进行划分，将它们分成不同的字段，分别标记为$1、$2、$3、…、$n。这些字段构成了一条记录，对这条完整的记录使用$0 进行标记。然后，awk 读取下一行数据并进行处理，直至文件末尾或者标准输入结束。

awk 的 commands 由模式和动作组成，其中模式可以是任意的条件语句，甚至是正则表达式等。模式有两个特殊的标记：BEGIN 和 END。BEGIN 用于标记文本处理之前的动作，而 END 用于标记文本处理之后的动作。通常情况下，我们可以在 BEGIN 标记的动作中输出字段描述，而在 END 标记的动作中输出统计信息。

在 awk 中，我们可以通过使用'~'符号来启用正则表达式。对应的正则表达式跟在其后，并使用一对"/"包含起来。例如，如果想要匹配"bash"，则需要在 awk 中输入"/bash/"。

在 awk 中，还有一些内置变量可以使用，最为常用的是 NF 和 NR。NF 表示每行记录对应有多少个字段，而 NR 则表示当前正在处理的是第几条记录。这些内置变量可以在 awk 的 commands 中直接使用，以方便我们进行文本处理和分析。

下面让我们来看几个例子。

例 3-61：获取系统用户的登录 shell，cat 命令输出/etc/passwd 的内容，awk 指定分隔符为':'，并提取第一个字段和最后一个字段。

```
[root@VM-114-245-centos ~]# cat /etc/passwd | awk -F ':' 'BEGIN{print "user\tshell\n-------------"} {print $1"\t"$NF} END{print "-------------"}'
user     shell
-------------
root     /bin/bash
bin      /sbin/nologin
daemon   /sbin/nologin
……省略部分输出……
-------------
[root@VM-114-245-centos ~]#
```

例 3-62：过滤使用 bash 作为登录 shell 的用户，awk 指定分隔符为':'，当最后一个字段匹配 bash 时输出第一个字段。

```
[root@VM-114-245-centos ~]# cat /etc/passwd | awk -F ':' '{if ($NF ~ /bash/) print $1}'
root
backend
[root@VM-114-245-centos ~]#
```

### 3.5.4 流编辑命令 sed

sed 是一个流编辑命令，它通过行号或正则表达式来提取要编辑的文本，支持对文本进行删除、替换、追加等操作。需要特别注意的是，sed 默认不会修改输入文件，它操作的只是一份副本，编辑后的文本都是输出到终端的。与 grep、awk 一样，sed 是重要的文本过滤工具，它们通常在一条管道命令中配合使用，以实现更加复杂的文本处理和分析。

sed 最常用的命令格式为"sed 'commands' file"，其中 file 是输入文件，commands 是要执行的动作，包括对文本的提取规则和编辑行为，编辑行为紧跟在提取规则之后，旨在对提取的文本进行编辑。表 3-5 和表 3-6 分别给出了 sed 中常用的提取规则和编辑行为。

表 3-5 sed 中常用的提取规则

| 提取规则 | 含义 |
| --- | --- |
| b | b为行号，提取第b行数据 |
| $ | $表示最后一行，提取最后一行数据 |
| b,e | b和e都为行号，提取从第b行到第e行的数据 |
| /re/ | re为正则表达式，提取匹配正则表达式的行 |

表 3-6 sed 中常用的编辑行为

| 编辑行为 | 含义 |
| --- | --- |
| s/find-re/replace/g | 对匹配的文本进行替换，第一对斜杠包含的是匹配要被替换掉的文本的正则表达式，第二对斜杠包含的是替换使用的新文本。g表示全局替换，如果没有g，则只替换每行中的第一个匹配项 |

## 3.5 命令黏合剂：管道机制

续表

| 编辑行为 | 含义 |
|---|---|
| i\txt | 在匹配的行前添加txt文本 |
| a\txt | 在匹配的行后添加txt文本 |
| d | 删除匹配的行 |
| p | 输出匹配的行 |

下面让我们来看几个例子。

**例3-63**：查看/etc/passwd文件中的第1~5行数据。

```
[root@VM-114-245-centos ~]# sed -n '1,5p' /etc/passwd
root:x:0:0:root:/root:/bin/bash
bin:x:1:1:bin:/bin:/sbin/nologin
daemon:x:2:2:daemon:/sbin:/sbin/nologin
adm:x:3:4:adm:/var/adm:/sbin/nologin
lp:x:4:7:lp:/var/spool/lpd:/sbin/nologin
[root@VM-114-245-centos ~]#
```

**例3-64**：删除/etc/passwd文件中的第1~20行数据，输出剩余的数据。

```
[root@VM-114-245-centos ~]# sed '1,20d' /etc/passwd
sshd:x:74:74:Privilege-separated SSH:/var/empty/sshd:/sbin/nologin
dbus:x:81:81:System message bus:/:/sbin/nologin
tcpdump:x:72:72::/:/sbin/nologin
syslog:x:498:498::/home/syslog:/bin/false
backend:x:500:501::/home/backend:/bin/bash
[root@VM-114-245-centos ~]#
```

**例3-65**：匹配/etc/passwd文件中包含"root"文本的行并输出。

```
[root@VM-114-245-centos ~]# sed -n '/root/p' /etc/passwd
root:x:0:0:root:/root:/bin/bash
operator:x:11:0:operator:/root:/sbin/nologin
[root@VM-114-245-centos ~]#
```

**例3-66**：把/etc/passwd文件中第1~12行的"root"文本替换成"myroot"，g表示全部替换，最后使用grep进行过滤。

```
[root@VM-114-245-centos ~]# sed '1,12s/root/myroot/g' /etc/passwd | grep myroot
myroot:x:0:0:myroot:/myroot:/bin/bash
operator:x:11:0:operator:/myroot:/sbin/nologin
[root@VM-114-245-centos ~]#
```

**例3-67**：在/etc/passwd文件中出现过"root"文本的行的后面添加一个sedAppend。

```
[root@VM-114-245-centos ~]# sed '/root/a\sedAppend' /etc/passwd
root:x:0:0:root:/root:/bin/bash
sedAppend
bin:x:1:1:bin:/bin:/sbin/nologin
daemon:x:2:2:daemon:/sbin:/sbin/nologin
……省略部分输出……
```

**例3-68**：在/etc/passwd文件中出现过"root"文本的行的前面添加一个sedInsert。

```
[root@VM-114-245-centos ~]# sed '/root/i\sedInsert' /etc/passwd
sedInsert
root:x:0:0:root:/root:/bin/bash
bin:x:1:1:bin:/bin:/sbin/nologin
daemon:x:2:2:daemon:/sbin:/sbin/nologin
……省略部分输出……
```

## 3.5.5 参数传递命令 xargs

xargs 是一个非常有用的命令行工具,它可以从标准输入中读取信息,并以【Tab】键、空格和换行符作为分隔符提取参数,实现标准输入到参数列表的转换。xargs 还可以控制每次传递多少个参数给命令,以避免参数过多导致命令行过长的问题发生。

xargs 的两大功能如下:把"标准输入"转换成"参数列表",然后传递给随后的命令;调整参数传递规则。xargs 最难理解的就是第一个功能,下面我们通过一个具体的例子来详细讲解这个功能。代码清单 3-1 实现了类似 cat 命令的功能,源代码在 mycat.c 文件中。

**代码清单 3-1 实现类似 cat 命令的功能**

```c
#include <errno.h>
#include <fcntl.h>
#include <stdio.h>
#include <string.h>

int catFile(char* fileName) {
  //以只读的方式打开文件
  int fd = open(fileName, O_RDONLY);
  //返回值小于0,说明文件打开失败
  if (fd < 0) {
    return -1;
  }
  char c;
  int ret = 0;
  while (1) {
    //从文件中读取一个字符
    ret = read(fd, &c, 1);
    //成功读取到一个字符
    if (1 == ret) {
      printf("%c", c);
      continue;
    }
    //返回0,表示文件读完
    if (0 == ret) {
      return 0;
    }
    //返回值既不是0,也不是1,表示发生错误,直接退出while循环
    break;
  }
  //发生错误,直接返回-1
  return -1;
}
int main(int argc, char** argv) {
  //当只有一个参数时,从标准输入中读取数据
  if (argc <= 1) {
    char c;
    //只要读取到一个字符,就输出到终端
    while (scanf("%c", &c) != EOF) {
      printf("%c", c);
    }
    return 0;
  }
  //传入main函数的参数列表,第一个参数是程序名
  //实际的参数个数需要减1
  argc--;
  //参数多于5个时报错并退出
  if (argc > 5) {
    fprintf(stderr, "Argc=%d,Too Many Arguments\n", argc);
    return -1;
  }
  int ret = 0;
  int i = 0;
```

## 3.5 命令黏合剂：管道机制

```
//按照参数顺序读取文件内容并输出到终端
for (i = 1; i <= argc; ++i) {
    ret = catFile(argv[i]);
    if (ret != 0) {
        //若发生错误，系统会把错误码设置在errno这个全局变量中
        //strerror函数用于输出错误码对应的错误信息
        fprintf(stderr, "%s\n", strerror(errno));
        return -1;
    }
}
return 0;
}
```

我们先来看一下在管道命令中使用 xargs 和不使用 xargs 的区别。

使用 gcc 对 mycat.c 进行编译，生成可执行程序 mycat，o 选项表示指定生成的可执行文件名为 mycat，否则 gcc 生成的默认可执行文件名为 a.out。

```
[root@VM-114-245-centos Chapter03]# gcc -o mycat mycat.c
[root@VM-114-245-centos Chapter03]# ls
mycat   mycat.c
[root@VM-114-245-centos Chapter03]#
```

执行管道命令"ls *.c | ./mycat"，可以看到，mycat 只是原封不动地输出了 ls 命令的执行结果。

```
[root@VM-114-245-centos Chapter03]# ls *.c | ./mycat
mycat.c
[root@VM-114-245-centos Chapter03]#
```

在管道命令中添加 xargs，执行"ls *.c | xargs ./mycat"，可以看到，mycat 输出了 mycat.c 文件的内容。

```
[root@VM-114-245-centos Chapter03]# ls *.c | xargs ./mycat
#include <errno.h>
#include <fcntl.h>
#include <stdio.h>
#include <string.h>

int catFile(char* fileName) {
……省略部分输出……
```

为什么使用 xargs 和不使用 xargs 会有这样的区别？这是因为 mycat 既可以接收来自命令参数列表的数据，也可以接收来自标准输入的数据。当不使用 xargs 时，"ls *.c"的标准输出被管道转换成了 mycat 的标准输入，并被 mycat 原封不动地输出到终端；而当使用 xargs 时，"ls *.c"的标准输出先被管道转换成标准输入，然后标准输入被 xargs 转换成了参数列表传递给 mycat，mycat 从参数列表中获取要打开的文件并输出 mycat.c 文件的内容。具体的过程如图 3-5 所示。

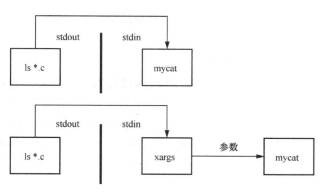

图3-5　xargs原理图

下面让我们来看几个例子。

例 3-69：在指定目录下查找所有的.c 文件是否包含指定的关键字，这样在修改项目的某个接口时，就可以快速定位哪些地方有使用并需要修改。在管道命令中，grep 的 n 选项表示输出行数。

```
[root@VM-114-245-centos ~]# find ./ -name '*.c' | xargs grep -n 'printf'
./mycat.c:21:            printf("%c", c);
./mycat.c:44:            printf("%c", c);
……省略部分输出……
```

例 3-70：复制/usr/include 目录下所有的.h 文件到当前的 include 目录下，xargs 的 I 选项表示指定参数替换串。如下命令中的参数替换串为"params"，也就是说，xargs 在传递参数给 cp 时，会将"params"用真实的参数替换掉。

```
[root@VM-114-245-centos ~]# mkdir include
[root@VM-114-245-centos ~]# find /usr/include/ -name '*.h' | xargs -I params cp params ./include
```

例 3-71：统计指定文件的行数，用于平时统计项目代码总行数。在管道命令中，首先使用 xargs 和 cat 把所有的文件内容输出到标准输出，然后使用 wc 统计一共有多少行。wc 是行数、字数、字符数统计命令，l 选项用来统计行数。

```
[root@VM-114-245-centos include]# find ./ -name '*.h' | xargs cat | wc -l
263418
[root@VM-114-245-centos include]#
```

例 3-72：与例 3-71 一样，统计指定文件的行数，但是用 mycat 程序替代 cat 程序。首先把 mycat 程序发布到/usr/bin 目录下，/usr/bin 是 shell 搜索可执行文件的默认路径之一，然后使用管道命令进行统计。在这里，我们给 xargs 指定了 n 选项，它的参数值是一个数字，这个数字表明每次最多传递多少个参数给后面的命令，因为 mycat 最多接收 5 个参数，所以 n 选项的参数值不能大于 5。

```
[root@VM-114-245-centos Chapter03]# cp ./mycat /usr/bin
[root@VM-114-245-centos Chapter03]# cd /usr/include/
[root@VM-114-245-centos include]# find ./ -name '*.h' | xargs -n 5 mycat | wc -l
263418
[root@VM-114-245-centos include]#
```

### 3.5.6 其他常用的辅助命令

除了前面介绍的几个命令经常配合管道一起使用，还有两个常用的辅助命令，它们分别是 sort 命令和 uniq 命令。

#### 1．sort 命令

sort 命令可以对文件或标准输入进行排序，常被应用于管道命令中。以下是一个对用户名进行排序，并取排序后的前 5 个用户名的例子。

例 3-73：cat 命令输出/etc/passwd 文件中的内容，awk 命令过滤出/etc/passwd 文件中的用户名字段，sort 命令对用户名进行排序，head 命令输出前 5 个用户名。

```
[root@VM-114-245-centos ~]# cat /etc/passwd | awk -F ':' '{print $1}' | sort | head -5
abrt
adm
backend
bin
daemon
[root@VM-114-245-centos ~]#
```

#### 2．uniq 命令

uniq 命令既可以实现行查重的功能，也可以只输出重复的行。通常情况下，uniq 命令可以和 sort 命令一起使用，以进行行去重或者输出重复的行，使用 d 选项可以只输出有重复的行，使用 u 选项可以只输出不重复的行。以下是一个例子。

例 3-74：awk 命令过滤出/etc/passwd 文件中的登录 shell，sort 命令对登录 shell 进行排序，uniq 命令用于行查重，d 选项输出重复的行，u 选项输出不重复的行。

```
[root@VM-114-245-centos ~]# awk -F ':' '{print $NF}' /etc/passwd | sort | uniq -d
/bin/bash
/sbin/nologin
[root@VM-114-245-centos ~]# awk -F ':' '{print $NF}' /etc/passwd | sort | uniq -u
/bin/false
/bin/sync
/sbin/halt
/sbin/shutdown
[root@VM-114-245-centos ~]#
```

## 3.6 命令输入/输出的重定向

有时，我们希望对命令的执行结果进行保存，而不只是输出到终端屏幕上。shell 为了满足这种需求，提供了重定向功能。我们先来看一下 shell 中提供的一些特殊的文件描述符和文件，具体如表 3-7 所示。

表 3-7 一些特殊的文件描述符和文件

| 文件描述符或文件 | 含义 |
| --- | --- |
| 0 | 标准输入文件描述符，默认关联的是键盘，是命令的标准输入 |
| 1 | 标准输出文件描述符，默认关联的是终端屏幕，是命令的标准输出 |
| 2 | 标准错误文件描述符，默认关联的是终端屏幕，是命令的标准错误 |
| /dev/null | Linux系统中的"黑洞"设备，类似于Windows系统中的垃圾回收站，写入/dev/null的数据都会被忽略 |

对命令的输入/输出进行重定向，其实就是对标准输入、标准输出和标准错误进行重定向，常用的重定向方法如表 3-8 所示。

表 3-8 常用的重定向方法

| 重定向方法 | 含义 |
| --- | --- |
| cmd > outputFile | 将命令的标准输出，以覆盖的方式重定向到outputFile中 |
| cmd >> outputFile | 将命令的标准输出，以追加的方式重定向到outputFile中 |
| cmd 1>outputFile | 将命令的标准输出，以覆盖的方式重定向到outputFile中 |
| cmd 1>>outputFile | 将命令的标准输出，以追加的方式重定向到outputFile中 |
| cmd 2>outputFile | 将命令的标准错误，以覆盖的方式重定向到outputFile中 |
| cmd 2>>outputFile | 将命令的标准错误，以追加的方式重定向到outputFile中 |
| cmd > outputFile 2>&1 | 将命令的标准输出和标准错误，以覆盖的方式重定向到outputFile中 |
| cmd >> outputFile 2>&1 | 将命令的标准输出和标准错误，以追加的方式重定向到outputFile中 |
| cmd >> outputFile 2>"/dev/null" | 将命令的标准输出，以追加的方式重定向到outputFile中，并忽略标准错误 |
| cmd < inputFile > outputFile | 命令以inputFile作为标准输入，并将标准输出以覆盖的方式重定向到outputFile中 |

在执行重定向命令时，我们可能需要确认命令是否按照预期执行，从而得到我们想要的结果。然而，由于输出已经被重定向到文件中，我们无法直接查看命令的输出。为了解决这个问题，我们可以使用 tee 命令，它可以从标准输入中读取数据，并将数据分别写入文件和标准输出。例如，假设我们想要从/etc/passwd 文件中过滤出以 bash 作为登录 shell 的用户信息，并将结果保存到 bashUser 文件中，但同时也想查看我们的过滤命令是否有效，此时可以执行 cat /etc/passwd | grep bash | tee bashUser。

## 3.7 命令的连续执行

在 shell 中，我们可以在一行输入中同时包含多条命令，只需要使用";"将各个命令分隔开即可。在执行时，每条命令会按照输入的顺序逐条执行。以下是一个例子。

例 3-75：首先使用 echo 命令在终端输出"rookie"，然后显示当前的工作目录，最后切换到/root/BackEnd 目录。

```
[root@VM-114-245-centos ~]# echo "rookie" ; pwd ; cd ./BackEnd
rookie
/root
[root@VM-114-245-centos BackEnd]#
```

如果各个命令的执行存在依赖关系，则可以使用"&&"和"||"两个字符串来连接这些命令。假设命令 1 需要在命令 2 之前执行，并且只有在命令 1 执行成功后才能执行命令 2，则可以使用"&&"连接这两个命令；如果只有在命令 1 执行失败后才能执行命令 2，则可以使用"||"连接这两个命令。以下是两个具体的例子。

例 3-76：如果 ls 命令执行成功，就执行 echo 命令，提示文件存在。

```
[root@VM-114-245-centos ~]# ls -lrt bashUser && echo "bashUser is exist"
-rw-r--r-- 1 root root 75 Aug 30 07:34 bashUser
bashUser is exist
[root@VM-114-245-centos ~]#
```

例 3-77：如果 cd 命令执行不成功，就执行 echo 命令，提示目录不存在。

```
[root@VM-114-245-centos ~]# cd noExistDir || echo "dir is not exist"
-bash: cd: noExistDir: No such file or directory
dir is not exist
[root@VM-114-245-centos ~]#
```

## 3.8 vi 编辑器简介

vi 是一款在 Linux 系统中得到广泛使用的交互式命令行编辑器，它提供了丰富且高效的编辑操作，并支持定制化的配置。虽然 vi 编辑器的学习曲线非常陡峭，但是一旦掌握了 vi 编辑器的基本操作，它就可以被当作 IDE 使用。在开发过程中，我们通常使用 vi 编辑器来编辑一些文件，最常编辑的是配置文件。如果已经习惯了在 IDE 中进行文件的编辑或者代码的编写，那么刚开始使用 vi 编辑器时可能会很不习惯，需要多操作几次才能熟练掌握。但是，我们通常只需要掌握 vi 编辑器常用的编辑功能就可以了。

vi 编辑器在命令行下有两种模式：命令模式和编辑模式。当我们开始执行 vi 命令时，就会进入命令模式。在命令模式下，我们可以使用各种命令来操作文件，如移动光标、删除文本、复制粘贴等。在命令模式下，输入"i""a"等字母可以进入编辑模式；在编辑模式下，按【Esc】

键可以进入命令模式，【Esc】键可以连续按多次，效果是一样的。

vi 编辑器常用操作如表 3-9 所示。

表 3-9 vi 编辑器常用操作

| 操作 | 含义 |
| --- | --- |
| 在命令模式下输入"i"字母 | 进入编辑模式，在光标当前位置插入文本 |
| 在命令模式下输入"I"字母 | 进入编辑模式，在光标所在行的行首插入文本 |
| 在命令模式下输入"a"字母 | 进入编辑模式，在光标当前位置的下一个字符处插入文本 |
| 在命令模式下输入"A"字母 | 进入编辑模式，在光标所在行的行尾插入文本 |
| 在命令模式下输入"o"字母 | 进入编辑模式，在光标所在行的下一行插入新行，并在新行的行首插入文本 |
| 在命令模式下输入"O"字母 | 进入编辑模式，在光标所在行的上一行插入新行，并在新行的行首插入文本 |
| 在编辑模式下按【Esc】键，可以连续按多次 | 进入命令模式 |
| 在命令模式下输入"0" | 当前输入光标跳到行首 |
| 在命令模式下按"$"键 | 当前输入光标跳到行尾 |
| 在命令模式下输入"k"（up）、"j"（down）、"h"（left）、"l"（right）字母 | 对输入光标进行上、下、左、右移动 |
| 在命令模式下输入":"和一个数字 | 输入光标会快速定位到指定数字所在的行 |
| 在命令模式下输入"gg" | 输入光标会快速定位到第一行 |
| 在命令模式下输入"G" | 输入光标会快速定位到最后一行 |
| 在命令模式下输入"u" | 撤销上一次在编辑模式下执行的操作 |
| 在命令模式下按"x" | 删除当前光标后面的一个字符 |
| 在命令模式下按"$n$x" | $n$ 为整数，删除当前光标后面的 $n$ 个字符 |
| 在命令模式下按"dd" | 删除当前光标所在的行 |
| 在命令模式下按"$n$dd" | $n$ 为整数，删除当前光标后面的 $n$ 行 |
| 在命令模式下输入":w" | 保存当前的修改并写入文件 |
| 在命令模式下输入":q!" | 退出 vi 编辑器并撤销所有的修改 |
| 在命令模式下输入":wq" | 保存修改并退出 vi 编辑器 |
| 在命令模式下输入":help" | 显示相关命令的帮助 |

如果大家想了解更多关于 vi 编辑器的使用方法，可以查看 vi 编辑器的帮助手册，这里不再深入展开。

## 3.9 本章小结

本章主要围绕"服务器运维"这个主题，介绍了 shell、shell 下命令行的通用格式和一些共识、不同类型的常用命令、shell 强大的管道机制、命令的重定向机制、命令的连续执行以及 vi 编辑器的使用方法。通过这种循序渐进的方式，我们希望大家能够快速建立成就感，并且能够坚持下去，在 Linux 后端开发的道路上越走越远。

# 第4章 shell 编程简介

除了提供强大的命令行功能，shell 还支持脚本语言。我们可以通过编写 shell 脚本来实现更复杂的功能。在本章中，我们将对 Linux 系统下的 shell 编程做一个简要的介绍。通过学习本章内容，大家可以掌握基本的 shell 编程技巧，并且能够编写一些不太复杂的 shell 脚本来完成工作中的任务。

## 4.1 什么是 shell 编程

shell 编程就是编写符合 shell 语法的脚本文件。shell 语法具有普通编程语言中的大部分特性，例如顺序执行、变量定义、选择、判断、循环、函数定义等。在 shell 编程中，除了能够使用 shell 的语言特性，还可以使用 shell 强大的命令行功能。另外，shell 是解释型语言，不像 C/C++语言那样需要经过编译、链接后才可以执行，而是在编写完之后就可以直接在 shell 中执行。shell 免编译的便利性及其与 Linux 系统良好的契合性，使得它非常适合用来编写一些脚本用于系统维护、系统监控、服务启停等。

## 4.2 "hello world" 程序

在本章的后续内容中，我们将基于 bash 这个 shell，进行 shell 编程的学习。需要注意的是，bash 在 Linux 系统中是默认的 shell，因此大部分 Linux 系统默认安装了 bash。下面是一个简单的输出"hello world"的脚本。

```
[root@VM-114-245-centos ~]# cd ShellScript/
[root@VM-114-245-centos ShellScript]# cat helloworld.sh
#!/bin/bash
STR="hello world"
echo $STR
[root@VM-114-245-centos ShellScript]#
```

以上脚本中的第 1 行为 "#!/bin/bash"，这一行声明我们使用/bin/bash 来执行这个脚本，这个声明必须放在第 1 行，否则系统会使用当前默认的 shell 来执行这个脚本。

第 2 行定义 STR 变量并赋值为"hello world"。最后使用 echo 命令向终端输出变量 STR 的值 "hello world"，这里使用 "$" 来引用变量 STR 的值。在这个例子中，我们没有显式地设置脚本的返回值，默认返回 0。当然，我们也可以显式地执行 "exit 0" 来指定脚本的返回值为 0。

## 4.3 shell 的执行过程

当我们执行脚本文件时，操作系统会解析脚本文件的第一行，获取 "#!" 之后的命令作为脚本执行的解释器。然后执行脚本的完整命令，作为解释器的命令行参数来运行解释器。

最后实现脚本文件的执行。下面让我们来看一个具体的例子。

catmyself.sh 脚本用于输出脚本自身的内容，它还能输出其他文件的内容，下面让我们来看一下它的内容。

```
#!/bin/cat
echo "myself"
```

执行 catmyself.sh 脚本：

```
[root@VM-114-245-centos ShellScript]# chmod +x ./catmyself.sh
[root@VM-114-245-centos ShellScript]# ./catmyself.sh helloworld.sh
#!/bin/cat
echo "myself"
#!/bin/bash
STR="hello world"
echo $STR
[root@VM-114-245-centos ShellScript]#
```

执行效果和命令/bin/cat ./catmyself.sh helloworld.sh 是完全一样的。当执行命令./catmyself.sh helloworld.sh 时，操作系统获取到脚本的解释器为/bin/cat，然后把执行脚本的完整命令./catmyself.sh helloworld.sh 作为解释器/bin/cat 的命令行参数来运行解释器，最后执行的命令就是/bin/cat ./catmyself.sh helloworld.sh。

## 4.4 调试

如果脚本出现语法错误或者没有按照我们的预期执行，该如何调试呢？其实 bash 命令中直接提供了这样的功能，在使用 bash 执行命令时，带上 x 选项就可以跟踪脚本的每一步执行。如果想要调试之前写的 helloworld.sh 脚本，可以执行如下操作。

```
[root@VM-114-245-centos ShellScript]# bash -x ./helloworld.sh
+ STR='hello world'
+ echo hello world
hello world
[root@VM-114-245-centos ShellScript]#
```

上面的命令会以跟踪模式执行 helloworld.sh 脚本，并输出每一步执行的命令和结果，以帮助我们快速定位问题所在。此外，还有一个常用的 e 选项，它的作用如下：在脚本执行过程中，如果有命令执行失败，则立即终止脚本的执行，这在定位脚本执行失败时特别高效。

## 4.5 执行方式的不同

脚本通常有 3 种不同的执行方式，不同的执行方式会有完全不同的执行效果。下面分别对这 3 种执行方式进行介绍。

### 4.5.1 直接执行

在直接执行之前，需要先给脚本添加可执行权限。如果一个脚本所在的目录不在环境变量 PATH 中，就需要使用绝对路径或相对路径执行这个脚本；反之，无论在哪个目录下，都可以直接执行这个脚本。4.6.1 节将介绍环境变量的内容。例如，我们的第一个脚本 helloworld.sh 可以使用以下方式来执行。

```
#给脚本helloworld.sh添加可执行权限。
[root@VM-114-245-centos ShellScript]# chmod +x helloworld.sh
#使用相对路径执行。
[root@VM-114-245-centos ShellScript]# ./helloworld.sh
hello world
[root@VM-114-245-centos ShellScript]# pwd
/root/Script
#使用绝对路径执行。
[root@VM-114-245-centos ShellScript]# /root/Script/helloworld.sh
hello world
[root@VM-114-245-centos ShellScript]#
```

### 4.5.2 使用 bash 来执行

可以使用 bash 来执行，当然也可以使用其他 shell 来执行，比如 zsh。脚本作为输入参数，此时脚本不必具备可执行权限，使用 bash 来执行和直接执行的效果是一样的。如下所示，我们可以通过执行类似的操作来执行脚本 helloworld.sh。

```
[root@VM-114-245-centos ShellScript]# bash ./helloworld.sh
hello world
[root@VM-114-245-centos ShellScript]# bash /root/Script/helloworld.sh
hello world
[root@VM-114-245-centos ShellScript]#
```

### 4.5.3 使用 source 或英文点号"."来执行

无论是直接执行还是使用 bash 来执行脚本，都是使用 fork 出来的子进程来执行脚本。由于子进程的操作不会影响到父进程，因此脚本中的操作不会对当前用户登录的 shell 产生任何影响。我们可以使用 source 或英文点号"."来执行脚本，且不要求脚本具备可执行权限，这样脚本就会在当前用户登录的 shell 中执行，而不是 fork 出一个子进程并在这个子进程中执行，此时脚本中的操作就能对当前用户登录的 shell 产生影响。仍以前面的脚本 helloworld.sh 为例。

```
#直接执行脚本，通过fork出子进程来执行。
[root@VM-114-245-centos ShellScript]# ./helloworld.sh
hello world
#STR变量只存在于子进程中，用户登录的父进程中没有STR变量，因此输出空串。
[root@VM-114-245-centos ShellScript]# echo $STR

[root@VM-114-245-centos ShellScript]#
#使用source执行脚本，在用户当前登录的进程中执行。
[root@rVM-114-245-centos ShellScript]# source ./helloworld.sh
hello world
#STR变量存在于当前用户登录的进程中，因此在使用echo输出STR变量的内容时，会再次输出"hello
#world"。
[root@VM-114-245-centos ShellScript]# echo $STR
hello world
[root@VM-114-245-centos ShellScript]#
```

## 4.6 变量

用户登录的 shell 为脚本提供了一个执行环境,这个执行环境定义了许多变量,这些变量可以分为 4 类:环境变量、自定义变量、参数变量和特殊变量。接下来,我们将分别介绍这些变量的含义。

### 4.6.1 环境变量

环境变量是存储在当前登录 shell 中的公共数据,任何在当前登录 shell 中执行的程序和脚本都可以访问环境变量。通常情况下,环境变量存储的是系统的一些公用信息,例如可执行程序的搜索路径、动态库的搜索路径、当前用户名等。环境变量是以"variable=value"形式表示的字符串集合,因此环境变量可以作为存储公共配置信息的地方。

我们可以通过在 shell 中执行 env 命令来查看当前登录 shell 的环境变量。通过使用 export variable 命令或 declare -x variable 命令,我们可以将其他非环境变量设置为环境变量。但是,新增的环境变量只在当前登录的 shell 中有效。如果我们想让某些变量在每次登录 shell 后都自动成为环境变量,则可以修改登录用户的 home 目录下的.bash_profile 文件(我们配置的登录 shell 为 bash),在其中添加新增变量的定义,然后添加 export variable 命令或 declare -x variable 命令。

每次用户登录时,bash 都会自动执行当前用户的 home 目录下的.bash_profile 文件,完成用户自定义的配置。常用的环境变量如表 4-1 所示。

表 4-1 常用的环境变量

| 环境变量 | 含义 |
| --- | --- |
| HOSTNAME | 主机名 |
| HOME | 当前登录用户的home目录,使用cd ~或cd命令可以直接切换到home目录 |
| PATH | 可执行文件的查找路径集合,路径之间使用冒号":"分隔 |
| SHELL | 当前使用的shell的名称 |
| HISTSIZE | 历史命令保存的条数 |
| PWD | 当前的工作目录 |
| OLDPWD | 上一次的工作目录,执行cd-命令会跳转到这个目录 |
| USER | 当前登录的用户 |
| LD_LIBRARY_PATH | 动态链接库的搜索路径集合,路径之间使用冒号":"分隔 |

### 4.6.2 自定义变量

除了环境变量,在 shell 中,我们还需要一些自定义变量来保存文件路径、文件名、用户输入、临时结果、命令执行结果等信息。shell 变量是弱类型变量,使用时不需要声明类型,shell 会自动解析。当然,我们也可以强制声明变量的类型。

我们可以使用 variable=value 来设置变量,其中 variable 为变量名,value 为变量值。需要特别注意的是，在上面的等式中，等号的左右不能有任何空格，因为如果有空格的话，shell 就会将其解析为命令。如果 value 中有空格，则可以使用单引号或双引号将其包含起来。例如，我们可以使用 STR="hello world"来设置一个名为 STR 的变量。

变量名可以由英文字母和数字组成，但开头不能是数字。变量可以用于保存命令的执行结果，命令放在 value 部分，使用两个反引号"`"或"$()"包含起来。例如，我们可以使用 USER_NAME=`whoami`或 USER_NAME=$(whoami)来保存当前用户名。

在 shell 中，使用单引号包含的 value 中的字符都是纯粹的字符，不会有任何特殊的含义。而使用双引号包含的 value 中的特殊字符则保留原来的语义，比如"\"为转义字符，"$"和"${}"为变量引用。例如，如果我们设置一个名为 NAME 的变量，值为 rookie，在 shell 中执行 echo 'my name is $NAME'，则输出的是"my name is $NAME"，因为单引号中的变量名不会被解析；而如果执行 echo "my name is $NAME"，则输出的是"my name is rookie"，因为双引号中的变量名会被解析为对应的值。

当需要在变量的内容上进行累加时，可以采用 variable=${variable}addContent 的方式。例如，我们经常需要修改可执行路径集合的环境变量 PATH，在 PATH 环境变量的后面添加其他路径。此时，我们可以使用 PATH=${PATH}:/usr/local/bin 的方式，把/usr/local/bin 添加到环境变量 PATH 中。

变量的值可以使用 echo 命令输出，我们也可以使用$variable 或${variable}来引用变量的值。第二种方式是为了防止变量的后面跟着其他字符，导致无法识别真正的变量名。例如，我们可以使用 echo "$USER_NAME"或 echo " ${USER_NAME}IS ROOT"来输出变量的值。

当变量不再使用时，可以使用 unset 命令来清除变量。例如，我们可以使用 unset USER_NAME 来清除名为 USER_NAME 的变量。

如果需要进行强制类型声明，可以使用 declare 命令。例如，使用 declare -i variable 可以声明变量 variable 的类型为整型（integer），使用 declare -a variable 可以声明变量 variable 的类型为数组。

set 为 bash 的内置命令，用于显示当前 shell 中的所有变量和函数，包括环境变量、自定义变量和函数。利用 set 命令，我们可以查看当前 shell 中所有变量的名称和值，以及函数的定义。

### 4.6.3 特殊变量

在 shell 中，有一些特殊的变量，这些特殊变量都是通过"$"来标识的。表 4-2 列出了一些常见的特殊变量。

表 4-2 一些常见的特殊变量

| 特殊变量 | 含义 |
| --- | --- |
| $0 | 表示执行的脚本的名称 |
| $n | n为整数，n大于0时，表示脚本的第n个输入参数；n大于或等于10时，需要使用${n}这种方式来引用 |
| $# | 表示脚本输入参数的个数，不包括$0 |
| $* | 表示全部的输入参数，不包括$0，当使用""将$*包含起来时，所有的参数将被当作一个整体 |

## 4.6 变量

续表

| 特殊变量 | 含义 |
|---|---|
| $@ | 表示全部的输入参数，不包括$0，当使用""将$@包含起来时，各个参数是分开的 |
| $? | 上一条命令的执行结果，0表示成功，非0表示失败 |
| $$ | 当前进程的pid |

下面是一个使用特殊变量的例子。

```
[root@VM-114-245-centos ShellScript]# cat specialVar.sh
#!/bin/bash
echo "parameters count=$#"
echo "script name=$0"
for param in "$*"
do
    echo $param
done
for param in "$@"
do
    echo $param
done
if [ $? == 0 ] ; then
    echo "last  command execution successful"
else
    echo "last  command execution failure"
fi
[root@VM-114-245-centos ShellScript]#
[root@VM-114-245-centos ShellScript]# bash ./specialVar.sh 1 2 3 4 5
parameters count=5
script name=./specialVar.sh
1 2 3 4 5
1
2
3
4
5
last  command execution successful
[root@VM-114-245-centos ShellScript]#
```

上面的脚本使用了循环和判断语句，我们将在后面的内容中讲解它们。在脚本 specialVar.sh 中，当输出特殊变量$*和$@时，我们使用 for 循环来遍历参数列表。当使用 for 循环输出"$*"时，所有的参数被当作一个整体"1 2 3 4 5"输出；而当使用 for 循环输出"$@"时，所有的参数被分别输出。

### 4.6.4 在 C 语言中操作环境变量

**1. 遍历环境变量**

环境变量实际被放在 main 函数中的调用栈参数 argv 的后面。我们可以通过遍历的方式来查看所有的环境变量。代码清单 4-1 遍历了环境变量并输出，源代码在 getallenv.c 文件中。

**代码清单 4-1　遍历环境变量并输出**

```
#include <stdio.h>
int main(int argc, char* argv[]) {
    int i = 0;
    //i从argc + 1开始，跳过输入参数的结束标记串，直至到达环境变量的结束标记串
    for (i = argc + 1; argv[i] != '\0'; ++i) {
```

```
        printf("%s\n", argv[i]);
    }
    return 0;
}
```

**2. 获取、设置和清除环境变量**

Linux 系统提供了 getenv、setenv 和 unsetenv 函数来直接获取、设置和清除环境变量。

```
#include <stdlib.h>
char *getenv(const char *name);
int setenv(const char *name, const char *value, int overwrite);
int unsetenv(const char *name);
```

当使用 setenv 函数设置环境变量时，调用中的第三个参数表示如果环境变量的值已经存在，是否使用新值进行覆盖。overwrite 非 0 表示覆盖，为 0 表示不覆盖。

### 4.6.5 查看进程运行时的环境变量

在 Linux 系统中，我们可以查看进程当前使用的环境变量，因为 Linux 系统会把每个运行进程的内存信息映射到/proc/pid 目录下，pid 是运行进程的进程 id，所以我们可以通过浏览/proc/pid 目录下的信息来查看进程运行时的环境变量。下面是查看当前运行的进程所使用环境变量的内容的命令。

```
#使用$$获取当前进程的pid，然后使用cat查看进程环境变量的内存映射，
#最后通过管道，使用替换命令tr把环境变量中的字符串结束符'\0'替换成'\n'。
[root@VM-114-245-centos ~]# cat /proc/$$/environ | tr -s '\0' '\n'
LANG=zh_CN.UTF-8
USER=root
LOGNAME=root
HOME=/root
PATH=/usr/local/sbin:/usr/local/bin:/sbin:/bin:/usr/sbin:/usr/bin
MAIL=/var/mail/root
=/bin/bash
SSH_CLIENT=119.147.12.200 4010 1822
SSH_CONNECTION=119.147.12.200 4010 10.104.114.245 1822
SSH_TTY=/dev/pts/0
TERM=xterm-256color
[root@VM-114-245-centos ~]#
```

## 4.7 选择与判断

shell 作为一门编程语言，当然也具有选择与判断的特性。

### 4.7.1 test 命令与判断符号"[]"

我们在前面说过，shell 和 Linux 系统有良好的契合性，这一点从 test 命令和判断符号"[]"就可以得到体现。test 命令提供了许多能快速判断系统相关属性、数据属性、逻辑运算等的功能，如果判断成立，则返回 true，否则返回 false。下面让我们通过一个简单的例子来说明一下。首先从终端获取用户的输入，然后判断用户输入的是否为一个目录，最后判断当前用户对这个目录是否具备读写权限和执行权限。

## 4.7 选择与判断

```
[root@VM-114-245-centos ShellScript]# cat dirCheck.sh
#!/bin/bash
#read命令从终端获取输入并保存到dir变量中，p选项表示先在终端显示提示信息"please input
#the directory name : "
read -p "please input the directory name : " dir
#判断dir是否存在，如果不存在，则提示错误信息并退出
test ! -e $dir && echo "$dir is not exist" && exit 1
#判断dir是否为目录，如果不是目录，则提示错误信息并退出
test ! -d $dir && echo "$dir is not a directory" && exit 1
#判断当前用户是否有读目录的权限
test -r $dir && echo "$USER can read the $dir"
#判断当前用户是否有写目录的权限
test -w $dir && echo "$USER can write the $dir"
#判断当前用户是否有执行目录的权限
test -x $dir && echo "$USER can execution the $dir"
[root@VM-114-245-centos Script]# bash dirCheck.sh
please input the directory name : /usr/bin
root can read the /usr/bin
root can write the /usr/bin
root can execution the /usr/bin
[root@VM-114-245-centos ShellScript]#
```

test 命令的常见示例及其含义如表 4-3 所示。

表 4-3　test 命令的常见示例及其含义

| 示例 | 含义 |
| --- | --- |
| test -e file | 判断file是否存在 |
| test -d file | 判断file是否为目录 |
| test -f file | 判断file是否为文件 |
| test -S file | 判断file是否为socket文件 |
| test -L file | 判断file是否为链接文件 |
| test -r file | 判断当前用户是否有读file的权限 |
| test -w file | 判断当前用户是否有写file的权限 |
| test -x file | 判断当前用户是否有执行file的权限 |
| test -z str | 判断str字符串是否为空 |
| test str1 == str2 | 判断字符串str1和str2是否相等 |
| test str2 != str2 | 判断字符串str1和str2是否不相等 |
| test $a$ -eq $b$ | 判断整数$a$和$b$是否相等 |
| test $a$ -ne $b$ | 判断整数$a$和$b$是否不相等 |
| test $a$ -ge $b$ | 判断整数$a$是否大于或等于整数$b$ |
| test $a$ -le $b$ | 判断整数$a$是否小于或等于整数$b$ |
| test $a$ -gt $b$ | 判断整数$a$是否大于整数$b$ |
| test $a$ -lt $b$ | 判断整数$a$是否小于整数$b$ |
| test ! condition | 判断condition是否不成立，例如"test ! -e /usr/bin" |
| test condition1 -a condition2 | 判断condition1和condition2是否同时成立，例如"test -x /usr/bin -a -d /usr/bin" |
| test condition1 -o condition2 | 判断condition1和condition2中是否至少有一个成立，例如"test -x /usr/bin -o -f /usr/bin" |

在 shell 中，可以使用判断符号"[]"来替换 test 命令。例如，"test -d file"可以使用"[ -d file ]"来替换。需要特别注意的是,"["的后面和"]"的前面至少应保留一个空格。因为"["在本质上是 bash 的内置命令,"["的后面都是命令的参数,所以必须加空格。判断功能大部分是在 if 语句中使用的。现在让我们来介绍脚本中 if 语句的使用方法。

### 4.7.2  if 语句

if 语句用于逻辑判断,可以根据不同的判断结果执行不同的分支语句。在 shell 中,if 语句的语法有以下 3 种。需要注意的是,if、then 和 fi 是 shell 中的关键字,fi 用于标识 if 语句的结束。

```
#单次判断形式1
if [ condition ] ; then
    something
fi
#单次判断形式2
if [ condition ]
then something
fi
#单次判断形式3
if [ condition ] ; then something ; fi
#两次判断
if [ condition ] ; then
    something
else
    other thing
fi
#多次判断
if [ condition1 ] ; then
    condition1 something
elif [ condition2 ] ; then
    condition2 something
else
    other thing
fi
```

在 if 语句中,分号";"用于语句分隔。如果没有分号,则需要将 then 写在下一行。在极端情况下,可以将所有语句写在同一行,并用分号分隔,但这种方式的可读性不好。

条件判断既可以是 4.7.1 节介绍的判断语句,也可以是一个命令。只要这个命令执行成功,就认为条件成立。下面是 3 个示例。

例 4-1:判断文件是否存在。

```
[root@VM-114-245-centos ShellScript]# cat ifDemo1.sh
#!/bin/bash
if [ $# -ne 1 ] ; then
    echo "please input one file"
    exit 1
fi
if ls -lrt $1 ; then
    echo "$1 is exist"
fi
[root@VM-114-245-centos ShellScript]#
```

例 4-2:判断用户输入的是否为目录。

```
[root@VM-114-245-centos ShellScript]# cat ifDemo2.sh
#!/bin/bash
if [ $# -ne 1 ] ; then
    echo "please input one directory"
    exit 1
```

```
     fi
#判断用户输入的第一个参数是否为一个目录
if [ -d "$1" ] ; then echo "$1 is directory" ; else echo "$1 is not directory" ;
fi
[root@VM-114-245-centos ShellScript]#
```

例 4-3：判断整数的范围。

```
[root@VM-114-245-centos ShellScript]# cat ifDemo3.sh
#!/bin/bash
if [ $# -ne 1 ] ; then
    echo "please input one interger"
    exit 1
fi
#判断用户输入的第一个参数是否大于或等于10
if [ "$1" -ge 10 ] ; then
    echo "$1 >= 10"
elif [ "$1" -ge 5 ] ; then  #判断用户输入的第一个参数是否大于或等于5且小于10
    echo "5 <= $1 < 10"
else
    echo "$1 < 5"
fi
[root@VM-114-245-centos ShellScript]#
```

### 4.7.3 case 语句

当需要根据一个变量的值进行多个不同的逻辑处理时，if 语句可能会变得十分烦琐。这时，可以使用脚本中的 case 语句来简化代码。case 语句的语法如下。

```
case $variable in        #case和in为关键字
    "value1")            #小括号")"为关键字，若匹配value1，则执行相关语句，每个匹配都以
                         #两个连续的分号";;"结束
        something about value1
        ;;
    "value2")
        something about value2
        ;;
    *)                   #当case语句中的其他值都不匹配时，就匹配这个星号"*"
        default
        ;;
esac #esac为关键字，用于标识case语句的结束
```

case 语句会将变量的值与各个模式进行匹配，如果匹配成功，则执行对应的分支语句。如果所有模式都不匹配，则执行最后一个星号"*"所对应的分支语句。下面我们举个例子，展示如何使用 case 语句。

```
[root@VM-114-245-centos ShellScript]# cat ./caseDemo.sh
#!/bin/bash
#从终端的标准输入中读取用户的输入并保存到gender变量中
read -p "please input you gender : " gender
case $gender in
    "female") #匹配female
        echo "your select gender is female"
        ;;
    "male")   #匹配male
        echo "your select gender is male"
        ;;
    *) #输入有误，输出提示信息
        echo "Usage $0 {female|male}"
        ;;
esac
[root@VM-114-245-centos ShellScript]#
```

## 4.8 循环

除了选择与判断的特性，编程语言的另一个不可或缺的特性就是循环。shell 支持 3 种循环，其中包括定长循环和不定长循环。下面我们逐一介绍这 3 种循环。

### 4.8.1 while 循环

while 循环是一种不定长循环，只要条件满足，就会一直执行循环语句。while 循环语句的语法如下。

```
while [ condition ]    #while为循环关键字
do            #循环开始
    something        #循环体
done          #循环结束
```

while、do 和 done 是关键字，需要注意的是，循环语句要放在 do 和 done 之间，且 do 和 done 必须成对出现。在每次循环之前，都会先判断条件是否满足。只有当条件满足时，才会执行循环语句。当条件不满足时，循环结束。下面我们使用 while 循环语句来输出九九乘法表。

```
[root@VM-114-245-centos ShellScript]# cat whileDemo.sh
#!/bin/bash
i=1    #初始化i的值为1
while [ $i -le 9 ]      #外层循环，只要i的值小于或等于9，外层循环就一直进行下去
do
    j=1
    while [ $j -le $i ]    #内层循环，只要j的值小于或等于i的值，内层循环就一直进行下去
    do
        temp=$(($i*$j))    #计算i*j的值并保存到temp变量中，脚本中的$(())可以执行算术运算
        echo -n "$i * $j = $temp  "
        j=$(($j+1))    #对j的值累计加1
    done
    i=$(($i+1))        #对i的值累计加1
    echo
done
[root@VM-114-245-centos ShellScript]#
```

### 4.8.2 until 循环

until 循环也是一种不定长循环，但 until 循环与 while 循环相反，只有当条件不满足时，才会执行循环语句。until 循环语句的语法如下。

```
until [ condition ]    #until为循环关键字
do            #循环开始
    something        #循环体
done          #循环结束
```

需要注意的是，循环语句也要放在 do 和 done 之间，且 do 和 done 必须成对出现。在

## 4.8 循环

每次循环之前,都会先判断条件是否不满足。只有当条件不满足时,才会执行循环语句。当条件满足时,循环结束。我们仍然以九九乘法表为例,但使用 until 循环来输出,这次我们倒着输出九九乘法表。

```
[root@VM-114-245-centos ShellScript]# cat untilDemo.sh
#!/bin/bash
i=9            #初始化i的值为9
until [ $i -le 0 ]          #当i的值小于或等于0时,停止外层循环
do
    j=1        #初始化j的值为1
    until [ $j -gt $i ]     #当j的值大于i的值时,停止内层循环
    do
        temp=$(($j*$i))
        echo -n "$i * $j = $temp   "
        j=$(($j+1))         #对j的值累计加1
    done
    i=$(($i-1))             #对i的值累计减1
    echo
done
[root@VM-114-245-centos ShellScript]#
```

### 4.8.3 for 循环

while 循环和 until 循环都是不定长循环,而 shell 则通过 for 循环来支持定长循环。for 循环语句的语法如下。

```
#语法1
for variable in conditons    #for和in是关键字,每一次执行循环体时,就会从conditions
#里取出一个值,赋值给variable变量,conditions可以是其他命令的执行结果
do          #循环开始
    something   #循环体,在这里可以处理variable变量
done        #循环结束
#语法2
for ((初始化语句; 循环终止判断语句; 执行的步长))
do          #循环开始
    something   #循环体
done        #循环结束
```

下面我们来看一下 for 循环的几个例子。

```
[root@VM-114-245-centos ShellScript]# cat forDemo1.sh
#!/bin/bash
files=$(ls /usr/bin/)       #将"ls /usr/bin"的执行结果保存到变量files中
for file in $files          #遍历files这个结果集
do
    if [ -L "/usr/bin/$file" ] ; then   #如果某个文件是链接文件,就输出一条提示信息
        echo "$file is link file"
    fi
done
[root@VM-114-245-centos Script]#
[root@VM-114-245-centos Script]# cat forDemo2.sh
#!/bin/bash
sum=0
for i in $(seq 1 100)       #seq命令用于生成1~100的序列,for循环可以遍历这个序列
do
    sum=$(($i+$sum))        #sum用于累加i的和
done
echo "sum=$sum"
[root@VM-114-245-centos ShellScript]#
```

```
[root@VM-114-245-centos ShellScript]# cat forDemo3.sh
#!/bin/bash
sum=0
for ((i=1;i<=100;i+=1))   #i从1开始,只要i的值小于或等于100,就一直执行循环语句,i每次递增1
do
    sum=$(($sum+$i))      #sum用于累加i的和
done
echo "sum=$sum"
[root@VM-114-245-centos ShellScript]#
```

### 4.8.4 break 语句和 continue 语句

和其他编程语言一样,shell 也提供了 break 语句和 continue 语句,用于控制循环的执行流程。下面让我们来看两个例子。

例 4-4:使用 break 语句退出循环。

```
[root@VM-114-245-centos ShellScript]# cat breakDemo.sh
#!/bin/bash
sum=0
for i in $(seq 1 100)     #seq命令用于生成1~100的序列,for循环可以遍历这个序列
do
    sum=$(($i+$sum))      #sum用于累加i的和
    if [ $i -eq 10 ] ; then   #当i等于10时,退出循环
        break
    fi
done
echo "sum=$sum"
[root@VM-114-245-centos ShellScript]#
```

例 4-5:使用 continue 语句直接跳过循环。

```
[root@VM-114-245-centos ShellScript]# cat continueDemo.sh
#!/bin/bash
sum=0
for i in $(seq 1 100)     #seq命令用于生成1~100的序列,for循环可以遍历这个序列
do
    if [ $i -eq 10 ] ; then   #当i等于10时,直接跳过循环
        continue
    fi
    sum=$(($i+$sum))      #sum用于累加i的和
done
echo "sum=$sum"
[root@VM-114-245-centos ShellScript]
```

## 4.9 函数

函数能够对大量重复使用的语句进行提炼,实现语句的复用。在 shell 中,函数的声明语法如下。

```
function name ()      #function是一个关键字,它可以省略
{
    something
}
```

在 shell 中,函数在使用前需要先定义。函数和脚本一样,也可以拥有自己的参数列表,其中$0 表示函数名,$1 表示第一个参数,以此类推。下面让我们来看一个例子。

```
[root@VM-114-245-centos ShellScript]# cat functionDemo.sh
#!/bin/bash
#定义getsum函数
function getsum()
{
    echo "function name=$0"
    sum=0
    for i in $(seq 1 $1)
    do
        sum=$(($sum+$i))
    done
    echo "input=$1,sum=$sum"
}
#调用getsum函数
getsum 10
getsum 100
[root@VM-114-245-centos ShellScript]#
```

## 4.10 命令选项

和其他编程语言一样，shell 也支持对命令选项进行解析，从而实现更复杂的功能。bash 通过内置命令 getopts 来实现命令选项的解析，但只能处理短的命令选项。下面让我们来看一个具体的例子。

```
[root@VM-114-245-centos ShellScript]# cat getoptsDemo.sh
#!/bin/bash
# getopts命令的使用方法：选项后面带":"的表示该选项有对应的参数。
# getopts命令会将输入的-b和-d选项分别赋值给arg变量，以便后续处理。
while getopts "bd:" arg
do
    case $arg in
     b)
      echo "set the b options"
     ;;
     d)
      echo "d option's parameter is $OPTARG"
     ;;
     ?)
      echo "$arg :no support this arguments!"
    esac
done
[root@VM-114-245-centos ShellScript]#
```

## 4.11 本章小结

本章介绍了 shell 编程中涉及的主要内容，包括什么是 shell、脚本的执行过程、执行与调试、变量定义、不同类型变量的区别和作用、选择与判断、循环、函数，以及命令选项的使用方法。shell 编程能力是 Linux 后端开发人员必须掌握的技能之一，它对于一些运维岗位而言尤为重要。

# 第 5 章　实现简易 shell

在第 3 章和第 4 章的内容中，我们介绍了如何在 shell 中使用命令来完成对 Linux 系统的日常操作，以及如何编写脚本。然而，大家对 shell 的理解可能还不够深刻。为了帮助大家加深对 shell 运行机制的理解，在本章中，我们将动手构建一个简易的 shell，让大家知其然的同时，也能够知其所以然。这个简易的 shell，我们命名为 myshell。

## 5.1　实现的特性

myshell 并不具备完整 shell 的全部功能。作为一个演示 shell，它将具有以下 6 个功能特性。
- 支持管道功能。
- 支持 shell 的执行。
- 支持内置命令的执行，例如 cd、pwd、exit、env 等。
- 支持外部命令的执行，例如 ls、mkdir、clear 等。
- 支持通过左右光标键，来实现光标的左右移动。
- 支持通过上下光标键，来实现历史命令的上下翻阅。

## 5.2　执行逻辑

shell 是一个死循环的程序。当用户进入 shell 后，就会陷入死循环。shell 会一直等待用户的输入。用户完成命令的输入后，shell 会对当前命令进行解析，解析完命令后，就会执行对应的命令，并将命令的输出发送到终端。然后，shell 会再次等待用户输入下一条命令，如此循环往复。

## 5.3　实现原理

本节将介绍 shell 的基本实现原理，并从不同的维度进行介绍。

### 5.3.1　命令行解析

命令行解析是实现 shell 需要解决的第一个问题。命令行的解析与编程语言的词法分析、语法分析类似，主要分为两个步骤。
- 按照既定的 token 规则，使用有限状态机逐个字符地解析输入的命令行，将其解析成 token 流。

- 从头开始遍历 token 流，对其进行分割，将其分割成一条条命令，并最终返回整个命令集合。

### 5.3.2 特性实现

下面介绍 shell 特性的实现原理，旨在让大家有一个宏观的认识，以便高效地阅读后续内容。

- 对于内置命令，直接通过系统调用来实现，例如，调用 chdir 函数来实现 cd 功能、调用 getcwd 函数来获取当前目录、调用 exit 函数来实现 shell 的退出。
- 对于外部命令和 shell，通过 fork、execl、waitpid 这三个调用来实现。其中，fork 用于创建子进程，execl 使用 bash 命令来执行外部命令和脚本，waitpid 用于等待子进程执行结束并获取执行结果。
- 对于管道功能，通过 pipe 调用来实现父子进程之间的通信，dup2 用来实现标准输入和标准输出的重定向。
- 对于光标上、下、左、右移动键的功能，需要修改终端的属性，从而实时获取用户输入的每个字符，并通过光标上、下、左、右移动键的输入组合映射来捕捉相关的事件，进而做出相应的处理。

### 5.3.3 函数介绍

为了实现 myshell 相关特性，我们需要使用 chdir、getcwd、basename、exit、fork、execl、waitpid、pipe、dup2、tcgetattr、tcsetattr、setenv 共计 12 个关键的系统函数或库函数。接下来，我们将对这 12 个函数逐一进行介绍。

#### 1. chdir 函数
chdir 函数用于切换工作目录，它的函数声明如下。

```
#include <unistd.h>
int chdir(const char *path);
```

调用失败时返回-1，调用成功时返回 0 并切换到指定的目录。

#### 2. getcwd 函数
getcwd 函数用于获取当前的工作目录，它的函数声明如下。

```
#include <unistd.h>
char *getcwd(char *buf, size_t size);
```

调用失败时返回 NULL，调用成功时返回当前的工作目录。

#### 3. basename 函数
basename 函数用于返回路径中的文件名部分，它的函数声明如下。

```
#include <libgen.h>
char *basename(char *path);
```

basename 调用是不会失败的。

### 4. exit 函数

exit 函数用于终止进程的运行,它的函数声明如下。

```
#include <stdlib.h>
void exit(int status);
```

exit 调用不会返回任何值,进程直接退出。

### 5. fork 函数

fork 函数用于创建子进程,它的函数声明如下。

```
#include <unistd.h>
pid_t fork(void);
```

调用失败时返回-1;调用成功时,则通过复制当前父进程的方式创建一个新的子进程。fork 调用成功后,子进程和父进程都会返回值。我们可以通过 fork 调用的返回值来判断是从父进程返回还是从子进程返回。从父进程返回时,返回值为子进程的 pid;从子进程返回时,返回值为0。

### 6. execl 函数

execl 函数用于执行子命令,它的函数声明如下。

```
#include <unistd.h>
int execl(const char *path, const char *arg, ...);
```

调用失败时返回-1;调用成功时,使用新的程序镜像替换当前运行进程的程序镜像,在新的程序代码中运行而不会返回,就好比我们有一台运行中的 DVD 影碟机(运行的进程),我们用新光碟(新的程序镜像)替换了旧光碟(当前的程序镜像)并播放新的内容(执行新的程序代码)。

### 7. waitpid 函数

waitpid 函数用于等待指定进程退出,它的函数声明如下。

```
#include <sys/types.h>
#include <sys/wait.h>
pid_t waitpid(pid_t pid, int *status, int options);
```

调用失败时返回-1,调用成功时返回指定等待进程的 pid。

### 8. pipe 函数

pipe 函数用于创建匿名管道,匿名管道可以用于父子进程之间的通信,以及传递子命令的标准输出数据到父进程,它的函数声明如下。

```
#include <unistd.h>
int pipe(int fd[2]);
```

调用失败时返回-1;调用成功时返回 0,并返回两个关联匿名管道的文件描述符——fd[0]用于从匿名管道读取数据,fd[1]用于向匿名管道中写入数据。

### 9. dup2 函数

dup2 函数用于重定向子命令的标准输入和标准输出,它的函数声明如下。

```
#include <unistd.h>
int dup2(int oldfd, int newfd);
```

dup2 函数在文件操作中十分常用。它的作用是将 newfd 重定向到 oldfd 所指向的文件,从而使得 newfd 和 oldfd 指向同一个文件。如果调用成功，dup2 函数会返回新的文件描述符，也就是说，newfd 文件描述符变成 oldfd 文件描述符的副本。需要注意的是，这里的复制并不是对值进行复制，而是将两个文件描述符关联到相同的文件。从函数调用看，dup2 调用传递的不是指针，因此不会改变 oldfd 和 newfd 的值。如果调用失败，dup2 函数会返回 –1。

### 10. tcgetattr 函数和 tcsetattr 函数

tcgetattr 函数和 tcsetattr 函数分别用于获取和设置终端标准输入、标准输出、标准错误的属性。

```
#include <termios.h>
#include <unistd.h>
int tcgetattr(int fd, struct termios *termios_p);
int tcsetattr(int fd, int optional_actions, const struct termios *termios_p);
```

由于终端的默认模式是行缓冲，因此在程序中无法实时获取用户逐个输入的字符，也就无法捕获光标的上、下、左、右移动事件。在 myshell 中，我们需要使用 tcsetattr 函数来调整标准输入的属性，关闭标准输入模式和回显，以便能够捕获这些事件并做出相应的处理。

### 11. setenv 函数

setenv 函数用于修改或新增环境变量，它的函数声明如下。

```
#include <stdlib.h>
int setenv(const char *name, const char *value, int overwrite);
```

在 setenv 函数的参数列表中，name 表示环境变量的名称，value 表示具体的环境变量值，overwrite 参数则用于指示是否进行覆盖。若 overwrite 的值非 0，则对环境变量的值进行强制覆盖；否则，若环境变量已经存在，则不对其进行修改。

## 5.4 编码实现

代码清单 5-1 实现了 myshell，源代码在 myshell.cpp 文件中。

**代码清单 5-1　实现 myshell**

```cpp
#include <libgen.h>
#include <stdlib.h>
#include <string.h>
#include <sys/time.h>
#include <sys/types.h>
#include <sys/wait.h>
#include <termios.h>
#include <unistd.h>

#include <iostream>
#include <string>
#include <unordered_map>
#include <vector>
using namespace std;

typedef struct HistoryCmd {
  size_t index;                     //索引
  string execTime;                  //执行时间
  string cmdLine;                   //执行的命令行内容
} HistoryCmd;
```

```cpp
size_t historyCmdPos = 0;                          //当前历史命令在historyCmdLines中的下标
vector<HistoryCmd> historyCmdLines;                //用于保存历史命令
unordered_map<string, string> envs;                //用于保存环境变量
struct termios oldAttr, newAttr;                   //终端属性

enum ParserStatus {
  INIT = 1,                                        //初始状态
  PIPE = 2,                                        //管道
  WORD = 3,                                        //单词
};

void initEnvs(int argc, char **argv) {
  while (argv[++argc]) {                           //命令行参数之后就是环境变量
    string item = argv[argc];
    int pos = item.find("=");
    if (pos != string::npos) {
      envs[item.substr(0, pos)] = item.substr(pos + 1);
    }
  }
  envs["SHELL"] = "myshell";
  //调用setenv函数，直接更新SHELL这个环境变量
  setenv("SHELL", "myshell", 1);
  tcgetattr(STDIN_FILENO, &oldAttr);               //获取终端属性
  newAttr = oldAttr;
  newAttr.c_lflag &= ~(ICANON | ECHO);             //关闭标准输入模式和回显
  tcsetattr(STDIN_FILENO, TCSANOW, &newAttr);      //设置终端属性
}

string getEnv(string name) {
  if (envs.find(name) != envs.end()) {
    return envs[name];
  }
  return "";
}

string getPath() {
  char path[2048]{0};
  getcwd(path, 2048);
  return path;
}

void updatePwd(string newPwd) {
  envs["OLDPWD"] = envs["PWD"];
  envs["PWD"] = newPwd;
}

void env() {
  for (const auto &item : envs) {
    cout << item.first << "=" << item.second << endl;
  }
}

void cd(vector<string> &cmd) {
  string path = "";
  if (cmd.size() == 1) {                           //cd命令不带参数时，跳转到home目录
    path = getEnv("HOME");
  } else {
    path = cmd[1];
  }
  if (path == ".") {                               //如果是当前目录，则不用处理
    return;
  }
  if (path == "~") {                               //跳转到home目录
    path = getEnv("HOME");
  } else if (path == "-") {                        //返回之前的旧目录
```

```cpp
      path = getEnv("OLDPWD");
      cout << path << endl;        //输出要跳转的目录
    }
    int ret = chdir(path.c_str());
    if (ret) {
      cout << "myshell: cd: " << path << ": " << strerror(errno) << endl;
      return;
    }
    updatePwd(path);               //更新PWD这个环境变量
}

void pwd(vector<string> &cmd) { cout << getPath() << endl; }

void history(vector<string> &cmd) {
    for (const auto &item : historyCmdLines) {
      cout << item.index << " " << item.execTime << " " << item.cmdLine << endl;
    }
}

void printCmdLinePrefix() {
    string pwd = getPath();
    string user = getEnv("USER");
    string hostName = getEnv("HOSTNAME");
    string base = "";
    if (pwd == getEnv("HOME")) {   //如果是home目录,则显示"~"
      base = "~";
    } else {
      base = basename((char *)pwd.c_str());
    }
    if (hostName == "") {
      hostName = "myshell";
    }
    cout << user << "@" << hostName << " "
         << "\033[32m" << base << "\033[0m"
         << " $ ";
}

void parserToken(string &cmdLine, vector<string> &tokens) {
    int32_t status = INIT;
    string token = "";
    auto addToken = [&token, &tokens]() {
      if (token != "") {
        tokens.push_back(token);
        token = "";
      }
    };
    for (const auto &c : cmdLine) {   //通过有限状态机来解析命令行
      if (status == INIT) {
        if (isblank(c)) {
          continue;
        }
        if (c == '|') {
          status = PIPE;
        } else {
          status = WORD;
        }
        token.push_back(c);
      } else if (status == PIPE) {
        if (isblank(c)) {
          addToken();
          status = INIT;
        } else if (c == '|') {
          token.push_back(c);
          status = WORD;
```

```cpp
      } else {
        addToken();
        token.push_back(c);
        status = WORD;
      }
    } else {
      if (isblank(c)) {
        status = INIT;
        addToken();
      } else if (c == '|') {
        status = PIPE;
        addToken();
        token.push_back(c);
      } else {
        token.push_back(c);   //还是维持在WORD的状态
      }
    }
  }
  addToken();
}

void parserCmd(vector<string> &tokens, vector<vector<string>> &cmd) {
  vector<string> oneCmd;
  tokens.push_back("|");   //tokens最后固定添加一个管道标识,以方便后面的解析
  for (const auto &token : tokens) {
    if (token != "|") {
      oneCmd.push_back(token);
      continue;
    }
    if (oneCmd.size() > 0) {
      cmd.push_back(oneCmd);
      oneCmd.clear();
    }
  }
}

void setHistory(string cmdLine) {
  if (cmdLine == "") return;   //空命令不记录
  struct timeval curTime;
  char temp[100] = {0};
  gettimeofday(&curTime, NULL);
  strftime(temp, 99, "%F %T", localtime(&curTime.tv_sec));
  HistoryCmd historyCmd;
  historyCmd.index = historyCmdPos++;
  historyCmd.execTime = temp;
  historyCmd.cmdLine = cmdLine;
  historyCmdLines.push_back(historyCmd);
}

void parser(string &cmdLine, vector<vector<string>> &cmd) {
  vector<string> tokens;
  parserToken(cmdLine, tokens);
  parserCmd(tokens, cmd);
}

string getCommand(const vector<string> &cmd) {
  string command = "";
  for (int i = 0; i < cmd.size(); i++) {
    command = command + cmd[i] + " ";
  }
  return command;
}

void execExternalCmd(vector<string> &cmd) {
```

## 5.4 编码实现

```cpp
    string file = cmd[0];
    pid_t pid = fork();
    if (pid < 0) {
      cout << "myshell: " << file << ": " << strerror(errno) << endl;
      return;
    }
    if (pid == 0) {   //子进程，使用子进程执行外部命令
      //调用execl，使用bash来执行单独的子命令，第一个参数是bash程序的绝对路径，相当于
      //执行"bash -c command"
      //execl执行后，就会陷入bash命令中，bash命令执行失败时才会返回
      execl("/bin/bash", "bash", "-c", getCommand(cmd).c_str(), nullptr);
      exit(1);   //bash命令执行失败，直接调用exit进行退出
    }
    int status = 0;
    int ret = waitpid(pid, &status, 0);   //父进程调用waitpid，等待子进程执行子命
                                          //令结束，并获取子命令的执行结果
    if (ret != pid) {
      cout << "myshell: " << file << ": " << strerror(errno) << endl;
    }
  }

  void execSingleCmd(vector<string> &cmd) {
    if (cmd[0] == "exit") {
      tcsetattr(STDIN_FILENO, TCSANOW, &oldAttr);   //恢复终端属性
      exit(0);                                      //直接退出
    } else if (cmd[0] == "env") {
      env();
    } else if (cmd[0] == "cd") {
      cd(cmd);
    } else if (cmd[0] == "pwd") {
      pwd(cmd);
    } else if (cmd[0] == "history") {
      history(cmd);
    } else {
      execExternalCmd(cmd);           //执行外部命令
    }
  }

  void myPipe(const vector<string> &cmd, int &input, int &output, pid_t &childPid) {
    int pfd[2];
    if (pipe(pfd) < 0) { //用于创建匿名管道的两个文件描述符，pfd[0]用于读，pfd[1]用于写
      return;
    }
    pid_t pid = fork();              //调用fork来创建子进程
    if (pid < 0) {
      return;
    }
    if (0 == pid) {                  //子进程
      if (input != -1) {
        dup2(input, STDIN_FILENO);   //重定向标准输入
        close(input);
      }
      dup2(pfd[1], STDOUT_FILENO);   //重定向标准输出
      close(pfd[0]);
      close(pfd[1]);
      execl("/bin/bash", "bash", "-c", getCommand(cmd).c_str(), (char *)0);
      exit(1);
    }
    //执行到这里就是父进程了
    close(pfd[1]);
    childPid = pid;     //返回子进程的pid
    output = pfd[0];    //返回父进程管道的"读文件描述符"，从这个文件描述符中可以获取
```

59

```cpp
                        //子命令的标准输出
}

void printOutput(int output) {
  char c;
  while (read(output, &c, 1) > 0) {
    cout << c;
  }
}

void execPipeCmd(vector<vector<string>> &cmd) {
  int input = -1;
  int output = -1;
  int status = 0;
  pid_t childPid = 0;
  bool result = true;
  for (const auto &oneCmd : cmd) {
    myPipe(oneCmd, input, output, childPid);
    //调用waitpid,等待子进程执行子命令结束,并获取子命令的执行结果
    int ret = waitpid(childPid, &status, 0);
    //waitpid调用成功时,返回的是结束子进程的pid
    if (ret != childPid) {
      cout << "myshell: " << oneCmd[0] << ": " << strerror(errno) << endl;
      result = false;
      break;
    }
    //判断子命令的执行结果,是否为正常退出且退出码是否为0
    //WIFEXITED用于判断子命令是否为正常退出,WEXITSTATUS用于判断正常退出的退出码
    if (!WIFEXITED(status) || WEXITSTATUS(status) != 0) {
      result = false;
      break;
    }
    //这里比较关键,使用子命令的标准输出数据关联的文件描述符output给input赋值
    //在执行下一个子命令时,子命令的标准输入会被重定向到input
    //即实现了把上一个子命令的标准输出传递给下一个子命令的标准输入的功能
    input = output;
  }
  if (result) printOutput(output);
}

void execCmd(vector<vector<string>> &cmd) {
  if (cmd.size() <= 0) return;
  if (cmd.size() == 1) {
    execSingleCmd(cmd[0]);
  } else {
    execPipeCmd(cmd);
  }
}

void backSpace(int &cursorPos, string &cmdLine) {
  if (cursorPos <= 0) return;             //光标已经到最左边了
  if (cursorPos == cmdLine.size()) {      //光标在输入的最后
    cursorPos--;
    printf("\b \b");
    cmdLine = cmdLine.substr(0, cmdLine.size() - 1);
    return;
  }
  //执行到这里,说明光标处在输入的中间,需要删除光标前面的一个字符,并把光标后面的字符
  //都向前移动一格
  string tail = cmdLine.substr(cursorPos);
  cursorPos--;
  printf("\b");                                                   //退一格
  for (size_t i = cursorPos; i < cmdLine.size(); i++) {           //删除后面的输出
```

## 5.4 编码实现

```cpp
      printf(" ");
    }
    for (size_t i = cursorPos; i < cmdLine.size(); i++) {   //光标回退
      printf("\b");
    }
    printf("%s", tail.c_str());    //输出，实现将光标后面的字符都向前移动一格
    for (size_t i = 0; i < tail.size(); i++) {   //光标再回退
      printf("\b");
    }
    cmdLine.erase(cursorPos, 1);   //删除cmdLine中的字符
}

void clearPrefixCmdLine(int &cursorPos, string &cmdLine) {
    for (int i = 0; i < cursorPos; i++) {   //将光标移到输入的起点
      printf("\b");
    }
    for (size_t i = 0; i < cmdLine.size(); i++) {   //清空输入的内容
      printf(" ");
    }
    for (size_t i = 0; i < cmdLine.size(); i++) {   //光标退回到输入的起点
      printf("\b");
    }
    cmdLine = cmdLine.substr(cursorPos);
    printf("%s", cmdLine.c_str());
    for (size_t i = 0; i < cmdLine.size(); i++) {   //光标退回到输入的起点
      printf("\b");
    }
    cursorPos = 0;
}

void clearCmdLine(int &cursorPos, string &cmdLine) {
    for (size_t i = cursorPos; i < cmdLine.size(); i++) {   //清空光标后面的内容
      printf(" ");
    }
    for (size_t i = cursorPos; i < cmdLine.size(); i++) {   //光标回退
      printf("\b");
    }
    while (cursorPos > 0) {   //清空终端当前行输出的内容
      //通过将光标回退一格，然后输出空白符，最后再回退一格的方法来实现命令行输入中最后一
      //个字符的清除
      printf("\b \b");
      cursorPos--;
    }
    cmdLine = "";                  //清空命令行
}

void cursorMoveHead(int &cursorPos) {
    for (int i = 0; i < cursorPos; i++) {
      printf("\033[1D");
    }
    cursorPos = 0;
}

void cursorMoveLeft(int &cursorPos, bool &convert) {
    if (cursorPos > 0) {
      printf("\033[1D");   //光标左移一格的组合
      cursorPos--;
    }
    convert = false;
}

void cursorMoveRight(int &cursorPos, int cmdLineLen, bool &convert) {
    if (cursorPos < cmdLineLen) {
      printf("\033[1C");   //光标右移一格的组合
```

```cpp
      cursorPos++;
    }
    convert = false;
  }

  void printChar(char ch, int &cursorPos, string &cmdLine) {
    if (cursorPos == cmdLine.size()) {   //光标在输入的尾部,将字符插入尾部
      putchar(ch);
      cursorPos++;
      cmdLine += ch;
      return;
    }
    //执行到这里,说明光标处在输入的中间,除了输出当前字符,还需要把后面的字符往后移动一格
    string tail = cmdLine.substr(cursorPos);
    cmdLine.insert(cursorPos, 1, ch);
    cursorPos++;
    printf("%c%s", ch, tail.c_str());
    for (size_t i = 0; i < tail.size(); i++) {   //光标需要退回到插入的位置
      printf("\033[1D");
    }
  }

  void showPreCmd(int &curHistoryCmdPos, int &cursorPos, string &cmdLine,
  bool &convert) {
    if (historyCmdLines.size() > 0 && curHistoryCmdPos > 0) {   //有历史命令才处理
      clearCmdLine(cursorPos, cmdLine);
      curHistoryCmdPos--;
      cmdLine = historyCmdLines[curHistoryCmdPos].cmdLine;
      cursorPos = cmdLine.size();
      printf("%s", cmdLine.c_str());   //输出选中的历史命令行
    }
    convert = false;
  }

  void showNextCmd(int &curHistoryCmdPos, int &cursorPos, string &cmdLine,
  bool &convert) {
    if (historyCmdLines.size() > 0 && curHistoryCmdPos < historyCmdLines.
    size() - 1) {   //有历史命令才处理
      clearCmdLine(cursorPos, cmdLine);
      curHistoryCmdPos++;
      cmdLine = historyCmdLines[curHistoryCmdPos].cmdLine;
      cursorPos = cmdLine.size();
      printf("%s", cmdLine.c_str());   //打印被选择的历史命令行
    }
    convert = false;
  }

  void getCmdLine(string &cmdLine) {
    char ch;
    cmdLine = "";
    constexpr char kBackspace = 127;         //回退键
    constexpr char kEsc = 27;                //转义序列的标识: kEsc
    constexpr char kCtrlA = 1;               //【Ctrl + a】-> 将输入光标移到行首
    constexpr char kCtrlU = 21;              //【Ctrl + u】-> 清空光标前的输入
    bool convert = false;                    //是否进入转义字符
    int cursorPos = 0;                       //光标位置,初始化为0
    int curHistoryCmdPos = historyCmdLines.size();   //当前历史命令的位置
    while (true) {
      ch = getchar();
      if (ch == kEsc) {
        convert = true;
        continue;
      }
      if (ch == kBackspace) {
```

## 5.4 编码实现

```cpp
      backSpace(cursorPos, cmdLine);
      continue;
    }
    if (ch == kCtrlA) {
      cursorMoveHead(cursorPos);
      continue;
    }
    if (ch == kCtrlU) {
      clearPrefixCmdLine(cursorPos, cmdLine);
      continue;
    }
    if (ch == '\n') {
      putchar(ch);
      return;
    }
    if (convert && ch == 'A') {   //上移光标: 上一条历史命令
      showPreCmd(curHistoryCmdPos, cursorPos, cmdLine, convert);
      continue;
    }
    if (convert && ch == 'B') {   //下移光标: 下一条历史命令
      showNextCmd(curHistoryCmdPos, cursorPos, cmdLine, convert);
      continue;
    }
    if (convert && ch == 'C') {   //右移光标
      cursorMoveRight(cursorPos, cmdLine.size(), convert);
      continue;
    }
    if (convert && ch == 'D') {   //左移光标
      cursorMoveLeft(cursorPos, convert);
      continue;
    }
    if (convert && ch == '[') {   //转义字符，不再输出"["
      continue;
    }
    if (isprint(ch)) {
      printChar(ch, cursorPos, cmdLine);
    }
  }
}
int main(int argc, char **argv) {
  initEnvs(argc, argv);           //初始化环境变量
  string cmdLine = "";
  while (true) {
    printCmdLinePrefix();         //输出shell命令行提醒前缀
    getCmdLine(cmdLine);          //获取用户输入的命令行
    vector<vector<string>> cmd;
    setHistory(cmdLine);          //设置历史执行命令
    parser(cmdLine, cmd);         //解析命令行
    execCmd(cmd);                 //执行命令行
  }
  return 0;
}
```

这个简易的 shell 有 500 多行代码，实现了一个完整的命令行解析和执行的过程。其中比较特别的是，我们自己维护了大部分环境变量的内容。其次，对命令行的解析可能不太好理解，大家可以多看几遍，但本质上就是一个有限状态机。有限状态机常用于实现文本解析、语言解析、协议解析等，大家必须掌握好这种编程模式。在后续的内容中，我们也会在需要时应用这种编程模式。为了让大家更好地理解有限状态机这种编程模式，我们给出了 shell 命令行解析的状态机迁移图，如图 5-1 所示。

第 5 章 实现简易 shell

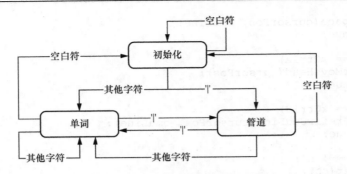

图5-1 shell命令行解析的状态机迁移图

需要特别说明的是，上、下、左、右 4 个光标移动键对应的 ASCII 码不是单个字符，而是由 3 个字符组成的组合码。每个方向的光标键对应的 3 个 ASCII 码组合为 0x1b + 0x5b + X。其中，0x1b 是"eac"的 ASCII 码值，0x5b 是"["的 ASCII 码值，X 则对应 4 个大写字母——A（up）、B（down）、C（right）、D（left）。

## 5.5 特性测试

代码已经写完了，现在让我们来编译、运行、测试一下代码吧！

```
//编译myshell.cpp，因为代码中使用了C++11的特性，所以必须添加编译选项"-std=c++11"
[root@VM-114-245-centos Chapter05]# g++ -o myshell -std=c++11 myshell.cpp
//执行myshell，陷入myshell的死循环
[root@VM-114-245-centos Chapter05]# ./myshell
root@VM-114-245-centos Chapter05 $ echo $SHELL
myshell
root@VM-114-245-centos Chapter05 $ pwd
/root/BackEnd/Chapter05
root@VM-114-245-centos Chapter05 $ cd
root@VM-114-245-centos ~ $ cd -
/root/BackEnd/Chapter05
root@VM-114-245-centos Chapter05 $ ls -lrt
total 116
-rw-r--r-- 1 root root   7717 Sep  4 15:47 myshell.cpp
-rwxr-xr-x 1 root root 104120 Sep  4 17:58 myshell
root@VM-114-245-centos Chapter05 $ touch test.sh
root@VM-114-245-centos Chapter05 $ echo "#!/bin/bash" >> test.sh
root@VM-114-245-centos Chapter05 $ echo "echo hello world" >> test.sh
root@VM-114-245-centos Chapter05 $ chmod +x ./test.sh
root@VM-114-245-centos Chapter05 $ ./test.sh
hello world
root@VM-114-245-centos Chapter05 $ ps -ef | grep sshd
root      3618     1  0 Aug24 ?        00:01:00 /usr/sbin/sshd
root      5022  3618  0 14:36 ?        00:00:00 sshd: root@pts/0
root     24290  3618  0 16:52 ?        00:00:00 sshd: root@pts/1
root     32484  3618  0 17:51 ?        00:00:00 sshd: root@pts/2
root@VM-114-245-centos Chapter05 $ ps -ef | grep sshd | wc -l
4
root@VM-114-245-centos Chapter05 $ history
0 2023-04-30 06:17:24 echo $SHELL
1 2023-04-30 06:17:28 pwd
2 2023-04-30 06:17:30 cd
3 2023-04-30 06:17:37 cd -
4 2023-04-30 06:17:55 ls -lrt
5 2023-04-30 06:18:08 touch test.sh
6 2023-04-30 06:18:16 echo "#!/bin/bash" >> test.sh
```

```
 7 2023-04-30 06:18:22 echo "echo hello world" >> test.sh
 8 2023-04-30 06:18:27 chmod +x ./test.sh
 9 2023-04-30 06:18:31 ./test.sh
10 2023-04-30 06:18:38 ps -ef | grep sshd
11 2023-04-30 06:18:46 ps -ef | grep sshd | wc -l
12 2023-04-30 06:18:52 history
root@VM-114-245-centos Chapter05 $
```

可以看到，myshell 能够支持内置命令、外部命令、shell 脚本的执行，并且还实现了管道的特性。光标的操作是动态的，我们无法演示，大家可以自行在 myshell 中操作光标，验证相关的功能。

## 5.6 本章小结

本章实现了一个简易的 shell——myshell，通过 myshell，我们可以更深入地理解 shell 的工作原理和实现逻辑。我们首先确定了 myshell 需要支持的特性，然后介绍了 myshell 的实现逻辑和工作原理。在 5.3 节中，我们详细介绍了关键技术点和函数调用。最后，我们给出了 myshell 的实现代码，仅仅 500 多行的代码就实现了 myshell 的全部功能。

# 第 6 章　使用 Git 管理代码

在日常工作和学习中，我们通常需要编写很多代码，如基础库代码、测试代码、工具代码等。如果不加以妥善管理，这些代码可能会严重影响我们的工作效率，尤其是在大型项目中。使用代码管理工具可以有效解决这个问题，它可以避免我们在写代码时，发现自己之前已经写过类似的代码，但找不到源代码放在哪里的窘境。同时，代码管理工具还可以帮助我们逐步积累并完善自己的代码库，丰富自己的编程"工具箱"，使得我们在开发过程中事半功倍，快速搭建项目。

目前，很多开发团队使用 Git 作为代码管理工具，Git 也是目前使用最广泛的分布式版本控制系统。Linux 系统的内核代码就是使用 Git 来管理的，本书所有的代码也是使用 Git 来管理的，并托管在 GitHub 上。本章将介绍 Git 的常用操作，下面让我们一起开启 Git 学习之旅吧！

## 6.1 初始化

本节将详细介绍 Git 初始化的相关操作。

### 6.1.1 安装 Git 工具

首先，我们需要安装 Git 工具。在终端执行以下命令即可完成 Git 工具的安装。我们安装的是 1.7.1 版本的 Git，后续操作都将基于此版本进行。

```
[root@VM-114-245-centos ~]# yum -y install git
[root@VM-114-245-centos ~]# git --version
git version 1.7.1
[root@VM-114-245-centos ~]#
```

### 6.1.2 设置用户名和邮箱

安装完 Git 工具之后，我们需要使用 git 命令来设置用户名和邮箱。命令如下。

```
git config --global user.name "your name"
git config --global user.email "your email"
```

我们使用 global 选项来设置全局配置，这意味着该配置将适用于本机上所有的 Git 仓库。当然，我们也可以为某些特定的仓库单独设置不同的配置。每当提交 Git 时，我们都会带上这个用户名和邮箱信息，以便后续追踪变更是由谁提交的。

### 6.1.3 创建仓库

在 Git 版本管理中，仓库是基本单位。既可以根据自己的需要，将所有代码放在一个大仓库中；也可以根据服务、功能、项目或组织结构，将代码分别存储在不同的小仓库中。有些公司喜欢大仓库模式，而有些公司则喜欢小仓库模式。这两种模式各有优缺点，但并不影响 Git 的使用。只是工作流程稍有不同，我们只需要掌握 Git 的常用操作即可。

那么，如何创建仓库呢？其实很简单。首先，我们需要创建一个空目录，然后在这个空目录下执行 git init 命令即可。

```
[root@VM-114-245-centos ~]# mkdir BackEnd && cd BackEnd && git init
Initialized empty Git repository in /root/BackEnd/.git/
[root@VM-114-245-centos BackEnd]#
```

这样我们就创建了一个空的 Git 仓库。其中，/root/BackEnd/.git 目录包含了 Git 正常工作所需的所有信息，它用于跟踪和管理版本库。通常情况下，我们不应该直接编辑该目录下的文件，以免无法正常使用 Git 管理仓库。

### 6.1.4 创建 readme.md 文件

默认情况下，我们会在 Git 仓库的根目录下添加一个名为 readme.md 的文件。这个文件用于对仓库的内容进行概括性的说明和介绍，通常包括使用说明、安装指引、简单的演示程序等。在实际工作中，可以根据需要决定是否添加 readme.md 文件。readme.md 文件通常采用 Markdown 格式。Markdown 是一种轻量级标记语言，跨平台，易读易写。

### 6.1.5 创建 .gitignore 文件

在开发过程中，我们会产生很多中间文件、IDE 软件自动生成的文件以及一些存储着敏感信息的文件。我们并不希望这些文件被添加到仓库中，那么应该怎么处理呢？其实方法也很简单，就是在仓库中新增一个 .gitignore 文件，并在这个 .gitignore 文件中添加想要忽略的文件。如此一来，这些文件就不会被添加到仓库中。

在 GitHub 上，有一些通用的 .gitignore 配置可以直接使用，读者可在 GitHub 上搜索 gitignore。当然，.gitignore 文件本身也是需要提交到仓库中的。

## 6.2 核心概念

在本节中，我们将介绍一些核心概念，以便大家在后续的学习过程中能做到有的放矢。本质上，Git 跟踪的是"变更"，而不是文件。不管是新增文件、修改文件，还是删除文件，都可以认为是"变更"操作。

#### 1. 工作区
工作区用于保存还未提交到暂存区的"变更"。可以通过执行 git add file 命令，把工作区中的变更提交到暂存区。在工作区，有"变更"的文件的状态都是"未跟踪"的。

#### 2. 暂存区
暂存区用于保存还未提交到本地仓库的"变更"。可以通过执行 git commit -m "commit message" 命令，把暂存区的变更提交到本地仓库。

### 3. 本地仓库

本地仓库是变更在本地（本机）最终"落地"（持久化）的地方。

### 4. 远程仓库

远程仓库类似于中心化的版本库，用于协同开发。既可以作为克隆源，也可以将本地仓库的内容推送到远程仓库。

通过上面的介绍，我们可以看出，变更的流动是沿着工作区、暂存区、本地仓库、远程仓库一直提交的。也就是说，我们在工作区进行修改后，需要将变更通过 git add 命令提交到暂存区，再通过 git commit 命令提交到本地仓库。最后，我们可以通过 git push 命令将本地仓库的变更推送到远程仓库，与其他人共享。Git 上的变更流动如图 6-1 所示。

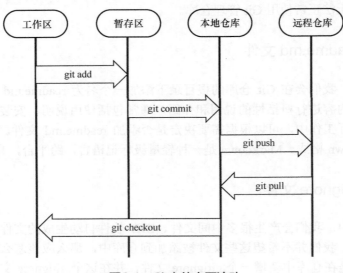

图6-1　Git上的变更流动

## 6.3 常用操作

在本节中，我们将介绍 Git 的常用操作。掌握这些操作后，就可以愉快地提交代码了！

### 6.3.1 查看当前仓库的状态

git status 命令用于查看当前仓库的状态。以本书的 Git 代码仓库为例，我们可以通过 git status 命令来查看当前仓库中的变更情况。

```
[root@VM-114-245-centos BackEnd]# git status
On branch main
Your branch is up to date with 'origin/main'.

nothing to commit, working tree clean
[root@VM-114-245-centos BackEnd]#
```

从上面的输出中可以看出，当前的本地仓库（即当前仓库）和远程仓库的内容是一致的，工作区也是干净的。如果工作区有变更，git status 命令的输出就会有相关提示，让我们知道哪些文件发生了变化，以及应该如何处理这些变化。

### 6.3.2 添加文件

为了将文件添加到本地仓库中，我们需要首先通过 git add 命令将文件变更提交到暂存区，然后通过 git commit 命令将暂存区的文件变更最终提交到本地仓库。下面我们以本书的 Git 代码仓库为例，演示如何添加一个 readme.md 文件。

```
[root@VM-114-245-centos BackEnd]# cat readme.md
#这是Linux后端开发实践相关代码仓库
[root@VM-114-245-centos BackEnd]# git status
# On branch main
# Untracked files:
#   (use "git add <file>..." to include in what will be committed)
#
#       readme.md
nothing added to commit but untracked files present (use "git add" to track)
[root@VM-114-245-centos BackEnd]# git add readme.md
[root@VM-114-245-centos BackEnd]# git status
# On branch main
# Changes to be committed:
#   (use "git reset HEAD <file>..." to unstage)
#
#       new file:   readme.md
#
[root@VM-114-245-centos BackEnd]# git commit -m "add readme.md"
[main e6f2828] add readme.md
 1 files changed, 2 insertions(+), 0 deletions(-)
 create mode 100644 readme.md
[root@VM-114-245-centos BackEnd]# git status
# On branch main
# Your branch is ahead of 'origin/main' by 1 commit.
#
nothing to commit (working directory clean)
[root@VM-114-245-centos BackEnd]#
```

在 Git 仓库目录下创建并编辑完 readme.md 文件的内容后，我们可以通过执行 git status 命令来查看当前仓库的状态。如果 readme.md 处于未跟踪的状态，则需要通过 git add readme.md 命令将其提交到暂存区。接下来，我们可以通过 git commit -m "add readme.md"命令将 readme.md 提交到本地仓库，并在命令行中看到如下提示：1 个文件发生了变更，新增了 2 行，删除了 0 行。最后，再次执行 git status 命令，就会发现工作目录是干净的，已经没有需要提交的内容了。

### 6.3.3 删除文件

要删除文件，我们可以先执行 rm 命令，将其从工作区中删除；再执行 git commit 命令，将删除操作提交到本地仓库。这个过程与添加文件类似。下面我们以删除 readme.md 文件为例，演示如何在 Git 仓库中删除一个文件。

```
[root@VM-114-245-centos BackEnd]# git rm readme.md
rm 'readme.md'
[root@VM-114-245-centos BackEnd]# git commit -m "remove readme.md"
[root@VM-114-245-centos BackEnd]# git status
```

```
# On branch main
# Your branch is ahead of 'origin/main' by 2 commits.
#
nothing to commit (working directory clean)
[root@VM-114-245-centos BackEnd]#
```

从上面的操作中可以看到，删除文件和添加文件的区别就在于起始命令不同。添加文件需要使用 git add 命令将文件变更提交到暂存区，而删除文件则需要使用 rm 命令将文件从工作区中删除。然后，我们都需要通过 git commit 命令将变更提交到本地仓库。

### 6.3.4 回退变更

当我们提交的变更有问题时，就需要执行回退操作。但是，回退操作的执行方式会因为变更所在位置的不同而有所区别。当变更在工作区、暂存区或本地仓库中时，回退操作是不同的。下面让我们分别来看一下这些操作。

#### 1．工作区

如果变更已经提交到了工作区，则可以通过执行 git checkout -- file 命令，对 file 文件（这里的 file 代指文件的名称）的变更进行回退。这个命令会将 file 文件恢复到最近一次提交的状态，从而撤销提交到工作区的变更。

#### 2．暂存区

如果变更已经提交到了暂存区，则需要执行两个命令来对文件的变更进行回退。首先，我们需要执行 git reset HEAD file 命令，将 file 文件从暂存区中移除，使其回到工作区。然后，我们需要执行 git checkout -- file 命令，将 file 文件恢复到最近一次提交的状态，从而撤销提交到暂存区的变更。

#### 3．本地仓库

如果变更已经提交到了本地仓库，则可以通过执行 git reset --hard commit_id 命令来直接回退变更。commit_id 表示一次在本地仓库中的提交，可以通过 git log 命令来查看。执行 git reset --hard commit_id 命令后，提交到本地仓库的变更都会被撤销，并回到指定的提交状态。

### 6.3.5 查看提交日志

我们可以通过 git commit 命令将变更提交到本地仓库。但是，如果想要查看提交记录，则需要使用 git log 命令。

需要注意的是，git log 命令会列出所有提交记录的列表，而且这个列表中的提交记录是按照提交的先后排列的。如果想要查看某个特定的提交记录，可以使用 git show commit_id 命令，其中的 commit_id 是需要查看的提交记录的唯一标识符。

```
[root@VM-114-245-centos BackEnd]# git log
commit e6f282894b9d3ad86b054d0c147586172be7672a
Author: wanmuc <769535441@qq.com>
Date:   Thu Sep 8 07:03:45 2022 +0800

    add readme.md
······省略部分输出······
```

git log 命令的输出显示了每次提交的 commit_id、提交人的用户名、邮箱、时间和备注等信息。如果只想查看 commit_id 和对应的备注信息，可以给 git log 命令设置--pretty=oneline 选项。

需要注意的是，在执行本地仓库的回退操作之后，在指定回退的 commit_id 之后提交的记录通过 git log 命令是查看不到的。此时，我们可以使用 git reflog 命令来查看本地仓库中的所有历史提交记录，且不受回退操作的影响。

### 6.3.6 查看差异

Git 支持查看工作区和暂存区的差异，可以使用 git diff file 命令来比较 file 文件在工作区和暂存区之间的差异。例如，如果我们对 readme.md 文件进行了修改，假设添加了一个"的"字，则可以使用 git diff reade.md 命令来查看具体的差异。

```
[root@VM-114-245-centos BackEnd]# git diff readme.md
diff --git a/readme.md b/readme.md
index 0e38c09..6f498cc 100644
--- a/readme.md
+++ b/readme.md
@@ -1,2 +1,2 @@
-这是Linux后端开发实践相关代码仓库
+这是Linux后端开发实践相关的代码仓库
[root@VM-114-245-centos BackEnd]#
```

### 6.3.7 分支管理

相较于其他传统中心化的版本控制系统，Git 有一个非常大的优势，就是强大的分支管理功能。Git 的分支管理功能可以让团队成员在不同的分支上并行工作，从而提高开发效率。

#### 1. 创建并切换到新分支

通常情况下，我们不会在 Git 的主干分支上提交代码。此时，我们需要创建一个新的分支来进行开发。可以通过执行 git checkout -b branch_name 命令来创建名为 branch_name 的新分支。这个命令同时还会创建并切换到新的分支。

如果想要分两步执行，可以先执行 git branch branch_name 命令来创建分支，再执行 git checkout branch_name 命令来切换到新的分支。

需要注意的是，创建新的分支可以让我们在不影响主干分支的情况下进行开发和测试。在开发完成后，我们可以将创建的分支合并到主干分支上，并删除不再需要的分支。

#### 2. 查看分支

有时候，我们需要同时处理多个需求，每个需求都有一个对应的分支。在这种情况下，我们可以使用 git branch 命令来查看当前仓库下的所有分支列表。

执行 git branch 命令会列出所有的本地分支，并在当前分支的旁边用符号"*"标记出当前所在的分支。如果想要查看远程分支，可以使用 git branch -r 命令。如果想要同时查看本地分支和远程分支，可以使用 git branch -a 命令。

### 3．切换分支

当存在多个分支时，我们可以使用 git checkout branch_name 命令来进行分支的切换，从而切换到指定的分支。这个命令会将当前分支切换到名为 branch_name 的分支上。

### 4．删除分支

分支管理对并行开发非常友好，研发人员可以创建自己的分支，并在自己的分支上提交代码，而不会对他人造成影响。等到开发和测试完毕后，可以将分支合并到主干分支上，然后删除不再需要的分支。

要删除分支，可以执行 git branch -D branch_name 命令。这个命令会强制删除名为 branch_name 的分支，即使这个分支上存在未合并的提交记录。

### 5．fetch 分支

Git 的 fetch 命令用于获取与远程仓库相关的分支，fetch 命令的主要用法如下。

- git fetch remote_repo：用于获取指定远程仓库上所有分支最新的 commit_id，并更新到本地仓库的.git/FETCH_HEAD 文件中。
- git fetch remote_repo remote_branch_name：用于获取远程仓库上指定分支最新的 commit_id，并更新到本地仓库的.git/FETCH_HEAD 文件中。
- git fetch remote_repo remote_branch_name:local_branch_name：用于获取远程仓库上指定分支最新的 commit_id，然后更新到本地仓库的.git/FETCH_HEAD 文件中。最后，在本地仓库中创建一个名为 local_branch_name 的本地分支，本地分支 local_branch_name 的变更内容和远程分支 remote_branch_name 的变更内容是一致的。

本地仓库的.git/FETCH_HEAD 文件中保存了执行 fetch 命令时从远程仓库获取的分支的最新版本。需要注意的是，fetch 命令不会将远程分支合并到本地分支上。

### 6．merge 分支

如果想要将指定分支的变更内容合并到当前分支上，可以使用 git merge branch_name 命令。这个命令会将 branch_name 分支的变更内容合并到当前分支上。

如果指定分支的变更内容和当前分支的变更内容没有冲突，Git 会自动完成合并。但如果存在冲突，Git 会提示无法自动合并，并指出哪些分支的变更存在冲突。在这种情况下，需要手动解决冲突，然后执行 add 和 commit 命令来提交变更。

### 7．rebase 分支

当主干分支合并完其他分支的修改之后，我们需要在自己的分支上同步这些最新的变更。在这种情况下，可以执行 rebase 操作，比如执行 git rebase master 命令，从而在最新的主干分支上应用当前分支所有的提交。

如果当前分支的提交和最新的主干分支的变更有冲突，rebase 操作就会被中断，并提示哪些文件存在冲突。在这种情况下，需要首先手动解决冲突，然后执行 add 命令，将解决冲突的文件添加到暂存区。最后，可以执行 git rebase --continue 命令，继续执行之前被中断的 rebase 操作。如果后续又出现冲突，则需要按照上述步骤再次解决冲突。

### 8. push 分支

通常情况下，本地仓库都会关联一个远程仓库。我们可以使用 git remote -v 命令来查看本地仓库关联的远程仓库信息。

在本地仓库的分支完成代码的开发、调试和测试之后，就可以将代码合并到主干分支。在合并到主干分支之前，需要将本地分支推送到远程仓库。我们可以使用 git push origin branch_name 命令将本地分支推送到远程仓库。

如果需要强制使用本地分支覆盖远程分支，可以在 push 命令的后面添加-f 选项。例如，执行 git push -f origin branch_name 命令。

### 9. pull 分支

与 push 相反，pull 用于将远程分支的变更同步到本地分支。git pull 命令实际上是两个命令的集合，一个是 git fetch，另一个是 git merge。因此，执行 git pull 相当于执行 git fetch origin current_branch_name 和 git merge FETCH_HEAD。

需要注意的是，如果在合并变更的过程中出现冲突，则需要首先解决冲突，然后再合并变更。解决冲突的方法和之前提到的一样，需要首先手动解决冲突；然后执行 add 命令，将解决冲突的文件添加到暂存区；最后执行 commit 命令，提交变更。

## 6.3.8 其他操作

除了前面介绍的常用操作，还有一些其他需要关注的操作，这里我们统一再介绍一下。

### 1. 一次性提交暂存区所有修改

当暂存区中有很多文件的变更都未提交时，通过先后执行 add 和 commit 命令来将变更提交到本地仓库是低效的。我们可以使用 git commit -am "commit all once"命令来一次性将变更提交到本地仓库。

需要注意的是，如果要提交的变更中包含新增的文件，则需要先执行 add 命令，对这些新增文件进行跟踪。在执行 commit 命令之前，可以使用 git status 命令来查看当前暂存区和工作区的状态，以确保所有需要提交的变更都已经被添加到暂存区。

### 2. 更正最近一次提交的备注

如果最近的一次提交操作漏提交了某个文件的变更，或者想要重新修改提交信息，而不想新增提交记录，可以使用 commit 命令的--amend 选项。例如，执行 git commit --amend -m "amend the last commit"命令。

### 3. 查看每一行的变更是由谁提交的

有时候，当复盘一些问题时，需要确认某些变更是由谁提交的。此时，可以使用 git blame file 命令来查看 file 文件的每一行的变更是由谁提交的。

git blame 命令可以显示指定文件的每一行的变更历史，包括提交者、提交时间和提交信息等。通过查看 git blame 命令的输出，可以快速定位某个变更是由谁提交的，以及提交时间和提交信息等。

#### 4. 对文件名进行重命名

如果需要对文件进行重命名，只需要执行 git mv oldfilename newfilename 命令，然后执行 git commit 命令，将变更提交到本地仓库即可。

#### 5. 提交空目录

因为 Git 只关注文件的变动，所以一个目录中如果没有任何文件，Git 就无法识别它，并且不会将其提交到仓库中。但是，通过在空目录中创建一个名为.gitkeep 的文件，就可以让 Git 识别这个目录，并将其提交到仓库中。

创建.gitkeep 文件的目的是占据空目录中的一个文件，使得 Git 能够识别该目录并将其提交到仓库中。同时，我们还要确保.gitignore 文件中没有屏蔽.gitkeep 文件的配置，否则 Git 将无法识别该目录。

需要注意的是，.gitkeep 文件本身并不具有特殊的作用，它只是一个占位文件，用于让 Git 识别空目录。如果目录中已经存在其他文件，则不需要创建.gitkeep 文件。

## 6.4 团队协作

现在的项目基本上是由多人协作完成的。Git 十分适合多人协同开发，本节将简要介绍在团队中如何使用 Git 来完成协同开发。

在团队中使用 Git 进行协同开发时，需要遵循一些基本的规则和流程。首先，团队成员需要协商好使用的分支模型和分支命名规范，以确保每个人都能够理解和遵守这些规则。其次，团队成员需要定期进行代码的审查和合并，以确保代码的质量和稳定性。最后，团队成员需要及时沟通和协作，共同解决问题和提高工作效率。

### 6.4.1 同步代码仓库

使用 git clone remote_repo_uri 命令可以把指定的远程仓库的代码同步到本地。remote_repo_uri 通常支持 HTTPS 和 SSH 协议。当使用 HTTPS 协议时，需要先输入用户名和密码，以进行身份验证；而当使用 SSH 协议时，则需要在账户中添加 ssh key，以进行身份验证。

### 6.4.2 创建自己的分支

在把远程仓库同步到本地仓库后，我们需要使用 git checkout -b branch_name 命令来创建自己的分支。有的团队对分支命名有严格的标准，例如，若开发新特性，则分支名称必须以 feature 作为前缀；若修复 bug，则分支名称必须以 fix 作为前缀。

在创建自己的分支时，应该根据具体的任务和需求来选择合适的分支名称，以便团队成员能够快速理解和识别。同时，还应该遵守团队的分支管理规范，例如，及时删除不需要的分支，避免分支重名等。

### 6.4.3　推送分支到远程仓库

在自己的分支上完成代码的开发、测试、调试之后，需要将自己的分支推送到远程仓库，这时需要执行 push 命令。通过执行 push 命令，可以将本地分支的变更同步到远程仓库中，以便团队的其他成员进行协作开发或代码审查。

需要注意的是，在执行 push 命令之前，请确保本地分支的变更已经得到充分的测试和调试，以避免将不稳定或有问题的代码推送到远程仓库中，影响整个团队的工作效率和代码质量。

### 6.4.4　发起合入请求

在把自己的分支推送到远程仓库后，就可以发起将自己的分支合并到仓库主干的合入请求。这时，分支的变更就进入了代码审查阶段，团队的其他成员会对分支的变更进行审核和评估，以确保代码的质量和稳定性。

在代码审查阶段，团队成员会对代码进行检查和审查，包括但不限于代码风格、命名规范、注释说明、功能实现、性能优化等方面。如果发现问题或不足之处，他们会及时提出建议和改进意见，以便分支的变更能够满足团队的需求和要求。

最后，只有当代码审查没有问题时，代码才会被正式合入主干，否则需要解决问题后才能合入。

### 6.4.5　发布变更

当变更合入主干后，就进入了发布流程。现在的互联网头部企业都有完善的运营发布平台，研发人员可以通过这些平台自助完成变更的发布。

## 6.5　本章小结

在本章中，我们介绍了 Git 的初始化安装、核心概念、常用操作以及如何在团队协作中使用 Git。为了帮助读者掌握本章介绍的内容，这里向大家介绍一个用于练习 Git 操作的开源项目——GitHug，读者可在 GitHub 上搜索 GitHug。

GitHug 是一个基于命令行的游戏，它可以帮助开发者快速掌握 Git 的操作。通过完成这个游戏中的任务，玩家可以了解 Git 的基本概念、常用命令和操作流程，从而提高 Git 的使用技能和效率。

# 第7章 编译、链接、运行与调试

在使用 C/C++开发程序时，编译、链接是非常重要的步骤。编译器会将源代码转换为机器码，链接器会将编译器生成的目标文件和库文件组合成可执行文件。读者需要深入理解这个过程，才能更好地掌握 C/C++编程。

对于生成的可执行文件的格式，我们需要了解其内部结构，以便在调试时更好地定位问题。此外，了解进程内存模型也是非常重要的，因为我们需要知道程序在运行时如何使用内存，以及如何避免内存泄漏和内存读写异常等。

总之，深入理解 C/C++在 Linux 系统下的编译、链接、运行与调试是非常重要的，这样才能写出更高效、更稳定的程序，并更好地解决一些疑难问题。

## 7.1 单文件程序的编译与链接

通常情况下，我们会编写一些简单的测试程序或工具，并将所有的代码放在一个.c 文件或.cpp 文件中，然后使用 gcc 或 g++来编译、链接并生成指定名称（用-o 选项指定）的可执行文件。代码清单 7-1 给出了一个简单的"hello world"程序，源代码在 helloworld.c 文件中。

代码清单 7-1　在终端输出"hello world"

```
#include <stdio.h>
int main(int argc, char* argv[]) {
  static const char* name = "rookie";
  printf("%s hello world\n", name);
  return 0;
}
```

先使用 gcc 编译并生成可执行文件 helloworld，再运行 helloworld，相关的命令如下。

```
[root@VM-114-245-centos Chapter07]# gcc -o helloworld helloworld.c
[root@VM-114-245-centos Chapter07]# ./helloworld
rookie hello world
[root@VM-114-245-centos Chapter07]#
```

在使用 gcc/g++命令来完成 C/C++编译和链接的工作时，我们可以根据需要指定不同的编译和链接选项。gcc/g++是 Linux 系统下封装了 C/C++程序编译和链接过程的工具。

具体来说，gcc/g++会将源代码文件编译成中间代码文件（.o 文件），然后将这些中间代码文件链接成可执行文件。在编译和链接过程中，我们可以指定不同的选项来控制编译和链接的行为。图 7-1 是一个简单的编译和链接过程的示意图（以 helloworld.c 为例）。

整个编译和链接的过程可以分为 4 个不同的阶段：预处理阶段、编译阶段、汇编阶段和链接阶段。

## 7.1 单文件程序的编译与链接

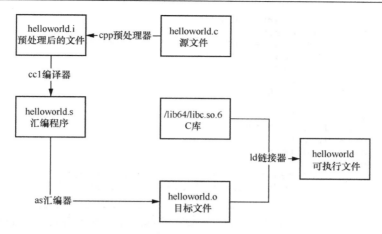

图7-1 编译和链接的简略过程

### 7.1.1 预处理阶段

预处理阶段由 cpp 来完成，这里的 cpp 不是"c plus plus"的意思，而是"the C Preprocessor"的意思。cpp 会在编译之前对源文件进行处理。它会对自定义和预定义的宏进行展开，把包含的头文件内容插入当前源文件，并根据预处理指令包含不同的代码，或者设置传递给编译器的参数。

我们可以使用 gcc 的-E 和-v 选项来查看整个预处理过程。其中，-E 选项表示只对源文件做预处理，-v 选项表示显示详细的预处理过程。此外，-o 选项表示将预处理后的结果输出到 helloworld.i 文件中。相关的命令和输出如下所示。由于输出内容过多，我们省略了部分输出。

```
[root@VM-114-245-centos Chapter07]# gcc -E -v -o helloworld.i helloworld.c
-I/usr/local/jsoncpp/include
…… 省略部分输出 ……
#include <...> search starts here:
 /usr/local/jsoncpp/include
 /usr/lib/gcc/x86_64-redhat-linux/4.8.5/include
 /usr/local/include
 /usr/include
End of search list.
…… 省略部分输出 ……
```

从上面的输出中可以看出，系统头文件搜索路径包括"/usr/local/jsoncpp/include""/usr/lib/gcc/x86_64-redhat-linux/4.8.5/include""/usr/local/include"和"/usr/include"。其中，"/usr/local/jsoncpp/include"是通过 gcc 的-I 选项指定的自定义头文件搜索路径。预处理的结果被输出到 helloworld.i 文件中，我们可以使用 cat 命令来查看预处理后的结果。

在编译复杂项目时，如果遇到莫名其妙的报错，则需要确认某个源文件具体包含了哪些头文件以定位报错问题。我们可以使用 gcc 的-M 选项来找出某个源文件在预处理阶段具体包含了哪些头文件。以之前的 helloworld.c 为例，我们可以使用以下命令来定位 helloworld.c 在预处理阶段具体包含了哪些头文件。

```
[root@VM-114-245-centos Chapter07]# g++ -E helloworld.c | grep '^#' | awk
'{print $3}' | sort | uniq | grep '\.h'
"/usr/include/bits/stdio_lim.h"
```

```
"/usr/include/bits/sys_errlist.h"
"/usr/include/bits/types.h"
"/usr/include/bits/typesizes.h"
"/usr/include/bits/wordsize.h"
"/usr/include/features.h"
"/usr/include/_G_config.h"
"/usr/include/gnu/stubs-64.h"
"/usr/include/gnu/stubs.h"
"/usr/include/libio.h"
"/usr/include/stdc-predef.h"
"/usr/include/stdio.h"
"/usr/include/sys/cdefs.h"
"/usr/include/wchar.h"
"/usr/lib/gcc/x86_64-redhat-linux/4.8.5/include/stdarg.h"
"/usr/lib/gcc/x86_64-redhat-linux/4.8.5/include/stddef.h"
[root@VM-114-245-centos Chapter07]#
```

cpp 预处理器在处理源文件时，会在头文件插入的地方加入行标记。行标记的格式为"# linenum filename flags"，其中，"#"为固定字符，linenum 为行号，filename 为文件名，flags 为标志位。因此，我们可以通过上面的管道命令来过滤出包含的头文件。

flags 可能包含零个到多个标志，如果包含多个标志，则各个标志之间使用空格分隔。一共有 4 种不同的标志，它们分别为"1""2""3""4"。标志"1"表示开始进入文件；标志"2"表示返回到文件；标志"3"表示后面紧跟的代码来自系统头文件；标志"4"表示后面紧跟的代码被一个隐式的 extern "C"所包含，也就是说，相关的函数符号在目标文件中是按照 C 语言规则生成的。

我们可以截取 helloworld.i 中的部分内容来说明行标记的格式和含义。例如，假设 helloworld.i 中包含以下内容。

```
# 768 "/usr/include/stdio.h" 3 4
extern int fseeko (FILE *__stream, __off_t __off, int __whence);
extern __off_t ftello (FILE *__stream) ;
```

第一行为行标记，其中，768 表示文件/usr/include/stdio.h 的第 768 行，标志"3"和"4"分别表示后面的代码是系统头文件内容，函数符号采用 C 语言规则生成。

这个行标记告诉我们，后面的代码是在文件/usr/include/stdio.h 的第 768 行处插入的，它们是系统头文件内容，相关的函数符号是采用 C 语言规则生成的。通过这个行标记，我们可以更好地理解 cpp 预处理器在处理源文件时的行为。

### 7.1.2 编译阶段

编译阶段相对简单，由编译器 cc1 把预处理后的文件内容转换成汇编程序。我们可以使用 gcc 的-S 选项来实现编译的过程。-S 选项表示只做编译处理，生成的汇编代码如下。

```
[root@VM-114-245-centos Chapter07]# gcc -S -o helloworld.s helloworld.i
[root@VM-114-245-centos Chapter07]# cat helloworld.s
        .file   "helloworld.c"
        .section .rodata
.LC0:
        .string "%s hello world\n"
        .text
        .globl  main
        .type   main, @function
main:
.LFB0:
```

```
        .cfi_startproc
        pushq   %rbp
        .cfi_def_cfa_offset 16
        .cfi_offset 6, -16
        movq    %rsp, %rbp
        .cfi_def_cfa_register 6
        subq    $16, %rsp
        movl    %edi, -4(%rbp)
        movq    %rsi, -16(%rbp)
        movq    name.2180(%rip), %rax
        movq    %rax, %rsi
        movl    $.LC0, %edi
        movl    $0, %eax
        call    printf
        movl    $0, %eax
        leave
        .cfi_def_cfa 7, 8
        ret
        .cfi_endproc
.LFE0:
        .size   main, .-main
        .section .rodata
.LC1:
        .string "rookie"
        .data
        .align 8
        .type   name.2180, @object
        .size   name.2180, 8
name.2180:
        .quad   .LC1
        .ident  "GCC: (GNU) 4.8.5 20150623 (Red Hat 4.8.5-44)"
        .section .note.GNU-stack,"",@progbits
[root@VM-114-245-centos Chapter07]
```

从汇编代码中我们可以找到一些有用的信息。例如，我们可以找到 main 函数的定义，原始文件名"helloworld.c"，以及字符串常量"%s hello world"的声明。

具体来说，汇编代码中的".file"指令表示原始文件名，".string"指令表示字符串常量的声明，main 函数的定义则通过标签".globl main"和".type main, @function"来表示。

## 7.1.3 汇编阶段

紧接着，汇编器 as 会把 helloworld.s 的内容翻译成机器指令，这些机器指令按照 ELF（Executable and Linking Format）被打包成可重定位的二进制目标文件。我们可以使用 gcc 的 -c 选项来实现目标文件的生成，file 命令用于查看目标文件的信息，相关命令如下。

```
[root@VM-114-245-centos Chapter07]# gcc -c -o helloworld.o helloworld.s
[root@VM-114-245-centos Chapter07]# file ./helloworld.o
./helloworld.o: ELF 64-bit LSB relocatable, x86-64, version 1 (SYSV), not stripped
[root@VM-114-245-centos Chapter07]#
```

在 file 命令的输出中，"ELF 64-bit LSB relocatable"表示 64 位的、格式为 ELF 的可重定位文件，"x86-64"表示 x86-64 架构，"not stripped"表示文件中的符号和调试信息未被删除。

ELF 是一种常用的二进制文件格式，它支持动态链接和装载，可以用于生成可执行文件、共享库和可重定位文件等。64 位的 ELF 是一种针对 64 位处理器的二进制文件格式，它支持更大的内存寻址空间和更高的性能。

x86-64 是一种常用的 64 位处理器架构，它是 x86 架构的扩展，支持更多的寄存器、更大的内存寻址空间和更高的性能。

文件中的符号和调试信息可以用于调试和分析程序。如果需要生成发布版本的程序，可以使用 strip 命令删除这些信息，以减小程序的大小。

## 7.1.4 链接阶段

因为 helloworld.c 中引用了标准 C 库中的 printf 函数，所以在最后的链接阶段，ld 链接器会把 printf 函数符号位于 libc.so.6 库中的重定位和符号表信息复制到最终的可执行文件 helloworld 中。gcc 链接时库的搜索路径在使用-v 选项时会显示出来，libc.so.6 库就是在这些路径中进行搜索的。我们可以使用下面的管道命令找出默认库的搜索路径。

```
[root@VM-114-245-centos Chapter07]# gcc -v -o helloworld helloworld.o 2>
&1 | grep LIBRARY_PATH | awk -F "=" '{print $2}' | tr -s ':' '\n'
/usr/lib/gcc/x86_64-redhat-linux/4.8.5/
/usr/lib/gcc/x86_64-redhat-linux/4.8.5/../../../../lib64/
/lib/../lib64/
/usr/lib/../lib64/
/usr/lib/gcc/x86_64-redhat-linux/4.8.5/../../../
/lib/
/usr/lib/
[root@VM-114-245-centos Chapter07]#
```

## 7.1.5 ELF 概述

在整个编译和链接的过程中，链接阶段最复杂，它主要完成符号的解析和重定位。在链接阶段，输入输出文件的格式都是 ELF，只是类型不同而已。例如，helloworld.o 为可重定位的目标文件，/lib64/libc.so.6 为共享的目标文件，helloworld 为可执行文件。

ELF 作为一种常用的二进制文件格式，支持动态链接和装载，可以用于生成可执行文件、共享库和可重定位文件等。ELF 文件由三部分组成：ELF 头（ELF Header）、程序头组（Program Headers）和节头组（Section Headers）。

ELF 头是 ELF 文件的头部信息，包括文件类型、机器架构、入口地址以及程序头组和节头组的偏移、数量等信息。

程序头组描述了程序的加载和运行过程，包括可加载段（LOAD）、动态链接段（DYNAMIC）、符号表段（SYMTAB）等。

节头组描述了 ELF 文件的节信息，包括节的名称、大小、属性、偏移等。

在链接阶段，链接器需要对输入文件进行符号解析和重定位，以便生成正确的输出文件。符号解析是指查找和解析输入文件中的符号，包括函数、变量和常量等。重定位是指修改输入文件中的符号引用，以便正确地链接到目标文件中的符号。通过符号解析和重定位，链接器可以生成正确的可执行文件或共享库，以便程序正确地运行。

**1. ELF 头**

ELF 头中包含了整个 ELF 文件的汇总信息。以可执行文件 helloworld 为例，我们可以使用 readelf 命令来查看可执行文件 helloworld 的 ELF 头信息。其中，-h 选项表示只查看 ELF 头信息，对应的命令如下。

## 7.1 单文件程序的编译与链接

```
[root@VM-114-245-centos Chapter07]# readelf -h ./helloworld
ELF头：
  Magic：   7f 45 4c 46 02 01 01 00 00 00 00 00 00 00 00 00
  类别：                              ELF64
  数据：                              2 补码，小端序 (little endian)
  版本：                              1 (current)
  OS/ABI：                           UNIX - System V
  ABI版本：                           0
  类型：                              EXEC (可执行文件)
  系统架构：                           Advanced Micro Devices X86-64
  版本：                              0x1
  入口点地址：              0x400440
  程序头起点：              64 (bytes into file)
  Start of section headers:          6488 (bytes into file)
  标志：           0x0
  本头的大小：          64 (字节)
  程序头大小：          56 (字节)
  Number of program headers:         9
  节头大小：           64 (字节)
  节头数量：           30
  字符串表索引节头：      29
[root@VM-114-245-centos Chapter07]#
```

ELF 头中包含了许多关于 ELF 文件的信息，其中包括 ELF 类别、字节序、版本、文件类型、程序入口地址、程序头组大小、节头组大小与个数等信息。通过 ELF 头中的这些信息，我们可以了解 ELF 文件的基本属性和特征，以便更好地理解和使用 ELF 文件。

**2．ELF 文件中关键的节**

我们可以使用 readelf 命令来查看 ELF 文件中的所有节头信息，只需要在命令中添加-S 选项即可。例如，使用命令"readelf -S ./helloworld"可以查看可执行文件 helloworld 中的所有节头信息，由于输出内容较多，这里不再展示。

链接器主要依靠 ELF 文件中的节头组来完成符号解析和重定位，其中关键的节包括以下几个。

（1）.text 节

文本段，其中保存了代码编译和汇编后的二进制机器指令。

（2）.data 节

用于保存初始化的全局变量或函数静态变量。需要特别说明的是，函数中的非静态局部变量既不保存在.data 节中，也不保存在.bss 节中，而是动态地保存在进程的运行栈中。

（3）.bss 节

和.data 节相反，.bss 节用于保存未初始化的全局变量或函数静态变量，存储空间中各字节的值都会被设置为 0。

（4）.rodata 节

用于保存只读数据，例如 helloworld.c 中 printf 函数输出的字符串常量"%s hello world\n"。

（5）.symtab 节

用于保存程序中定义和引用的函数及全局变量符号信息。

（6）.strtab 节

用于保存.symtab 节中符号对应的符号名称的字符串表，其中的每个字符串都以'\0'结尾。

（7）.shstrtab 节

用于保存各个节头的节名称表。

除了上面这些关键的节，ELF 文件中还包含其他节，这些节主要用于链接时指导链接器完成链接、程序运行时指导动态链接库完成加载以及提供程序运行时的调试信息。这些节的作用相对较小，但它们在程序的开发和调试过程中同样具有重要的作用。

## 7.1.6 符号解析与重定位

链接器解析符号引用的方式是，对每个符号引用与可重定位的目标文件中的一个符号定义进行关联。符号的定义和引用可能在同一个可重定位的目标文件中，也可能分别在不同的可重定位目标文件中。在生成可执行文件时，链接器会给程序中的符号重新分配一个唯一的存储器地址，并修改每个符号的引用，使得每个符号的引用指向正确的存储器地址，从而完成整个重定位过程。这种方式可以确保程序在运行时能够正确地访问和使用符号，并且可以避免符号重复定义和引用的问题。

### 1. 符号的分类

所有的符号都是在可重定位的目标文件中定义和引用的。按照符号定义和引用位置的不同以及符号访问范围的不同，可以把符号分为三类。

- ❑ 目标文件中定义的可被其他目标文件引用的全局符号，这些符号包括非静态全局变量和非静态全局函数，例如 helloworld.c 中的 main 函数。
- ❑ 目标文件中引用的定义在其他目标文件中的全局符号，这些符号对应于定义在其他目标文件中的非静态全局变量和非静态全局函数，统称为外部符号，例如 helloworld.c 中调用的 printf 函数。
- ❑ 只能在目标文件中引用的带有 static 修饰的符号，这些符号包括带有 static 修饰的全局函数、带有 static 修饰的全局变量以及带有 static 修饰的函数内部的静态局部变量，例如 helloworld.c 中 main 函数里的静态局部变量 name。

### 2. 函数符号的生成

函数符号的生成是在生成汇编代码的编译阶段完成的。因为 C++支持重载（overload）和重写（override），所以 C++中函数符号的生成与 C 有所不同。在 C++中，每个函数都会生成一个唯一的符号，这个符号包括函数名和参数类型列表。这个过程被称为函数名修饰。函数名修饰的目的是避免函数名冲突，因为 C++中允许函数名相同但参数类型不同的情况。在 C 中，函数名不会被修饰，因为 C 不支持函数重载。

（1）C 函数符号的生成

C 函数在目标文件中的符号与源代码中的函数名称是一样的。使用 nm 命令可以查看 helloworld.o 中的函数符号。

```
[root@VM-114-245-centos Chapter07]# nm ./helloworld.o
0000000000000000 T main
0000000000000000 d name.2180
                 U printf
[root@VM-114-245-centos Chapter07]#
```

C 语言不允许定义函数名一样但参数不同的多个函数，否则在链接阶段会报错。这是因为同一个符号会有多个定义，而链接器不知道对这个符号的引用对应的是哪个定义。因此，C 语言中不允许出现这种情况，每个函数必须有一个唯一的名称。这也是 C++引入函数名修饰的原因——支持函数重载。

（2）C++函数符号的生成

C++的重载（overload）特性支持函数名相同但参数不同的多个函数。由于链接器无法支持一个符号有多个定义，因此 g++在编译期间会根据参数列表的不同，对函数符号进行一定的修改，以保证函数符号的唯一性。这个过程发生在把源代码转换成汇编代码的编译阶段。下面是一个例子。

```
[root@VM-114-245-centos Chapter07]# cat symbol.cpp
#include <stdio.h>
int fun(int a, int b, char* c) { return 0; }
int main() {
  fun(0, 0, NULL);
  return 0;
}
[root@VM-114-245-centos Chapter07]# g++ -c -o symbol.o symbol.cpp
[root@VM-114-245-centos Chapter07]# nm symbol.o | grep fun
0000000000000000 T _Z3funiiPc
[root@VM-114-245-centos Chapter07]# c++filt _Z3funiiPc
fun(int, int, char*)
[root@VM-114-245-centos Chapter07]#
```

从上面的例子中可以看出，函数 fun 在编译成目标文件之后，其函数符号发生了改变，变为"_Z3funiiPc"，使用 c++filt 命令可以还原其在源代码中原始的函数名。从其新的函数符号可以得出，g++对非类的内部函数符号的修改规则如下：首先加上一个"_Z"前缀；然后加上一个函数名，函数名之前有一个数字，这个数字代表函数名的长度；最后加上一个参数列表，例如"iiPc"。其中，i 表示 int 类型的参数；P 是一个参数修饰符，表示后面的参数为指针；c 表示 char 类型的参数。这种函数名修饰方式可以确保函数符号的唯一性，并且支持函数重载。

C++的重写（override）特性允许在类的继承体系中的父类和子类之间，定义一个具有相同函数名和参数列表的函数，通常这个函数在父类中会被声明为虚函数。重写再加上虚函数的调用机制，使得 C++具备了运行时多态，也就是人们常说的 C++动态多态。

对于类的成员函数，g++对其函数符号的修改规则与非类的函数符号的修改规则类似，只不过函数符号的中间多了一个以字母 N 开头的类域修饰，且参数列表的前面多了一个"E"。下面让我们来看一个例子。

```
[root@VM-114-245-centos Chapter07]# cat symbol2.cpp
#include <iostream>
using namespace std;

class A {
 public:
  virtual void print() {}
};
class B : public A {
 public:
  void print() {}
};
int main() {
  B b;
  b.print();
  return 0;
}
[root@VM-114-245-centos Chapter07]# g++ -c symbol2.cpp
```

```
[root@VM-114-245-centos Chapter07]# nm symbol2.o | grep print
0000000000000000 W _ZN1A5printEv
0000000000000000 W _ZN1B5printEv
[root@VM-114-245-centos Chapter07]# c++filt _ZN1A5printEv
A::print()
[root@VM-114-245-centos Chapter07]# c++filt _ZN1B5printEv
B::print()
[root@VM-114-245-centos Chapter07]#
```

### 3．ELF 相关工具

下面介绍一些 ELF 相关工具。

（1）ldd

ldd 命令用于查看可执行程序或动态库依赖的动态库，常用于判断可执行程序在运行加载动态库时，是否能链接到正确目录下的动态库。在一些复杂的线上环境中，同一个库的不同版本可能部署在多个不同的目录下。这时，如果可执行程序没有链接到正确目录下的动态库，程序运行时大概率会出问题，不是程序崩溃，就是出现一些其他莫名其妙的问题。我们可以使用 ldd 命令来查看"hello world"程序依赖的动态库。

```
[root@VM-114-245-centos Chapter07]# ldd ./helloworld
        linux-vdso.so.1 =>  (0x00007ffd861c5000)
        libc.so.6 => /lib64/libc.so.6 (0x00007f423fca1000)
        /lib64/ld-linux-x86-64.so.2 (0x00007f424006f000)
[root@VM-114-245-centos Chapter07]#
```

我们可以看到，"hello world"程序依赖了 libc.so.6、linux-vdso.so.1 等动态库。通过 ldd 命令，我们可以查看程序依赖的动态库是否正确，以及是否能够正确链接到对应目录下的动态库。

（2）nm

nm 命令用于查看 ELF 文件符号表中的符号，包括定义和引用的符号。nm 命令会为每个符号输出 3 个字段，第 1 个字段是符号值（symbol value），第 2 个字段是符号类型（symbol type），第 3 个字段是符号名称（symbol name）。nm 命令非常实用，常用于在编译和链接时定位符号相关的报错问题，查看对应的动态库或者可重定位的目标文件是否包含预期的符号。符号的常见类型如表 7-1 所示。

表 7-1  符号的常见类型

| 符号的类型 | 含义 |
| --- | --- |
| T/t | 定义在.text 节中的符号 |
| U | 未定义的符号，即外部符号 |
| R/r | 定义在.rodata 节中的符号，即只读数据 |
| D/d | 定义在.data 节中的符号，即初始化的全局变量或函数静态局部变量 |

（3）strip

strip 命令用于删除 ELF 文件中的符号信息和调试信息，以减小 ELF 文件的大小。需要特别注意的是，不要使用 strip 命令删除动态库，比如 C 动态库，否则会导致依赖这些动态库的程序无法运行。strip 命令常用于减小所发布程序的大小。

（4）strings

strings 命令用于查看 ELF 文件中的字符串信息，比如查找某些加解密程序中的加解密 key，前提是，这些 key 是明文字符串且被硬编码在代码中。通过 strings 命令，我们可以输出这些字符串，但需要自行猜测哪些字符串是加解密 key。

（5）readelf

readelf 命令是查看 ELF 文件信息的强力工具，它能查看 ELF 文件中的全部信息，当然也能查看指定的信息。比如，-s 选项可以实现和 nm 命令一样查看 ELF 文件符号的功能，-S 选项只查看所有的节头信息，-h 选项只查看 ELF 头信息。其他选项的用法可以使用 man 命令来查看，也可直接使用 tldr 命令来查看 readelf 的常见用法。

（6）objdump

objdump 命令是另一个查看 ELF 文件信息的工具，它也支持查看 ELF 文件中的各种信息。使用-h 选项可以查看所有的节头信息，使用-t 选项可以查看符号表的内容，使用-T 选项可以查看调用的动态链接库的符号。其他选项可以参考 objdump 的 man 手册或者使用 --help 选项来查看。同样，也可以使用 tldr 命令来查看 objdump 的常见用法。

## 7.2　工程项目的编译与链接

在实际的 C/C++工程项目中，一个程序通常由多个代码文件构成，应该如何编译工程项目的程序呢？假设我们的项目中有 3 个源文件和两个头文件，它们分别为 sort.c、print.c、main.c、sort.h 和 print.h。

- sort.h

排序头文件。

```
#pragma once
void mySort(int* data, int len);
```

- sort.c

排序源文件。

```
#include "sort.h"
#include <stdlib.h>
int myCmp(const void *lvalue, const void *rvalue) {
  int lIntValue = *(int *)lvalue;
  int rIntValue = *(int *)rvalue;
  return lIntValue - rIntValue;
}
void mySort(int *data, int len) { qsort((void *)data, len, sizeof(int), myCmp); }
```

- print.h

输出头文件。

```
#pragma once
void myPrint(int* data, int len);
```

- print.c

输出源文件。

```
#include "print.h"
#include <stdio.h>
void myPrint(int* data, int len) {
  int i = 0;
  for (i = 0; i < len; ++i) {
    printf("%d ", data[i]);
  }
  printf("\n");
}
```

❑ main.c

程序入口文件。

```c
#include "print.h"
#include "sort.h"
int main () {
  int data[8] = {10, 20, 25, 2, 234, 13, 3, 1};
  mySort(data, sizeof(data) / sizeof(int));
  myPrint(data, sizeof(data) / sizeof(int));
  return 0;
}
```

我们可以手动完成整个编译和链接的过程。

```
[root@VM-114-245-centos make_learn]# gcc -c sort.c
[root@VM-114-245-centos make_learn]# gcc -c print.c
[root@VM-114-245-centos make_learn]# gcc -c main.c
[root@VM-114-245-centos make_learn]# gcc -o main main.o print.o sort.o
[root@VM-114-245-centos make_learn]# ./main
1 2 3 10 13 20 25 234
[root@VM-114-245-centos make_learn]#
```

### 7.2.1 makefile

在项目开发中，我们经常需要修改源代码文件，如果每次修改都需要手动进行编译和链接，显然非常耗时和低效。那么，有没有什么快捷的方式，使得我们能够根据代码文件的变更来完成程序的重新编译和链接呢？

在 Linux 系统中，make 命令是一个十分常用的自动化编译工具，它可以解决上述问题，即自动完成程序的编译和链接。我们只需要编写一个名为"makefile"的文件，在这个文件中包含整个程序的编译、链接规则，然后执行 make 命令，make 命令就会在当前目录下搜索 makefile 文件并解析执行其中的编译、链接命令，从而完成整个程序的编译和链接。

makefile 文件在本质上就是一个编译、链接脚本，其中包含了所有的编译、链接规则，并且定义了程序中各个代码文件之间的依赖关系和编译、链接选项。make 命令就是 makefile 这个脚本的解析器和执行器，make 和 makefile 的关系，同 shell 和 shell 脚本的关系类似。我们可以在 makefile 文件中定义多个规则，每个规则对应一个目标文件或可执行文件。每个规则还包含了编译、链接命令和依赖关系，当某个代码文件被修改时，make 命令会自动检测该代码文件的依赖关系，并重新编译、链接所有受影响的目标文件，从而保证整个程序的正确性和一致性。

make 命令并不是每次都简单地重新执行 makefile 文件中的所有编译、链接命令，如果是这样的话，就和 shell 脚本没有区别了。相反，make 命令会根据源代码文件的变更情况，只重新编译必要的目标文件并重新链接生成可执行文件，从而提高了编译、链接的效率。如果修改了某个.c 文件，那么对应的目标文件就会被重新编译生成。如果源代码文件没做任何变更，那么 make 命令不会执行 makefile 文件中的任何编译、链接命令，而只在终端输出当前的可执行文件是最新文件的提示。

makefile 的语法非常庞杂，其中包含了众多的命令、变量、函数、条件语句、循环语句等，需要花费大量的时间与精力来学习和掌握。下面介绍最常用的 makefile 语法，以便大家在日后的开发中能够灵活地使用和修改 makefile 文件，进而应付日常绝大多数工作的需要。

## 7.2 工程项目的编译与链接

### 1. makefile 的基本语法

makefile 的基本语法如下。

```
target : prerequisites
    command
```

- target 既可以是一个可执行文件，也可以是目标文件，甚至可以是一个伪目标（只是一个标签用于标记一个命令）。
- prerequisites 是生成 target 所依赖的文件列表。具体来说，当 target 为可执行程序时，prerequisites 为目标文件列表；当 target 为目标文件时，prerequisites 为源代码文件列表；当 target 为伪目标时，prerequisites 为空或者 command 为空，也可以使用.PHONY 显式地声明 target 为伪目标。
- command 是 target 关联的所要执行的命令，需要特别注意的是，command 必须以一个【Tab】键开头。当 target 为可执行程序或目标文件时，command 为生成 target 所需要执行的编译和链接命令；当 target 为伪目标时，command 仅仅为 target 这个标签关联的所要执行的命令而已。

从 makefile 的基本语法可以看出，makefile 文件描述的就是一种依赖关系和生成规则。在 makefile 文件中，每个规则都包含了 target、prerequisites 和 command，用于指定生成目标文件所依赖的文件列表和生成规则。

### 2. make 命令的工作方式

- make 命令会在当前目录下查找名为"makefile"的文件，当然也可以使用-f 选项指定特定的文件为 makefile 文件。
- 如果没有找到 makefile 文件，make 命令就会报错，提示找不到 makefile 文件。如果找到了 makefile 文件，默认情况下，make 命令会把 makefile 文件中出现的第一个 target 作为最终生成的目标。当然，我们也可以在执行 make 命令时，指定生成特定的 target。
- make 命令会根据 makefile 文件中描述的依赖关系和最终所要生成的 target 来执行相应的命令，最后生成目标文件。具体来说，如果 target 是最新生成的，那么 make 命令不会执行 makefile 文件中的任何命令；如果 target 不存在或者 target 不是最新的，那么 make 命令会执行 makefile 文件中生成 target 所关联的命令，并根据需要递归地执行生成其他依赖文件的命令；如果 target 关联的某些源代码文件被修改，或者 target 的某些依赖文件缺失，那么 make 命令会生成最新的依赖文件，并执行 makefile 文件中生成 target 所关联的命令。
- make 命令在执行编译和链接的过程中，不会理会关联命令的错误，而只处理依赖关系。如果依赖的文件无法生成，make 命令会直接报错并退出；否则，make 命令会根据 makefile 文件中描述的依赖关系，递归地执行关联的命令，直至生成最终的 target。

## 7.2.2 一个实例

以之前包含 3 个源文件和两个头文件的那个项目为例，下面我们通过不同版本的 makefile 文件来实现项目的编译和链接，从而让大家逐步了解 makefile 相关的实用语法。

### 1. 第 1 版 makefile

我们先来看一下最简单的 makefile 如何编写。

```
mySort : main.o sort.o print.o
  gcc -g -o mySort main.o sort.o print.o
main.o : main.c
  gcc -g -c main.c -o main.o
sort.o : sort.c
  gcc -g -c sort.c -o sort.o
print.o : print.c
  gcc -g -c print.c -o print.o
clean :
  rm -rf mySort main.o sort.o print.o
.PHONY : clean
```

我们的第 1 版 makefile 非常简单明了。它的最终目标是生成名为 mySort 的目标文件，目标文件 mySort 依赖于 main.o、sort.o、print.o 这 3 个目标文件，而这 3 个目标文件也都各自有自己的生成命令。此外，我们还显式地声明了 clean 为一个伪目标，用于清除编译和链接过程中产生的目标文件和最终的 mySort 目标文件。

然而，按照这种方式编写的 makefile，在每次向项目中添加新的源代码时，都需要手动修改 mySort 目标文件的依赖列表，并为新的源代码新增依赖关系描述。这种方式难以维护和扩展，因此我们需要更加智能和灵活的 makefile 编写方式。

### 2. 第 2 版 makefile

第 1 版的 makefile 过于简单，且不够灵活，我们可以尝试做一些优化。让我们来看一下第 2 版的 makefile。

```
OBJS = main.o sort.o print.o
CC = gcc
CFLAGS = -g
TARGET = mySort
$(TARGET) : $(OBJS)
  $(CC) $(CFLAGS) -o $@ $^
$(OBJS) : %.o : %.c
  $(CC) $(CFLAGS) -c $< -o $@
clean :
  rm -rf $(TARGET) $(OBJS)
.PHONY : clean
```

在第 2 版的 makefile 中，我们使用了 3 种常见的 makefile 语法，包括用户自定义变量、自动化变量以及静态模式。下面分别介绍这 3 种不同的 makefile 语法。

❑ 用户自定义变量

在定义用户自定义变量时需要注意，变量名是大小写敏感的。例如，OBJS 和 OBJs 是两个不同的变量。变量名可以包含数字、字符、下画线，也可以以数字开头，但不能包含":""=""#"和空白符（如制表符、回车符、换行符）。

在第 2 版的 makefile 中，我们定义了 4 个用户自定义变量，分别是 OBJS、CC、CFLAGS 和 TARGET。它们分别表示目标文件列表、编译链接器、编译链接标记和最终生成的目标文件。和 shell 变量类似，用户自定义变量在引用时需要使用一对圆括号包含起来，并在前面加上"$"符号。

❑ 自动化变量

在第 2 版的 makefile 中，我们使用了一些奇怪的字符串，比如"$^""$<""$@"等。这些字符串都是 makefile 自动化变量，它们代表 makefile 中的一些常用信息。

具体来说，"$^"表示依赖文件列表，"$<"表示依赖文件列表中的第 1 个文件，"$@"表示最终所要生成的文件。因此，在"$(CC) $(CFLAGS) -o $@ $^"中，"$@"表示的是 $(TARGET)，也就是 mySort；"$^"表示的是$(OBJS)，也就是"main.o sort.o print.o"。而"$<"表示的是%.c，它在静态模式下会被扩展成对应的源文件。

通过使用这些自动化变量，我们可以自动化地生成目标文件关联的命令，从而简化了 makefile 的编写。同时，这些自动化变量还可以帮助我们自动化地处理依赖关系，从而避免了手动修改 makefile 的烦琐工作。

❑ 静态模式

在第 2 版的 makefile 中，我们看到了一种奇怪的依赖关系表达方式——"$(OBJS) : %.o : %.c"，这种依赖关系表达方式被称为静态模式。静态模式是一种能够更灵活地定义多个目标的依赖关系和生成规则的语法。它的语法格式如下。

```
<targets>:<target-pattern>:<prerequisites-patterns>
```

targets 表示目标集合，在第 2 版的 makefile 中，targets 为"main.o sort.o print.o"。

target-pattern 表示目标的匹配模式。例如，%.o 表示以.o 结尾的目标，也就是说，匹配过滤后的目标集合为"main.o sort.o print.o"。

prerequisites-patterns 表示目标的依赖模式，在第 2 版的 makefile 中，目标的依赖模式为%.c，匹配后的目标使用依赖模式%.c 来生成依赖文件列表，也就是将目标中的.o 使用.c 替换，然后生成对应的依赖文件列表。

"$(OBJS) : %.o : %.c"按照静态模式的语法展开之后的内容如下。

```
main.o : main.c
  gcc -g -c main.c -o main.o
sort.o : sort.c
  gcc -g -c sort.c -o sort.o
print.o : print.c
  gcc -g -c print.c -o print.o
```

相较于第 1 版的 makefile，第 2 版 makefile 的依赖关系描述更加简洁，同时用户自定义变量的使用也让 makefile 的修改更加直接明了。

3. 第 3 版 makefile

在第 2 版 makefile 的基础上是否可以进一步优化？让我们来看一下第 3 版 makefile 的实现。

```
SOURCES = $(wildcard *.c)
OBJS = $(patsubst %.c,%.o,$(SOURCES))
TARGET = mySort
CC = gcc
CFLAGS = -g
$(TARGET) : $(OBJS)
  $(CC) $(CFLAGS) -o $@ $^
$(OBJS) : %.o : %.c
  $(CC) $(CFLAGS) -c $< -o $@
clean :
  rm -rf $(OBJS) $(TARGET)
.PHONY : clean
```

第 3 版的 makefile 使用了 wildcard 函数和 patsubst 函数。我们先来看一下第 3 版 makefile 中新使用的语法。

```
${<function> <arguments>} 或 $(<function> <arguments>)
```

其中，<function>为函数名，<arguments>为参数列表。函数名和参数列表之间使用空格分隔，参数列表中的各个参数使用逗号分隔。函数调用以$开头，用一对圆括号或花括号包含函数名和参数列表。

❑ wildcard 函数

makefile 中也存在和 shell 中一样的通配符，比如*和?。但是，makefile 中的通配符只能在目标和依赖文件列表中展开，在定义变量时是不会展开的。这时，wildcard 函数就派上用场了。wildcard 函数是通配符扩展函数，$(wildcard *.c)表示当前目录下所有以.c 结尾的文件。

❑ patsubst 函数

patsubst 函数是模式字符串替换函数，它的函数调用格式为$(patsubst pattern,replacement,text)。它会查找 text 中匹配 pattern 的单词，然后使用 replacement 进行替换，最后返回被替换后的字符串。pattern 可以包含通配符%，%代表任意长度的字符串。如果 replacement 中也包含通配符%，那么 replacement 中的%就是 pattern 中的%所代表的字符串。

以第 3 版 makefile 中的$(patsubst %.c,%.o,$(SOURCES))函数调用为例，对$(SOURCES)进行展开，可以得到$(patsubst %.c,%.o,main.c print.c sort.c)，patsubst 函数将返回字符串"main.o print.o sort.o"。

第 3 版 makefile 已经比较通用了，在项目目录下添加或删除任何文件都不需要修改 makefile。

### 4. 第 4 版 makefile

我们已经迭代了 3 版 makefile，但是第 3 版的 makefile 并不完全通用，还可以进一步优化。比如，源代码文件（简称源文件）只能匹配.c 文件，并且只能匹配当前目录下的文件，以及仅支持 C 程序的编译。下面介绍通用版的 makefile，其中的内容如下。

```
TARGET = mySort
CFLAGS = -g -O2 -Wall -Werror -pipe -m64              # C编译选项
CXXFLAGS = -g -O2 -Wall -Werror -pipe -m64 -std=c++11 # C++编译选项
LDFLAGS =       # 连接选项
INCFLAGS =      # 头文件目录
SRCDIRS = .     # 源文件目录
ALONE_SOURCES =    # 单独的源文件

CC = gcc     # C编译器
CXX = g++    # C++编译器
SRCEXTS = .c .C .cc .cpp .CPP .c++ .cxx .cp  # 源文件类型扩展: 以.c为后缀的是C
                                             # 源文件，其他的是C++源文件
HDREXTS = .h .H .hh .hpp .HPP .h++ .hxx .hp  # 头文件类型扩展

ifeq ($(TARGET),)   # 如果TARGET为空，则取当前目录的basename作为目标名称
  TARGET = $(shell basename $(CURDIR))  # 取当前路径名中的最后一个名称，CURDIR
                                        # 是make的内置变量，它自动会被设置为当前目录
  ifeq ($(TARGET),)
    TARGET = a.out
  endif
endif
ifeq ($(SRCDIRS),)   # 如果源文件目录为空，则默认当前目录为源文件目录
  SRCDIRS = .
endif

# foreach函数用于遍历源文件目录，针对每个源文件目录，调用addprefix函数以添加目录前缀，
# 生成各种指定源文件后缀类型的通用匹配模式（类似于正则表达式）
```

```makefile
# 使用wildcard函数对每个目录下的文件进行通配符扩展，最后得到所有的TARGET依赖的源文件
# 列表并保存到SOURCES中
SOURCES    = $(foreach d,$(SRCDIRS),$(wildcard $(addprefix $(d)/*,$(SRCEXTS))))
SOURCES   += $(ALONE_SOURCES)
# 和上面的SOURCES类似
HEADERS    = $(foreach d,$(SRCDIRS),$(wildcard $(addprefix $(d)/*,$(HDREXTS))))
SRC_CXX    = $(filter-out %.c,$(SOURCES))    # 过滤掉C语言相关的源文件,用于判断是采
                                             # 用C编译还是C++编译
# 目标文件列表,先调用basename函数以获取源文件的前缀,再调用addsuffix函数以添加.o后缀
OBJS = $(addsuffix .o, $(basename $(SOURCES)))
# 定义编译和链接过程中使用的变量
COMPILE.c    = $(CC)   $(CFLAGS)   $(INCFLAGS) -c
COMPILE.cxx  = $(CXX)  $(CXXFLAGS) $(INCFLAGS) -c
LINK.c       = $(CC)   $(CFLAGS)
LINK.cxx     = $(CXX)  $(CXXFLAGS)

all: $(TARGET)    # all生成的依赖规则,用于生成TARGET
objs: $(OBJS)     # objs生成的依赖规则,用于生成各个链接使用的目标文件
.PHONY: all objs clean help debug

# 下面是生成目标文件的通用规则
%.o:%.c
    $(COMPILE.c) $< -o $@
%.o:%.C
    $(COMPILE.cxx) $< -o $@
%.o:%.cc
    $(COMPILE.cxx) $< -o $@
%.o:%.cpp
    $(COMPILE.cxx) $< -o $@
%.o:%.CPP
    $(COMPILE.cxx) $< -o $@
%.o:%.c++
    $(COMPILE.cxx) $< -o $@
%.o:%.cp
    $(COMPILE.cxx) $< -o $@
%.o:%.cxx
    $(COMPILE.cxx) $< -o $@

$(TARGET): $(OBJS)    # 最终目标文件的依赖规则
ifeq ($(SRC_CXX),)                        # C程序
    $(LINK.c)   $(OBJS) -o $@ $(LDFLAGS)
    @echo Type $@ to execute the program.
else                                      # C++程序
    $(LINK.cxx) $(OBJS) -o $@ $(LDFLAGS)
    @echo Type $@ to execute the program.
endif

clean:
    rm $(OBJS) $(TARGET)
help:
    @echo '通用makefile用于编译C/C++程序  版本号1.0'
    @echo
    @echo 'Usage: make [TARGET]'
    @echo 'TARGETS:'
    @echo '  all       (相当于直接执行make命令)  编译并链接'
    @echo '  objs      只编译,不链接'
    @echo '  clean     清除目标文件和可执行文件'
    @echo '  debug     显示变量,用于调试'
    @echo '  help      显示帮助信息'
    @echo
```

```
debug:
    @echo 'TARGET         :'    $(TARGET)
    @echo 'SRCDIRS        :'    $(SRCDIRS)
    @echo 'SOURCES        :'    $(SOURCES)
    @echo 'HEADERS        :'    $(HEADERS)
    @echo 'SRC_CXX        :'    $(SRC_CXX)
    @echo 'OBJS           :'    $(OBJS)
    @echo 'COMPILE.c      :'    $(COMPILE.c)
    @echo 'COMPILE.cxx    :'    $(COMPILE.cxx)
    @echo 'LINK.c         :'    $(LINK.c)
    @echo 'LINK.cxx       :'    $(LINK.cxx)
```

通用版的 makefile 由 3 部分组成。第 1 部分是编译目标的定义，在这部分，我们定义了编译目标变量 TARGET，它的值暂时为空。

第 2 部分是自定义设置，一般我们只需要修改这部分的内容。在这部分，我们需要设置 C 和 C++ 的编译选项、链接选项、头文件搜索路径、源文件目录、单独的源文件等。

第 3 部分是固定设置，我们不需要修改这部分的内容。这里引入了几个 makefile 内置函数的调用，它们分别是 foreach 函数、addprefix 函数、addsuffix 函数、filter-out 函数和 basename 函数。下面我们分别介绍这几个函数的功能。

❑ foreach 函数

foreach 函数用于完成遍历操作，它的函数调用格式为$(foreach <var>,<list>,<text>)。foreach 函数会从 list 变量列表中逐个获取变量并保存到 var 变量中，然后执行 text 包含的表达式，我们在 text 包含的表达式中可以使用 var 变量。

❑ addprefix 函数

addprefix 函数用于添加前缀，它的函数调用格式为$(addprefix <prefix>,<name1 name2 name3 ····>)。addprefix 函数会在名称序列中每个名称的前面添加<prefix>前缀。

❑ addsuffix 函数

addsuffix 函数用于添加后缀，它的函数调用格式为$(addsuffix <suffix>,<name1 name2 name3 ····>)。addsuffix 函数会在名称序列中每个名称的后面添加<suffix>后缀。

❑ filter-out 函数

filter-out 函数用于从一个字符串中剔除指定模式的数据，它的函数调用格式为$(filter-out <pattern1 pattern2 ····>,<text>)。filter-out 函数会把 text 中匹配模式序列中任意模式的数据剔除。

❑ basename 函数

这里的 basename 函数不是 shell 中的 basename 命令，它在 makefile 语法中用于获取前缀，它的函数调用格式为$(basename <name1 name2 ····>)，basename 函数会取出名称序列中每个名称的前缀。

### 7.2.3 实现简易的 make 命令

在前面的学习中，我们已经掌握了 makefile 如何编写以及 make 命令的使用方法。为了加深大家的理解，下面实现一个简易的 make 命令，我们将其命名为 mymake。

mymake 将会实现 make 命令的以下功能。

❑ 解析 makefile 文件并进行基本语法的校验。

## 7.2 工程项目的编译与链接

- 支持指定特定的目标，并执行关联的命令。
- 分析目标之间的依赖关系，并递归地完成对目标的编译。
- 根据源文件的变更来决定哪些目标需要重新编译，实现源码变更时的增量编译。

下面我们来看一下具体的代码实现，一共有 5 个源代码文件，它们分别是 mymake.cpp、makefileparser.cpp、makefileparser.h、makefiletarget.cpp 和 makefiletarget.h。其中，mymake.cpp 为程序执行的入口文件，makefileparser.cpp 和 makefileparser.h 实现了 makefile 的解析，makefiletarget.cpp 和 makefiletarget.h 实现了目标之间依赖关系的分析以及目标的构建。

代码清单 7-2～代码清单 7-6 展示了相关内容。

**代码清单 7-2　makefile 解析头文件 makefileparser.h**

```cpp
#pragma once
#include <assert.h>
#include <iostream>
#include <string>
#include <vector>
namespace MyMake {
enum ParserStatus {
  INIT = 1,           //初始化状态
  COLON = 2,          //冒号
  IDENTIFIER = 3,     //标识符（包括关键字）-> .PHONY mymake.cpp mymake.o
  TAB = 4,            //【Tab】键
  CMD = 5,            //要执行的命令
};
typedef int TokenType;
typedef struct Token {
  int32_t line_pos;       //token在行中的位置
  int32_t line_number;    //token在makefile文件中的第几行
  std::string text;       //token的文本内容
  TokenType token_type;   //token的类型，使用ParserStatus枚举赋值
  void Print() {
    std::cout << "line_number[" << line_number << "],line_pos[" << line_pos
              << "],token_type[" << GetTokenTypeStr() << "],text[" << text
              << "]" << std::endl;
  }
  std::string GetTokenTypeStr() {
    if (token_type == COLON) {
      return "COLON";
    }
    if (token_type == IDENTIFIER) {
      return "IDENTIFIER";
    }
    if (token_type == TAB) {
      return "TAB";
    }
    if (token_type == CMD) {
      return "CMD";
    }
    assert(0);
  }
} Token;
class Parser {
 public:
  bool ParseToToken(std::string file_name, std::vector<std::vector<Token>>&
    tokens);
 private:
  void parseLine(std::string line, int32_t line_number, std::string& token,
    ParserStatus& parseStatus, std::vector<Token>& tokens_list);
};
}  //namespace MyMake
```

### 代码清单 7-3  makefile 解析源文件 makefileparser.cpp

```cpp
#include "makefileparser.h"
#include <fstream>
using namespace std;
namespace MyMake {
bool Parser::ParseToToken(string file_name, vector<vector<Token>>& tokens_list) {
  if (file_name == "") return false;
  ifstream in;
  in.open(file_name);
  if (not in.is_open()) return false;
  string token = "";
  string line;
  ParserStatus parse_status = INIT;
  int32_t line_number = 1;
  while (getline(in, line)) {
    line += '\n';
    vector<Token> tokens;
    parseLine(line, line_number, token, parse_status, tokens);
    line_number++;
    if (tokens.size() > 0) {
      tokens_list.push_back(tokens);
    }
  }
  return true;
}
void Parser::parseLine(std::string line, int32_t line_number, std::string&
    token, ParserStatus& parse_status, std::vector<Token>& tokens) {
  auto getOneToken = [&token, &tokens, &parse_status, line_number](ParserStatus
new_status, int32_t pos) {
    if (token != "") {
      Token t;
      t.line_pos = pos;
      t.line_number = line_number;
      t.text = token;
      t.token_type = parse_status;
      tokens.push_back(t);
    }
    token = "";
    parse_status = new_status;
  };
  int32_t pos = 0;
  for (size_t i = 0; i < line.size(); i++) {
    char c = line[i];
    if (parse_status == INIT) {
      if (c == ' ' || c == '\n') continue;
      if (c == '\t') {            //【Tab】键
        parse_status = TAB;
      } else if (c == ':') {      //冒号
        parse_status = COLON;
      } else {                    //其他字符
        parse_status = IDENTIFIER;
      }
      token = c;
      pos = i;
    } else if (parse_status == COLON) {
      if (c == ' ' || c == '\n') {
        getOneToken(INIT, pos);
        continue;
      }
      if (c == '\t') {
        getOneToken(TAB, pos);
      } else if (c == ':') {
        getOneToken(COLON, pos);
      } else {
        getOneToken(IDENTIFIER, pos);
```

## 7.2 工程项目的编译与链接

```cpp
          }
          token = c;
          pos = i;
      } else if (parse_status == IDENTIFIER) {
        if (c == ' ' || c == '\n') {
          getOneToken(INIT, pos);
          continue;
        }
        if (c == '\t') {
          getOneToken(TAB, pos);
          token = c;
          pos = i;
        } else if (c == ':') {
          getOneToken(COLON, pos);
          token = c;
          pos = i;
        } else {
          token += c;
        }
      } else if (parse_status == TAB) {
        if (isblank(c)) {          //过滤掉【Tab】键之后的空白符
          continue;
        }
        getOneToken(CMD, pos);     //其他非空白符的部分就是命令
        token = c;
        pos = i;
      } else if (parse_status == CMD) {
        if (c == '\n') {
          getOneToken(INIT, pos);
        } else {
          token += c;
        }
      } else {
        assert(0);
      }
    }
  }
} //namespace MyMake
```

**代码清单 7-4    makefile 目标定义头文件 makefiletarget.h**

```cpp
#pragma once
#include <map>
#include <string>
#include <vector>
#include "makefileparser.h"
namespace MyMake {
class Target {
 public:
  Target(std::string name) : name_(name), is_real_(false) {}
  void SetIsReal(bool is_real) { is_real_ = is_real; }
  void SetRelateCmd(std::string relate_cmd) {
      relate_cmds_.push_back(relate_cmd); }
  void SetLastUpdateTime(int64_t last_update_time) {
      last_update_time_ = last_update_time; }
  void SetRelateTarget(Target* target) { relate_targets_.push_back(target); }
  bool IsNeedReBuild();
  int ExecRelateCmd();
  int64_t GetLastUpdateTime();
  std::string Name() { return name_; }
  static Target* QueryOrCreateTarget(
      std::map<std::string, Target*>& name_2_target, std::string name);
  static Target* GenTarget(std::map<std::string, Target*>& name_2_target,
      std::vector<std::vector<Token>>& tokens_list);
  static int BuildTarget(Target* target);
```

```cpp
private:
  int execCmd(std::string cmd);
private:
  std::string name_;         //目标名称
  bool is_real_;             //是否为真实的目标,例如,在"mymake.o : mymake.cpp"中,
                             //mymake.o是真实的目标,mymake.cpp是虚拟的目标
  int64_t last_update_time_;                  //目标最后更新的时间
  std::vector<std::string> relate_cmds_;      //目标关联的命令
  std::vector<Target*> relate_targets_;       //依赖的目标列表
};
}  //namespace MyMake
```

**代码清单 7-5  makefile 目标实现源文件 makefiletarget.cpp**

```cpp
#include "makefiletarget.h"
#include <stdio.h>
#include <sys/stat.h>
#include <sys/types.h>
#include <sys/wait.h>
#include <unistd.h>
namespace MyMake {
bool Target::IsNeedReBuild() {
  if (not is_real_) {            //非真实的目标不用重建
    return false;
  }
  if (name_ == ".PHONY") {       //虚拟的目标则需要重建
    return true;
  }
  if (relate_cmds_.size() <= 0) {   //是真实目标但不是.PHONY,没有关联命令的目
                                    //标,直接报错
    std::cout << "mymake: Nothing to be done for '" << name_ << "'."
              << std::endl;
    exit(4);
  }
  if (relate_targets_.size() <= 0) {   //依赖的目标为空,需要重建,如clean
    return true;
  }
  last_update_time_ = GetLastUpdateTime();
  for (size_t i = 0; i < relate_targets_.size(); i++) {
    relate_targets_[i]->last_update_time_ =
        relate_targets_[i]->GetLastUpdateTime();
    //文件不存在(last_update_time_的值为-1)或者依赖的目标已经更新
    if (relate_targets_[i]->last_update_time_ == -1 || relate_targets_[i]->last_update_time_ > last_update_time_) {
      return true;
    }
    if (relate_targets_[i]->IsNeedReBuild()) {   //再次检查依赖的目标是否需要重建
      return true;
    }
  }
  return false;  //所有依赖的目标的更新时间都小于等于当前目标的更新时间,当前目标不用重建
}
int Target::ExecRelateCmd() {
  if (not IsNeedReBuild()) {    //目标不用构建,直接返回0
    return 0;
  }
  int result = 0;
  for (auto& cmd : relate_cmds_) {
    result = execCmd(cmd);
    if (result) {
      std::cout << "mymake: *** [" << name_ << "] Error " << result
                << std::endl;
```

```cpp
        exit(3);
      }
    }
    return 0;
  }
  int64_t Target::GetLastUpdateTime() {
    struct stat file_stat;
    std::string target_name = "./" + name_;
    if (stat(target_name.c_str(), &file_stat) == -1) {
      return -1;
    }
    return file_stat.st_mtime;
  }
  int Target::execCmd(std::string cmd) {
    pid_t pid = fork();
    if (pid < 0) {
      perror("call fork failed.");
      return -1;
    }
    if (0 == pid) {
      std::cout << cmd << std::endl;
      execl("/bin/bash", "bash", "-c", cmd.c_str(), nullptr);
      exit(1);
    }
    int status = 0;
    int ret = waitpid(pid, &status, 0);   //父进程调用waitpid，等待子进程执行子命
                                          //令结束，并获取子命令的执行结果
    if (ret != pid) {
      perror("call waitpid failed.");
      return -1;
    }
    if (WIFEXITED(status) && WEXITSTATUS(status) == 0) {
      return 0;
    }
    return WEXITSTATUS(status);
  }
  Target* Target::QueryOrCreateTarget(
    std::map<std::string, Target*>& name_2_target,
    std::string name) {
    if (name_2_target.find(name) == name_2_target.end()) {
      name_2_target[name] = new Target(name);
    }
    return name_2_target[name];
  }
  Target* Target::GenTarget(std::map<std::string, Target*>& name_2_target,
                            std::vector<std::vector<Token>>& tokens_list) {
    Target* root = nullptr;
    Target* target = nullptr;
    for (auto& tokens : tokens_list) {
      if (tokens[0].token_type == IDENTIFIER) {    //一个目标
        if (tokens.size() <= 1 || tokens[1].token_type != COLON) {   //目标
                                                                     //之后必须是冒号
          //语法错误
          std::cout << "makefile:" << tokens[0].line_number
                    << ": *** missing separator.  Stop." << std::endl;
          exit(1);
        }
        target = QueryOrCreateTarget(name_2_target, tokens[0].text);
        for (size_t i = 2; i < tokens.size(); i++) {   //创建依赖的目标
          Target* relate_target = QueryOrCreateTarget(name_2_target,
              tokens[i].text);
          target->SetRelateTarget(relate_target);
```

```cpp
      }
      target->SetIsReal(true);
      if (nullptr == root) {
        root = target;   //第一个目标是多叉树的根节点
      }
      continue;
    }
    if (tokens[0].token_type == TAB) {   //一条命令
      if (tokens[0].line_pos != 0) {     //【Tab】键必须在开头位置
        std::cout << "makefile:" << tokens[0].line_number
                  << ": *** tab must at line begin.  Stop." << std::endl;
        exit(3);
      }
      if (tokens.size() == 1) {          //一条空命令，直接过滤
        continue;
      }
      assert(tokens.size() == 2);
      if (target == nullptr) {
        std::cout << "makefile:" << tokens[0].line_number
                  << ": *** recipe commences before target.  Stop."
                  << std::endl;
        exit(2);
      }
      assert(tokens[1].token_type == CMD);
      target->SetRelateCmd(tokens[1].text);
      continue;
    }
    //语法错误
    std::cout << "makefile:" << tokens[0].line_number
              << ": *** missing separator.  Stop." << std::endl;
    exit(1);
  }
  return root;
}
int Target::BuildTarget(Target* target) {
  if (target->relate_targets_.size() <= 0) { //叶子节点，直接执行自身关联的命
                                             //令并返回，比如mymake.cpp这个目标
    return target->ExecRelateCmd();
  }
  for (auto& relate_target : target->relate_targets_) {  //构建依赖的目标
    BuildTarget(relate_target);
  }
  return target->ExecRelateCmd();  //构建完依赖的目标，执行对目标自身进行构建的命令
}
}  //namespace MyMake
```

代码清单 7-6　mymake 入口代码文件 mymake.cpp

```cpp
#include <fstream>
#include <iostream>
#include "makefileparser.h"
#include "makefiletarget.h"
using namespace std;
bool GetMakeFileName(string &makefile_name) {
  ifstream in;
  in.open("./makefile");   //优先判定makefile文件
  if (in.is_open()) {
    makefile_name = "./makefile";
    return true;
  }
  in.open("./Makefile");
  if (in.is_open()) {
    makefile_name = "./Makefile";
```

## 7.2 工程项目的编译与链接

```cpp
        return true;
    }
    return false;
}
int main(int argc, char *argv[]) {
    MyMake::Parser parser;
    vector<vector<MyMake::Token>> tokens_list;
    string makefile_name;
    //判断makefile文件是否存在
    if (not GetMakeFileName(makefile_name)) {
        cout << "mymake: *** No targets specified and no makefile found.  Stop."
            << endl;
        return -1;
    }
    //词法分析
    if (not parser.ParseToToken(makefile_name, tokens_list)) {
        cout << "ParseToToken failed" << endl;
        return -1;
    }
    //语法分析,生成编译依赖树(多叉树),并完成简单的语法校验
    map<string, MyMake::Target *> name_2_target;
    MyMake::Target *build_target = MyMake::Target::GenTarget(name_2_target,
        tokens_list);
    if (argc >= 2) {
        string build_name = string(argv[1]);
        if (name_2_target.find(build_name) == name_2_target.end()) {
            cout << "mymake: *** No rule to make target '" << build_name
                << "'.  Stop." << endl;
            exit(-1);
        }
        build_target = name_2_target[build_name];
    }
    //执行编译操作,深度优先遍历多叉树,在编译过程中,需要判断目标是否需要重建
    if (build_target->IsNeedReBuild()) {
        return MyMake::Target::BuildTarget(build_target);   //一个深度优先遍历的
                                                            //构建过程
    }
    cout << "mymake: '" << build_target->Name() << "' is up to date." << endl;
    return 0;
}
```

mymake 会首先判断 makefile 文件是否存在,如果存在,则执行解析操作并完成词法分析。接下来,执行语法分析,生成编译依赖树,并完成简单的语法校验。最后,使用深度优先遍历算法遍历编译依赖树,完成对目标的构建。

对代码清单 7-2～代码清单 7-6 进行编译,并通过执行 make 命令来测试 mymake 程序相关的功能。

```
//执行make命令,完成对mymake程序的编译
[root@VM-114-245-centos mymake]# make
g++ -g -std=c++11 -c mymake.cpp -o mymake.o
g++ -g -std=c++11 -c makefileparser.cpp -o makefileparser.o
g++ -g -std=c++11 -c makefiletarget.cpp -o makefiletarget.o
g++ -g -std=c++11 -o mymake mymake.o makefileparser.o makefiletarget.o
//执行mymake命令,编译mymake程序自身
[root@VM-114-245-centos mymake]# ./mymake
mymake: 'mymake' is up to date.
[root@VM-114-245-centos mymake]# rm -rf *.o
//在删除所有的.o文件之后,重新执行mymake命令
[root@VM-114-245-centos mymake]# ./mymake
g++ -g -std=c++11 -c mymake.cpp -o mymake.o
```

```
g++ -g -std=c++11 -c makefileparser.cpp -o makefileparser.o
g++ -g -std=c++11 -c makefiletarget.cpp -o makefiletarget.o
g++ -g -std=c++11 -o mymake mymake.o makefileparser.o makefiletarget.o
[root@VM-114-245-centos mymake]# rm -rf makefileparser.o
//在单独删除一个.o文件之后，重新执行mymake命令
[root@VM-114-245-centos mymake]# ./mymake
g++ -g -std=c++11 -c makefileparser.cpp -o makefileparser.o
g++ -g -std=c++11 -o mymake mymake.o makefileparser.o makefiletarget.o
//指定清理目标，执行关联的清理操作
[root@VM-114-245-centos mymake]# ./mymake clean
rm -rf mymake mymake.o makefileparser.o makefiletarget.o
[root@VM-114-245-centos mymake]#
```

从执行结果来看，mymake 成功实现了我们预期的所有功能。有趣的是，mymake 还可以用于生成自身，这一点和自举非常相似。

### 7.2.4 常用的编译和链接选项

下面让我们来看一下在工程项目中，经常会涉及的编译和链接选项。了解这些选项能让我们在平时的研发过程中，做到有的放矢。

#### 1. 动态链接库选项

C/C++程序会经常使用到动态链接库，动态库有系统的、第三方的，也有自定义的。在使用动态链接库时，需要指定两个链接选项，它们分别为-l 选项和-L 选项，当然还有其他常用选项。

❑ -l 选项

-l 选项指定要链接哪个动态库，假设我们在程序中使用了 pthread 系列的多线程函数，则在链接时需要指定-lpthread 这个选项。

❑ -L 选项

-L 选项指明了动态库所在的目录。-L 选项几乎被用于指明第三方动态库或自定义动态库所在的目录，因为第三方的或自定义的动态库都有自己独立的存储目录。

❑ -rdynamic 选项

-rdynamic 选项用于指示链接器加载所有的符号到最终的可执行文件中，而不管这些符号是否被使用。这个选项在程序使用到 dl 系列动态链接库符号的加载函数时需要指定，否则在调用 dl 系列函数时，就可能出现某些符号找不到的错误提示。

❑ "-Wl,-rpath" 选项

在 "-Wl,-rpath" 选项中，-Wl 表示给链接器传递参数，传递的参数为逗号后面的-rpath。-rpath 为实际传递给链接器的参数，它用于指定运行时动态链接库优先的搜索路径，这条搜索路径的信息被保存在可执行文件中。比如，我们可以使用命令 "gcc -g -o mySort main.o print.o sort.o -Wl,-rpath=/usr/local/lib" 来编译 mySort 程序，再通过使用 strings 命令，我们可以看到/usr/local/lib 被保存在可执行文件 mySort 中。

```
[root@VM-114-245-centos make_learn]# gcc -g -o mySort main.o print.o sort.o
-Wl,-rpath=/usr/local/lib
[root@VM-114-245-centos make_learn]# strings ./mySort | grep /usr/local/lib
/usr/local/lib
[root@VM-114-245-centos make_learn]#
```

## 7.2 工程项目的编译与链接

❑ -I 头文件选项

-I 头文件选项在工程项目中最为常见。当编译到引用了动态库符号的源代码时，就需要指定-I 头文件选项，用于指明引用的动态库符号声明的头文件所在的目录。

### 2．宏选项

宏选项是编译的开关，通过这些开关，我们可以选择性地实现程序不同的功能。

❑ -D 宏选项

-D 宏选项在编译阶段使用，用于影响预处理的结果。它能够在编译阶段就动态选择程序实现的功能。代码清单 7-7 是一个简单的例子。

**代码清单 7-7　一个简单的例子**

```
#include <stdio.h>
int main() {
#ifdef TEST
  printf("TEST is set\n");
#else
  printf("TEST not set\n");
#endif
  return 0;
}
```

下面我们来看看在使用和不使用-D 选项的情况下，程序的运行结果有何不同。

```
[root@VM-114-245-centos Chapter07]# gcc -o macro macro.c
[root@VM-114-245-centos Chapter07]# ./macro
TEST not set
[root@VM-114-245-centos Chapter07]# gcc -o macro macro.c -DTEST
[root@VM-114-245-centos Chapter07]# ./macro
TEST is set
[root@VM-114-245-centos Chapter07]#
```

❑ -DMACRO=VALUE

从上面的运行结果中可以看出，当添加-DTEST 选项时，宏的定义会被传递到源代码文件 macro.c 中。当然，我们也可以像在程序中给宏指定值一样，在编译参数中给宏指定值。例如，如果想要指定 TEST 宏的值为 2，那么可以使用-DTEST=2 选项。大家可以自行测试这个功能，这里不再提供测试代码。

❑ -DNDEBUG 选项

-DNDEBUG 选项用于关闭 assert 断言函数。当我们使用-DNDEBUG 选项进行编译时，代码中的 assert 断言函数都会失效，不会进行任何检查。

assert 断言函数通常用于在程序中进行调试和错误处理。它会检查一个条件是否成立，如果这个条件不成立，则输出一条错误信息，并终止程序的执行。在开发阶段，我们通常会开启 assert 断言函数，以便及早发现程序中的问题。但在发布程序时，我们通常会关闭 assert 断言函数，以提高程序的性能。

### 3．调试与告警选项

在程序开发过程中，我们难免需要对程序进行调试，并且需要编译器帮助我们检查程序中的错误。此时，调试与告警选项就派上用场了。

❑ -g 选项

-g 选项用于在编译时生成调试信息。这些调试信息可以被调试工具（如 gdb）用来进行程序调试。在使用 gdb 进行调试时，我们可以查看程序的源代码、变量的值、函数的调用栈等信息，从而更方便地进行调试。

需要注意的是，使用-g 选项会增大程序的大小，因为编译器会将调试信息嵌入可执行文件。因此，在发布程序时，我们通常会关闭-g 选项，以减小程序的大小。

- -Wall 选项

-Wall 选项是用于生成所有告警信息的编译选项。它可以帮助我们发现可能隐藏的问题，从而提高程序的质量。

具体来说，-Wall 选项会生成所有的告警信息，包括一些常见的编程错误，如未声明的变量、未使用的变量、类型不匹配等。这些告警信息可以帮助我们发现代码中的潜在问题，从而及早地进行修复，避免在后期出现更严重的问题。

- -Werror 选项

-Werror 选项是一个非常严格的编译选项，它能够将所有的告警信息当作错误进行处理。当我们使用-Werror 选项时，任何一条告警信息都会导致编译和链接失败，直到所有的告警问题都被解决为止。

通常情况下，我们会将-Werror 选项和-Wall 选项一起使用。这样可以确保我们的代码没有任何潜在的问题，从而提高程序的质量。使用-Werror 选项可以强制我们解决所有的告警问题，避免出现一些低级的代码错误。

- -Wextra 选项

只打开-Wall 选项是不够严格的，-Wextra 选项是对-Wall 选项的补充。

-Wall 选项虽然能够生成大量的告警信息，但并不包括所有的告警类型。这时，我们可以使用-Wextra 选项来对-Wall 选项进行补充。

具体来说，-Wextra 选项包括一些没有被-Wall 选项包含在内的告警类型，如未使用的函数、未使用的参数、类型转换等。使用-Wextra 选项可以帮助我们发现更多潜在的问题，从而提高程序的质量。

#### 4．其他选项

-pipe 选项是一个非常有用的编译选项，它可以指示编译器使用管道机制代替临时文件。当我们使用-pipe 选项时，编译器在预处理、编译、汇编这三个阶段都会使用管道机制，而不是产生临时文件。

使用-pipe 选项可以减少不必要的磁盘 I/O，从而提高编译速度。因为磁盘 I/O 通常是编译过程中的瓶颈之一，使用管道机制可以避免产生大量的临时文件，从而减少磁盘 I/O 方面的开销。

需要注意的是，使用-pipe 选项可能会占用更多的内存，因为编译器需要将数据存储在内存中，而不是写入临时文件。因此，在使用-pipe 选项时，我们需要确保系统有足够的内存可用。

## 7.3 动态链接与静态链接

编译器在生成可执行程序的链接阶段有两种链接方式，分别是动态链接和静态链接。

动态链接是指在程序运行时，将程序和动态库分开编译，程序在运行时需要动态库的支持，动态库的符号表信息和重定位信息会被保存在动态库文件中，程序只需要保存对动态库的引用即可。这种方式可以减小程序的大小，但需要在运行时加载动态库，可能会影响程序的启动速度。

静态链接是指在程序编译时，将程序和静态库一起编译，静态库中的目标文件会被直接复制到程序中，程序不需要依赖外部的动态库。这种方式可以提高程序的启动速度，但会增大程序的大小。

静态库在本质上是一堆相关的、可重定位的目标文件的归档文件，它们被打包在一起，形成一个单独的文件。静态库中的目标文件包含了一些函数和变量的定义及实现，这些函数和变量可以被其他程序引用及调用。

因为静态链接是把使用的所有符号都复制到可执行文件中，所以生成的可执行文件相对于动态链接生成的可执行文件要大很多，我们可以使用静态链接的方式，对 7.1 节中的 helloworld.c 进行重新链接，然后进行对比。

```
[root@VM-114-245-centos Chapter07]# gcc -o helloworld helloworld.c
[root@VM-114-245-centos Chapter07]# gcc -static -o helloworld.2 helloworld.c
[root@VM-114-245-centos Chapter07]# ls -lrt
total 904
-rw-r--r-- 1 root root     111 Sep 10 21:03 symbol.cpp
-rw-r--r-- 1 root root     189 Sep 10 21:03 symbol2.cpp
-rw-r--r-- 1 root root     144 Sep 10 21:03 helloworld.c
drwxr-xr-x 2 root root    4096 Sep 10 21:11 make_learn
-rwxr-xr-x 1 root root    6725 Sep 11 08:47 helloworld
-rwxr-xr-x 1 root root  894565 Sep 11 08:47 helloworld.2
[root@VM-114-245-centos Chapter07]# ldd ./helloworld.2
        not a dynamic executable
[root@VM-114-245-centos Chapter07]#
```

-static 选项表示采用静态链接的方式生成可执行文件。从上面的操作结果中可以看出，使用静态链接方式生成的可执行文件 helloworld.2 的大小是动态链接方式生成的可执行文件 helloworld 的 100 多倍。

静态库会导致系统内存空间和存储空间的浪费。首先，从可执行文件的大小来看，静态库会将所有的目标文件都打包到一个文件中，因此可执行文件会变得非常大，从而浪费存储空间。其次，当系统运行静态链接的程序的多个进程时，静态库中相同的代码和数据会被多次加载到内存中，这也会浪费内存空间，因为内存是一种稀缺资源。最后，静态库的维护和更新也是一个很大的问题。每次更新静态库都需要重新链接所有相关的程序并发布，当程序达到一定数量时，这将是一场"灾难"。因此，在实际开发中，我们通常使用动态链接的方式来避免这些问题。

动态链接库是为了解决静态链接库存在的缺点而被提出来的。采用动态链接的可执行文件在运行时，会将所依赖的动态库加载到系统内存中，并将动态库映射到自身进程的内存地址空间，然后重定位对动态库中定义的符号的引用。因为使用了映射的方式而不是直接加载到内存，所以动态库在系统内存中只有一份副本，而不管有多少链接了它的进程在运行。

## 7.4 Linux 动态链接库规范

随着动态链接机制在 Linux 系统中被广泛应用，Linux 系统中存在着大量的动态链接库。如果没有一套统一的规范来组织和管理这些动态链接库，就会给后期的升级和维护带来巨大的麻烦。

为了解决这个问题，人们为 Linux 系统制定了一套动态链接库的规范，其中定义了一些标准的动态链接库命名、路径、符号表等规则，以及一些标准的系统调用和库函数，使得不同的 Linux 发行版可以共享同一套动态链接库，从而提高了程序的可移植性和兼容性。

### 7.4.1 动态链接库的命名

为了方便对动态链接库进行统一管理，Linux 系统有一套动态链接库的命名规则，命名规则为"libname.so.x.y.z"，其中 lib 为前缀，name 为库名称，x 为主版本号，y 为次版本号，z 为发布版本号，x、y、z 共同构成了动态链接库的版本号。

这种命名规则采用了语义化的版本号，主版本号表示重大的功能升级，主版本号不相同的库之间是不兼容的；次版本号表示库的增量升级，原来的接口保持不变，只是新增了其他接口，主版本号相同、次版本号高的库向后兼容次版本号低的库；发布版本号通常表示对库性能的提升和 bug 的修复，接口不会发生任何改变，故主版本号和次版本号都相同，发布版本号不同的库是完全兼容的。

这种版本号的命名规则可以方便我们区分不同版本的动态链接库，并且可以避免不同版本的动态链接库之间的冲突。同时，也可以方便我们管理和维护动态链接库，以及保证库的兼容性和稳定性。

### 7.4.2 动态链接库的三个不同名称

在安装完某个开源库后，我们经常会看到动态链接库在安装目录下有三个不同名称的库文件。这三个库文件之间有密切的关系，它们发挥着不同的作用。

以 libprotobuf 库为例，libprotobuf 库是 Google 数据通信协议 protobuf 的动态链接库，它在安装目录下有三个不同名称的库文件，它们的内容如下。

```
[root@VM-114-245-centos ~]# cd /usr/local/protobuf/lib
[root@VM-114-245-centos lib]# ls -lrt | grep protobuf.so
-rwxr-xr-x 1 root root  30667544 2月  25 21:34 libprotobuf.so.17.0.0
lrwxrwxrwx 1 root root        21 2月  25 21:34 libprotobuf.so.17 -> libprotobuf.so.17.0.0
lrwxrwxrwx 1 root root        21 2月  25 21:34 libprotobuf.so -> libprotobuf.so.17.0.0
[root@VM-114-245-centos lib]#
```

#### 1. 动态链接库的"real name"

libprotobuf 库的第一个库名称文件为 libprotobuf.so.17.0.0，这个名称为库的"real name"，它以 Linux 系统中的动态链接库名称规范来命名，是真实的 libprotobuf 库文件。"real name"是动态链接库的实际文件名，它包含了动态链接库的版本号和库名称，是动态链接库的实际文件。

#### 2. 动态链接库的"linker name"

libprotobuf 库的第三个库名称文件为 libprotobuf.so，这个名称为库的"linker name"。"linker name"是程序在链接动态库时使用的名称，它是程序编译时使用的名称，而不是程序运行时使用的名称。

当使用 gcc 编译器生成程序时，如果添加了-lprotobuf 选项，gcc 编译器就会对 protobuf 进行扩展，给 protobuf 添加一个 lib 前缀和一个.so 后缀，使得 libprotobuf 库的"linker name"为 libprotobuf.so。然后，程序会到动态链接库指定的搜索路径和默认搜索路径中，搜索这个名为 libprotobuf.so 的库并进行链接。

**3．动态链接库的"so name"**

libprotobuf 库的第二个库名称文件为 libprotobuf.so.17，这个文件是一个指向 libprotobuf.so.17.0.0 的软链接，名称则为 libprotobuf 库的"so name"。库的"so name"可以在生成库时由链接器指定，比如 libprotobuf 库的"so name"，就是通过给编译器添加"-Wl,-soname,libprotobuf.so.17"这个参数来实现的，-Wl 表示给链接器传递参数，"-soname,libprotobuf.so.17"表示给链接器传递一个值为 libprotobuf.so.17 的 soname 参数。我们可以使用命令"objdump -p /usr/local/protobuf/lib/libprotobuf.so.17.0.0 | grep SONAME"来查看记录在真实 libprotobuf 库中的"so name"。

```
[root@VM-114-245-centos lib]# objdump -p /usr/local/protobuf/lib/libprotobuf.so.17.0.0 | grep SONAME
  SONAME               libprotobuf.so.17
[root@VM-114-245-centos lib]#
```

"so name"的命名规则如下：去掉库的次版本号和发布版本号，只保留主版本号。当然，一个库也可以没有"so name"，在工程项目中，很多自定义的库都没有"so name"，因为这些库都不对外发布，只在内部使用。

一个程序在编译和链接时，如果依赖于一个有"so name"的动态链接库，那么这个"so name"会被保存到程序中，在用 ldd 查看程序依赖的动态链接库时，我们可以看到，依赖的动态链接库名称就是这个"so name"；如果在编译和链接时依赖一个没有"so name"的动态链接库，那么被保存到程序中的库名称就是"linker name"，在用 ldd 查看程序依赖的动态链接库时，我们可以看到的依赖库名称就是库的"linker name"。

"so name"记录了动态链接库的主版本信息，程序在启动时，通过库的"so name"来加载正确的库（主版本一致，次版本和发布版本最高的库），使用"so name"命名的文件是对应真实动态链接库的软链接，使用动态链接库管理工具 ldconfig 可以维护携带"so name"的动态库的这个软链接，当一个动态链接库存在主版本相同、次版本和发布版本不同的多个动态库时，ldconfig 工具可以使得"so name"的动态库软链接指向次版本和发布版本最高的、真实的动态链接库。

综上所述，动态链接库的三个不同名称的库文件（一个真实文件，两个软链接）是在不同阶段使用的，"real name"用于生成真实的动态链接库文件，"linker name"用于在编译器的链接阶段搜索动态链接库，"so name"用于在程序启动时加载主版本相同且次版本和发布版本最高的动态链接库。

### 7.4.3 动态链接库的管理

Linux 系统中存在着大量的动态链接库，有效地管理这些动态链接库是非常重要的。下面从部署、工具、搜索三个方面介绍一些管理动态链接库的方法。

### 1. 部署

Linux 系统自带的动态链接库通常部署在/lib、/usr/lib、/lib64、/usr/lib64 这 4 个目录下，其中/lib 和/usr/lib 是 32 位库的默认搜索路径，/lib64 和/usr/lib64 是 64 位库的默认搜索路径。比如，libc 库就部署在/lib64 目录下。

对于第三方的动态链接库或者自定义的动态链接库，可以选择部署在这 4 个目录中的任何一个目录之下，也可以选择部署在其他目录下，通常/usr/local/lib 或/usr/local/lib64 是不错的选择。第三方库中的大部分默认安装在/usr/local/lib 或/usr/local/lib64 目录下，当然也有在/usr/local 目录下单独创建属于自己的子目录的情况。

### 2. 工具

Linux 系统提供了 ldconfig 工具，用于配置程序启动时动态链接库加载器所需要的软链接和缓存，它主要完成以下两个任务。

- 根据动态链接库中保存的"so name"创建对应的软链接来指向真实的动态链接库。如果一个动态链接库在生成时没有设置"so name"，则 ldconfig 不会创建对应的软链接。ldconfig 按照/etc/ld.so.conf 文件中配置的路径，外加/lib、/lib64、/usr/lib、/usr/lib64 这 4 个路径，搜索遍历出这些目录下的动态链接库，并为搜索到的所有动态链接库生成或更新软链接（有"so name"的才需要）。
- 创建动态链接库的缓存文件/etc/ld.so.cache，以便动态链接库加载器快速读取动态链接库。ldconfig 会扫描默认搜索路径下的动态链接库和/etc/ld.so.conf 文件中指定的搜索路径下的动态链接库，并将它们的路径和"so name"信息写入缓存文件。这样在程序启动时，动态链接库加载器就可以快速读取缓存文件，找到需要加载的动态链接库。

如果动态链接库发布在系统库目录（/lib、/usr/lib、/lib64、/usr/lib64）下，则可以直接执行 ldconfig 来更新库软链接和库缓存文件。如果动态链接库发布在其他目录下，则首先需要在/etc/ld.so.conf 中新增这个目录，然后执行 ldconfig 来更新库软链接和库缓存文件。这样系统就能够找到新添加的动态链接库并加载它们了。

### 3. 搜索

在实际工作中，编译环境和线上生产环境是分开部署的，当我们把编译环境中生成的程序发布到线上生产环境中时，会经常遇到程序因为找不到动态链接库而启动失败的情况，报错信息类似于"error while loading shared libraries: libxxx.so: cannot open shared object file: No such file or directory"。为了解决这类问题，我们需要对程序在启动时搜索动态链接库的机制有更深入的了解。

动态链接库加载器按照一定的顺序到不同的目录中进行搜索，当搜索到需要的动态链接库时，就终止对这个动态链接库的搜索。在实际工作中，我们常常遇到在多个目录下存在多个动态链接库的不同版本，而程序在启动时因为加载了错误目录下的动态链接库，使得程序退出或者出现一些莫名其妙的问题。因此，动态链接库搜索的目录顺序十分重要。动态链接库按照如下目录顺序进行搜索。

- 生成程序时给链接器指定-rpath 选项的目录集合。
- 环境变量 LD_LIBRARY_PATH（如果有设置）指定的目录集合。

- /etc/ld.so.conf 配置文件中配置的目录。
- /lib 目录。
- /lib64 目录。
- /usr/lib 目录。
- /usr/lib64 目录。

如果在搜索完上面所有的目录后，还找不到动态链接库，则动态链接库加载器会报找不到动态链接库的错误，这会导致程序无法启动。

需要特别注意的是，如果程序依赖的动态链接库携带"so name"，则动态链接库加载器在搜索动态链接库时，会使用"so name"来匹配动态链接库文件；如果程序依赖的动态链接库不携带"so name"，则动态链接库加载器在搜索动态链接库时，会使用"linker name"来匹配动态链接库文件。

## 7.5 自定义的动态链接库

除了使用系统自带的或开源的动态链接库，我们也可以根据需求定制自己的动态链接库。gcc/g++支持编译动态链接库，只需要在编译选项中添加-shared 和-fPIC 选项即可。-shared 选项表示生成一个动态链接库，-fPIC 选项表示生成"位置无关"的代码。为了方便在进程中管理动态链接库，并提升内存地址空间的利用率，动态链接库在不同的进程中，会被映射到不同的内存地址空间，因此动态链接库的代码需要是"位置无关"的。下面让我们来看一个具体的例子。

### 7.5.1 相关源代码

代码清单 7-8～代码清单 7-10 展示了与自定义动态链接库相关的源代码。

代码清单 7-8　头文件 swap.h

```
#pragma once
void swap(int* a, int* b);
```

代码清单 7-9　源文件 swap.c

```
#include "swap.h"
void swap(int* a, int* b) {
  int temp = *a;
  *a = *b;
  *b = temp;
}
```

代码清单 7-10　程序入口文件 main.c

```
#include <stdio.h>

#include "swap.h"
int main() {
  int a = 10;
  int b = 100;
  swap(&a, &b);
  printf("a=%d,b=%d\n", a, b);
  return 0;
}
```

## 7.5.2 生成携带"so name"的动态链接库

我们可以通过执行 gcc 命令来生成自己的动态链接库 libswap.so.1.0.0。

```
[root@VM-114-245-centos lib_learn]# gcc -shared -fPIC -Wl,-soname,libswap.so.1 -o libswap.so.1.0.0 swap.c
[root@VM-114-245-centos lib_learn]# objdump -p ./libswap.so.1.0.0 | grep SONAME
  SONAME               libswap.so.1
[root@VM-114-245-centos lib_learn]#
```

以上命令生成的动态链接库 libswap.so.1.0.0 携带了"so name","so name"为 libswap.so.1。接下来,我们可以使用 gcc 来完成链接自定义动态链接库的工作。

```
[root@VM-114-245-centos lib_learn]# gcc -o mySwap main.c -lswap -L./
/usr/bin/ld: cannot find -lswap
collect2: error: ld returned 1 exit status
[root@VM-114-245-centos lib_learn]# ln -s ./libswap.so.1.0.0 ./libswap.so
[root@VM-114-245-centos lib_learn]# gcc -o mySwap main.c -lswap -L./
[root@VM-114-245-centos lib_learn]#
```

在使用 gcc 编译器生成 mySwap 程序并链接 swap 动态链接库时,我们会遇到 ld 链接器报错的问题。这是因为编译器在链接时使用了 swap 动态链接库的"linker name",但 swap 动态链接库的软链接文件并不存在。

为了解决这个问题,我们需要创建 swap 动态链接库的"linker name"的软链接文件。一旦我们完成了这个步骤,再次执行编译和链接操作时,就可以成功生成 mySwap 程序了。

```
[root@VM-114-245-centos lib_learn]# cp ./mySwap /usr/bin
[root@VM-114-245-centos lib_learn]# ls libswap.so*
libswap.so  libswap.so.1.0.0
[root@VM-114-245-centos lib_learn]# cp libswap.so* /usr/lib64/
```

在之前的操作中,我们已经成功生成了 swap 动态链接库以及依赖它的 mySwap 程序。现在,我们可以执行上面的 3 条命令来完成 mySwap 程序和 swap 动态链接库的发布。

```
[root@VM-114-245-centos lib_learn]# mySwap
mySwap: error while loading shared libraries: libswap.so.1: cannot open shared object file: No such file or directory
[root@VM-114-245-centos lib_learn]# ldd mySwap
        linux-vdso.so.1 =>  (0x00007ffcfa908000)
        libswap.so.1 => not found
        libc.so.6 => /lib64/libc.so.6 (0x00007f1f2bd8c000)
        /lib64/ld-linux-x86-64.so.2 (0x00007f1f2c128000)
[root@VM-114-245-centos lib_learn]# ls -lrt /usr/lib64/libswap.so*
-rwxr-xr-x 1 root root 6003 Sep 11 11:33 /usr/lib64/libswap.so.1.0.0
-rwxr-xr-x 1 root root 6003 Sep 11 11:33 /usr/lib64/libswap.so
[root@VM-114-245-centos lib_learn]# ldconfig
[root@VM-114-245-centos lib_learn]# ls -lrt /usr/lib64/libswap.so*
-rwxr-xr-x 1 root root 6003 Sep 11 11:33 /usr/lib64/libswap.so.1.0.0
-rwxr-xr-x 1 root root 6003 Sep 11 11:33 /usr/lib64/libswap.so
lrwxrwxrwx 1 root root   16 Sep 11 11:37 /usr/lib64/libswap.so.1 -> libswap.so.1.0.0
[root@VM-114-245-centos lib_learn]# ./mySwap
a=100,b=10
[root@VM-114-245-centos lib_learn]#
```

在第一次执行 mySwap 程序时,程序启动失败了,并提示无法打开动态链接库。虽然我们已经将"libswap.so"和"libswap.so.1.0.0"发布到了系统默认的动态链接库搜索路径 /usr/lib64 中,但是报错信息提示,找不到的动态链接库名为 libswap.so.1 而不是 libswap.

so.1.0.0。

这个问题可以通过使用 ldconfig 工具来解决。ldconfig 工具会根据动态链接库的"so name"生成对应的软链接，从而使得程序能够正确地找到所需的动态链接库。在执行 ldconfig 命令后，我们可以看到，系统在 /usr/lib64 目录下生成了一个名为 libswap.so.1 的软链接，它指向 libswap.so.1.0.0 这个动态链接库。

这样一来，mySwap 程序就能够正常执行了。因此，ldconfig 工具可以解决动态链接库的"so name"不匹配导致的程序启动失败问题。

```
[root@VM-114-245-centos lib_learn]# gcc -shared -fPIC -Wl,-soname,libswap.so.1 -o libswap.so.1.2.0 swap.c
[root@VM-114-245-centos lib_learn]# gcc -shared -fPIC -Wl,-soname,libswap.so.1 -o libswap.so.1.2.12 swap.c
[root@VM-114-245-centos lib_learn]# cp ./libswap.so.1.2.0 /usr/lib64
[root@VM-114-245-centos lib_learn]# cp ./libswap.so.1.2.12 /usr/lib64
[root@VM-114-245-centos lib_learn]# ls -lrt /usr/lib64/libswap.so*
-rwxr-xr-x 1 root root 6003 Sep 11 11:33 /usr/lib64/libswap.so.1.0.0
-rwxr-xr-x 1 root root 6003 Sep 11 11:33 /usr/lib64/libswap.so
lrwxrwxrwx 1 root root   16 Sep 11 11:37 /usr/lib64/libswap.so.1 -> libswap.so.1.0.0
-rwxr-xr-x 1 root root 6003 Sep 11 12:26 /usr/lib64/libswap.so.1.2.0
-rwxr-xr-x 1 root root 6003 Sep 11 12:27 /usr/lib64/libswap.so.1.2.12
[root@VM-114-245-centos lib_learn]# ldconfig
[root@VM-114-245-centos lib_learn]# ls -lrt /usr/lib64/libswap.so*
-rwxr-xr-x 1 root root 6003 Sep 11 11:33 /usr/lib64/libswap.so.1.0.0
-rwxr-xr-x 1 root root 6003 Sep 11 11:33 /usr/lib64/libswap.so
-rwxr-xr-x 1 root root 6003 Sep 11 12:26 /usr/lib64/libswap.so.1.2.0
-rwxr-xr-x 1 root root 6003 Sep 11 12:27 /usr/lib64/libswap.so.1.2.12
lrwxrwxrwx 1 root root   17 Sep 11 12:27 /usr/lib64/libswap.so.1 -> libswap.so.1.2.12
[root@VM-114-245-centos lib_learn]#
```

如果存在多个动态链接库，它们的主版本号相同，但次版本号或发布版本号不同，则可以使用 ldconfig 命令来更新动态链接库的"so name"软链接，以便让它指向最新版本的动态链接库。

在上述操作中，在执行了 ldconfig 命令后，我们可以看到，libswap.so.1 这个软链接最终指向版本号最新的动态链接库 libswap.so.1.2.12。这样我们就可以确保程序使用的是最新版本的动态链接库，从而避免了版本不兼容导致的问题。

### 7.5.3 生成不携带"so name"的动态链接库

如何生成不携带"so name"的动态链接库呢？我们现在来看一下如何操作。

```
[root@VM-114-245-centos lib_learn]# gcc -shared -fPIC -o libswap2.so swap.c
[root@VM-114-245-centos lib_learn]# gcc -o mySwap2 main.c -lswap2 -L./
[root@VM-114-245-centos lib_learn]# cp ./libswap2.so /usr/lib64
[root@VM-114-245-centos lib_learn]# cp ./mySwap2 /usr/bin
[root@VM-114-245-centos lib_learn]# ldd mySwap2
        linux-vdso.so.1 =>  (0x00007ffd94ffe000)
        libswap2.so (0x00007fdbb0d3c000)
        libc.so.6 => /lib64/libc.so.6 (0x00007fdbb09a1000)
        /lib64/ld-linux-x86-64.so.2 (0x00007fdbb0f3e000)
[root@VM-114-245-centos lib_learn]# mySwap2
a=100,b=10
[root@VM-114-245-centos lib_learn]#
```

从上面的操作中可以看出，由于生成的动态链接库 swap2 不携带"so name"，因此我们不需要执行 ldconfig 命令来更新软链接，因而也就无法为动态链接库 swap2 更新软链接。这是因为动态链接库 swap2 不携带"so name"，通过执行 ldd 命令我们可以看到，mySwap2 中记录的 swap2 动态链接库的名称是 libswap2.so，它是 swap2 动态链接库的"linker name"。

在工程项目中，自定义的动态链接库大部分不携带"so name"。这是因为，这些自定义的动态链接库通常只在内部使用，没有明确的版本规划，并且升级时通常要求向后兼容。因此，使用不携带"so name"的方式生成的动态链接库，在管理和发布上相对简单一些。

## 7.6 进程的内存模型

程序一旦在 shell 中启动，就会变成进程。也就是说，程序在被加载到内存之后，就成了一个进程。在系统任务调度的过程中，进程不断地运行。在 Linux 系统中，每个进程都有自己独立的虚拟地址空间，就好像它独占了整个内存一样。

进程在运行的过程中，会不断地调用函数、退出函数、分配内存、释放内存等。如果想要用 C/C++编写高质量、高性能的程序，就必须对进程的内存模型有所了解。

进程的内存模型包括代码段、数据段、堆、栈等部分。这些部分在进程运行的过程中，会不断地被分配和释放。了解进程的内存模型，可以帮助我们更好地理解程序的运行过程，并且能够帮助我们优化程序的性能。

总之，对进程的内存模型有所了解，是编写高质量、高性能程序的必要条件之一。

### 7.6.1 进程的虚拟地址空间布局

下面讲解进程的虚拟地址空间布局，图 7-2 展示了 Linux 系统下进程典型的虚拟地址空间布局。

**1．内核空间**

预留给 Linux 内核的地址空间，这部分地址空间进程无法使用。

**2．环境变量**

进程在启动之后会携带当前 shell 的环境变量，环境变量紧跟在命令行参数之后。

**3．命令行参数**

进程在 shell 中启动时携带的参数，用于调用 main 函数。

**4．调用栈**

进程在进行函数调用时会动态伸缩的存储空间，仅限于在函数内部访问。

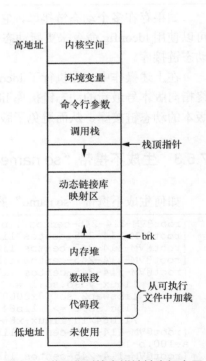

图7-2 进程典型的虚拟地址空间布局

**5．动态链接库映射区**

用于在加载动态链接库时，映射动态链接库到进程的内存地址空间。

**6．内存堆**

进程可以随时动态申请和释放的存储空间，可通过 malloc、free 等系统内存相关函数进行操作，全局可访问。

**7．数据段**

从可执行文件中加载，由可执行文件的.data 节（初始化的全局变量或函数静态变量）、.bss 节（未初始化的全局变量或函数静态变量）、.rodata 节（只读数据）构成，.bss 节的内容会被全部初始化为 0。

**8．代码段**

从可执行文件中加载，主要由可执行文件的.text 节构成，包含程序中所有的代码。

### 7.6.2 栈与堆的区别

栈和堆是进程内存模型中的两个重要概念，它们之间的区别表现在以下三个方面。

**1．申请方式**

堆由我们按需分配和释放，比如在声明指针变量 data 时，"int * data = (int *) malloc (sizeof(int))"就分配了一块堆内存。C++中的 new 也可以用于分配内存，new 和 malloc 的区别在于，new 除了分配内存，还会在分配的内存上调用类的构造函数。而栈由程序自动进行扩展和收缩，程序在扩展和收缩栈时，只需要操作栈顶指针。比如，当我们在函数中声明一个局部变量"int32_t a"时，程序将自动在栈上分配一块 4 字节的空间用于存储 a 变量；而当退出函数时，a 变量的存储空间将自动被释放。

**2．内存分配和释放的效率**

堆由系统统一管理，一般采用链式存储，分配的空间是不连续的，内存在分配和释放时都需要遍历链表，时间复杂度为 $O(n)$。而栈由进程自动分配和释放，且分配的空间是连续的，由于每次只需要操作栈顶指针，时间复杂度为 $O(1)$。

**3．大小的限制**

堆能分配的大小总量，受限于系统内存资源的大小，由于系统堆管理机制中内存碎片的存在，进程所能分配的堆大小总量，是小于系统内存总量的。而栈的大小限制由系统参数控制，在 Linux 主机上执行 ulimit -s 命令，即可看到系统栈大小的限制，CentOS 云主机的栈大小限制为 8MB。

### 7.6.3 经典问题剖析

在 Linux C/C++后端开发的面试中，经常出现一些和内存相关的经典问题。下面让我们对这些经典问题进行详细的剖析。需要注意的是，这里的代码假定在 Linux 64 位主机上运行。

## 1. C/C++中的"大小,长度"问题

最常见的一类问题是给出变量或对象占用的内存大小。

**问题 7.1**:计算显式缓冲区的 sizeof 值和 strlen 值。

```
char buf[10] = "hello";
size_t a = sizeof(buf);
size_t b = strlen(buf);
```

a 的值为 10,b 的值为 5,这是因为 sizeof(buf)计算的是字符数组 buf 的大小,即为 10 字节;而 strlen(buf)计算的是字符串"hello"的长度,即为 5 个字符。

**问题 7.2**:计算隐式缓冲区的 sizeof 值和 strlen 值。

```
char buf[] = "hello";
size_t a = sizeof(buf);
size_t b = strlen(buf);
```

a 的值为 6,b 的值为 5,这是因为字符数组 buf 的大小在编译期就已经确定了,它的大小刚好能保存字符串"hello",而字符串默认后面还有一个'\0'字符,它占用 1 字节,故 sizeof(buf)为 6,strlen(buf)为 5。

**问题 7.3**:计算参数的 sizeof 值。

```
void fun(void * p, char data[10]) {
    size_t a = sizeof(p);
    size_t b = sizeof(data);
}
```

a 的值为 8,b 的值也为 8,这是因为,a 为指针的大小,在 64 位主机上,指针的长度为 8 字节。有人会产生疑问,为什么 b 的值不是 10,而是 8 呢?这是因为,当我们在 C/C++中传递数组参数时,该操作会退化成传递指针,这其实也很好理解。在传递参数的时候,没必要复制所有的数组元素,那样太低效了。传递数组头指针即可,在函数中,通过数组头指针就可以访问数组中的任意元素。

**问题 7.4**:计算空类对象的大小。

```
class A {
    //nothing.
};
A a;
size_t asize= sizeof(a);
```

asize 的值为 1,这是因为,即使 a 为空类对象,它也是一个变量,仍然需要占用存储空间。在这种情况下,编译器给空类对象 a 分配了 1 字节的空间,因此 asize 的值为 1。这是为了确保每个对象在内存中都有一个唯一的地址,从而方便程序进行访问和操作。

**问题 7.5**:计算只有一个 int32_t 普通成员的类 B 对象的大小。

```
class B : public A {
    int32_t data;
};
B b;
size_t bsize = sizeof(b);
```

bsize 的值为 4,这是因为,B 不再是一个空类,它的对象中存储着一个 int32_t 类型的变量 data。因为 B 类中有数据成员,所以编译器会为 B 类的对象分配空间,而不是像空类一样只分配 1 字节的空间。因此,bsize 的值为 4。

**问题 7.6**:计算继承了类 B 且比类 B 多一个 int32_t 静态成员的类 C 对象的大小。

```
class C : public B {
    static int32_t staticData;
};
C c;
size_t csize = sizeof(c);
```

csize 的值为 4，这是因为，类的静态成员变量是类共享的，不占用类对象的存储空间。在 C++ 中，类的静态成员变量相当于 C 语言中的静态变量，但被限定在类的命名空间中。因此，无论创建多少个 C 类对象，都只有一个静态成员变量，它的存储空间是共享的。所以 C 类对象的大小为 4，不包括静态成员变量的大小。

问题 7.7：计算继承了类 C 且比类 C 多一个普通成员函数的类 D 对象的大小。

```
class D : public C {
    void fun() {};
};
D d;
size_t dsize = sizeof(d);
```

dsize 的值为 4，这是因为，类的普通成员函数只是.text 节中的一段执行代码，由类的所有对象共享，且不占用对象的存储空间。因此，无论创建多少个 D 类对象，它们都共享同一个函数，不会占用额外的存储空间。所以此时，D 类对象的大小还是 4。

问题 7.8：计算继承了类 D 且比类 D 多一个虚成员函数的类 E 对象的大小。

```
class E : public D {
    virtual void funV() {};
};
E e;
size_t esize = sizeof(e);
```

esize 的值为 16，这是由两个因素决定的。第一个因素是，类 E 中引入了虚函数，类 E 的对象需要一个虚表指针来实现多态，在 64 位主机上，一个指针占用 8 字节。那么 8 字节加上之前的 4 字节，也就是 12 字节，为什么最后的结果是 16 字节呢？这就要说起第二个因素：内存对齐。由于内存对齐要求类对象的大小是最大成员大小的整数倍，因此在这种情况下，编译器会在类对象的末尾添加 4 字节的填充字节，使得类对象的大小为 16 字节。因此，esize 的值为 16。

问题 7.9：计算继承了类 E 且比类 E 多一个静态成员函数的类 F 对象的大小。

```
class F : public E {
    static void funS() {};
};
F f;
size_t fsize = sizeof(f);
```

fsize 的值为 16，这是因为静态成员函数和普通成员函数一样，也是.text 节中的一段执行代码，不占用类对象的存储空间。静态成员函数被限定在类的命名空间中，因此，无论创建多少个 F 类对象，静态成员函数的存储空间都是共享的，不会占用额外的内存。因此，fsize 的值为 16。

**2. 如何正确地分配内存**

内存的分配是 C/C++ 面试中出现频率较高的题目，尤其是如何正确地分配内存。

```
void * malloc1() {
    char buf[100];
    return (void *)buf;
}
void * malloc2(size_t size) {
    return malloc(size);
```

```
}
void malloc3(size_t size, void * p) {
    p = malloc(size);
}
void malloc4(size_t size, void ** p) {
    *p = malloc(size);
}
```

关于 malloc 函数的使用，有以下几点需要澄清。首先，函数 malloc1 是错误的，因为它返回的是栈变量的地址。如果对它指向的地址进行读写，程序行为的结果将是未定义的，程序很可能崩溃，因为此时栈变量的空间已经被回收（栈顶指针变了）。其次，函数 malloc2 是正确的，因为它返回的是 malloc 函数申请的堆空间的地址。

接下来，我们需要澄清一个概念：任何的参数传递在本质上都是值拷贝，任何参数都是栈变量。参数传递方式有两种：值传递和指针传递。通过指针传递，可以改变指针指向的变量。当参数类型为指针时，传递的是指针变量的值，通过将*操作符作用在指针变量上，可以影响指针变量指向的其他变量的值。

基于上述概念，我们可以得出以下结论：函数 malloc3 是错误的，因为没有*操作符被作用在 p 上，单纯对 p 执行赋值操作只会影响到局部的栈变量 p 的值，而不会对函数 malloc3 外部的变量有任何影响；函数 malloc4 是正确的，因为有*操作符被作用在 p 上，可通过对*p 进行赋值来修改传递给 p 的参数，使它指向申请的堆空间。

**3．如何确定进程中栈的"生长"方向以及堆的"生长"方向**

在 Linux 系统下，进程的栈是从高地址向低地址分配空间，堆则采用相反的分配方向。如何证明呢？如果对进程的内存模型有深刻的认识，这其实不难，我们只需要编写两个简单的验证程序即可证明。

（1）验证栈的"生长"方向

验证程序在代码清单 7-11 中。

**代码清单 7-11　源文件 stack.c**

```
#include <malloc.h>
#include <stdio.h>
void fun2(int* pb) {
  int a;
  printf("stack alloc direction[%s]\n", &a > pb ? "Up" : "Down");
}
void fun1() {
  int b;
  fun2(&b);
}
int main() {
  fun1();
  return 0;
}
```

编译与运行结果如下所示。

```
[root@VM-114-245-centos Chapter07]# gcc -o stack stack.c
[root@VM-114-245-centos Chapter07]# ./stack
stack alloc direction[Down]
[root@VM-114-245-centos Chapter07]#
```

为了验证栈的"生长"方向，只需要连续地嵌套调用两个函数，然后在第二个嵌套调用的函数中，比较上一层函数中变量地址的大小和当前函数中变量地址的大小即可。

## (2) 验证堆的"生长"方向

验证程序在代码清单 7-12 中。

**代码清单 7-12　源文件 heap.c**

```c
#include <malloc.h>
#include <stdio.h>
#include <unistd.h>
int main() {
  void* a = sbrk(10);    //调整堆顶指针brk
  void* b = sbrk(20);
  printf("heap alloc direction[%s]\n", b > a ? "Up" : "Down");
  return 0;
}
```

编译与运行结果如下所示。

```
[root@VM-114-245-centos Chapter07]# gcc -o heap heap.c
[root@VM-114-245-centos Chapter07]# ./heap
heap alloc direction[Up]
[root@VM-114-245-centos Chapter07]#
```

为了验证堆的"生长"方向，只需要连续地调用两次 sbrk 函数，扩展内存堆的大小，然后比较两次返回的堆顶地址的大小即可。

## 7.7　调试程序

由于程序本身的复杂性和不可预测性，免不了出现一些 bug，此时就需要使用调试工具来定位问题。在 Linux 系统下，我们主要使用 gdb 这个工具来调试程序。

我们可以使用 gdb 来调试运行中的进程，也可以直接使用 gdb 启动程序并调试，还可以使用 gdb 来查看 coredump 文件以定位程序崩溃的原因。gdb 的功能非常强大，它可以使调试的进程在指定的断点停住，停住之后，可以查看当前运行环境，它甚至可以动态改变进程的运行环境。在使用 gdb 调试程序之前，程序在编译时必须添加-g 选项，这样在生成的可执行文件中才会保留调试信息，否则 gdb 基本上无法调试程序。

### 7.7.1　gdb 的启动

调试运行中的程序：可以执行 gdb -p pid 或 gdb program pid 命令。另外，也可以先执行 gdb 命令，在进入 gdb 交互命令行后，再执行 attach pid 命令来进行调试。

直接使用 gdb 启动程序并调试：可以执行 gdb program 命令。此时，gdb 会在当前目录下搜索 program 程序（这里的 program 是程序的名称），如果没有找到，则在环境变量 PATH 中进行查找。在进入 gdb 交互命令行后，执行 run 命令以启动 program 程序，run 命令的后面可以携带一些参数，这些参数会被传递给 program 程序。

查看 coredump 文件：可以先执行 gdb program corefile 命令，在进入 gdb 交互命令行后，再执行 gdb 支持的各种命令，通过分析 coredump 这个"崩溃"现场来定位程序"崩溃"的原因。

### 7.7.2　gdb 常用命令

下面让我们结合一个实例来介绍 gdb 常用命令。在代码清单 7-13 中，我们编写了一个求前 n 个正整数之和的程序。

**代码清单 7-13　计算前 n 个正整数的和**

```c
#include <stdio.h>
int getSum(int n) {
  int i = 0;
  int sum = 0;
  for (i = 1; i <= n; ++i) {
    sum += i;
  }
  return sum;
}
int main(int argc, char** argv) {
  int n = 10;
  if (argc >= 2) {
    n = atoi(argv[1]);
  }
  int sum = getSum(n);
  printf("sum = %d\n", sum);
  return 0;
}
```

如果大家的主机上没有安装 gdb，则可以通过执行 yum -y install gdb 命令来进行 gdb 的安装。接下来，我们编译、链接这个程序，并使用 gdb 进行调试。相关操作如下所示，我们将在 gdb 操作的过程中添加相关命令的介绍说明，这些介绍说明以 "//" 开头。

```
[root@VM-114-245-centos Chapter07]# gcc -g -o gdb_test gdb_test.c
[root@VM-114-245-centos Chapter07]# gdb gdb_test
GNU gdb (GDB) Red Hat Enterprise Linux 7.6.1-120.el7
Copyright (C) 2013 Free Software Foundation, Inc.
……省略部分输出……
Reading symbols from /root/BackEnd/Chapter07/gdb_test...done.
//list命令用于查看源代码。"list first,last" 会显示指定的起始行和结束行；"list
//linenum" 以指定的行号为中心，显示10行；"list function" 以指定的函数为中心，显示
//10行，直接执行list命令则显示剩下的行。
(gdb) list 1,10
1       #include <stdio.h>
2
3       int getSum(int n) {
4         int i = 0;
5         int sum = 0;
6         for (i = 1; i <= n; ++i) {
7           sum += i;
8         }
9         return sum;
10      }
(gdb) list main
7           sum += i;
8         }
9         return sum;
10      }
11
12      int main(int argc, char** argv) {
13        int n = 10;
14        if (argc >= 2) {
15          n = atoi(argv[1]);
16        }
(gdb) list
17        int sum = getSum(n);
18        printf("sum = %d\n", sum);
19        return 0;
20      }
//break命令用于设置断点。"break linenum" 在当前文件的第linenum行设置断点，"break
//function" 在函数function被调用时设置断点，"break file:linenum" 在指定文件的第
```

```
//linenum行设置断点。
(gdb) break 13
Breakpoint 1 at 0x400548: file gdb_test.c, line 13.
(gdb) break 15
Breakpoint 2 at 0x400555: file gdb_test.c, line 15.
(gdb) break 5
Breakpoint 3 at 0x400512: file gdb_test.c, line 5.
(gdb) break gdb_test.c:7
Breakpoint 4 at 0x400522: file gdb_test.c, line 7.
//info break命令用于查看设置的所有断点信息。
(gdb) info break
Num     Type           Disp Enb Address            What
1       breakpoint     keep y   0x0000000000400548 in main at gdb_test.c:13
2       breakpoint     keep y   0x0000000000400555 in main at gdb_test.c:15
3       breakpoint     keep y   0x0000000000400512 in getSum at gdb_test.c:5
4       breakpoint     keep y   0x0000000000400522 in getSum at gdb_test.c:7
//run命令用于启动程序,并把100这个参数传递给程序。我们可以看到,启动后的程序停在我们之
//前设置的第1个断点处。
(gdb) run 100
Starting program: /root/BackEnd/Chapter07/gdb_test 100

Breakpoint 1, main (argc=2, argv=0x7fffffffe5b8) at gdb_test.c:13
13              int n = 10;
//info threads命令用于查看当前进程中所有的线程信息,并为每个线程分配一个id。
(gdb) info threads
  Id   Target Id         Frame
* 1    process 25036 "gdb_test" main (argc=2, argv=0x7fffffffe028) at gdb_test.c:13
//thread id命令用于切换到指定id的线程。
(gdb) thread 1
[Switching to thread 1 (process 25036)]
#0  main (argc=2, argv=0x7fffffffe028) at gdb_test.c:13
13              int n = 10;
//print命令用于输出变量的值,我们可以看到,100这个参数确实被传递给了程序。
(gdb) print argv[1]
$1 = 0x7fffffffe81f "100"
//next命令用于单步执行程序的下一行语句。
(gdb) next
14              if (argc >= 2) {
(gdb) next

Breakpoint 2, main (argc=2, argv=0x7fffffffe5b8) at gdb_test.c:15
15                  n = atoi(argv[1]);
(gdb) next
17              int sum = getSum(n);
//info local命令用于查看当前函数中局部变量的值。
(gdb) info local
n = 100
sum = 0
//step命令用于进入函数调试。
(gdb) step
getSum (n=100) at gdb_test.c:4
4           int i = 0;
//bt命令用于查看当前调用栈,可以看出,当前我们位于getSum函数中,main函数在第17行处调
//用了getSum函数。
(gdb) bt
#0  getSum (n=100) at gdb_test.c:4
#1  0x000000000040057a in main (argc=2, argv=0x7fffffffe5b8) at gdb_test.c:17
//frame命令用于切换当前的调用栈帧。
(gdb) frame 1
#1  0x00000000004005f3 in main (argc=2, argv=0x7fffffffe438) at gdb_test.c:17
17              int sum = getSum(n);
```

```
(gdb) frame 0
#0  getSum (n=100) at gdb_test.c:4
4           int i = 0;
//set var命令用于设置变量的值,这也正是gdb的强大之处,gdb可以动态改变运行环境。
(gdb) set var n = 50
(gdb) print n
$2 = 50
//call命令可以用于在当前栈调用其他函数,它还可以用于校验在指定环境下,某些函数的执行是
//否符合预期。
(gdb) call printf("hello gdb\n")
hello gdb
$3 = 10
//continue命令用于继续执行程序,直至遇到下一个断点或者程序执行结束。
(gdb) continue
Continuing.

Breakpoint 3, getSum (n=50) at gdb_test.c:5
5               int sum = 0;
//condition命令用于设置条件断点,语法为"condition break_num stop_condition",
//其中,break_num为之前设置的某个断点的编号,stop_condition为断点停止条件。执行
//info break命令,我们可以看到,编号为4的断点的后面有一行描述——"stop only if i == 40"。
(gdb) condition 4 i == 40
(gdb) info break
Num     Type           Disp Enb Address            What
1       breakpoint     keep y   0x0000000000400548 in main at gdb_test.c:13
        breakpoint already hit 1 time
2       breakpoint     keep y   0x0000000000400555 in main at gdb_test.c:15
        breakpoint already hit 1 time
3       breakpoint     keep y   0x0000000000400512 in getSum at gdb_test.c:5
        breakpoint already hit 1 time
4       breakpoint     keep y   0x0000000000400522 in getSum at gdb_test.c:7
        stop only if i == 40
(gdb) continue
Continuing.

Breakpoint 4, getSum (n=50) at gdb_test.c:7
7               sum += i;
//可以看到,在执行continue命令后,设置的第4个断点确实在i值为40时停了下来。
(gdb) print i
$4 = 40
//finish命令用于退出当前函数,作用和step命令相反。
(gdb) finish
Run till exit from #0  getSum (n=50) at gdb_test.c:7
0x000000000040057a in main (argc=2, argv=0x7fffffffe5b8) at gdb_test.c:17
17              int sum = getSum(n);
Value returned is $5 = 1275
//delete命令用于删除断点,delete命令的后面需要携带所要删除断点的编号。
(gdb) delete 1 2 3 4
//shell命令可以在gdb中执行,shell命令的后面可以携带所要执行的命令。下面执行的命令作用相当于
//"强杀"当前gdb进程。要退出当前的gdb进程,执行quit命令也是可以的。
(gdb) shell kill -9 $(pidof gdb)
Killed
[root@VM-114-245-centos Chapter07]#
```

## 7.8 本章小结

在本章中,我们介绍了单文件程序的编译与链接、工程项目的编译与链接、动态链接和静态链接的含义与区别、Linux动态链接库的规范、如何自定义动态链接库、Linux系统中进程的内存布局以及如何使用gdb调试程序。通过学习本章的内容,大家可以解决在工作和学习中遇到的与编译、链接、运行和调试相关的绝大部分问题。

# 第 8 章 后端服务编写

后端对外提供的服务，通常由许多不同的微服务组成，它们在同一个架构内互相通信协作，每个微服务各司其职，共同对外提供高效、稳定的服务。本章将从进程的角度，向大家介绍如何编写标准的后端服务，后端服务应该具备哪些功能，以及如何实现这些功能。

## 8.1 守护进程

由于后端服务是需要 7×24 小时对外提供服务的，因此它们通常以守护进程的方式运行在后台。

### 8.1.1 什么是守护进程

当我们登录 shell 后，就会关联一个终端，从这个终端启动的所有进程都将和这个终端关联，这个终端称为这些进程的控制终端。控制终端可以向这些进程发送相关的信号，例如，按下【Ctrl + c】组合键会给当前运行的进程发送 SIGINT 信号，进程在收到 SIGINT 信号后，默认就会退出。当终端关闭时，相关的进程也会退出。

与此不同的是，守护进程是独立于终端且不受终端控制的进程，可以长期在后台运行。守护进程可以周期性地执行一些任务，或者监听一些关注的事件，直至系统关闭或者进程被用户关闭，抑或进程异常退出。

Linux 后端服务通常是通过守护进程来实现的，因为后端服务需要提供 7×24 小时长期稳定的对外服务，进程不能随意退出。守护进程的特点很好地满足了后端服务的要求。

### 8.1.2 守护进程如何编写

接下来，我们看一下如何创建一个守护进程。创建守护进程的具体流程如图 8-1 所示。

#### 1. 重置文件创建掩码

重置文件创建掩码可以防止守护进程在创建文件时继承父进程的文件权限，而父进程又禁止了某些权限，导致需要这些权限的创建操作失败。设置文件创建掩码为 0，可以保证守护进程创建的文件具有正确的权限，从而避免这种情况的发生。

#### 2. 调用 fork 函数，创建子进程，父进程退出

进程启动后，调用 fork 函数，创建子进程。如果调用失败，则返回-1，对应的子进程也不会创建，生成守护进程失败；如果调用成功，则创建一个子进程，fork 函数会在父子进程中分别返回一次——在父进程中返回子进程的进程 id，在子进程中则返回 0。然后父

进程退出，子进程继续运行。

为了能够调用 setsid 函数，脱离当前的终端，我们需要创建子进程。父进程是当前进程组的组长进程，而组长进程调用 setsid 函数会失败。因此，我们需要在子进程中调用 setsid 函数，创建一个新的会话，并将子进程设置为该会话的首进程和组长进程。这样守护进程就可以脱离当前的终端，成为一个独立的进程。

### 3．调用 setsid 函数，创建新会话

子进程由于不是进程组的组长进程，因此可以成功地调用 setsid 函数。在调用 setsid 函数后，系统会创建一个新的会话，当前子进程将变成这个新会话的首进程，此外还会创建一个新的进程组。当前子进程是该进程组的组长进程，最为关键的是，当前子进程没有控制终端，从而真正地脱离了终端的控制。登录 shell、进程组、会话和控制终端之间的关系如图 8-2 所示。

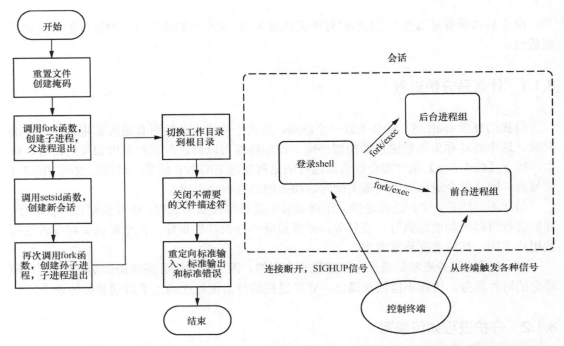

图8-1　守护进程的创建流程　　图8-2　登录shell、进程组、会话和控制终端之间的关系

### 4．再次调用 fork 函数，创建孙子进程，子进程退出

因为当前子进程作为会话首进程是可以再次打开终端的，所以这里再次调用 fork 函数，创建孙子进程。然后子进程退出，孙子进程作为最终的守护进程继续运行。此时的孙子进程不是会话首进程，因此无法打开终端，从而真正地成为一个守护进程。

### 5．切换工作目录到根目录

如果不切换到根目录，进程将一直在之前工作目录所在的文件系统中引用文件，导致该文件系统无法卸载。因此，为了避免这种情况的发生，我们需要在守护进程中切换工作目录到根目录。这样守护进程就不会再占用之前工作目录所在的文件系统资源了。

### 6. 关闭不需要的文件描述符

孙子进程会从子进程那里继承许多已经打开的文件描述符，而这些文件描述符对于当前孙子进程来说是无用的。如果不关闭这些文件描述符，就可能导致文件描述符泄露，最终导致系统资源的浪费。因此，我们需要在守护进程中关闭不需要的文件描述符，以确保系统资源得到有效利用。

### 7. 重定向标准输入、标准输出和标准错误

标准输入、标准输出和标准错误通常指向控制终端。在守护进程中，由于没有关联的终端，这些标准流也就没有意义了。我们需要将标准输入、标准输出和标准错误重定向到一个特殊设备上，通常是/dev/null。这个特殊设备相当于 Windows 系统中的回收站，它会忽略所有写入它的数据，也就是说，守护进程将忽略标准输入、标准输出和标准错误。

## 8.1.3 代码实现

根据前面介绍的守护进程创建流程，我们编写了相关的实现代码，见代码清单 8-1。

代码清单 8-1 源文件 daemon.c

```c
#include <errno.h>
#include <fcntl.h>
#include <stdio.h>
#include <stdlib.h>
#include <string.h>
#include <unistd.h>

int daemonInit() {
  pid_t pid = 0;
  //设置文件创建掩码为0
  umask(0);
  //第一次调用fork函数，创建子进程
  pid = fork();
  if (pid < 0) {
    printf("first call fork failed. errorMsg[%s]\n", strerror(errno));
    return -1;
  } else if (pid != 0) {
    exit(0);   //第一次调用fork函数，从父进程中返回，父进程直接退出
  }
  //第一次调用fork函数，从子进程中返回，调用setsid函数，创建新会话并脱离终端
  pid = setsid();
  if (pid < 0) {
    printf("call setsid failed. errorMsg[%s]\n", strerror(errno));
    return -1;
  }
  //第二次调用fork函数，创建孙子进程
  pid = fork();
  if (pid < 0) {
    printf("second call fork failed. errorMsg[%s]\n", strerror(errno));
    return -1;
  } else if (pid != 0) {
    exit(0);   //第二次调用fork函数，从子进程中返回，子进程直接退出
  }
  //从孙子进程中返回，切换工作目录到根目录
  if (chdir("/") < 0) {
    printf("call chdir failed. errorMsg[%s]\n", strerror(errno));
    return -1;
  }
```

```c
    int i = 0;
    //关闭从子进程继承的文件描述符
    for (i = 0; i < getdtablesize(); i++) {
        close(i);
    }
    //在关闭所有的文件描述符后,再连续打开3个文件描述符
    //因为open函数每次都返回进程最小的未打开的文件描述符
    //所以相当于将标准输入(fd为0)、标准输出(fd为1)和标准错误(fd为2)重定向到"/dev/null"
    int fd0 = open("/dev/null", O_RDWR);
    int fd1 = open("/dev/null", O_RDWR);
    int fd2 = open("/dev/null", O_RDWR);
    if (!(0 == fd0 && 1 == fd1 && 2 == fd2)) {
        printf("unexpectd file desc %d %d %d\n", fd0, fd1, fd2);
        return -1;
    }
    return 0;
}

int main() {
    if (0 == daemonInit()) {
        while (1) {
            sleep(1);
        }
    }
    return 0;
}
```

当然,我们也可以直接调用 daemon 这个库函数,如代码清单 8-2 所示。

**代码清单 8-2　直接调用 daemon 库函数**

```c
#include <unistd.h>
int main() {
    //第一个参数0表示将工作目录切换到根目录
    //第二个参数0表示重定向标准输入、标准输出和标准错误到"/dev/null"
    if (0 == daemon(0, 0)) {
        while (1) {
            sleep(1);
        }
    }
    return 0;
}
```

```
[root@VM-114-245-centos Chapter08]# gcc -o daemon daemon.c
[root@VM-114-245-centos Chapter08]# ./daemon
[root@VM-114-245-centos Chapter08]# ps -ef | grep daemon
dbus       1095     1  0 Aug24 ?        00:00:00 dbus-daemon --system
root      24751     1  0 11:51 ?        00:00:00 ./daemon
root      24766 31242  0 11:51 pts/1    00:00:00 grep daemon
[root@VM-114-245-centos Chapter08]#
```

使用 gcc 对 daemon.c 进行编译和链接,最后执行 daemon 服务程序,daemon 服务已经成功地在后台运行。

## 8.2　设置资源限制

后台服务程序通常需要操作大量的系统资源,以对外提供服务,因此我们需要调整对应的资源限制,提升后端服务程序的处理能力。后端服务程序需要关注的、主要被限制的资源类型如表 8-1 所示。

表 8-1　主要被限制的资源类型

| 资源类型 | 含义 |
|---|---|
| core file size | core文件的最大值 |
| open files | 进程可以打开的文件描述符的最大值 |

在开发程序的过程中，程序崩溃是一个常见的问题。幸运的是，在 Linux 系统中，我们可以利用"崩溃现场"功能来记录程序崩溃时的运行环境上下文。这个信息被记录在一个名为 coredump 的文件中。默认情况下，coredump 文件的大小被限制为 0，这意味着无法生成 coredump 文件。为了能够记录"崩溃现场"，方便定位问题，我们需要将 coredump 文件的大小限制设置为 unlimited，也就是不限制 coredump 文件的大小。通常情况下，我们可以通过调用系统函数 setrlimit 来调整这个限制。这样就能够记录更多的信息，帮助我们更好地解决程序崩溃问题。

对于接入用户连接的后端服务来说，需要打开大量的文件描述符以进行网络通信。默认情况下，可打开的最大文件描述符数通常是不够的。为了满足后端服务的需求，需要通过调用系统函数 setrlimit 或执行 ulimit 命令来调整文件描述符的数量限制。这样可以确保后端服务能够处理更多的连接请求。

除了文件描述符的数量和 coredump 文件的大小受到限制，系统还有其他资源限制，如 CPU 时间限制、内存限制等。通常情况下，这些资源的限制采用默认值即可。我们可以通过在 shell 中执行"ulimit -a"命令来查看当前所有资源的限制。

## 8.3　信号处理

信号是操作系统提供的一种异步通知机制，可用于进程间通信。在后端服务进程中，处理信号是非常重要的，以确保服务的稳定性。当进程接收到信号时，可以采取以下三种不同的处理动作。

- ❑ 忽略信号。对于一些无关紧要的信号，可以直接忽略。
- ❑ 捕捉信号。对于一些默认行为不符合预期的信号，需要捕捉它们并修改其行为，以确保进程能够正常运行。
- ❑ 执行系统默认行为。对于一些严重的错误信号，进程必须退出或者生成 coredump 文件，此时执行系统默认行为是最好的选择。

需要特别注意的信号是 SIGKILL 和 SIGSTOP，这两个信号既不可以忽略，也不可以捕捉，它们向用户提供了强制终止进程和强制停止进程的方法。因此，在处理信号时，需要根据不同的信号类型采取不同的处理方式，以确保进程能够正常运行并提供稳定的服务。

在开发过程中，我们常常会遇到各种信号。表 8-2 列出了开发过程中常见的信号。

表 8-2　开发过程中常见的信号

| 信号 | 触发条件 | 系统默认行为 | 推荐的处理方式 |
|---|---|---|---|
| SIGABRT | 当调用abort函数时，当前进程会收到该信号 | 进程退出并生成 coredump文件 | 保留默认动作 |

续表

| 信号 | 触发条件 | 系统默认行为 | 推荐的处理方式 |
|------|----------|--------------|----------------|
| SIGCHLD | 当进程退出时，该进程的父进程将收到该信号 | 忽略该信号 | 保留默认动作或者捕捉信号以获取子进程的退出状态 |
| SIGHUP | 终端退出时 | 进程退出 | 保留默认动作或者捕捉信号以便平滑退出 |
| SIGINT | 按【Ctrl + c】组合键时 | 进程退出 | 保留默认动作或者捕捉信号以便平滑退出 |
| SIGKILL | 执行kill -9命令以"杀死"进程时 | 进程强制退出 | 该信号不可捕捉，不可忽略，进程只能强制退出 |
| SIGPIPE | 对已经关闭的管道或SOCK_STREAM套接字执行写操作时 | 进程退出 | 忽略该信号或者捕捉信号以输出相关调试信息 |
| SIGQUIT | 按【Ctrl + \】组合键时 | 进程退出并生成coredump文件 | 保留默认动作或者捕捉信号以便平滑退出 |
| SIGSEGV | 当进程中发生无效的内存引用时 | 进程退出并生成coredump文件 | 保留默认动作 |
| SIGSTOP | 使用gdb调试进程时 | 进程强制停止 | 该信号不可捕捉，不可忽略，进程只能强制停止 |
| SIGTERM | 执行kill命令以停止进程时 | 进程退出 | 保留默认动作或者捕捉信号以便平滑退出 |
| SIGUSR1 | 执行kill -10命令，给进程发信号时 | 进程退出 | 捕捉信号，进行自定义处理 |
| SIGUSR2 | 执行kill -12命令，给进程发信号时 | 进程退出 | 捕捉信号，进行自定义处理 |

Linux 系统支持的信号远不只表 8-2 中列出的那些，我们可以通过在 shell 中执行 kill -l 命令来查看 Linux 系统支持的所有信号。kill 命令用于给指定进程发送指定的信号，以实现对进程的控制。

平滑退出是指进程在处理完最后一个请求后退出，而不是在请求处理过程中收到信号时直接退出。这种方式可以确保进程能够正常完成任务，避免数据丢失或者服务中断等，提高服务的可靠性和稳定性。因此，我们需要谨慎处理信号，确保进程能够正常退出并提供稳定的服务。

## 8.4 加载配置功能

后端服务的很多行为都要求具备可扩展性，而部分可扩展性是通过配置来实现的。因此，后端服务通常都会具备加载配置的功能，以便灵活配置服务，满足不同的需求。

一般来说，后端服务至少需要支持本地配置文件的读取，最常见的配置文件格式为 ini。较为高级的做法是提供一个分布式的配置系统，后端可以通过网络通信来实时获取服务最新的配置，这样就可以快速响应变化的需求，提高服务的灵活性和可扩展性。

在第 11 章中，我们将实现 ini 格式的配置文件读取类，以便在后端服务中使用。

## 8.5 命令行参数解析

后端服务的动态扩展能力还可以通过命令行参数来实现。因此，后端服务需要具备解析命令行参数的能力，以便灵活配置服务，满足不同的需求。

在第 11 章中，我们将实现命令行参数的解析类，以便在后端服务中使用。

## 8.6 日志输出功能

日志是每个后端服务必不可少的功能。通过日志，我们可以分析用户行为，定位 bug，并及时发现和解决问题。由于后端服务进程都是守护进程，它们和终端是脱离的，因此日志都被输出到文件中。日志可以分为不同级别，而不同级别的日志含义是不同的。常见的日志级别如表 8-3 所示。

表 8-3 常见的日志级别

| 日志级别 | 说明 | 示例 |
| --- | --- | --- |
| trace | 跟踪日志，输出执行路径信息，用于确认执行路径等 | [TRACE] 2023-03-10 09:51:25:198044 19882,20230310095125127000000001807014 (0:distributedtrace.hpp:PrintTraceInfo:34):[1]Direct.Echo.EchoMySelf-[533us,0,0,success] |
| debug | 调试日志，输出定位问题的调试信息，用于确认 bug 等 | [DEBUG] 2023-03-10 09:51:25:198003 19882,20230310095125127000000001807014 (0:echohandler.h:MySvrHandler:25):EchoMySelf ret[0],req[{"message":"hello"}],resp[{"message":"hello"}] |
| info | 信息日志，输出关键信息，用于确认核心代码是否执行过等 | [INFO] 2023-03-10 09:49:12:337307 19856,20230310094912127000000001268126 (servicelock.hpp:lock:34):lock pidFile[/home/backend/lock/subsys/echo] success. pid[19856] |
| warn | 告警日志，输出告警信息，用于提示服务当前处于异常状态 | [WARN] 2023-03-10 09:46:56:869352 22832,20230310094656127000000001626548 (handler.hpp:operator():40):releaseConn peer close connection, events=EPOLLIN |
| error | 错误日志，输出错误信息，用于提示服务发生了严重的问题 | [ERROR] 2023-03-10 09:52:38:427650 21252,20230310095238127000000001244812 (service.cpp:Run:37):service already running |

在后端服务中，我们需要根据不同的情况选择不同的日志级别，以便更好地记录和分析服务的运行情况。同时，我们还需要考虑日志文件的大小和数量，以避免日志文件过大或过多，影响服务的性能和稳定性。

125

在第 11 章中，我们将实现自己的日志文件类，以便在后端服务中使用。

## 8.7 服务启停脚本

当启动或停止后端服务时，通常需要进行一些参数或设置的配置。为了方便执行这些操作，每个后端服务都会配备相应的启动和停止脚本（简称启停脚本）。这些脚本可能会包含一些必要的参数，比如端口号、日志级别、配置文件路径等，以便在启动服务时进行配置。

此外，这些脚本还可以用于自动化部署和更新服务，从而减少手动操作的时间和风险。通过自动化部署和更新服务，我们可以快速地部署和更新服务，提高服务的可靠性和稳定性，同时减少人力和时间成本。

因此，服务启停脚本是后端服务开发中不可或缺的一部分。在开发过程中，我们需要根据不同的需求和场景，编写不同的启停脚本，以便灵活配置服务，满足不同的需求。同时，我们还需要考虑脚本的可靠性和稳定性，以确保服务能够正常启动和停止，提高服务的可靠性和稳定性。

后端服务的启停脚本并不复杂，一般具备 4 个功能：启动服务、停止服务、查看服务当前状态、重启服务。这些功能可以通过脚本中的命令来实现，以便我们操作服务。

以前面的 daemon 程序为例，下面对服务启停脚本的内容展开介绍。在此之前，daemon 程序需要先发布到 /usr/bin 目录下。现在让我们来看一下这个启停脚本（/etc/init.d/daemon）的具体内容。

```bash
#!/bin/bash
# 加载系统封装好的函数
source /etc/init.d/functions
GREEN='\033[1;32m' # 绿色
RES='\033[0m'
SRV="daemon"
# daemon程序的绝对路径
PROG="/usr/bin/$SRV"
# 锁文件
LOCK_FILE="/home/backend/lock/$SRV"
RET=0
# 服务启动函数
function start() {
    mkdir -p /home/backend/lock
    # 锁文件不存在，说明服务没有启动
    if [ ! -f $LOCK_FILE ]; then
        echo -n $"Starting $PROG: "
        # 启动服务，success和failure函数是系统封装的shell函数，success函数在终端输出
        # "[OK]"，failure函数则在终端输出"[FAILED]"
        $PROG && success || failure
        RET=$?
        # 创建锁文件
        touch $LOCK_FILE
        echo
    else
        # 获取服务进程id，如果获取成功，则表明服务已经在运行，否则启动服务
        PID=$(pidof $PROG)
        if [ ! -z "$PID" ] ; then
            echo -e "$SRV(${GREEN}$PID${RES}) is already running…"
        else
            # 服务进程id不存在，启动服务
            echo -n $"Starting $PROG: "
```

## 8.7 服务启停脚本

```
                $PROG && success || failure
                RET=$?
                echo
        fi
    fi
    return $RET
}
# 服务停止函数
function stop() {
    # 锁文件不存在，说明服务已经停止
    if [ ! -f $LOCK_FILE ]; then
        echo "$SRV is stopd"
        return $RET
    else
        echo -n $"Stopping $PROG: "
        # killproc函数是系统封装好的shell函数，用于停止服务
        killproc $PROG
        RET=$?
        # 删除锁文件
        rm -f $LOCK_FILE
        echo
        return $RET
    fi
}
# 服务重启函数
function restart() {
    stop      # 先停止服务
    start     # 再重启服务
}
# 服务状态查看函数
function status() {
    if [ ! -f $LOCK_FILE ] ; then
        echo "$SRV is stoped"
    else
        PID=$(pidof $PROG)
        if [ -z "$PID" ] ; then
            echo "$SRV dead but locked"
        else
            echo -e "$SRV(${GREEN}$PID${RES}) is running…"
        fi
    fi
}
case "$1" in
start)
    start
    ;;
stop)
    stop
    ;;
restart)
    restart
    ;;
status)
    status
    ;;
*)
    echo $"Usage: $0 {start|stop|restart|status}"
    exit 1
esac
exit $RET
```

为了更好地介绍服务启停脚本的内容，我们将其划分成 7 个部分，以便逐一介绍。

### 8.7.1 加载系统自带的 shell 函数

服务启停脚本开头的"source /etc/init.d/functions"命令用于导入系统自带的定义在/etc/init.d/functions 脚本文件中的 shell 函数,以便在后面的 shell 脚本中调用这些函数。

在服务启停脚本中,我们可以使用 success 和 failure 函数,这两个函数分别用于向终端输出"[ OK ]"和"[FAILED]"。

### 8.7.2 服务相关变量声明

这部分最常见的变量包括带绝对路径的服务名和锁文件。其中,锁文件用于判断服务是否被正常停止。当服务启动成功时,就会创建锁文件;而当服务被停止时,就会删除锁文件。也就是说,如果服务异常退出或者被手动"强杀"的话,锁文件是不会被删除的。因此,当服务不存在时,可以通过判断锁文件是否存在,来判断服务是否被正常停止。

除了刚才提到的常见变量,不同的服务可能还需要再配置一些其他特定的变量,这些变量的具体配置需要根据具体的服务来确定。例如,某个服务可能需要配置日志文件路径等。因此,在编写服务启停脚本时,需要根据具体的服务需求,配置相应的变量和参数,以便更好地管理和维护服务。

### 8.7.3 服务启动函数

start 函数用于启动服务。start 函数的逻辑如下:先判断锁文件是否存在,如果锁文件不存在,则表明服务没有启动,这时执行服务启动命令以启动服务,并创建锁文件。如果锁文件存在,则表明服务启动过但没有被停止,这时再判断服务是否存在。如果服务存在,则输出服务已经在运行中的提示信息,否则执行服务启动命令。

### 8.7.4 服务停止函数

stop 函数用于停止服务。stop 函数的逻辑如下:先判断锁文件是否存在,如果锁文件不存在,则表明服务已经被停止,输出服务已经被停止的提示信息。如果锁文件存在,则表明服务没有被停止,这时执行服务停止命令以停止服务,最后删除锁文件。

### 8.7.5 服务重启函数

restart 函数用于重启服务。restart 函数的逻辑非常简单,就是先调用 stop 函数来停止服务,再调用 start 函数来启动服务。

### 8.7.6　服务状态查看函数

status 函数用于查看服务的状态，服务存在三种状态。
- ❑ 当锁文件不存在时，表明服务已经被停止。
- ❑ 当锁文件存在但服务不存在时，表明服务是异常退出的或是被手动"强杀"的。
- ❑ 锁文件存在且服务正常运行。

### 8.7.7　case 语句

case 语句的逻辑简单明了，就是根据服务启停脚本携带的不同参数，执行不同的函数。服务启停脚本有两种使用方式：一种是直接执行脚本，比如/etc/init.d/daemond start；另一种是通过 service 命令来启动，比如 service daemond start，service 命令会自动执行脚本/etc/init.d/daemond 并把 start 参数传递给这个脚本。

通过上面的介绍，我们发现编写服务启停脚本并不难，只需要按照逻辑写好不同的部分即可。不同服务启停脚本的主要差异体现在启停命令的不同，而其他部分的逻辑大体相同。因此，在编写服务启停脚本时，可以先参考其他已有的脚本，再根据具体的服务需求进行相应的修改和调整。

## 8.8　本章小结

在本章中，我们介绍了如何编写标准的后端守护进程，包括需要调整的资源限制、常见的信号及其处理方式、配置文件、命令行参数解析和日志输出等内容。此外，我们还详细介绍了如何编写服务启停脚本，包括服务的启动、停止、重启和查看状态等功能的实现。以上内容可以帮助我们更好地管理和维护后端服务，提高服务的可靠性和稳定性。

# 第 9 章 网络通信基础

后端服务通常是通过整合众多服务器来对外提供服务的。除了内部服务器之间必须通过网络来进行通信，对外提供的服务也是通过网络来实现的。因此，后端开发人员必须熟练掌握网络通信和网络编程技术。本章的主要内容包括 TCP/IP 协议栈、TCP 网络编程接口和 TCP 经典异常场景分析。

## 9.1 TCP/IP 协议栈概述

在网络通信所使用的各种协议中，TCP 和 IP 这两个协议最为重要。我们经常听到的 TCP/IP 协议栈并不单指传输控制协议（Transmission Control Protocol，TCP）或网际协议（Internet Protocol，IP），而指的是整个网络通信栈上的一整套协议。虽然不同的计算机上运行着不同类型的操作系统，但它们都遵循同一套 TCP/IP 网络通信协议栈（简称 TCP/IP 协议栈），这使得全球数以亿计的计算机能够自由通信。

TCP/IP 协议栈是一种网络通信协议栈。虽然 OSI（Open System Interconnection）参考模型对网络通信进行了分层，将网络通信设计成了 7 层的协议栈，但在工程实践中，各大操作系统厂商和开源组织实现的是 5 层的协议栈。图 9-1 将 OSI 参考模型的 7 层协议栈和工程实践中的 5 层协议栈做了对比。

接下来，我们将以工程实践中的 5 层协议栈为基础，对网络通信进行讨论。我们可以在腾讯云服务器上执行 wget 命令（wget 是一个非交互的 Web 服务资源下载器），例如 wget http://www.baidu.com，这将发起一个获取百度首页的 HTTP 请求。在这个过程中，HTTP 请求将从腾讯云主机发出并被发送到百度 Web 服务器，如图 9-2 所示。

OSI 参考模型的7层协议栈

工程实践中的5层协议栈

图9-1 网络通信协议栈

在图 9-2 中，HTTP 请求消息在腾讯云主机上被从上到下逐层封装，并最终封装成以太网帧。然后，它被转换成物理信号，并通过物理层的数据传输通路被发送到互联网上。由于整个互联网是由不同的广域网和局域网通过路由设备互联起来的，因此互联网上的物理信号并不是漫无目的地被传输的。

当物理信号被传输到路由设备时，它会被路由设备逐层向上解封到网络层。然后，路由设备根据网络层的 IP 头信息和本地路由表信息，对 HTTP 消息从网络层向下再次进行封装，并转发到下一个路由设备。HTTP 请求消息就这样，经由互联网上的多个路由设备，

## 9.1 TCP/IP 协议栈概述

在使用相同的机制进行处理和转发之后，最终到达百度 Web 服务器。最后，HTTP 请求消息被从下到上逐层解封，最终由操作系统将 HTTP 请求投递给对应的 Web 服务进程。

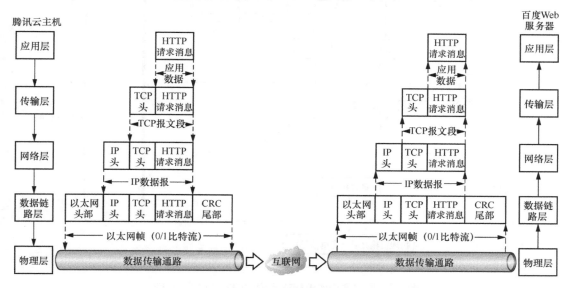

图9-2　网络通信简图

整个网络通信过程——从 HTTP 请求从腾讯云主机发出到被百度 Web 服务器接收，与我们平时使用的快递服务非常相似。

假设我们使用顺丰快递来邮寄合同，那么合同就好比应用层数据（HTTP 请求消息）。我们将合同放入顺丰的文件袋中，并贴上邮件的收发地址和收发人信息，这就好比将应用层数据封装成 TCP 报文段。TCP 报文段包含着邮件收发人（目的端口和源端口）的信息，然后 TCP 报文段被封装成 IP 数据报。IP 数据报包含着邮件的收发地址（目的 IP 地址和源 IP 地址）信息。快递员在收走我们的快递后，就会把快递带回本地的分拣中心。这就好比 IP 数据报被封装成以太网帧，然后被转换成物理信号，并通过物理层的数据传输通路到达路由设备。

快递在到达本地的分拣中心后，分拣中心会根据快递的收件人地址，把快递发送到下一个合适的分拣中心。这就好比 HTTP 请求消息在被路由设备接收后，又被转发到下一个路由设备。快递经过多个分拣中心，最终到达收件人所在地区的分拣中心，由快递员将快递派送到收件地址，这就好比将 HTTP 请求消息传输到目的主机。收件人拿到快递后，拆开文件袋，取出合同，这就好比目的主机对 HTTP 请求消息从下到上逐层解封，得到应用层的 HTTP 请求消息并最终投递给 Web 服务进程。

纵观整个 HTTP 请求消息的简略网络通信过程，我们可以看出，应用层的 HTTP 请求消息在网络通信协议栈上会不断地从上到下封装，并从下到上解封。HTTP 请求消息在源主机上，从应用层不断向下封装到物理层，在互联网上则被中间的网络设备（主要是路由器）进行了至少下三层的解封和封装。HTTP 请求消息在到达目的主机后，从物理层逐层向上解封到应用层。在网络通信协议栈中，不同层的协议各司其职，协同完成整个复杂的通信过程。

最后让我们来看一下在工程实践中，网络通信协议栈的各个层中主要协议的分布，如图 9-3 所示。

# 第 9 章 网络通信基础

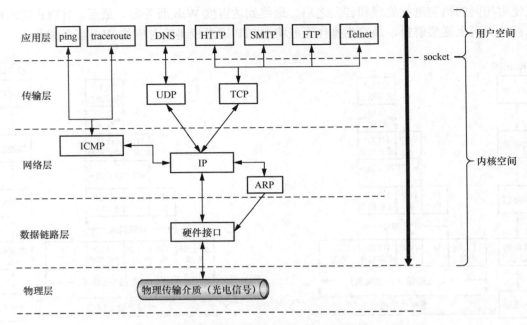

图9-3 网络通信协议栈的各个层中主要协议的分布

## 9.2 物理层与数据链路层

物理层与数据链路层处在网络通信协议栈的底层，它们共同解决了物理世界中数据传输通路的问题。物理层负责将数字信号转换为物理信号，并将其传输到物理介质上，如电缆、光纤等。数据链路层则负责将数据帧从一个节点传输到另一个节点，并处理数据帧的错误和重传等问题。

### 9.2.1 物理层

物理层处在网络通信协议栈的最底层，负责将数据链路层的 0/1 比特流转换成光电信号等物理信号，并在传输介质中传播。比如，通信光缆中传播的是光信号，通信基站和手机终端之间传播的是电磁波信号。物理层为数据链路层屏蔽了传输介质的差异，确保原始的 0/1 比特流可以在各种传输介质上传输，为网络节点之间提供了数据传输通路，使得具体的传输介质对数据链路层透明。数据链路层不需要考虑网络节点之间具体的传输介质是什么。工作在物理层的常见设备有集线器、中继器、调制解调器等。

### 9.2.2 数据链路层

数据链路层简称链路层，负责完成网络中两个相邻节点之间点对点的数据传输。链路层协议会把网络层的 IP 数据报封装成以太网帧，并在以太网帧中携带控制信息，完成信息同步、差错校验等功能，使得链路层对网络层透明。网络层的任何 0/1 比特流组合都能够顺利通过链路层。由于实际的网络环境中存在着各种干扰，因此物理层是不可靠的。链路层在物理层提供的 0/1 比特流的基础上，通过差错控制，使得有差错的物理线路变成了无差错的数据链路并提供给网络层。工作在链路层的常见设备有网桥、以太网交换机等。

## 9.3 网络层

网络层负责提供互联网上不同主机（可能在同一个网络或不同的网络中）之间的通信服务。网络层要解决的核心问题是如何标识不同的主机和不同异构网络之间的路由选择。由于网络层中主要的协议是网际协议（Internet Protocol，IP），因此网络层也称为 IP 层或网际层。当然，除了网际协议，网络层中还有其他辅助协议，比如 ARP（Address Resolution Protocol，地址解析协议）、RARP（Reverse Address Resolution Protocol，反向地址转换协议）、ICMP（Internet Control Message Protocol，互联网控制报文协议）等。工作在网络层的主要设备是路由器。

### 9.3.1 网际协议的特点

网际协议（IP）传输的是 IP 数据报，具有无连接、不可靠、无序的特点。无连接是指每个 IP 数据报的处理都是独立的，互不关联；不可靠是指不保证 IP 数据报一定能成功地到达目的主机，IP 数据报可能会因为路由器接收队列已满、链路层以太网帧校验失败等而不能到达目的主机；无序是指源主机上发送的 IP 数据报，并不会按序到达目的主机，IP 数据报可能会因为丢失重传、不同的路由选择、网络时延抖动等而不能按序到达目的主机。数据传输的连接、可靠、有序是由上层的 TCP 提供的。

### 9.3.2 IP 数据报格式

IP 数据报格式如图 9-4 所示，IP 数据报有 20 字节的固定首部，首部还支持可选选项，数据部分的具体内容则由上层协议决定。现在让我们来分析一下 IP 数据报首部各个字段的内容。

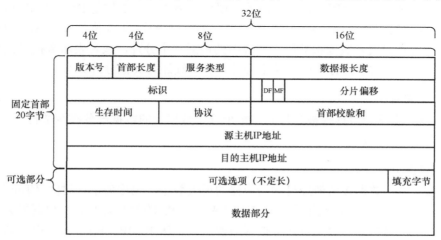

图9-4 IP数据报格式

**1．版本号**

占 4 位，目前使用的协议版本号为 4，即 IPv4。

**2．首部长度**

占 4 位，它的值表示 IP 数据报首部由多少个 32 位组成。因为它的最大值为 15，所以 IP 首部最长为 60 字节（15×4 字节）。普通 IP 数据报（没有任何其他选项）的首部占 20 字节，也就是说，此时首部长度字段的值为 5。

**3．服务类型**

占 8 位，用于标识 IP 数据报做路由选择时，对网络时延、可靠性、吞吐量等的"偏好"，但该字段通常不使用。

**4．数据报长度**

占 16 位，它的值表示整个 IP 数据报的总长度，包括首部长度。因为单位为字节，所以 IP 数据报的最大长度为 65 535（$2^{16}-1$）字节。通过总长度和首部长度，我们就可以知道数据部分在 IP 数据报中的起始位置和对应的长度。我们知道，长度越长，数据报的传输效率越高，因为此时的有效载荷越大。虽然一个 IP 数据报最长为 65 535 字节，但是由于受到链路层的帧格式中数据部分最大长度的限制，IP 数据报的长度在大部分情况下达不到 65 535 字节。在链路层的帧格式中，数据部分的最大长度称为 MTU（Maximum Transfer Unit）。以得到普遍应用的以太网为例，它的 MTU 为 1500。当 IP 数据报的长度大于 MTU 时，IP 数据报会被分片。分片机制是通过 IP 数据报中的标识、DF/MF 标志、分片偏移这三个字段来实现的。

**5．标识**

占 16 位，用于唯一标识主机发送的每一个数据报，它是一个计数器。每发送一个数据报，它的值就加 1。当数据报被分片时，它会被复制到所有的分片数据报中。在目的主机上，分片的数据报是通过标识字段来重组的。

**6．DF/MF 标志**

占 3 位，第 1 位是保留位，用于后续扩展协议使用；第 2 位是 DF（Don't Fragment）标志位，值为 0 时表示可以分片，值为 1 时表示不可以分片；第 3 位是 MF（More Fragment）标志位，值为 0 时表示数据报的所有分片中的最后一个分片，或者表示数据报根本没有分片，值为 1 时表示数据报分片中的某个分片，且后续还有其他分片。

**7．分片偏移**

占 13 位，表示当数据报被分片时，每个分片数据报的数据部分在源数据报中的偏移。它以 8 字节为偏移单位。

**8．生存时间**

占 8 位，表示数据报所能经过的路由器的最大数量，也称为生存时间（Time To Live，TTL）。数据报每经过一个路由器，它的值就减 1。当它的值减为 0 时，数据报会被当前路由器丢弃。当前路由器还会给发送数据报的源主机发送 ICMP 超时报文，以告知源主机数据报发送超时。

## 9.3 网络层

**9．协议**

占 8 位，它表示数据部分使用的是什么协议，也就是上层使用的协议。常见的协议有 TCP（Transmission Control Protocol，值为 6）、UDP（User Datagram Protocol，值为 17）、ICMP（Internet Control Message Protocol，值为 1）等。

**10．首部校验和**

占 16 位，用于校验数据报在传输过程中，数据报首部是否发生差错。之所以只校验数据报首部，主要基于以下两点考虑。第一，降低路由器性能损耗，路由器可以快速完成数据报校验，然后转发，进而降低整个互联网信息通信的性能损耗。第二，数据报的数据部分的差错校验，交由具体的上层协议解决。ICMP、UDP 和 TCP 在它们各自的首部都包含了校验首部和数据的校验和字段。

**11．源主机 IP 地址**

占 32 位，用于标识发送数据报的源主机的 IP 地址。

**12．目的主机 IP 地址**

占 32 位，用于标识数据报所要到达的目的主机的 IP 地址。

**13．可选选项**

占用 1 字节到 40 字节不等，主要用于路由选路限制、路由跟踪（经过路由器时的时间戳和路由器 IP 地址）等设置。在为数据报首部添加完可选选项字段后，如果不满足 32 位的边界要求，则需要添加值为 0 的字节作为填充字节，以保证数据报首部的长度为 32 位的倍数。

**14．数据部分**

数据部分是网际协议的有效载荷部分，由上层协议填写，对网际协议透明。网际协议只负责将数据包从源主机传输到目的主机，而不关心数据包中的具体内容。因此，数据部分可以由上层协议自由填写，如 TCP、UDP 等协议。

### 9.3.3 IP 地址

一个 IP 地址唯一标识了互联网上的一台主机（或一个路由器），IP 地址由 32 位组成。IP 地址常用点分十进制的形式来表示，也就是先将每 8 位转换成十进制数，再用点号进行分隔。例如，在登录家用路由器时，我们使用的 IP 地址可能是 "192.168.0.1" 或 "192.168.1.1"。点分十进制的形式易于人们理解和记忆，计算机则使用类似 32 位整数的结构来存储和处理 IP 地址。

**1．IP 地址的编址方式**

IP 地址的编址方式经历了 3 次迭代更新，下面让我们来看一下这 3 种不同的编址方式。

（1）分类的 IP 地址编址方式

一个 32 位的 IP 地址最早被划分成两部分，一部分是网络号，另一部分是主机号。IP 地址一共被分为 A 类、B 类、C 类、D 类、E 类地址 5 类。具体的分类标准如图 9-5 所示。

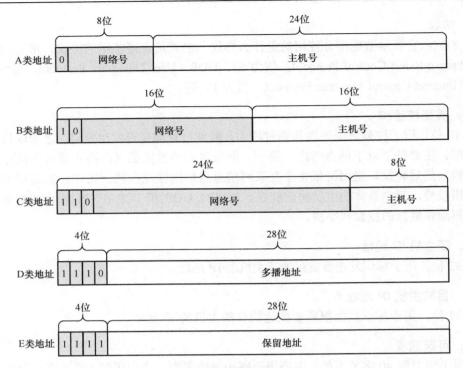

图9-5 IP地址的分类

A类、B类、C类地址的主机号分别占用 3 字节、2 字节和 1 字节，网络号使用前缀进行区分。A类地址的网络号的二进制前缀为 0，B类的为 10，C类的是 110。D类地址为多播地址；E类地址为保留地址，用于后续的扩展使用。从 A 类、B 类、C 类地址的编址方式可以看出，A 类地址占据了整个 IP 地址空间的 50%、B 类地址占据了 25%、C 类地址占据了 12.5%。

（2）子网划分

分类的 IP 地址编址方式导致 IP 地址存在巨大的浪费。例如，当一个机构分配到一个 A 类地址的网络号时，它就有了 1600 多万个不同的 IP 地址，但实际上只有少量被使用。为了解决分类的 IP 地址的低利用率问题，人们引入了"子网号"字段。子网号字段是通过从主机号中划分出部分位来支持的。子网号字段的新增，使得二级的 IP 地址结构变成了三级的 IP 地址结构，分配机制也更为灵活。由于子网号并不改变原来分类的 IP 地址的网络号，因此对于 IP 数据报的路由选择影响并不大，只是在对内网络中多了一次子网转发。

（3）无分类的 IP 地址编址方式

为了进一步提高 IP 地址的利用率并减小互联网核心网中路由器的路由表大小，无分类的 IP 地址编址方式被研究出来。无分类的 IP 地址编址方式摒弃了三级的 IP 地址结构，而是回归二级的 IP 地址结构，但和分类的 IP 地址编址方式所不同的是，不再对 IP 地址进行分类。无分类的 IP 地址由"网络前缀"和"主机号"构成，这种方式使得 IP 地址的分配更为灵活，IP 地址的利用率得到了提高。

因为无分类的 IP 地址编址方式可以为一个网络分配更多的 IP 地址，所以相对于传统的分类的 IP 地址编址方式，互联网核心网中的路由器的多个路由项可以合并处理，从而减小了路由器中路由表的大小。无分类的 IP 地址编址方式使用网络掩码来确认一个具体 IP 地址的网络前缀，网络掩码同样使用 IP 地址来表示。网络掩码的网络前缀部分的位都是 1，主机号部分的位都是 0。例如，当网络前缀有 18 位时，对应的网络掩码为 "255.255.192.0"；当网络前缀有 23 位时，对应的网络掩码为 "255.255.254.0"。

### 2. 主机 IP 配置

我们知道，所有要接入互联网的服务器都必须有 IP 地址。那么，这个服务器相关的 IP 配置存储在哪里？具体该如何配置呢？我们以腾讯云服务器为例来说明一下。首先，我们可以通过执行 ifconfig 命令来查看服务器的网络接口信息。从 ifconfig 命令的输出中可以看到，腾讯云服务器上有两个网络接口，其中一个是 eth0 接口，另一个是网络本地环回接口。

```
[root@VM-114-245-centos ~]# ifconfig
eth0      Link encap:Ethernet  HWaddr 52:54:00:5C:49:96
          inet addr:10.104.114.245  Bcast:10.104.127.255  Mask:255.255.192.0
          inet6 addr: fe80::5054:ff:fe5c:4996/64 Scope:Link
          UP BROADCAST RUNNING MULTICAST  MTU:1500  Metric:1
          RX packets:11113162 errors:0 dropped:0 overruns:0 frame:0
          TX packets:10604558 errors:0 dropped:0 overruns:0 carrier:0
          collisions:0 txqueuelen:1000
          RX bytes:2541658979 (2.3 GiB)  TX bytes:1930916983 (1.7 GiB)

lo        Link encap:Local Loopback
          inet addr:127.0.0.1  Mask:255.0.0.0
          inet6 addr: ::1/128 Scope:Host
          UP LOOPBACK RUNNING  MTU:65536  Metric:1
          RX packets:0 errors:0 dropped:0 overruns:0 frame:0
          TX packets:0 errors:0 dropped:0 overruns:0 carrier:0
          collisions:0 txqueuelen:0
          RX bytes:0 (0.0 b)  TX bytes:0 (0.0 b)

[root@VM-114-245-centos ~]#
```

网络本地环回接口主要用于测试本机网络协议栈是否正常。任何发送给本地环回 IP 地址 127.0.0.1 的数据都不会出现在网络中。而 eth0 接口则是以太网网卡。现在，让我们来看一下 eth0 这个以太网网卡的 IP 配置。eth0 的 IP 配置存储在 /etc/sysconfig/network-scripts/ifcfg-eth0 这个文件中。该文件的内容如下。

```
[root@VM-114-245-centos ~]# cat /etc/sysconfig/network-scripts/ifcfg-eth0
# Created by cloud-init on instance boot automatically, do not edit.
#
BOOTPROTO=none
DEFROUTE=yes
DEVICE=eth0
GATEWAY=10.104.64.1
HWADDR=52:54:00:5c:49:96
IPADDR=10.104.114.245
NETMASK=255.255.192.0
NM_CONTROLLED=no
ONBOOT=yes
TYPE=Ethernet
USERCTL=no
[root@VM-114-245-centos ~]#
```

其中，DEVICE 字段是网络接口名；NM_CONTROLLED 字段表示是否接受网络管理器托管，yes 表示接受，no 表示不接受；ONBOOT 字段表示是否开机启用该网络接口，yes 表示启用，no 表示不启用；IPADDR 字段是网络接口配置的 IP 地址；NETMASK 字段则是 IPADDR 字段的网络掩码（通过 NETMASK 和 IPADDR 字段，我们可以确认网络接口 eth0

配置在哪个网络上。在这里，网络接口 eth0 配置在 10.104.64.0 这个网络上）；GATEWAY 字段配置的是网关的 IP 地址。

#### 3．特殊的 IP 地址

在 IP 地址空间中，有一些特殊的 IP 地址，现在我们就分别介绍一下它们。

（1）0.0.0.0

通常作为网络服务监听的 IP 地址，表示接收所有从本机网络接口传送过来的 IP 数据报。

（2）127.0.0.1

本地环回测试 IP 地址，主要用于测试本地主机的网络协议栈是否正常。

（3）专用地址

专用地址只能用于内网通信，而不能用于和互联网上的其他主机进行通信。简单来说，专用地址只能用作内网 IP 地址，而不能作为外网 IP 地址。专用地址包括以下三个地址块：10.0.0.0～10.255.255.255、172.16.0.0～172.31.255.255、192.168.0.0～192.168.255.255。

#### 4．IP 地址的特点

每个 IP 地址都包含两个信息：一个是这个 IP 地址所属的网络号，这个网络号由 IP 地址和网络掩码共同决定；另一个是这个 IP 地址在网络上的主机号。

因为网络是拥有相同网络号的主机的集合，所以同一个网络中的主机或路由器必须具有相同的网络号。不同的网络必须使用路由器进行连接，路由器至少需要拥有两个以上的不同的 IP 地址。

那些使用集线器（工作在物理层）和以太网交换机（工作在数据链路层）连接的多个网络仍然属于同一个网络，因为它们具有相同的网络号。集线器和以太网交换机扩展的是单个网络的边界，而路由器扩展的是互联在一起的网络的边界。

### 9.3.4 路由选择

IP 地址解决了网络和主机标识的问题，那么网络层剩下的核心问题就是如何在网络中转发 IP 数据报，以使 IP 数据报能够顺利地从源网络的源主机到达目的网络的目的主机。这个 IP 数据报转发的过程被称为"路由选择"。

如果 IP 数据报的源 IP 地址和目的 IP 地址不在同一个网络中，则需要通过路由器进行转发来完成交付，称为"间接路由"；如果 IP 数据报的源 IP 地址和目的 IP 地址在同一个网络中，IP 数据报将直接被交付给目的主机，IP 数据报的交付不需要路由器的参与，称为"直接路由"。

路由选择的步骤如下。
- ❑ 首先，在路由表中搜索匹配的目的主机地址。
- ❑ 其次，在路由表中搜索匹配的目的网络地址。
- ❑ 最后，如果没有匹配的目的主机地址和目的网络地址，则搜索是否有默认的路由表项。

每台主机上都有一个路由转发表（简称路由表），它记录了 IP 数据报的转发规则。在腾讯云主机上执行"route -n"命令，就可以输出该主机上的路由表，路由表的信息如下。

## 9.3 网络层

```
[root@VM-114-245-centos ~]# route -n
Kernel IP routing table
Destination     Gateway         Genmask         Flags Metric Ref    Use Iface
10.104.64.0     0.0.0.0         255.255.192.0   U     0      0        0 eth0
169.254.0.0     0.0.0.0         255.255.0.0     U     1002   0        0 eth0
0.0.0.0         10.104.64.1     0.0.0.0         UG    0      0        0 eth0
[root@VM-114-245-centos ~]#
```

路由表中最为重要的 5 个字段是 Destination、Gateway、Genmask、Flags 和 Iface。Destination 字段为目的主机或目的网络，值为 0.0.0.0 时表示默认的路由表项；Gateway 字段为网关，值为 0.0.0.0 时，表示该路由为直接路由；Genmask 字段为网络掩码，用于确认要转发的 IP 数据报是否和路由表中的 Destination 字段匹配；Flags 字段用于给路由表项做标志，U 表示该路由表项是启用的，G 表示转发到一个路由器，即间接路由；Iface 字段表示使用的是哪个本地网络接口。

下面我们根据上面的路由表配置来讲两个实际的例子。

假设我们给主机 10.104.114.24 发送 IP 数据报。首先进行目的主机的匹配，未发现匹配的路由表项；然后进行目的网络的匹配，匹配到路由表中的第一项。这个路由是直接路由，使用 eth0 接口发送。因为是直接路由，所以在数据链路层使用的物理地址就是目的主机的物理地址。

假设我们给主机 14.215.177.39 发送 IP 数据报。首先进行目的主机的匹配，未发现匹配的路由表项；然后进行目的网络的匹配，也没有匹配的路由表项；最后只能匹配到路由表中的默认路由，它位于路由表中的第三项，是一个间接路由，使用 eth0 接口发送。因为是间接路由，所以在数据链路层使用的物理地址实际上是网关 10.104.64.1 的物理地址。

### 9.3.5 ARP 与 RARP

数据链路层使用的是物理地址而非 IP 地址，因此存在网络层的 IP 地址和数据链路层的物理地址之间的动态映射问题。在网络协议栈中，ARP（地址解析协议）和 RARP（逆地址解析协议）就是用来解决这个问题的。

ARP 解决的是 IP 地址到物理地址的映射问题，已被广泛应用于网络通信中。由于 ARP 在网络协议栈中是自动执行的，因此它对于应用层来说是透明的。

RARP 解决的是物理地址到 IP 地址的映射问题，在早期无磁盘的系统中，用于完成 IP 地址的动态匹配。这是因为系统中没有磁盘用于保存主机的 IP 配置，所以需要使用 RARP 来解决系统引导时 IP 地址的配置问题。由于 RARP 的局限性，它后来被 BOOTP（Bootstrap Protocol）所替代。又由于 BOOTP 需要人工配置，它后来被更为便利，也是目前广泛应用的 DCHP（Dynamic Host Configuration Protocol，动态主机配置协议）所替代。家用的路由器基本使用 DCHP 来为接入路由器的个人计算机、笔记本计算机、手机等设备动态分配 IP 地址。

由于 RARP 已经被淘汰，因此这里重点介绍 ARP。我们将从 ARP 缓存、ARP 格式、ARP 编程实例 3 个方面展开介绍。

#### 1. ARP 缓存

ARP 在网络协议栈中是自动执行的，因此每台主机上都有一个 ARP 缓存，它保存着最近活跃的 IP 地址和物理地址之间的映射，ARP 缓存中的每一项都有一个过期时间。通过执行 "arp -a" 命令，我们可以查看主机上的 ARP 缓存。下面是在腾讯云服务器上执行该命令后得到的输出。

```
[root@VM-114-245-centos ~]# arp -a
? (169.254.0.55) at fe:ee:ff:ff:ff:ff [ether] on eth0
? (10.104.64.1) at fe:ee:ff:ff:ff:ff [ether] on eth0
? (169.254.0.4) at fe:ee:ff:ff:ff:ff [ether] on eth0
? (169.254.0.138) at fe:ee:ff:ff:ff:ff [ether] on eth0
[root@VM-114-245-centos ~]#
```

#### 2．ARP 格式

以以太网物理地址的解析为例，ARP 格式如图 9-6 所示。需要注意的是，协议图中的硬件地址和物理地址的含义是一样的。

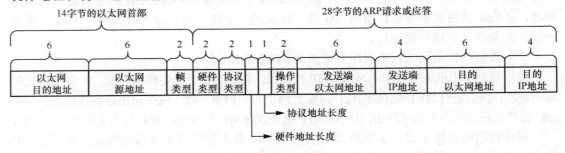

图9-6　ARP格式

（1）以太网目的地址

占用 6 字节，由于 ARP 请求是广播包，因此如果是 ARP 请求包，则以太网目的地址字段的所有位都是 1。同一网络中的其他所有主机都会收到这个请求，但路由器不会转发这个请求。ARP 请求只能在本地网络中传播。如果是 ARP 应答包，则对应之前发出 ARP 请求的主机的以太网物理地址。

（2）以太网源地址

占用 6 字节，对应发送 ARP（请求或应答）包的主机的以太网物理地址。

（3）帧类型

占用 2 字节，ARP 的帧类型字段的值为"0x0806"。

（4）硬件类型

占用 2 字节，以太网的硬件类型字段的值为"0x0001"。

（5）协议类型

占用 2 字节，IPv4 协议类型字段的值为"0x0800"。

（6）硬件地址长度

占用 1 字节，以太网硬件地址长度为 6。

（7）协议地址长度

占用 1 字节，IPv4 协议地址长度为 4。

（8）操作类型

占用 2 字节，操作类型字段用于标识 ARP 包的操作类型，值为 1 时表示 ARP 请求包，值为 2 时表示 ARP 应答包。

（9）发送端以太网地址

占用 6 字节，对应发送 ARP 包的主机的以太网物理地址。

（10）发送端 IP 地址

占用 4 字节，对应发送 ARP 包的主机的 IP 地址。

（11）目的以太网地址

占用 6 字节，如果是 ARP 请求包，则目的以太网地址字段的所有位都是 1；如果是 ARP 应答包，则对应之前发送 ARP 请求的主机的以太网物理地址。

（12）目的 IP 地址

占用 4 字节，对应接收 ARP 包的主机的 IP 地址。

### 3. ARP 编程实例

理解一个协议最好的方式就是实际编码操作一下协议消息。在图 9-3 中，我们可以看出，Linux 操作系统暴露给应用层，操作网络协议栈中底层协议的接口为 socket 接口。现在让我们编码实现 ARP 请求的发送和 ARP 应答的接收。在实例代码中，涉及的主要数据结构为结构体 ifreq 和 sockaddr_ll。

ifreq 结构体位于"net/if.h"头文件中，它是调用 ioctl 函数以获取或设置网络接口信息时的参数。其中，ifrn_name 字段为网络接口名称，在调用 ioctl 函数时，联合体 ifr_ifrn 的 ifrn_name 字段为必设字段。而在使用 ioctl 函数获取网络接口属性时，函数 ioctl 调用成功后，联合体 ifr_ifru 的相关属性字段就会被设置，我们也就可以从对应的字段中获取自己需要的信息。ifreq 结构体的内容如下。

```c
/* 用于套接字ioctl的接口请求结构，必须以ifr_name成员变量开头，其他部分可能是特定于某些接口的  */
#define IF_NAMESIZE    16
struct ifreq
{
# define IFHWADDRLEN    6
# define IFNAMSIZ    IF_NAMESIZE
    union
    {
        char ifrn_name[IFNAMSIZ];    /* 接口名称，例如 "en0" */
    } ifr_ifrn;
    union
    {
        struct sockaddr ifru_addr;
        struct sockaddr ifru_dstaddr;
        struct sockaddr ifru_broadaddr;
        struct sockaddr ifru_netmask;
        struct sockaddr ifru_hwaddr;
        short int ifru_flags;
        int ifru_ivalue;
        int ifru_mtu;
        struct ifmap ifru_map;
        char ifru_slave[IFNAMSIZ];    /* 正好符合大小要求 */
        char ifru_newname[IFNAMSIZ];
        __caddr_t ifru_data;
    } ifr_ifru;
};
```

sockaddr_ll 结构体位于"netpacket/packet.h"头文件中，用于存储设备无关的物理层地址。在实例代码中，它被用来关联 eth0 这个网络接口，然后作为调用 bind 函数的参数之一，将 eth0 和 socket 原始套接字绑定起来。绑定 eth0 后，就可以直接使用函数 send 和 recv 分别发送 ARP 请求和接收 ARP 应答了。sockaddr_ll 结构体的内容如下。

```c
/* sockaddr_ll是与设备无关的物理层地址 */
struct sockaddr_ll {
```

```
    unsigned short sll_family;      /* 始终为AF_PACKET */
    unsigned short sll_protocol;    /* 物理层协议 */
    int            sll_ifindex;     /* 接口编号 */
    unsigned short sll_hatype;      /* 头类型 */
    unsigned char  sll_pkttype;     /* 包类型 */
    unsigned char  sll_halen;       /* 地址长度 */
    unsigned char  sll_addr[8];     /* 物理层地址 */
};
```

代码清单 9-1 给出了完整的 ARP 实例代码，源代码在 **myarp.cpp** 文件中。

**代码清单 9-1  ARP 实例代码**

```cpp
#include <arpa/inet.h>
#include <net/if.h>
#include <netpacket/packet.h>
#include <stdio.h>
#include <string.h>
#include <sys/ioctl.h>
#include <sys/socket.h>
#include <sys/types.h>
#include <iostream>
using namespace std;

int main(int argc, char *argv[]) {
    if (argc != 2) {
        cout << "param invalid!" << endl;
        cout << "Usage: myarp 10.104.64.1" << endl;
        return -1;
    }
    int packetSock = socket(AF_PACKET, SOCK_RAW, htons(0x0806));
    if (packetSock < 0) {
        perror("call packet sock failed!");
        return -1;
    }
    struct ifreq ifReq;           //网络接口请求
    struct sockaddr_ll llAddr;    //设备无关的物理地址
    memset(&ifReq, 0x0, sizeof(ifReq));      //初始化网络接口请求
    memset(&llAddr, 0x0, sizeof(llAddr));    //初始化物理地址
    memcpy(ifReq.ifr_name, "eth0", 4);        //设置要请求的网络接口名称
    if (ioctl(packetSock, SIOCGIFINDEX, &ifReq) != 0) {   //获取eth0的内部索引
        perror("call ioctl failed!");
        return -1;
    }
    llAddr.sll_ifindex = ifReq.ifr_ifindex;
    llAddr.sll_protocol = htons(0x0806);
    llAddr.sll_family = AF_PACKET;
    if (bind(packetSock, (struct sockaddr *)&llAddr, sizeof(llAddr)) < 0) {
        perror("call bind failed!");
        return -1;
    }
    if (ioctl(packetSock, SIOCGIFADDR, &ifReq) != 0) {   //获取eth0的IP地址
        perror("call ioctl failed!");
        return -1;
    }
    struct in_addr srcAddr, dstAddr;
    srcAddr = ((struct sockaddr_in *)&(ifReq.ifr_addr))->sin_addr;
    inet_pton(AF_INET, argv[1], &dstAddr);
    if (ioctl(packetSock, SIOCGIFHWADDR, &ifReq) != 0) {  //获取eth0的硬件地址
        perror("call ioctl failed!");
        return -1;
    }
    const size_t ethAddrLen = 6;   //以太网地址长度为6字节
    const size_t arpPktLen = 42;   //ARP请求包的大小为42(14 + 28)字节
    uint8_t arpPkt[arpPktLen] = {0};   //ARP请求包的字节流缓冲区
```

## 9.3 网络层

```c
    char srcMacAddr[ethAddrLen] = {0};
    memcpy(srcMacAddr, ifReq.ifr_hwaddr.sa_data, ethAddrLen);

    uint8_t *pkt = arpPkt;
    //设置以太网首部
    memset(pkt, 0xff, ethAddrLen);              //设置以太网目的地址为广播地址
    pkt += ethAddrLen;
    memcpy(pkt, srcMacAddr, ethAddrLen);        //设置以太网源地址为eth0的MAC地址
    pkt += ethAddrLen;
    *(uint16_t *)pkt = htons(0x0806);           //设置以太网帧类型为ARP
    pkt += 2;

    //设置arp请求
    *(uint16_t *)pkt = htons(0x0001);           //设置硬件类型为以太网
    pkt += 2;
    *(uint16_t *)pkt = htons(0x0800);           //设置协议类型为IP
    pkt += 2;
    *pkt = ethAddrLen;                          //设置以太网地址长度
    ++pkt;
    *pkt = sizeof(struct in_addr);              //设置IP地址长度
    ++pkt;
    *(uint16_t *)pkt = htons(0x0001);           //设置为ARP请求
    pkt += 2;
    memcpy(pkt, srcMacAddr, ethAddrLen);        //设置发送端以太网MAC地址
    pkt += ethAddrLen;
    *(uint32_t *)pkt = *(uint32_t *)&srcAddr;   //设置发送端IP地址
    pkt += 4;
    memset(pkt, 0xff, ethAddrLen);              //设置目的以太网地址为广播地址
    pkt += ethAddrLen;
    *(uint32_t *)pkt = *(uint32_t *)&dstAddr;   //设置目的IP地址
    ssize_t ret = send(packetSock, &arpPkt, arpPktLen, 0);  //发送ARP请求
    if (ret != arpPktLen) {
      perror("send arp request failed!");
      return -1;
    }
    ret = recv(packetSock, &arpPkt, arpPktLen, 0);  //接收ARP应答
    if (ret != arpPktLen) {
      perror("recv arp reply failed!");
      return -1;
    }
    pkt = arpPkt;
    pkt += 14;   //跳过以太网帧首部
    pkt += 14;   //跳到发送端IP地址的首字节
    cout << inet_ntoa(*(struct in_addr *)pkt) << " is at ";  //输出IP地址
    pkt -= 6;    //跳回发送端以太网地址字段的首字节
    for (int i = 0; i < ethAddrLen; ++i) {                   //输出以太网地址
      if (i == ethAddrLen - 1) {
        printf("%02x\n", pkt[i]);
      } else {
        printf("%02x:", pkt[i]);
      }
    }
    return 0;
}
```

- ❏ 首先，校验输入参数，输入参数必须有两个，其中第2个参数是要获取对应物理地址的IP地址。
- ❏ 其次，创建原始套接字。其中，AF_PACKET参数表示创建的套接字用于操作设备层（数据链路层）的packet接口；SOCK_RAW参数表示创建的socket为原始套接字，发送的数据包必须包含链路层首部；htons(0x0806)参数表示原始套接字

143

使用的是协议 ARP，0x0806 则是 ARP 的帧类型值。我们需要调用 htons 函数，以便将 0x0806 转换成网络字节序，因为网络传输的字节流要求是网络字节序的。在实例代码中，还有许多其他的 htons 调用，也都基于这个原因。

- 再次，使用 ioctl 函数获取网络接口 eth0 的内部索引，并使用 bind 函数将 packetSock 套接字和 eth0 绑定在一起。调用 ioctl 函数，获取网络接口 eth0 的 IP 地址和以太网 MAC 地址（又称物理地址或硬件地址）。
- 最后，设置以太网帧首部的各个字段，并设置 ARP 请求的各个字段。发送设置好的 ARP 请求，接收 ARP 应答，输出 ARP 应答的结果。

虽然设置"以太网帧首部"和"ARP 请求"以及解析"ARP 应答"的代码可能不太容易理解，但是这种编码和解码协议数据的通用方式非常重要。理解这种通用方式可以加深我们对协议的理解，从而更快地掌握其他协议数据的编码和解码。

为了帮助大家理解这种通用编/解码的实现方式，这里将详细解释"以太网帧首部"的设置过程，如图 9-7 所示。设置"ARP 请求"的过程与此类似，解析"ARP 应答"的过程则是相反的，我们不再赘述。

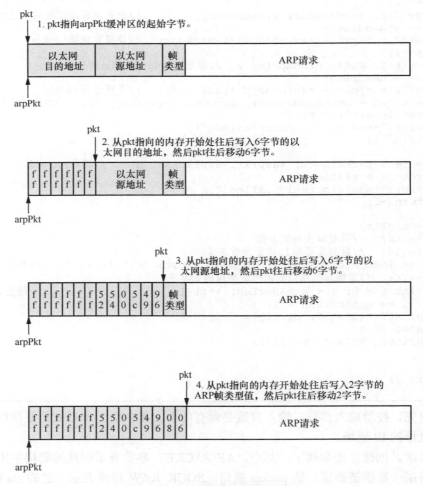

图9-7 以太网帧首部的设置过程

## 9.3 网络层

一个协议必须有读和写的过程，并且读写操作必须按照协议规定的格式进行。在计算机中，可以对协议数据进行读写的地方主要是内存、网络 I/O 和文件系统。协议数据在内存中以非紧凑的内存对象的形式存在（受内存对齐的影响）；而在网络 I/O 和文件系统中，协议数据则以紧凑的字节流的形式存在。因此，在实现任何协议时，都需要解决"非紧凑的内存对象"和"紧凑的字节流"之间的相互转换问题，这种相互转换被称为序列化和反序列化。下面编译并运行这个实例程序，命令如下。

```
/*首先执行route -n命令，查看默认网关是多少，然后编译我们的实例程序，最后使用实例程序
myarp查询默认网关的MAC地址。*/
[root@VM-114-245-centos Chapter09]# route -n
Kernel IP routing table
Destination     Gateway         Genmask         Flags Metric Ref    Use Iface
10.104.64.0     0.0.0.0         255.255.192.0   U     0      0        0 eth0
169.254.0.0     0.0.0.0         255.255.0.0     U     1002   0        0 eth0
0.0.0.0         10.104.64.1     0.0.0.0         UG    0      0        0 eth0
[root@VM-114-245-centos Chapter09]# g++ -o myarp myarp.cpp
[root@VM-114-245-centos Chapter09]# ./myarp 10.104.64.1
10.104.64.1 is at fe:ee:ff:ff:ff:ff
[root@VM-114-245-centos Chapter09]#
```

从上面的执行结果中可以看出，腾讯云服务器默认网关"10.104.64.1"的 MAC 地址为"fe:ee:ff:ff:ff:ff"。

### 9.3.6 ICMP

网际控制报文协议（Internet Control Message Protocol，ICMP）用于网络差错的报告和网络信息的查询。虽然 ICMP 是位于网际协议（IP）之上的高层协议，但由于它能使网络层及时感知到网络的异常，并能对网络中的主机和通信路由进行探索，因此 ICMP 通常被归为网络层协议。

由于 ICMP 位于 IP 之上，因此 ICMP 报文是封装在 IP 数据报内部的，如图 9-8 所示。

图9-8　封装在IP数据报内部的ICMP报文

ICMP 报文格式如图 9-9 所示。所有 ICMP 报文的前 4 字节包含着相同的 3 个字段：1 字节的类型字段、1 字节的代码字段和 2 字节的校验和字段。除去前 4 字节，ICMP 报文的其余内容会因类型和代码的不同而有所不同。

图9-9　ICMP报文格式

1. 常见的 ICMP 报文

ICMP 报文可以分为查询报文和差错报文两类，常见的 ICMP 报文如表 9-1 所示。

表 9-1 常见的 ICMP 报文

| 类型值 | ICMP 报文类型 |
| --- | --- |
| 3 | 目的不可达（差错报文） |
| 4 | 源点抑制（差错报文） |
| 5 | 路由重定向（差错报文） |
| 11 | 超时（差错报文） |
| 12 | 参数错误（差错报文） |
| 9 | 路由信息通告（查询报文） |
| 10 | 路由信息请求（查询报文） |
| 8/0 | 回显请求/应答（查询报文） |
| 13/14 | 时间戳请求/应答（查询报文） |
| 17/18 | 地址掩码请求/应答（查询报文） |

ICMP 差错报文能使网络层及时感知到 IP 数据报无法交付（目的不可达）、IP 数据报被丢弃（源点抑制）、IP 路由改变（路由重定向）、IP 数据报发送超时（超时）以及 IP 数据报不合法（参数错误）等异常情况。ICMP 差错报文的格式是统一的，如图 9-10 所示，具体包含出错的 IP 数据报的首部和 IP 数据报载荷数据部分的前 8 字节。接收到 ICMP 差错报文的系统，可以根据 IP 数据报的首部确定出错的上层协议（是 TCP 还是 UDP），并根据 IP 数据报载荷数据部分的前 8 字节确定系统中关联的用户进程（此部分包含 TCP 或 UDP 的源端口）。

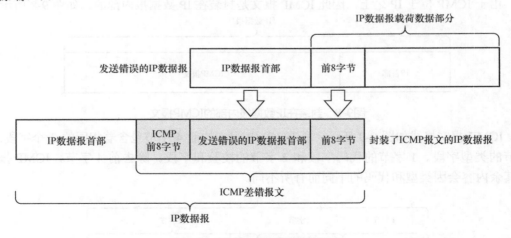

图9-10 ICMP差错报文的格式

为了防止 ICMP 差错报文产生广播风暴，以下几种情况不会产生 ICMP 差错报文。
- 对 ICMP 差错报文不再产生 ICMP 差错报文。
- 如果源地址为 0.0.0.0、环回地址、多播地址或广播地址，则 IP 数据报不会产生 ICMP 差错报文。

## 9.3 网络层

- 如果目的地址为多播地址或广播地址，则 IP 数据报不会产生 ICMP 差错报文。
- 如果带有分片标识的 IP 数据报不是第一个分片，则不会产生 ICMP 差错报文。

ICMP 查询报文使网络层具备了以下能力：主机探测（回显请求/应答）、路由更新与查询（路由信息通告/路由信息请求）、时间查询（时间戳请求/应答）以及 IP 地址掩码查询（地址掩码请求/应答）。

### 2．ICMP 应用之 ping 实现

我们平时用于探测主机是否在线的 ping 程序，就是通过 ICMP 的回显请求/应答来实现的。ping 程序为客户端，被 ping 的主机为服务器端，现在的主机都在内核中直接支持 ping 服务。下面让我们来实现一个简单的 ping 程序，在编码之前，我们先来看一下 ICMP 回显请求/应答的报文格式，如图 9-11 所示。

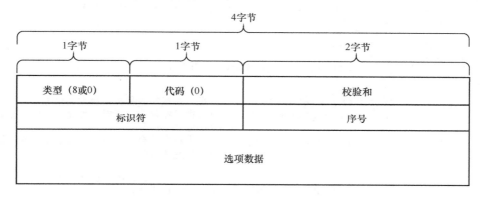

图9-11　ICMP回显请求/应答的报文格式

ping 客户端程序的逻辑是，每隔 1 秒发送一个 ICMP 回显请求报文，在接收到 ICMP 回显应答报文时，在终端输出应答报文信息。等到退出时，在终端输出 ICMP 回显请求与应答的汇总信息。

由于系统在 ICMP 回显应答报文中原封不动地返回 ICMP 回显请求报文中的标识符、序号和选项数据，因此在 ICMP 回显请求报文中，标识符字段使用客户端进程 ID 填写，用于判断接收到的 ICMP 回显应答是否为之前发送的 ICMP 回显请求的应答；序号字段从 1 开始，每发送一个 ICMP 回显请求报文，就累加 1，用于统计发送 ICMP 回显请求的个数；至于选项数据，则使用一个 4 字节大小的当前系统时间填写，用于计算 ICMP 数据报的 RTT（Round Trip Time）大小。

简单 ping 工具的实现如代码清单 9-2 所示，源代码在 myping.cpp 文件中。

代码清单 9-2　简单 ping 工具的实现

```
#include <arpa/inet.h>
#include <assert.h>
#include <errno.h>
#include <netdb.h>
#include <netinet/in.h>
#include <signal.h>
#include <stdint.h>
#include <stdio.h>
#include <string.h>
#include <sys/socket.h>
#include <sys/time.h>
```

```cpp
#include <sys/types.h>
#include <unistd.h>
#include <iostream>
#include <numeric>
#include <vector>
using namespace std;

typedef void (*signalHanler)(int signo);
const int16_t ICMP_ECHO_TYPE_REQ{8};
const int16_t ICMP_ECHO_TYPE_RESP{0};
const int16_t ICMP_ECHO_CODE{0};
const size_t IP_PROTO_MAX_SIZE{1500};
const size_t ICMP_ECHO_PKT_SIZE{8 + 4 + 4};
bool running{true};
char ipStr[1024]{0};
class PingBase {
 public:
   static void sigHandler(int signum) { running = false; }
   static void signalDeal(int signum, signalHanler handler) {
     struct sigaction act;
     act.sa_handler = handler;
     sigemptyset(&act.sa_mask);
     act.sa_flags = 0;
     assert(0 == sigaction(signum, &act, NULL));
   }
   static void signalDealReg() {
     signalDeal(SIGTERM, sigHandler);   //当"杀死"进程时，触发的信号
     signalDeal(SIGINT, sigHandler);    //当进程在前台运行时，按【Ctrl + c】组合
                                        //键触发的信号
     signalDeal(SIGQUIT, sigHandler);   //当进程在前台运行时，按【Ctrl + \】组合
                                        //键触发的信号
   }
   static bool getAddrInfo(char *host, struct sockaddr_in *addr) {
     if (NULL == host || NULL == addr) return false;
     in_addr_t inaddr;
     struct hostent *he = NULL;
     bzero(addr, sizeof(sockaddr_in));
     addr->sin_family = AF_INET;
     inaddr = inet_addr(host);
     if (inaddr != INADDR_NONE) {
       memcpy(&addr->sin_addr, &inaddr, sizeof(inaddr));
     } else {
       he = gethostbyname(host);
       if (NULL == he) {
         return false;
       } else {
         memcpy(&addr->sin_addr, he->h_addr, he->h_length);
       }
     }
     return true;
   }
   uint16_t getCheckSum(uint8_t *pkt, size_t size) {
     uint32_t sum = 0;
     uint16_t checkSum = 0;
     while (size > 1) {
       sum += (*(uint16_t *)pkt);
       pkt += 2;
       size -= 2;
     }
     if (1 == size) {
       *(uint8_t *)(&checkSum) = *pkt;
       sum += checkSum;
     }
     sum = (sum >> 16) + (sum & 0xffff);
     sum += (sum >> 16);
     checkSum = ~sum;
```

## 9.3 网络层

```cpp
      return checkSum;
    }
    void setPid(pid_t pid) { this->pid = pid; }
  public:
    uint16_t pid{0};
    uint16_t sendCount{0};
    uint16_t recvCount{0};
    double rttMin{0.0};
    double rttMax{0.0};
    vector<double> rtts{};
    struct timeval beginTime;
};
class PingSend : public PingBase {
  public:
    void setIcmpPkt(uint8_t *pkt) {
      uint8_t *checkSum = NULL;
      *pkt = ICMP_ECHO_TYPE_REQ;    //设置类型字段
      ++pkt;
      *pkt = ICMP_ECHO_CODE;        //设置代码字段
      ++pkt;
      checkSum = pkt;
      *(uint16_t *)pkt = 0;         //校验和先设置为0
      pkt += 2;
      *(uint16_t *)pkt = htons(pid);            //设置标识符
      pkt += 2;
      *(uint16_t *)pkt = htons(++sendCount);   //设置序号
      pkt += 2;
      //设置选项数据
      struct timeval tv;
      gettimeofday(&tv, NULL);
      *(uint32_t *)pkt = htonl((uint32_t)tv.tv_sec);  //设置秒
      pkt += 4;
      *(uint32_t *)pkt = htonl(tv.tv_usec);           //设置微妙
      //重新设置校验和
      *(uint16_t *)checkSum = getCheckSum(checkSum - 2, ICMP_ECHO_PKT_SIZE);
    }
    void run(struct sockaddr_in *addr, int32_t wFd) {
      int sockFd = 0;
      uint8_t pkt[ICMP_ECHO_PKT_SIZE];
      sockFd = socket(AF_INET, SOCK_RAW, IPPROTO_ICMP);
      if (sockFd < 0) {
        perror("call socket failed!");
        write(wFd, &sendCount, sizeof(sendCount));
        return;
      }
      while (running) {
        setIcmpPkt(pkt);
        sendto(sockFd, pkt, ICMP_ECHO_PKT_SIZE, 0, (struct sockaddr *)addr,
            (socklen_t)sizeof(*addr));
        sleep(1);
      }
      write(wFd, &sendCount, sizeof(sendCount));
    }
};
class PingRecv : public PingBase {
  public:
    void respStat(double rtt) {
      if (rtts.size() <= 0) {
        rttMin = rtt;
        rttMax = rtt;
      }
      rttMin = rtt < rttMin ? rtt : rttMin;
      rttMax = rtt > rttMax ? rtt : rttMax;
      rtts.push_back(rtt);
    }
```

```cpp
double getIntervalMs(struct timeval begin, struct timeval end) {
  if ((end.tv_usec -= begin.tv_usec) < 0) {
    end.tv_usec += 1000000;
    end.tv_sec -= 1;
  }
  end.tv_sec -= begin.tv_sec;
  return end.tv_sec * 1000.0 + end.tv_usec / 1000.0;
}
double getRtt(uint8_t *icmpOpt) {
  struct timeval current;
  struct timeval reqSendTime;
  gettimeofday(&current, NULL);
  reqSendTime.tv_sec = ntohl(*(uint32_t *)icmpOpt);
  reqSendTime.tv_usec = ntohl(*(uint32_t *)(icmpOpt + 4));
  return getIntervalMs(reqSendTime, current);
}
double getTotal() {
  struct timeval current;
  gettimeofday(&current, NULL);
  return getIntervalMs(beginTime, current);
}
void dealResp(uint8_t *pkt, ssize_t len) {
  if (len <= 0) return;
  //获取IP数据报首部长度
  ssize_t ipHeaderLen = ((*pkt) & 0x0f) << 2;
  //判断IP数据报的协议字段是否为ICMP包
  if (IPPROTO_ICMP != *(pkt + 9)) return;
  //校验ICMP报文长度
  if (len - ipHeaderLen != ICMP_ECHO_PKT_SIZE) return;
  uint8_t *pIcmp = pkt + ipHeaderLen;
  if (*pIcmp != ICMP_ECHO_TYPE_RESP) return;
  uint16_t tempPid = ntohs(*(uint16_t *)(pIcmp + 4));
  uint16_t sendId = ntohs(*(uint16_t *)(pIcmp + 6));
  if (tempPid != pid) return;
  uint8_t ttl = *(pkt + 8);
  double rtt = getRtt(pIcmp + 8);
  respStat(rtt);   //统计ICMP应答
  printf("%d bytes from %s: icmp_seq=%u, ttl=%u, rtt=%.3f ms\n",
    ICMP_ECHO_PKT_SIZE, ipStr, sendId, ttl, rtt);
}
void printReport() {
  double sum = std::accumulate(rtts.begin(), rtts.end(), 0.0);
  double avg = sum / rtts.size();
  double loss = 0;
  if (sendCount > 0) {
    loss = (sendCount - (uint16_t)rtts.size()) / (double)sendCount;
    loss *= 100;
  }
  int64_t totalTime = (int64_t)getTotal();
  printf("\n-- %s ping statistics ---\n", ipStr);
  printf("%u packets transmitted, %u received, %.2f%% packet loss, time
    %ldms\n", sendCount, rtts.size(), loss, totalTime);
  if (rtts.size() > 0) {
    printf("rtt min/avg/max = %.3f/%.3f/%.3f ms\n", rttMin, avg, rttMax);
  }
}
void run(struct sockaddr_in *addr, int32_t rFd) {
  int sockFd = 0;
  uint8_t pkt[IP_PROTO_MAX_SIZE];
  socklen_t len = sizeof(*addr);
  gettimeofday(&beginTime, NULL);
  sockFd = socket(AF_INET, SOCK_RAW, IPPROTO_ICMP);
  while (running) {
    ssize_t n = recvfrom(sockFd, pkt, IP_PROTO_MAX_SIZE, 0, (struct
      sockaddr *)addr, (socklen_t *)&len);
    if (n < 0) {
      if (EINTR == errno) {    //若调用被中断，则继续
```

## 9.3 网络层

```cpp
            continue;
        } else {
            perror("call recvfrom failed!");
        }
    }
    dealResp(pkt, n);     //这里收到的包为IP数据报, 其中包含IP数据报首部
    }
    read(rFd, &sendCount, sizeof(sendCount));
    printReport();
    }
};
int main(int argc, char *argv[]) {
    if (argc != 2) {
        cout << "param invalid!" << endl;
        cout << "Usage: myping www.baidu.com" << endl;
        return -1;
    }
    int fd[2];
    int ret = 0;
    struct sockaddr_in addr;
    pid_t childPid = 0;
    if (!PingBase::getAddrInfo(argv[1], &addr)) {
        cout << "myping: unknown host " << argv[1] << endl;
        return -1;
    }
    ret = pipe(fd);          //创建匿名管道, 用于父子进程间通信
    if (ret != 0) {
        cout << "call pipe() failed! error msg:" << strerror(errno) << endl;
        return -1;
    }
    inet_ntop(AF_INET, &addr.sin_addr, ipStr, 1024);
    cout << "ping " << argv[1] << " (" << ipStr << ") " << endl;
    childPid = fork();       //创建子进程
    if (childPid < 0) {
        cout << "call fork() failed! error msg:" << strerror(errno) << endl;
        return -1;
    }
    PingBase::signalDealReg();
    if (0 == childPid) {     //子进程
        close(fd[0]);         //关闭匿名管道读端
        PingSend pingSend;
        pingSend.setPid(getpid() & 0xffff);   //ICMP的标识符只有16位,故这里只取子
                                              //进程的PID的低16位
        pingSend.run(&addr, fd[1]);           //子进程用于发送ICMP回显请求
    } else {                                   //父进程
        close(fd[1]);                          //关闭匿名管道写端
        PingRecv pingRecv;
        pingRecv.setPid(childPid & 0xffff);   //ICMP的标识符只有16位,故这里只取子进
                                              //程的PID的低16位
        pingRecv.run(&addr, fd[0]);           //父进程用于接收ICMP回显应答
    }
    return 0;
}
```

由于只有root账号才有权限创建原始socket,因此需要使用root账号编译和运行myping程序。myping程序的编译和运行结果如下。

```
[root@VM-114-245-centos Chapter09]# g++ -std=c++11 -o myping myping.cpp
[root@VM-114-245-centos Chapter09]# ./myping www.baidu.com
ping www.baidu.com (14.215.177.38)
24 bytes from 14.215.177.38: icmp_seq=1, ttl=54, rtt=4.502 ms
24 bytes from 14.215.177.38: icmp_seq=2, ttl=54, rtt=4.808 ms
24 bytes from 14.215.177.38: icmp_seq=3, ttl=54, rtt=4.801 ms
24 bytes from 14.215.177.38: icmp_seq=4, ttl=54, rtt=4.890 ms
```

```
24 bytes from 14.215.177.38: icmp_seq=5, ttl=54, rtt=4.761 ms
24 bytes from 14.215.177.38: icmp_seq=6, ttl=54, rtt=4.765 ms
24 bytes from 14.215.177.38: icmp_seq=7, ttl=54, rtt=4.792 ms
24 bytes from 14.215.177.38: icmp_seq=8, ttl=54, rtt=4.788 ms
24 bytes from 14.215.177.38: icmp_seq=9, ttl=54, rtt=4.797 ms
24 bytes from 14.215.177.38: icmp_seq=10, ttl=54, rtt=4.875 ms
^C
--- 14.215.177.38 ping statistics ---
10 packets transmitted, 10 received, 0.00% packet loss, time 9432ms
rtt min/avg/max = 4.502/4.778/4.890 ms
[root@VM-114-245-centos Chapter09]#
```

myping 程序的逻辑非常简单，就是由 PingBase、PingSend 和 PingRecv 这三个类来实现相关功能。在 main 函数中，首先校验参数的有效性，然后调用 fork 函数，创建一个子进程。子进程陷入死循环，每隔 1 秒发送一个 ICMP 回显请求；父进程也陷入死循环，并且一直在接收 ICMP 回显应答。每当父进程接收到一个 ICMP 回显应答时，就将相关信息输出到终端。当父子进程接收到需要退出的信号时，子进程通过匿名管道将发送的 ICMP 回显请求的个数发送给父进程，然后退出；父进程读取匿名管道中的数据，确认子进程发送的 ICMP 回显请求的个数，并最终将统计信息输出到终端。

### 3. ICMP 应用之 traceroute 实现

ICMP 的另一个常见应用是 traceroute 工具，它用于探测当前主机到指定主机的网络路由。我们知道，每当 IP 数据报经过一个路由器时，TTL 字段的值就会减 1。当 TTL 字段的值变为 0 时，当前路由器就会向源主机发送一个 ICMP 超时报文。traceroute 工具可以利用 ICMP 超时报文来实时探测网络路由。初始时，traceroute 工具会发送一个 TTL 字段值为 1 的 IP 数据报到指定的目的主机。后面每发送一个 IP 数据报，TTL 字段的值就累加 1，直至收到目的主机的正常应答，或者达到可以尝试的最大路由长度。在此过程中，我们会收到由网络中的路由器发送回来的 ICMP 超时报文。

我们编写的 traceroute 工具没有复杂的各种选项。当 ICMP 回显请求报文未达到目的主机前，TTL 字段的值就减为 0 时，我们会收到 ICMP 超时报文；当 ICMP 回显请求报文到达目的主机时，我们将收到 ICMP 回显应答报文。我们可以尝试的最大路由长度为 30。对于每一个 TTL 字段值，我们都会尝试发送 3 个 ICMP 回显请求并接收 ICMP 回显应答。

简单 traceroute 工具的实现如代码清单 9-3 所示，源代码在 mytraceroute.cpp 文件中。

**代码清单 9-3　简单 traceroute 工具的实现**

```cpp
#include <arpa/inet.h>
#include <errno.h>
#include <netdb.h>
#include <netinet/in.h>
#include <stdint.h>
#include <stdio.h>
#include <string.h>
#include <sys/socket.h>
#include <sys/time.h>
#include <sys/types.h>
#include <unistd.h>
#include <iostream>
using namespace std;

const int16_t ICMP_ECHO_TYPE_REQ{8};
const int16_t ICMP_ECHO_TYPE_RESP{0};
const int16_t ICMP_ECHO_CODE{0};
const int16_t ICMP_TIME_OUT_TYPE{11};
```

## 9.3 网络层

```cpp
const int16_t ICMP_TIME_OUT_INTRANS_CODE{0};
const size_t ICMP_ECHO_PKT_SIZE{8 + 4 + 4};
const size_t IP_PROTO_MAX_SIZE{1500};
class TraceRoute {
 public:
  bool init(char *host) {
    if (NULL == host) return false;
    in_addr_t inaddr;
    struct hostent *he = NULL;
    bzero(&addr, sizeof(sockaddr_in));
    addr.sin_family = AF_INET;
    inaddr = inet_addr(host);
    if (inaddr != INADDR_NONE) {
      memcpy(&addr.sin_addr, &inaddr, sizeof(inaddr));
    } else {
      he = gethostbyname(host);
      if (NULL == he) {
        return false;
      } else {
        memcpy(&addr.sin_addr, he->h_addr, he->h_length);
      }
    }
    sinAddrSize = sizeof(addr.sin_addr);
    return true;
  }
  uint16_t getCheckSum(uint8_t *pkt, size_t size) {
    uint32_t sum = 0;
    uint16_t checkSum = 0;
    while (size > 1) {
      sum += (*(uint16_t *)pkt);
      pkt += 2;
      size -= 2;
    }
    if (1 == size) {
      *(uint8_t *)(&checkSum) = *pkt;
      sum += checkSum;
    }
    sum = (sum >> 16) + (sum & 0xffff);
    sum += (sum >> 16);
    checkSum = ~sum;
    return checkSum;
  }
  double getIntervalMs(struct timeval begin, struct timeval end) {
    if ((end.tv_usec -= begin.tv_usec) < 0) {
      end.tv_usec += 1000000;
      end.tv_sec -= 1;
    }
    end.tv_sec -= begin.tv_sec;
    return end.tv_sec * 1000.0 + end.tv_usec / 1000.0;
  }
  double getRtt(uint8_t *icmpOpt) {
    struct timeval current;
    struct timeval reqSendTime;
    gettimeofday(&current, NULL);
    reqSendTime.tv_sec = ntohl(*(uint32_t *)icmpOpt);
    reqSendTime.tv_usec = ntohl(*(uint32_t *)(icmpOpt + 4));
    return getIntervalMs(reqSendTime, current);
  }
  double getRtt() { return getIntervalMs(sendTime, recvTime); }
  bool checkSelfPkt(uint8_t *icmp) {
    uint16_t pid = ntohs(*(uint16_t *)(icmp + 4));
    uint16_t seq = ntohs(*(uint16_t *)(icmp + 6));
    if (this->pid == pid && this->seq == seq) {
      return true;
    }
    return false;
  }
```

```cpp
    void setIcmpPkt(uint8_t *pkt, int16_t seq) {
      uint8_t *checkSum = NULL;
      *pkt = ICMP_ECHO_TYPE_REQ;       //设置类型字段
      ++pkt;
      *pkt = ICMP_ECHO_CODE;           //设置代码字段
      ++pkt;
      checkSum = pkt;
      *(uint16_t *)pkt = 0;            //校验和先设置为0
      pkt += 2;
      *(uint16_t *)pkt = htons(pid);   //设置标识符
      pkt += 2;
      *(uint16_t *)pkt = htons(seq);   //设置序号
      pkt += 2;
      //设置选项数据
      gettimeofday(&sendTime, NULL);
      *(uint32_t *)pkt = htonl((uint32_t)sendTime.tv_sec);   //设置秒
      pkt += 4;
      *(uint32_t *)pkt = htonl(sendTime.tv_usec);            //设置微妙
      //重新设置校验和
      *(uint16_t *)checkSum = getCheckSum(checkSum - 2, ICMP_ECHO_PKT_SIZE);
    }
    void sendIcmpEchoReq(int sockFd, int16_t seq, int ttl) {
      uint8_t pkt[ICMP_ECHO_PKT_SIZE];
      setIcmpPkt(pkt, seq);
      setsockopt(sockFd, IPPROTO_IP, IP_TTL, &ttl, sizeof(ttl));
      sendto(sockFd, pkt, ICMP_ECHO_PKT_SIZE, 0, (struct sockaddr *)&addr,
        (socklen_t)sizeof(addr));
    }
    void dealResp(int recvFd, uint8_t *pkt, ssize_t len, bool &ifBreak, bool
  &done) {
      if (len <= 0) return;
      //获取IP数据报首部长度
      ssize_t ipHeaderLen = ((*pkt) & 0x0f) << 2;
      //判断IP数据报的协议字段是否为ICMP包
      if (IPPROTO_ICMP != *(pkt + 9)) return;
      //校验ICMP报文长度
      if (len - ipHeaderLen < ICMP_ECHO_PKT_SIZE) return;
      //跳过IP数据报首部
      uint8_t *icmp = pkt + ipHeaderLen;
      char ipAddr[16];
      double rtt = 0;
      //传输中超时(IP头中的TTL字段值变为0, ICMP类型字段值为11, 代码字段值为0)
      if (ICMP_TIME_OUT_TYPE == *icmp && ICMP_TIME_OUT_INTRANS_CODE ==
  *(icmp + 1)) {
          ssize_t timeOutIpHeaderLen = ((*(icmp + 8)) & 0x0f) << 2;
          icmp = icmp + 8 + timeOutIpHeaderLen;   //这里需要跳过ICMP超时报文的头部
                                                  //和源IP数据报的首部, 才能获取源
                                                  //ICMP报文的前8字节的起始位置
          if (!checkSelfPkt(icmp)) return;
          rtt = getRtt();
          ifBreak = true;
      } else if (ICMP_ECHO_TYPE_RESP == *icmp) {   //正常的ICMP应答包
          if (!checkSelfPkt(icmp)) return;
          rtt = getRtt(icmp + 8);
          done = true;
      }
      if (!(done || ifBreak)) return;
      if (memcmp(&recvAddr.sin_addr, &lastAddr.sin_addr, sinAddrSize) != 0) {
          cout << " " << inet_ntop(AF_INET, &recvAddr.sin_addr, ipAddr, 16)
            << flush;
      }
      lastAddr = recvAddr;
      printf(" (%.3fms)", rtt);
```

## 9.3 网络层

```cpp
    }
    void recvIcmpEchoResp(int recvFd, bool &done) {
      int64_t preTime = time(NULL);
      struct timeval timeout;
      bzero(&timeout, sizeof(timeout));
      timeout.tv_sec = 1;
      setsockopt(recvFd, SOL_SOCKET, SO_RCVTIMEO, (char *)&timeout,
        sizeof (timeout));   //设置接收超时时间为1秒
      uint8_t pkt[IP_PROTO_MAX_SIZE];
      socklen_t len = sizeof(recvAddr);
      bool ifBreak = false;
      while (true) {
        ssize_t n = recvfrom(recvFd, pkt, IP_PROTO_MAX_SIZE, 0, (struct
          sockaddr *)&recvAddr, (socklen_t *)&len);
        gettimeofday(&recvTime, NULL);
        dealResp(recvFd, pkt, n, ifBreak, done);
        if (ifBreak || done) {
          break;
        }
        int64_t curTime = time(NULL);
        if (curTime - preTime >= 1) {
          cout << " *" << flush;   //超时
          break;
        }
      }
    }
    void run(char *host) {
      pid = getpid() & 0xffff;
      cout << "traceroute to " << host << "(" << inet_ntoa(addr.sin_addr)
        << "), 30 hops max" << endl;
      int sendFd = 0;
      int recvFd = 0;
      sendFd = socket(AF_INET, SOCK_RAW, IPPROTO_ICMP);
      if (sendFd < 0) {
        perror("call socket failed!");
        return;
      }
      recvFd = socket(AF_INET, SOCK_RAW, IPPROTO_ICMP);
      if (recvFd < 0) {
        perror("call socket failed!");
        return;
      }
      bool done = false;
      seq = 0;
      for (int ttl = 1; ttl <= 30; ++ttl) {
        printf("%2d ", ttl);
        fflush(stdout);
        for (int i = 0; i < 3; ++i) {
          sendIcmpEchoReq(sendFd, ++seq, ttl);
          recvIcmpEchoResp(recvFd, done);
        }
        cout << endl;
        if (done) {
          break;
        }
      }
    }
  private:
    int16_t pid{0};
    int16_t seq{0};
    size_t sinAddrSize{0};
    struct timeval sendTime;
    struct timeval recvTime;
    struct sockaddr_in addr;
    struct sockaddr_in recvAddr;
```

```
    struct sockaddr_in lastAddr;
};
int main(int argc, char *argv[]) {
  if (argc != 2) {
    cout << "param invalid!" << endl;
    cout << "Usage: mytraceroute www.baidu.com" << endl;
    return -1;
  }
  TraceRoute route;
  if (!route.init(argv[1])) {
    cout << "mytraceroute: unknown host " << argv[1] << endl;
    return -1;
  }
  route.run(argv[1]);
  return 0;
}
```

mytraceroute 程序的编译和运行结果如下。

```
[root@VM-114-245-centos Chapter09]# g++ -std=c++11 -o mytraceroute
mytraceroute.cpp
[root@VM-114-245-centos Chapter09]# ./mytraceroute www.baidu.com
traceroute to www.baidu.com(14.119.104.254), 30 hops max
 1   9.134.108.112 (0.208ms) (0.135ms) (0.127ms)
 2   9.31.73.59 (0.718ms) (0.682ms) (0.661ms)
 3   * * *
 4   * * *
 5   * 10.196.18.77 (1.732ms) *
 6   10.200.16.169 (1.553ms) (1.372ms) (1.430ms)
 7   10.196.2.101 (1.273ms) (1.487ms) (1.521ms)
 8   * * *
 9   113.108.209.201 (3.211ms) (2.986ms) (2.980ms)
10   * 121.14.14.162 (4.656ms) *
11   121.14.67.190 (6.980ms) (6.791ms) (7.732ms)
12   * * *
13   * * *
14   14.119.104.254 (4.383ms) (4.275ms) (4.117ms)
[root@VM-114-245-centos Chapter09]#
```

mytraceroute 程序首先校验参数，然后进行 30 次循环。对于每一个 TTL 字段值，我们都尝试发送 3 个 ICMP 回显请求并接收 ICMP 回显应答。如果收到 ICMP 回显应答，就输出相应的信息。如果 ICMP 回显应答是从指定的 IP 地址返回的，则程序运行结束。

## 9.4 传输层

传输层负责提供相同主机内或不同主机之间的端到端通信服务。与网络层提供的主机之间的通信服务不同，传输层解决的是主机中不同进程之间通信的问题。在通信过程中，传输层在向下传递数据到网络层时，会复用网络层提供的主机之间的通信服务；而当网络层向上传递数据到传输层时，数据会被分派到不同的进程。

传输层有两个不同的协议：TCP 和 UDP（User Datagram Protocol，用户数据报协议）。TCP 提供面向连接的、可靠的、无边界的字节流服务，UDP 提供面向无连接的、不可靠的（尽最大努力交付）、有边界的数据报服务。

相比 UDP，TCP 更为复杂，应用也更广泛。大部分后台服务通过 TCP 来提供服务。几乎所有主流的数据库通过 TCP 来对外提供服务，尽管不同数据库在应用层上的协议有所不同。

### 9.4.1 UDP

UDP 的三个关键特性是无连接、不可靠、有边界。UDP 基于 IP，新增了端口和应用层数据校验功能。

**1. UDP 格式**

UDP 用户数据报被封装在 IP 数据报中，如图 9-12 所示。

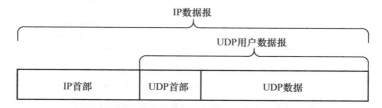

图9-12 封装在IP数据报中的UDP用户数据报

UDP 格式如图 9-13 所示，其中有 8 字节的 UDP 首部，UDP 数据部分的内容由应用层决定。现在，让我们来分析一下 UDP 首部各个字段的内容。

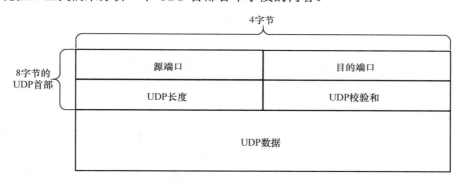

图9-13 UDP格式

（1）源端口

占 16 位，用于标识发送 UDP 用户数据报的源主机使用的端口。

（2）目的端口

占 16 位，用于标识接收 UDP 用户数据报的目的主机使用的端口。

（3）UDP 长度

占 16 位，表示 UDP 用户数据报的长度。UDP 长度可以为 8，此时 UDP 数据部分的长度为 0。

（4）UDP 校验和

占 16 位，用于校验 UDP 用户数据报在传输过程中是否发生了差错，如果有差错，则被丢弃。UDP 校验和的计算方式和 IP 首部中校验和的计算方式是一致的，所不同的是，UDP 校验和覆盖了 UDP 首部和 UDP 数据部分，并且在计算过程中引入了一个 12 字节长的伪首部。UDP 校验和在计算时使用的各个字段如图 9-14 所示。

伪首部由 5 部分构成：32 位的源 IP 地址、32 位的目的 IP 地址、8 位的全 0 字段、8

位的协议值字段（UDP 值为 17）以及 16 位的 UDP 长度。在计算 UDP 校验和时，添加一个伪首部是为了多校验源 IP 地址和目的 IP 地址。需要特别说明的是，伪首部只参与 UDP 校验和的计算，而不会出现在传输数据中。

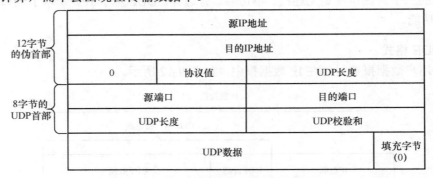

图9-14　UDP校验和在计算时使用的各个字段

#### 2．无连接

UDP 在发送数据之前不需要预先建立连接，在发送完数据后也不需要释放连接。由于没有建立连接和释放连接的操作，因此数据传输时延更小，占用的系统资源也更少（客户端和服务器端不需要使用内存资源来维护连接的状态机）。

#### 3．不可靠

UDP 发送的用户数据报是尽最大努力交付的，并且没有像 TCP 那样的超时重传机制，因此用户数据报存在丢失的可能性。

#### 4．有边界

每次发送和接收的用户数据报都是一个完整的报文。如果 UDP 携带的用户数据长度过大，IP 层会对其进行分片，这会增加传输时延并降低传输效率。反之，如果用户数据长度过小，小于 IP 首部和 UDP 首部的长度之和，则有效的用户数据传输率小于 50%，网络带宽得不到有效利用。

### 9.4.2　TCP

TCP 的三个关键特性是面向连接、可靠、无边界。TCP 为应用层提供了面向连接的、可靠的字节流服务。TCP 是网络协议栈中最复杂的部分，它解决了 IP 层无状态、无连接、不可靠的问题。

#### 1．TCP 格式

TCP 报文段封装在 IP 数据报中，如图 9-15 所示。

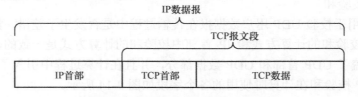

图9-15　封装在IP数据报中的TCP报文段

## 9.4 传输层

TCP 格式如图 9-16 所示，TCP 报文段被封装在 IP 数据报中，并且至少包含 20 字节的固定首部。下面让我们来分析一下 TCP 格式中各个字段的内容。

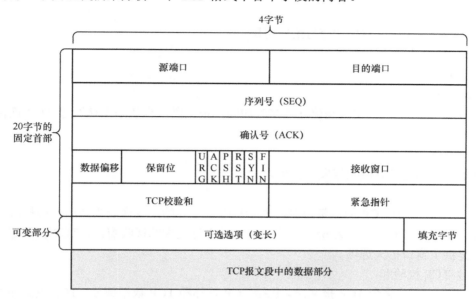

图9-16  TCP格式

（1）源端口

占 16 位，用于标识发送 TCP 报文段的源主机的端口。

（2）目的端口

占 16 位，用于标识接收 TCP 报文段的目的主机的端口。

（3）序列号

占 32 位，表示发送的 TCP 报文段中数据部分的第一个字节在 TCP 字节流服务中的序号。它的取值范围为 $0 \sim 2^{32} - 1$。当序列号达到 $2^{32} - 1$ 时，它就会重新从 0 开始。也就是说，序列号用于对 TCP 字节流服务中分段传输的字节进行编号。

（4）确认号

占 32 位，用于表明发送端期望下一次收到对端 TCP 报文段中数据部分的第一个字节的序号（即序列号）。确认号的另一个含义是，对端发送的确认号之前的字节都已经被正常接收。

（5）数据偏移

占 4 位，表示 TCP 报文段中的数据部分在 TCP 报文段中的偏移量。实际上，数据偏移字段的值等于 TCP 首部的长度，但 4 位的值并不是真实的数据偏移，真实的数据偏移还需要乘以 4。因此，真实的数据偏移最大为 60（15×4）。也就是说，TCP 首部的长度必须是 4 的倍数，且最大长度为 60 字节。由于 TCP 首部至少有 20 字节，因此数据偏移的最小值为 5，而不是 0。

（6）保留位

占 6 位，这 6 位是为了 TCP 未来的扩展而保留的，目前它们的值都被设置为 0。

（7）URG

表示紧急指针字段生效。

(8) ACK

表示确认号字段生效。

(9) PSH

表示接收端应尽快将报文交付给应用层。

(10) RST

表示重置连接。

(11) SYN

表示当前的 TCP 报文段是建立连接时的同步报文段，也就是主动发起 TCP 连接的初始报文段。

(12) FIN

表示发送端已经完成数据发送任务。

(13) 接收窗口

占 16 位，用于 TCP 的流量控制，表示从确认号开始，发送端当前所能够接收的最大字节数。接收窗口的最大值为 65 535 字节。为了支持更大的接收窗口，TCP 在首部的可选选项中提供了窗口扩大选项。

(14) TCP 校验和

占 16 位，覆盖整个 TCP 报文段，包括 TCP 首部和 TCP 数据部分。TCP 校验和的计算方式与 UDP 校验和的计算方式相同，都使用一个 12 字节的伪首部。不同之处在于，伪首部中的协议值字段为 6（对应 TCP 值为 6）。

(15) 紧急指针

占 16 位，只有当 URG 标志位设置为 1 时，紧急指针才会生效。紧急指针是一个正向的偏移量，将序列号字段的值加上紧急指针字段的值，就可以指向 TCP 数据中紧急数据的最后一个字节。紧急指针提供了在 TCP 报文段中发送紧急数据的解决方案。

(16) 可选选项

最常见的可选选项是最大报文段长度（Maximum Segment Size，MSS），通常在设置 SYN 标志位的 TCP 连接建立报文段中进行设置。MSS 选项表明了本端所能够接收的最大 TCP 数据部分长度。MSS 的大小应该适中，过小会导致网络利用率低下，过大则会在 IP 层被分片，从而增大由于传输错误而需要重传的概率。因此，MSS 应尽可能大，但不能超过 IP 层的最大传输单元（Maximum Transmission Unit，MTU），以避免在 IP 层被分片。

(17) TCP 报文段中的数据部分（简称 TCP 数据）

TCP 数据用于传输应用层发送和接收的数据。TCP 除对 TCP 数据进行合法性校验（校验和）之外，不会对 TCP 数据进行额外的处理，TCP 数据的解析完全由应用层负责。当然，TCP 数据也是可选的。例如，在 TCP 连接建立过程中，所有 TCP 报文段都可以只包含 TCP 首部而不包含 TCP 数据。

**2．面向连接**

TCP 是面向连接的。在传输任何数据之前，通信双方都需要先建立连接。在数据传输结束后，则需要关闭连接并释放相关资源。

(1) 建立连接

TCP 建立连接的过程，也称为"TCP 三次握手"。TCP 三次握手的过程如图 9-17 所示。

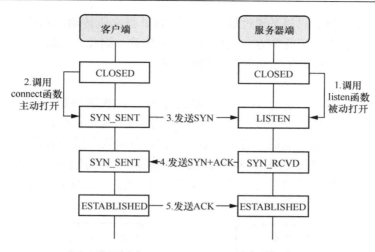

图9-17 TCP三次握手的过程

- 服务器端执行被动打开操作,在某个 IP 地址和端口上监听 TCP 连接请求,服务器端的 TCP 连接状态从 CLOSED 变为 LISTEN。
- 客户端执行主动打开操作,向服务器端发送一个带有 SYN 标志位的 TCP 报文段,客户端的 TCP 连接状态从 CLOSED 变为 SYN_SENT。
- 第一次握手:服务器端在接收到带有 SYN 标志位的 TCP 报文段后,回复一个带有 SYN 和 ACK 标志位的 TCP 报文段给客户端,服务器端的 TCP 连接状态从 LISTEN 变为 SYN_RCVD。
- 第二次握手:客户端接收到带有 SYN 和 ACK 标志位的 TCP 报文段后,向服务器端回复一个带有 ACK 标志位的 TCP 报文段,客户端的 TCP 连接状态从 SYN_SENT 变为 ESTABLISHED。
- 第三次握手:服务器端在接收到带有 ACK 标志位的 TCP 报文段后,服务器端的 TCP 连接状态从 SYN_RCVD 变为 ESTABLISHED。

上面简要描述了 TCP 连接建立的过程。在上述过程中,我们省略了 TCP 报文段的确认号和序列号,以及 TCP 报文段可能丢失和被重发的逻辑。TCP 报文段的超时重发机制稍后介绍。

大家可能会有疑问:"为什么建立 TCP 连接需要三次握手,而不是一次握手、二次握手或 4 次握手?"这也是面试中常被问到的问题之一。现在,让我们利用反证法来解答这个问题。

- 假设只要一次握手就可以完成 TCP 连接的建立,如果 SYN 的 TCP 报文段丢失,则服务器端没有这个 TCP 连接的信息,客户端后续的 TCP 报文段将无法正常发送到服务器端,因为服务器端认为这个 TCP 连接是不存在的。
- 假设只要两次握手就可以完成 TCP 连接的建立,如果 SYN+ACK 的 TCP 报文段丢失,则客户端认为 TCP 连接失败,而服务器端认为 TCP 连接成功,导致服务器端的 TCP 连接无法释放,从而浪费服务器端的资源。
- 假设需要 4 次握手才能完成 TCP 连接的建立,这虽然没有问题,但会降低数据传输效率。实际上,三次握手也可以认为是 4 次握手,只不过服务器端在第二次握手时需要将 SYN 和 ACK 放在同一个 TCP 报文段中进行发送。

TCP 三次握手的核心思想是通过最少次数的 TCP 报文段传输，保证从客户端到服务器端以及从服务器端到客户端两个方向上数据的可靠传输。因此，三次握手机制既保证了数据的双向可靠传输，又保证了较高的数据传输效率。

（2）同时打开

两个应用程序同时主动发起 TCP 连接并成功建立 TCP 连接是可能的。这种情况称为 TCP 连接的同时打开。同时打开要求双方的应用程序将本地端口绑定到对方发起连接的端口。例如，应用程序 A 将本地端口绑定到 666 端口，并向应用程序 B 所在主机的 888 端口发起 TCP 连接。应用程序 B 将本地端口绑定到 888 端口，并向应用程序 A 所在主机的 666 端口发起连接。TCP 处理了同时打开的逻辑，并且只会建立一条 TCP 连接，而不是两条。TCP 连接同时打开的过程如图 9-18 所示。

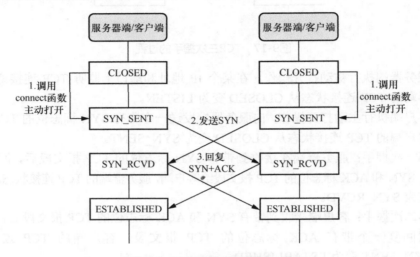

图9-18　TCP连接同时打开的过程

- 两个应用程序几乎同时调用 connect 函数，发起主动连接，发送 SYN，然后进入 SYN_SENT 状态。
- 两个应用程序在接收到 SYN 后，回复 SYN+ACK，然后进入 SYN_RCVD 状态。
- 两个应用程序在接收到 SYN+ACK 后，进入 ESTABLISHED 状态。

同时打开相比正常的三次握手多一个报文段。在同时打开的场景下，TCP 连接的两端没有一端是客户端或服务器端。此时，TCP 连接的任何一端既是客户端，也是服务器端。

（3）关闭连接

TCP 关闭连接的过程，也就是我们通常所说的"TCP 四次挥手"。关闭连接需要 4 次挥手的原因在于，TCP 是全双工的，数据可以在两个方向上进行传输。因此，在关闭连接时，需要在两个传输方向上分别确认传输的数据都已经被对端接收完毕。每个传输方向的关闭都是通过一个 FIN 和一个 ACK 完成的。当发送 FIN 时，表示发送端已经没有数据要传输了；当发送 ACK 时，表示对端传输的数据都已经被正常接收。TCP 四次挥手的过程如图 9-19 所示。

- 客户端和服务器端正常进行双向数据传输，客户端请求结束后，主动关闭连接。此时，客户端和服务器端的 TCP 连接状态都为 ESTABLISHED。

## 9.4 传输层

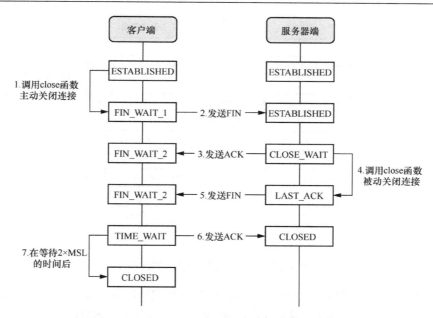

**图9-19** TCP四次挥手的过程

- 第 1 次挥手：客户端主动调用 close 函数关闭连接，并发送一个带 FIN 标志位的 TCP 报文段给服务器端。客户端的 TCP 连接状态从 ESTABLISHED 变为 FIN_WAIT_1。
- 第 2 次挥手：服务器端在接收到带 FIN 标志位的 TCP 报文段后，回复一个带 ACK 标志位的 TCP 报文段给客户端。服务器端的 TCP 连接状态从 ESTABLISHED 变为 CLOSE_WAIT，而客户端在接收到带 ACK 标志位的 TCP 报文段后，TCP 连接状态从 FIN_WAIT_1 变为 FIN_WAIT_2。
- 第 3 次挥手：服务器端被动调用 close 函数关闭连接，并向客户端发送一个带 FIN 标志位的 TCP 报文段。服务器端的 TCP 连接状态从 CLOSE_WAIT 变为 LAST_ACK。
- 第 4 次挥手：客户端在接收到带 FIN 标志位的 TCP 报文段后，TCP 连接状态从 FIN_WAIT_2 变为 TIME_WAIT，并向服务器端回复一个带 ACK 标志位的 TCP 报文段。服务器端在接收到带 ACK 标志位的 TCP 报文段后，TCP 连接状态从 LAST_ACK 变为 CLOSED。
- 客户端在等待 2×MSL（Maximum Segment Lifetime，网络中 TCP 报文段的最大生存时间）的时间后，TCP 连接状态从 TIME_WAIT 变为 CLOSED。

除了客户端可以主动关闭连接，服务器端也可以主动关闭连接。主动关闭连接的一方会进入 TIME_WAIT 状态。

（4）同时关闭

正如我们在前面所提到的，建立 TCP 连接的双方可以同时打开，同样，TCP 连接也支持同时关闭，尽管这种情况比较少见。TCP 连接同时关闭的过程如图 9-20 所示。

- TCP 连接上的服务器端和客户端几乎同时调用 close 函数，主动关闭连接并发送 FIN，然后进入 FIN_WAIT_1 状态。
- 在接收到对端发送的 FIN 后，服务器端和客户端各自回复 ACK，并进入 CLOSING 状态。

# 第 9 章 网络通信基础

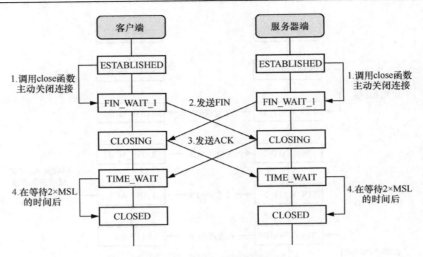

图9-20 TCP连接同时关闭的过程

- 在各自接收到对端最后发送的 ACK 之后,服务端器和客户端进入 TIME_WAIT 状态。
- 服务器端和客户端在等待 2×MSL 的时间后,进入 CLOSED 状态。

(5) TCP 连接状态机

TCP 连接从建立到传输数据,再到最终关闭,客户端和服务器端始终处于某种状态。这些状态的转移构成了 TCP 连接状态机,如图 9-21 所示。

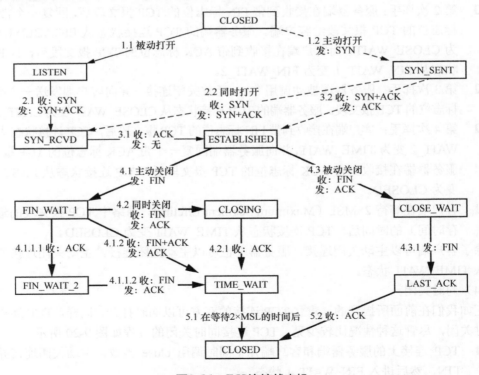

图9-21 TCP连接状态机

图 9-21 中的细实线部分表示服务器端的状态转移,虚线部分表示客户端的状态转移,

164

粗实线部分表示客户端和服务器端共有的状态转移。下面分别介绍 TCP 连接状态机中各个不同的状态。

- CLOSED：一个虚拟的起始或终止状态，表示没有连接。
- LISTEN：服务器端在任意端口开始进行监听，被动等待客户端连接的到来。
- SYN_SENT：客户端通过 connect 函数调用，向服务器端发送 SYN 包，主动发起 TCP 连接请求，然后进入此状态。
- SYN_RCVD：服务器端在 LISTEN 状态下接收到 SYN 包，然后进入此状态；或者 TCP 连接的两端同时打开，在接收到对端发送的 SYN 包后，从 SYN_SENT 状态进入此状态。
- ESTABLISHED：在经过 TCP 三次握手后，服务器端从 SYN_RCVD 状态进入此状态，客户端则从 SYN_SENT 状态进入此状态；或者当 TCP 连接同时打开时，TCP 连接的两端在经过 4 次报文的交互后进入此状态。在此状态下，TCP 连接的两端可以进行应用层数据的全双工传输。
- FIN_WAIT_1：服务器端或客户端主动调用 close 函数关闭连接，发送 FIN 包，表示本端的应用层数据已经全部发送完。
- FIN_WAIT_2：主动关闭 TCP 连接的一端，在 FIN_WAIT_1 状态下接收到对端的 ACK 确认包后，进入此状态。在此状态下，本端的 TCP 连接处于半关闭状态，此时本端还可以接收对端发送的应用层数据，但不能再向对端发送应用层数据。
- CLOSE_WAIT：被动关闭 TCP 连接的一端，在接收到 FIN 包后，发送 ACK 确认包并进入此状态。在此状态下，本端的 TCP 连接同样处于半关闭状态。和 FIN_WAIT_2 状态所不同的是，此时本端还可以向对端发送应用层数据，但不能接收对端发送的应用层数据。
- CLOSING：TCP 连接同时关闭，即本端在主动关闭时，对端也主动关闭。此时，本端在发送完 FIN 包后，才接收到对端的 FIN 包，最后发送 ACK 确认包，进入此状态。
- LAST_ACK：被动关闭 TCP 连接的一端，在发送完全部的应用层数据后，向主动关闭 TCP 连接的一端发送 FIN 包，等待最后的 ACK 确认包，进入此状态。
- TIME_WAIT：主动关闭 TCP 连接的一端，在接收到对端发送的 FIN 包后，发送 ACK 确认包，进入此状态。TIME_WAIT 状态在经过 2×MSL 的时间后，变为 CLOSED 状态。

（6）需要特别关注的状态
- CLOSE_WAIT：如果在系统中发现大量处于 CLOSE_WAIT 状态的 TCP 连接，则说明应用程序的 TCP 连接处于被动关闭状态，但没有调用 close 函数来关闭 TCP 连接。此时应用程序存在 bug，并且可能存在 TCP 句柄泄露的风险。大量处于 CLOSE_WAIT 状态的 TCP 连接会占用大量的本地端口和 fd（文件描述符）。
- TIME_WAIT：为什么说 TIME_WAIT 状态需要特别关注呢？因为处于 TIME_WAIT 状态的 TCP 连接四元组（客户端 IP 地址和端口，服务器端 IP 地址和端口）不能再使用。而在大部分 TCP 实现中，除此之外，TIME_WAIT 状态下的 TCP 连接的本端端口也不可以再使用。TIME_WAIT 状态将维持 2×MSL 的时间，这是为了保证以下两点：第一，使得当前 TCP 连接上延迟的报文段在网络中全部消失，从而不影响后续复用当前 TCP 连接四元组的新建 TCP 连接；第二，对端在等待对 FIN 确认的 ACK 超时时，会重新发送 FIN，在重发的 FIN 不再丢失的情况下，维持 2×MSL 的时间能保证至少接收到重发的 FIN 一次，并重新发送 ACK，防止这个 ACK 丢失，尽量让 TCP 连接完成 4 次挥手，使得客户端和服务器端的资源都被顺利释放。因为主动关闭 TCP 连接的一端会进入 TIME_WAIT 状态，所以无论是服务器端还是客户端，都有可能进入 TIME_WAIT 状态。TIME_WAIT 状态有时也称为 2MSL 等待状态。MSL 在实现中常用的值为 30 秒、1 分钟或 2 分钟。因此，TIME_WAIT 状态会维持 1~4 分钟的时间。

（7）TIME_WAIT 状态带来的影响

- TIME_WAIT 状态对客户端的影响：由于客户端使用随机分配的端口，因此 TIME_WAIT 状态对客户端基本没有大的影响。当客户端重启并向服务器端发起新的连接时，就会自动选择其他可用的端口。但是，如果客户端在短时间内发起大量的短连接，那么在极端情况下有可能导致本地端口被耗尽。毕竟，本地端口最多只有 65 535 个，如果本地端口被耗尽，则客户端无法再发起新的连接。

- TIME_WAIT 状态对服务器端的影响：由于服务器端使用固定的端口（熟知的或协商好的端口），因此如果我们主动停止服务器端程序并尝试重启服务器端程序，就会报 Address already in use 的错误。重启服务器端程序之所以会报错，是因为服务器端监听的本地端口是处于 TIME_WAIT 状态的连接的一部分。因此，在 TIME_WAIT 状态还未结束之前，无法重启服务器端程序，通常需要等待 1~4 分钟。在实际的套接字编程中，我们可以通过设置 SO_REUSEADDR 选项来复用处于 TIME_WAIT 状态的本地端口，这样服务器端程序重启就不用等待 1~4 分钟了。

### 3. 可靠性

IP 是不可靠的，因为 IP 数据报在网络中传输时可能发生延迟、被丢弃或乱序。因此，TCP 需要通过一系列机制来保证 TCP 数据的可靠传输。TCP 通过超时重传、滑动窗口、拥塞控制和连接保活 4 套机制来保证 TCP 数据传输的可靠性。下面依次介绍这 4 套机制。

（1）超时重传

由于发送数据的 TCP 报文段或确认数据的 TCP 报文段在网络传输过程中可能会丢失或发生延迟，因此 TCP 在发送完一个 TCP 报文段后，就会启动一个定时器。当定时器超时时，如果还没有收到对应的 TCP 确认报文段，就对之前的 TCP 报文段进行重传。

在超时重传中，一个重要的问题是，如何确定重传超时时间（Retransmission Time Out，RTO）？一种直接的方法是，先看一个 TCP 报文段从发送到被确认需要多长时间。只有知道了这个时间，才能设置好 RTO。在 TCP 中，我们把这个时间定义为往返时间（Round-Trip Time，RTT）。RTT 的测量非常简单，可以使用和 ping 命令一样的方法，在所发送的 TCP 报文段的头部加入一个时间戳。接收端在回复 TCP 确认报文段时会带上这个时间戳。这样，发送端在接收到 TCP 确认报文段之后，就可以准确地测量出 RTT，这个时间不会因为接收端和发送端的系统时间不一致而受到影响。

现在，我们已经能够准确地测量 RTT 了，那么是否可以简单地把最近测量得到的 RTT 乘以一个参数当作 RTO 呢？答案是否定的。因为网络是动态波动的，上述简单的处理方式很可能导致 RTO 太大或太小。RTO 太大会导致 TCP 报文段无法及时重传，使得网络吞吐量降低，带宽利用率也降低。反之，如果 RTO 太小，则会使过多无效的 TCP 报文段（接收端已经接收过)被重发,浪费网络带宽。在严重的情况下,甚至会增加网络负担,导致网络拥塞。

那么,TCP 到底是如何计算 RTO 的呢?TCP 使用了自适应算法,它会对报文段的 RTT 进行采样,然后用采样的 RTT 来更新一个最新的 RTTs(平滑的 RTT,s 表示 smoothed,因为 RTTs 是 RTT 的加权平均值,所以得到的结果更为平滑,而不像最新测量出的 RTT 那样波动较大)。在进行初始计算时,RTTs 的值取为最新采样的 RTT。后续每得到最新采样的 RTT,就使用公式[新的 RTTs = $(1 - \alpha)$×旧的 RTTs + $\alpha$×当前采样的 RTT]更新 RTTs。RFC 2988 推荐 $\alpha$ 的取值为 1/8。

当然,RTO 的设置值应该大于上述计算得到的 RTTs。RFC 2988 推荐使用公式(RTO = RTTs + 4 × RTTd)来计算 RTO。其中,RTTd 是 RTT 的偏差绝对值的加权平均值。在进行初始计算时,RTTd 的值取为最新测量的 RTT 值的一半。后续每得到最新采样的 RTT,就使用公式[新的 RTTd = $(1 - \beta)$ × 旧的 RTTd + $\beta$ × | RTTs − 当前采样的 RTT|]更新 RTTd。$\beta$ 的推荐取值为 1/4。

RTO 的计算还必须考虑超时重传的场景。因为在经过超时重传之后,当接收到对应的 ACK 时,无法确认这个 ACK 是对之前发送报文段的确认还是对重传报文段的确认。所以,此时无法准确测量当前 RTT 的样本值。对于这种场景,TCP 提供了 Karn 算法来对 RTO 的计算进行修正。Karn 算法是这样处理超时重传场景的:对于重传的报文段,不采用其 RTT 样本值,报文段每重传一次,就将 RTO 增大一些。典型的做法是将 RTO 的值翻倍。

上述 RTO 的计算方法首先考虑了平滑的 RTT,其次考虑了平滑的 RTT 的均值偏差,最后处理了超时重传场景。实践证明,这种计算方法是较为合理的。超时重传机制很好地解决了报文段延迟和丢失的问题。

(2)滑动窗口

TCP 连接建立之后,服务器端和客户端就可以进行通信了。但是,TCP 在进行数据传输时,数据并不是任意发送的,而是通过滑动窗口机制来实现按序交付和流量控制。

为了方便介绍 TCP 的滑动窗口机制,我们假设只在一个方向上进行数据传输,即 S 为发送数据的发送方,R 为接收数据的接收方。滑动窗口的单位都是字节。为了便于描述,我们假定滑动窗口的字节编号从 1 开始。

当前,S 的发送窗口大小为 10,收到的确认号是 6。序号 1~5 的数据都已经被 R 接收,R 期望收到的下一个序号为 6。S 的发送窗口的前 5 字节已经发送但还未收到确认。当前,R 的接收窗口大小为 10。到序号 5 为止的数据都已经交付给主机并发送了确认。R 还接收到序号为 8 和 9 的数据,这些数据是未按序达到的。

根据前面提到的信息,我们可以构造出 S 的发送滑动窗口和 R 的接收滑动窗口,它们分别如图 9-22 和图 9-23 所示。

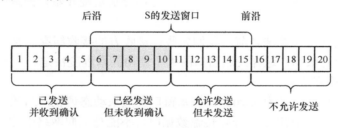

图9-22　S的发送滑动窗口

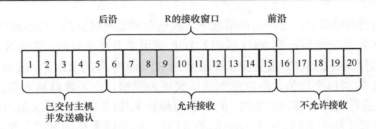

图9-23 R的接收滑动窗口

　　S 的发送窗口有一个前沿和后沿，它们共同确认了发送窗口的位置。后沿只会不动（没有收到新的确认）或者前移（收到新的确认），但不会后移，因为不存在取消先前收到的确认的情况。前沿通常会不断地前移，也有可能不动。不动有两种情况：没收到新的确认，接收方通告的窗口大小也没变；收到新的确认，但接收方通告的窗口变小了，使得前沿刚好不动。在接收方通告的窗口变小，并且没收到新的确认的情况下，前沿会向后收缩。但 TCP 标准不主张这么处理，因为在前沿向后收缩之前，发送窗口中的数据，有很多可能已经被发送出去了，现在又要收缩窗口，不让发送，这样会引入异常。

　　对于接收方 R，它的接收滑动窗口分为三部分：第一部分是已经交付给上层应用程序并发送确认的数据；第二部分是未确认但允许接收的数据；第三部分是未准备好存储空间，因而不允许接收的数据。第二部分就是 R 的接收窗口。在 R 的接收窗口中，对于未按序达到的数据，TCP 标准并无明确的处理方法。通常，TCP 的实现会把未按序达到的数据存储在接收窗口中，等接收到缺失的数据后，再按序交付给上层的应用程序。

　　TCP 是全双工的，TCP 连接的两端各自维护着一个发送窗口和一个接收窗口，它们在数据传输过程中动态地"滑动着"。我们通常希望数据传输得快一些，但是，如果发送端数据传输得过多或过快，就会导致接收端无法及时接收数据，从而造成数据丢失。滑动窗口机制可以通过动态调整窗口大小，控制发送端发送数据的速率，让发送端的数据发送不要过快，以便接收端来得及接收，最终实现 TCP 连接端到端的流量控制。

（3）拥塞控制

　　在计算机网络中，资源总是有限的，比如链路容量（带宽）、中间路由节点的缓存、链路上各个节点处理器的性能等。当整个网络的通信资源需求大于网络中所能提供的资源时，就会出现拥塞现象，并且拥塞会因为 TCP 重传机制等而趋于恶化。拥塞控制就是控制注入网络中的数据，使得网络中的链路和节点不至于过载。虽然拥塞控制和流量控制关系密切，但它们之间还是有区别的，拥塞控制是一个全局的过程，而流量控制是对端到端数据传输速率的控制。

　　TCP 拥塞控制通常由 4 个算法配合完成，它们分别是慢开始、拥塞避免、快重传和快恢复。

　　在正式介绍拥塞控制算法之前，我们先假设接收方的接收缓存总是足够大，从而能够接收我们发送的所有数据，这样发送窗口的大小便由拥塞程度决定。

1）慢开始与拥塞避免

　　发送方通过维护一个名为 cwnd 的拥塞窗口变量来动态调整网络的拥塞程度。慢开始算法的思路很简单，在 TCP 连接开始传输数据时，不能马上向网络中注入太多的数据，因为这很可能立即导致网络拥塞。更好的做法是采用试探的方式，先发少量的数据，再逐渐增大发送窗口，即从小到大，逐步增大拥塞窗口变量 cwnd 的值。

通常，在刚开始发送 TCP 报文段时，先将 cwnd 的值设置为一个 MSS 的大小，然后每当收到一个对新报文段的确认时，就将 cwnd 增加一个 MSS 的大小。在每经过一次 RTT 后，cwnd 就会加倍，拥塞窗口将会呈现出 2 的指数级增大效果。所以"慢开始"并不慢，它的慢指的是初始发送 TCP 报文段时，仅把拥塞窗口变量 cwnd 设置为一个 MSS 的大小。

当然，cwnd 不能无限制增大。为了防止 cwnd 过大而导致网络拥塞，发送方还维护了一个慢开始门限（slow start threshold）变量 ssthresh。慢开始门限的用法如下。

- 当 cwnd < ssthresh 时，使用慢开始算法。
- 当 cwnd > ssthresh 时，停止慢开始算法，使用拥塞避免算法。
- 当 cwnd = ssthresh 时，既可以使用慢开始算法，也可以使用拥塞避免算法。

拥塞避免算法的思路也非常简单，即缓慢地增大拥塞窗口。在每经过一次 RTT 后，拥塞窗口变量 cwnd 仅增加一个 MSS 的大小，而不是加倍，此时拥塞窗口将会呈现出线性增大效果。

不管是慢开始阶段还是拥塞避免阶段，网络都可能出现拥塞。当没有按时收到确认报文，触发超时重传时，就把慢开始门限变量 ssthresh 设置为出现拥塞时拥塞窗口变量 cwnd 的一半（最小值为两个 MSS 的大小），然后把拥塞窗口变量 cwnd 重置为一个 MSS 的大小，重新执行慢开始算法与拥塞避免算法，如图 9-24 所示。

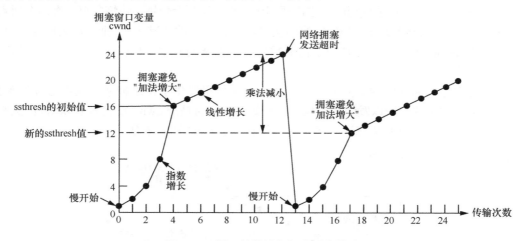

图9-24　慢开始算法与拥塞避免算法

2）快重传与快恢复

慢开始算法和拥塞避免算法在发生网络拥塞时，会快速减少注入网络中的报文段，并将 ssthresh 重置为当前 cwnd 的一半，而将 cwnd 重置为一个 MSS 的大小。这确实可以避免网络拥塞，但过于敏感，网络带宽无法得到充分利用。

为了提高带宽利用率，业内新增了快重传和快恢复的拥塞控制算法。快重传算法要求接收方在收到乱序的报文段后，立即发送重复的确认。当发送方连续收到三个重复的确认时，就立即发送对方还未接收到的报文段，而不是等到超时重发，快重传过程如图 9-25 所示。

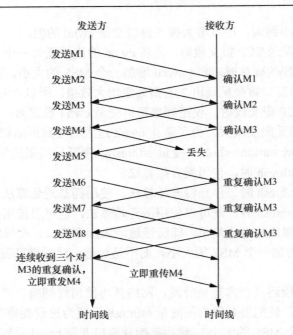

图9-25 快重传过程

快重传算法并不是单独使用的,它需要和快恢复算法配合使用。快恢复算法有两个要点。

- 当发送方连续收到三个重复的确认时,就执行"乘法减小",把 ssthresh 设置为当前 cwnd 的一半。这是为了提前预防网络拥塞的发生,但接下来并不执行慢开始算法。
- 发送方认为此时网络并未发生拥塞,因为如果发生了网络拥塞,就不会连续收到重复的确认。所以发送方不执行慢开始算法,而是把 cwnd 设置为 ssthresh 的大小,然后执行拥塞避免算法。快重传与快恢复过程如图 9-26 所示。

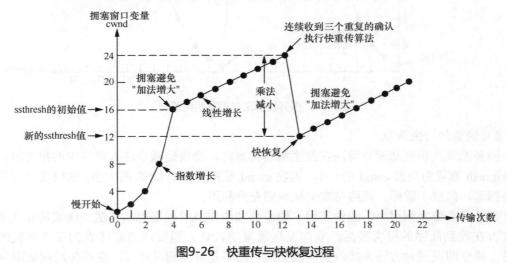

图9-26 快重传与快恢复过程

采用快恢复算法后,拥塞控制只会在 TCP 连接建立和超时重传时才会使用慢开始算法。在之前的假设中,我们认为接收方总是有足够大的缓存空间,因此发送窗口等于拥塞窗口。但实际上，接收方的缓存空间是有限的。接收方会通过 TCP 报文段首部的接收窗口字段，将自己的接收窗口变量 rwnd 通告给发送方。

如果将流量控制和拥塞控制综合考虑，则发送方的发送窗口不能大于接收方的接收窗口和拥塞窗口的最小值。

- 当 rwnd < cwnd 时，发送方的发送窗口受限于接收方的接收窗口大小。
- 当 cwnd < rwnd 时，发送方的发送窗口受限于拥塞窗口的大小。

换句话说，rwnd 和 cwnd 中较小的值限制着发送方数据的发送速率。

综上所述，拥塞控制是一种在不过度牺牲 TCP 连接上的数据传输速率的前提下，保证其他 TCP 连接对网络资源公平使用的方法。

（4）连接保活

TCP 允许建立连接后不进行数据通信。这意味着客户端在与服务器端建立连接后，可以不进行任何应用层的数据传输，数小时、数天甚至数月后，连接仍然保持。中间路由器可以重启或崩溃，网线可以拔掉再插上，只要 TCP 连接两端的主机没有重启，连接就一直保持。

这种特性虽然对客户端是无害的，但对服务器端是有害的。假设客户端崩溃并重新启动或关机，而此时服务器端无法感知到这种变化，如果服务器端一直等待客户端的请求，那么与客户端绑定的资源（如 socket fd、内存缓冲区等）就永远无法释放。当这种客户端大量出现时，服务器端的资源就会被耗尽，最终无法为其他正常客户端提供服务。

为了解决这个问题，保证服务器端的资源能及时地被释放，尽管 TCP 规范中没有连接保活的内容，但人们在具体的实现中引入了连接保活机制。这种机制的工作方式如下：在 TCP 连接空闲超过一段时间后，就发起一个 TCP 连接保活探测包。如果收到这个 TCP 连接保活探测包的应答，则认为连接仍然有效；否则间隔一段时间后，再次发起 TCP 连接保活探测包。如果连续多次未收到 TCP 连接保活探测包的应答，则认为连接失效，并向应用层报告错误。

TCP 连接保活机制能让服务器端及时可靠地释放相关的系统资源。除了 TCP 连接保活机制，我们还可以在应用层实现类似于定时"心跳"的功能来探测 TCP 连接的状态。

4．无边界

TCP 提供的是无边界的字节流服务。建立了 TCP 连接的两端，在连接不断开的情况下，可以源源不断地读取和写入字节流。TCP 对应用层的数据只做透明传输，应用层需要根据自己的协议（无论是知名协议还是自定义协议）对字节流进行解析，进而从字节流中拆分出各种不同的应用层数据包。应用层数据包的边界需要应用层协议自己来界定，具体如何界定取决于应用层协议的设计。在后面的章节中，我们将介绍如何设计并实现自己的应用层协议。

5．TCP 的传输效率

通过上面的介绍，我们知道 TCP 已经能够向应用层提供面向连接的、可靠的、无边界的字节流服务。但在实践中，我们发现在某些场景下，TCP 的传输效率特别低下。为了解决这些问题，TCP 针对不同的场景提供了相应的解决方案。

（1）糊涂窗口综合征

假设服务器端的处理性能很差，在接收缓冲区满了之后，每次只能从接收缓冲区中读取 1 字节的数据进行处理，然后向发送方发送 ACK 进行确认。此时，服务器端的接收窗口大小被更新为 1 字节，发送方紧接着又发送 1 字节的数据，服务器端接收后回复 ACK 进行确认，但服务器端的接收窗口仍然更新为 1 字节。如此往复下去，导致网络传输效率极低。如果 IP 数据报首部和 TCP 数据报首部都是固定的 20 字节，并且都没有扩展内容，则每次 TCP 报文段的网络传输有效载荷率仅为 1/41，即不到 2.5%。TCP 将这种问题称为"糊涂窗口综合征"。

为了解决这种问题，我们可以让接收方的接收缓冲区有足够的空间来存放一个最大的报文段，或者在接收缓冲区有一半的空闲空间时再发出 ACK 进行确认。

（2）Nagle 算法

对于交互式的应用程序，在网络上传输大量的小包会导致网络传输效率低下。为了解决这个问题，TCP 采用了 Nagle 算法，该算法致力于减少小包在网络中的传输。

具体来说，Nagle 算法的工作方式如下：如果应用程序逐字节地将要发送的数据发送到 TCP 发送缓冲区，那么 TCP 将首先发送第 1 字节的数据，然后缓存后续进入 TCP 发送缓冲区的数据，直至收到第 1 字节数据的 ACK 确认报文。此时，TCP 将把发送缓冲区中剩余的数据拼成一个报文段发送出去，并缓存后续要发送的数据，直至前一个报文段得到确认。Nagle 算法不会无限制地缓存要发送的数据，当要发送的数据量达到发送窗口大小的一半，或者已经达到最大的报文段长度时，TCP 将立即发送一个报文段。

需要注意的是，Nagle 算法是自适应的，数据确认得越快，就发得越快，并且能有效提高带宽利用率。但 Nagle 算法会增加整体数据传输的时延。

（3）延迟的 ACK

如果对接收的每个报文段都单独发送一个 ACK 进行确认，代价将会很大。因此，TCP 实现了延迟的 ACK，即 ACK 的发送会被延迟一段时间。如果这段时间内有数据要发送给对端，则捎带上 ACK；如果没有，则等到延迟时间到期后，立即发送 ACK。延迟发送 ACK 的好处如下。

- 对于请求-应答式的应用程序，总是能在发送应答数据的同时捎带上 ACK，不必单独发送 ACK。
- 在延迟时间内，如果有多个报文段到达，则可以进行 ACK 的累积确认。

（4）Nagle 算法与延迟的 ACK 的"邂逅"

我们知道，Nagle 算法会在应用层把一个请求数据包分多次发送，每次只发送一小部分数据（小于最大报文长度），而不是将所有数据一次性发送出去。TCP 缓冲区中的数据在发送时，需要等到前一个报文段得到确认之后才能发送下一个报文段。同时，对端也会延迟 ACK 的确认，导致 TCP 缓冲区中的数据无法发送，直至对端延迟时间到期并发送 ACK 进行确认，才能发送后续的数据。这会造成不必要的延迟。

为了避免这种不必要的延迟，我们可以在应用层一次性把请求数据包发送出去。但这并不保险，因为 TCP 缓冲区中的数据仍然可能被分多次发送，只要 Nagle 算法生效，就会有这种不必要的延迟产生。更稳妥的做法是关闭 Nagle 算法。在网络编程中，可以使用 TCP 套接字选项 TCP_NODELAY 来关闭 Nagle 算法。具体如何实现，我们将在后续的内容中介绍。

开启 Nagle 算法能提升网络带宽的有效吞吐量，但相应的延迟也会变大。关闭 Nagle 算法后，延迟会变小，但网络带宽的有效吞吐量会降低。因此，在具体的开发过程中，大家需要结合自身应用的特点来加以取舍。如果应用是延迟敏感的，则建议关闭 Nagle 算法。

## 9.5 网络编程接口

在之前的内容中，我们向大家介绍了很多与 TCP/IP 协议栈相关的理论知识。在本节中，我们将介绍实现基于 TCP 通信的网络服务时需要使用哪些网络编程接口，为后续介绍并发编程内容的章节打好基础。

### 9.5.1 TCP 网络通信的基本流程

最常见的 TCP 网络通信交互如图 9-27 所示，我们先来了解一下 TCP 网络通信最基本的流程。

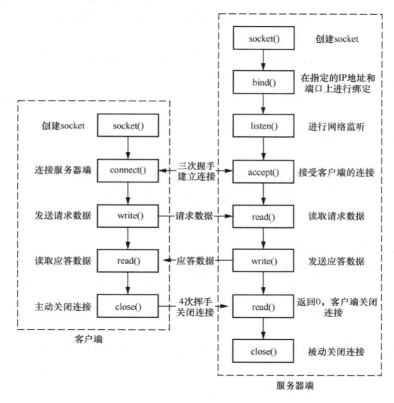

图9-27　TCP网络通信交互图

在图 9-27 中，我们可以看到采用短连接时，客户端和服务器端如何完成一次请求和应答的交互。具体流程如下所述。

**1．服务器端**

- 调用 socket 函数，创建用于 TCP 网络监听的 socket（套接字）。
- 调用 bind 函数，将 socket 文件描述符绑定到指定的 IP 地址和端口上。
- 调用 listen 函数，在网络上开启监听，等待客户端连接的到来。

- 调用 accept 函数，进入阻塞状态，直到有客户端连接完成三次握手时才返回，或者当调用报错时才返回。
- 调用 read 相关的系列函数，从客户端的 TCP 连接上读取客户端的请求数据。通常需要进行多次调用，直到读完一个完整的请求为止。
- 进行请求处理，然后调用 write 相关的系列函数，将应答数据写到客户端的 TCP 连接上。通常需要进行多次调用，直到写完所有应答数据为止。
- 当调用 read 相关的系列函数时，如果返回 0，则表明客户端关闭了连接，需要直接调用 close 函数以关闭和客户端关联的本地 socket 文件描述符。

2. 客户端
- 调用 socket 函数，创建用于和服务器端通信的 socket。
- 调用 connect 函数，在经过 TCP 三次握手后，与服务器端建立起连接。
- 调用 write 相关的系列函数，将请求数据写入建立的 TCP 连接。通常需要进行多次调用，直到请求数据全部写完为止。
- 调用 read 相关的系列函数，从建立的 TCP 连接中读取应答数据。通常需要进行多次调用，直到读完一个完整的应答为止。
- 客户端接收完应答数据后，调用 close 函数，关闭与服务器端之间的 TCP 连接。

### 9.5.2 socket 网络编程

在 Linux 系统中，所有的 I/O 操作都需要通过文件抽象层来实现，包括网络通信。为了实现网络通信，Linux 系统提供了 socket 这个抽象接口。通过这个接口，我们可以使用一系列的 API 来完成网络通信。

#### 1. socket 网络地址结构

sockaddr 是网络地址的通用结构，用于表示网络地址。

```
struct sockaddr {
    sa_family_t sin_family;    //地址族
    char sa_data[14];          //包含了IP地址和端口信息，14字节
}
```

所有 socket API 输入参数中的网络地址类型都是这个结构体的指针，这样就统一了 socket API 的调用方式。sin_family 是地址族的常见值，常用的有 AF_UNIX 和 AF_INET，分别代表 UNIX 域本地套接字地址和 IPv4 地址。

sockaddr_in 是 IPv4 专用的网络地址结构。

```
struct sockaddr_in {
    short sin_family;              //地址族AF_INET
    unsigned short sin_port;       //16位的端口号
    struct in_addr sin_addr;       //32位的IP地址
    char sin_zero[8];              //不使用的填充字节
};
struct in_addr {
    in_addr_t s_addr;       //32位的IP地址
};
```

sockaddr_un 是 UNIX 域本地套接字的地址结构。

```
#define UNIX_PATH_MAX 108
struct sockaddr_un {
  sa_family_t sun_family;           //协议族AF_UNIX
  char sun_path[UNIX_PATH_MAX];     //路径名
};
```

在 socket 网络编程中，我们实际使用的是 sockaddr_in 和 sockaddr_un 这两个地址结构。在调用 socket API 时，我们通常先获取对应变量的指针，之后再将其转换成 sockaddr 结构体的指针。

### 2．IP 地址转换

前面介绍了 socket 的网络地址结构，其中包含了一个 IP 地址。那么，这个 IP 地址应该如何设置呢？在 Linux 系统中，我们可以使用一系列函数来操作 IP 地址，其中常用的有以下 3 个。

```
#include <sys/socket.h>
#include <netinet/in.h>
#include <arpa/inet.h>
int inet_aton(const char *cp, struct in_addr *inp);
in_addr_t inet_addr(const char *cp);
char *inet_ntoa(struct in_addr in);
```

inet_aton 函数的作用是将参数 cp 指向的点分十进制 IP 地址转换成 in_addr 指向的二进制 IP 地址。如果地址有效，则返回非 0 值；否则，返回 0。

inet_addr 函数的作用与 inet_aton 函数类似，也是将 cp 指向的点分十进制 IP 地址转换成二进制 IP 地址，并通过返回值加以返回。如果 cp 指向一个无效的地址，则函数调用返回 INADDR_NONE。

inet_ntoa 函数完成的是 inet_aton 函数的逆操作，也就是将二进制 IP 地址转换成点分十进制 IP 地址。由于返回的 char *指向的是静态分配的缓存，因此 inet_ntoa 函数是不可重入的。同时，如果多次调用该函数，则最后一次调用的结果会覆盖之前所有调用的结果。

### 3．字节序转换

在介绍 ARP 和 RARP 时，我们使用 htons 函数来实现本地字节序到网络字节序的转换。除了 htons 函数，我们还可以使用其他相关的函数，它们的原型如下。

```
#include <arpa/inet.h>
uint32_t htonl(uint32_t hostlong);
uint16_t htons(uint16_t hostshort);
uint32_t ntohl(uint32_t netlong);
uint16_t ntohs(uint16_t netshort);
```

函数 htonl 和 htons 分别用于将 32 位和 16 位的无符号整数从本地字节序转换为网络字节序；而函数 ntohl 和 ntohs 则分别用于将 32 位和 16 位的无符号整数从网络字节序转换为本地字节序，相当于函数 htonl 和 htons 的逆操作。

在设置 sockaddr_in 网络地址的 sin_port 字段时，需要调用 htons 函数，将本地字节序的网络端口转换为网络字节序，以便正确地传输数据。

### 4．socket API 相关的函数

在上面的内容中，我们已经完成了对 socket 地址的介绍。接下来，让我们学习一下 socket API 相关的函数。

（1）socket 函数

socket 函数用于创建进行通信的 socket 文件描述符，它和通信的一端关联。函数原型如下。

```
#include <sys/types.h>
#include <sys/socket.h>
int socket(int domain, int type, int protocol);
```

1) domain

即通信域，又称为协议族（protocol family）。常用的协议族有 AF_UNIX、AF_LOCAL、AF_INET 等。AF_UNIX 和 AF_LOCAL 代表 UNIX 域本地套接字，用于本地通信；AF_INET 代表 IPv4 地址，用于在 IPv4 网络上进行通信。需要注意的是，domain 的值限定了调用 bind 函数时可以绑定的通信地址，例如 AF_INET 只能使用 IPv4 地址，AF_UNIX 和 AF_LOCAL 只能使用本地绝对路径名作为地址。

2) type

即 socket 的类型，用于定义通信的语义。常用的 socket 类型有 SOCK_STREAM、SOCK_DGRAM 等。SOCK_STREAM（流式 socket）提供了有效的、可靠的、全双工的、面向连接的字节流语义，对应的是 TCP 服务；SOCK_DGRAM（数据报 socket）提供了有最大长度限制的、无连接的、不可靠消息的语义，对应的是 UDP 服务。

3) protocol

即应用在 socket 上的协议类型，在前面两个参数的限定之下的协议集合里，再选择一个具体的协议。在大部分情况下，protocol 的值只有一个选择，因此可以设置为 0，表示选择默认的协议。

4) 返回值

函数调用成功时，返回一个 socket 文件描述符，否则返回-1 并设置 errno。

（2）bind 函数

在创建 socket 时，虽然指定了具体的协议，但并没有指定具体使用哪个 socket 地址。将一个 socket 和 socket 地址绑定的过程称为给 socket 命名，bind 函数旨在完成这个命名过程。在服务器端程序中，当需要对外提供网络服务时，就要调用 bind 函数来命名 socket。只有绑定了地址，客户端才知道如何连接它。而客户端通常不需要给 socket 命名，而是采用匿名的方式，系统会自动分配一个可用的 socket 地址。当然，客户端也可以显式地给 socket 命名。bind 函数的函数原型如下。

```
#include <sys/types.h>
#include <sys/socket.h>
int bind(int sockfd, const struct sockaddr *addr, socklen_t addrlen);
```

1) sockfd

socket 函数返回的 socket 文件描述符。sockfd 虽然已经和具体的协议族关联在一起，但还没有和具体的协议地址绑定。

2) addr

sockfd 要绑定的具体协议地址，类型则是通用的网络地址结构 sockaddr 的指针。

3) addrlen

具体协议地址结构体的长度，单位为字节。

4) 返回值

绑定成功时返回 0，否则返回-1 并设置 errno。

### （3）listen 函数

listen 函数用于在指定的 socket 上开启连接监听。函数原型如下。

```
#include <sys/types.h>
#include <sys/socket.h>
int listen(int sockfd, int backlog);
```

1）sockfd

要开启连接监听的 socket 文件描述符。

2）backlog

sockfd 上允许的等待正式被连接的队列的最大长度。

3）返回值

监听成功时返回 0，否则返回-1 并设置 errno。

### （4）accept 函数

accept 函数用于从指定的 socket 上接收一个连接。当调用成功时，它会返回一个新的 socket 连接的文件描述符。函数原型如下。

```
#include <sys/types.h>
#include <sys/socket.h>
int accept(int sockfd, struct sockaddr *addr, socklen_t *addrlen);
```

1）sockfd

由 socket 函数创建，使用 bind 函数绑定地址，并开启了连接监听的 socket 文件描述符。如果 sockfd 没有被设置成非阻塞的，accept 调用就会一直被阻塞，直至有连接到来。如果 sockfd 被设置成非阻塞的，accept 调用就会立即返回。此时，如果没有连接到来，accept 调用会失败，errno 则被设置成 EAGAIN 或 EWOULDBLOCK。

2）addr

指向通用地址结构 sockaddr 的指针，作为一个传出参数，它是使用连接另一端的地址信息来设置的。如果 addr 的值为 NULL，则表示不需要这个地址信息，此时参数 addrlen 需要设置为 NULL。

3）addrlen

在传递参数 addr 时，参数 addrlen 需要设置为 addr 指针指向的实际地址结构的大小（单位为字节）。作为一个传出参数，在 accept 函数返回后，addrlen 会被更新为连接另一端的地址信息的实际大小（单位为字节）。

4）返回值

如果连接接收成功，则返回一个非负的整数值，这个整数值是接收连接的 socket 文件描述符，否则返回-1 并设置 errno。

### （5）connect 函数

connect 函数用于在指定的 socket 文件描述符上发起连接请求。如果 socket 文件描述符的类型是 SOCK_DGRAM，即数据报，则 connect 函数完成的是收发数据报地址的绑定。函数原型如下。

```
#include <sys/types.h>
#include <sys/socket.h>
int connect(int sockfd, const struct sockaddr *addr, socklen_t addrlen);
```

1) sockfd

socket 函数返回的 socket 文件描述符。

2) addr

要连接或绑定的地址信息。

3) addrlen

指针 addr 指向的实际地址结构体的大小（单位为字节）。

4) 返回值

当连接或绑定成功时，返回 0，否则返回-1 并设置 errno。

（6）read 函数

read 函数可以从文件描述符中读取数据。除了可以从普通的文件描述符中读取数据，read 函数也支持从 socket 文件描述符中读取数据。函数原型如下。

```
#include <unistd.h>
ssize_t read(int fd, void *buf, size_t count);
```

1) fd

要读取数据的文件描述符。

2) buf

要读取数据所在的缓存地址。

3) count

预期要读取的数据的长度，单位为字节。

4) 返回值

若调用成功，则返回读取到的数据的长度（单位为字节）。长度为 0 表示已经读到文件的末尾。对于 socket 文件描述符来说，长度为 0 表示对端主动关闭了连接。当然，所返回数据的长度也可能小于预期长度，比如读操作在读取部分数据之后被信号中断了。调用失败时则返回-1 并设置 errno。

（7）write 函数

write 函数用于向文件描述符中写入数据。除了可以向普通的文件描述符中写入数据，write 函数也支持向 socket 文件描述符中写入数据。函数原型如下。

```
#include <unistd.h>
ssize_t write(int fd, const void *buf, size_t count);
```

1) fd

要写入数据的文件描述符。

2) buf

要写入数据所在的缓存地址。

3) count

预期要写入的数据的长度，单位为字节。

4) 返回值

若调用成功，则返回成功写入的字节数。返回 0 表示什么也没写入。当然，所写入数据的长度可能小于 count，比如写操作在写入部分数据之后被信号中断了。调用失败时则返回-1 并设置 errno。

### （8）close 函数

close 函数用于关闭文件描述符。当通过 socket 完成通信之后，就可以调用 close 函数来关闭连接。函数原型如下。

```
#include <unistd.h>
int close(int fd);
```

1）fd

要关闭的文件描述符。

2）返回值

关闭成功则返回 0，关闭失败则返回-1 并设置 errno。

### 5．socket 选项的获取与设置

socket 支持很多选项，我们可以通过下面的两个函数来获取或设置这些选项。它们的函数原型如下。

```
#include <sys/types.h>
#include <sys/socket.h>
int getsockopt(int sockfd, int level, int optname, void *optval, socklen_t
    *optlen);
int setsockopt(int sockfd, int level, int optname, const void *optval,
    socklen_t optlen);
```

（1）sockfd

关联的 socket 文件描述符。

（2）level

要设置的选项归属哪个协议，比如 SOL_SOCKET（通用 socket 选项，和具体协议无关）、IPPROTO_TCP（TCP 选项）等。

（3）optname

int 类型的值，代表不同的选项，比如 SO_RCVTIMEO 和 SO_SNDTIMEO，它们分别代表读写数据的超时时间选项。

（4）optval 和 optlen

它们分别代表要操作选项的值和长度，我们可以看到，optval 的类型是 void*，这是因为不同选项的值类型是不同的，所以 optval 的类型是 void*这种通用指针。

（5）返回值

当设置或获取选项成功时，返回 0，否则返回-1 并设置 errno。

在表 9-2 中，我们列出了 socket 的常用选项。

表 9-2　socket 的常用选项

| level | optname | optval 的值类型 | 描述 |
| --- | --- | --- | --- |
| IPPROTO_IP | IP_TTL | int | 存活时间 |
| IPPROTO_TCP | TCP_NODELAY | int | 禁止Nagle算法 |
| IPPROTO_TCP | TCP_KEEPIDLE | int | 连接保活，连接允许的持续空闲时间，单位为秒 |
| IPPROTO_TCP | TCP_KEEPINTVL | int | 连接保活，保活探测包发送间隔，单位为秒 |
| IPPROTO_TCP | TCP_KEEPCNT | int | 连接保活，保活探测包发送次数 |
| SOL_SOCKET | SO_REUSEADDR | int | 重用地址 |
| SOL_SOCKET | SO_REUSEPORT | int | 重用端口 |

## 第 9 章　网络通信基础

续表

| level | optname | optval 的值类型 | 描述 |
|---|---|---|---|
| SOL_SOCKET | SO_ERROR | int | 获取并清除socket错误 |
| SOL_SOCKET | SO_RCVBUF | int | TCP接收缓冲区的大小 |
| SOL_SOCKET | SO_SNDBUF | int | TCP发送缓冲区的大小 |
| SOL_SOCKET | SO_RCVTIMEO | timeval | 接收数据的超时时间 |
| SOL_SOCKET | SO_SNDTIMEO | timeval | 发送数据的超时时间 |
| SOL_SOCKET | SO_LINGER | linger | 如果还有数据未发送，则延迟关闭连接 |
| SOL_SOCKET | SO_KEEPALIVE | int | 周期性发送保活报文来维持连接 |

下面我们重点介绍 3 个比较晦涩的选项——SO_REUSEADDR、SO_REUSEPORT 和 SO_LINGER。

SO_REUSEADDR 选项是针对 bind 调用的。我们知道，TCP 连接状态机有一个名为 TIME_WAIT 的状态，而 TIME_WAIT 状态通常会持续 1~4 分钟的时间。其间，处于 TIME_WAIT 状态的 TCP 连接关联的本地地址是不可以重用的。如果此时使用这个本地地址，调用 bind 函数就会报错，并提示"Address already in use"。这对于服务器端来说是不可接受的，因为服务一旦关闭（主动关闭 TCP 连接，TCP 连接会进入 TIME_WAIT 状态），在 1~4 分钟的时间内，服务是无法启动的。

为了解决这个问题，Linux 系统提供了 SO_REUSEADDR 选项。这样就算有处于 TIME_WAIT 状态的 TCP 连接，也可以重用本地地址，这样服务就能启动成功。当然，这个选项的设置要在调用 bind 函数之前进行。

需要注意的是，虽然 SO_REUSEADDR 选项能在 TIME_WAIT 状态下重用本地地址，但它并不支持将多个进程或线程同时绑定到相同的本地地址上。此时，调用 bind 函数一样会提示"Address already in use"。

为了解决 SO_REUSEADDR 选项无法支持将多个进程或线程同时绑定到相同的本地地址上的问题，Linux 系统在后续版本中提供了 SO_REUSEPORT 选项。SO_REUSEPORT 选项支持将多个进程或线程同时绑定到相同的本地地址上。这个选项也给网络并发编程提供了新的思路。

SO_LINGER 选项用于控制当 TCP 连接中还有尚未发送的数据时，调用 close 函数关闭 socket 的行为。默认情况下，close 调用将立即返回，Linux 系统中的 TCP 模块负责把 TCP 发送缓冲区中尚未发送的数据发送给对端。

SO_LINGER 选项是使用下面的结构体进行设置的。

```
#include <sys/socket.h>
struct linger
{
    int l_onoff;      //非0值表示开启，0表示关闭
    int l_linger;     //滞留时间
}
```

- l_onoff 设置为 0，此时 SO_LINGER 选项不生效，close 调用保持默认的行为。
- l_onoff 设置为非 0 值，l_linger 的值为 0，此时 SO_LINGER 选项生效，close 调用立即返回，TCP 模块则丢弃 TCP 发送缓冲区中尚未发送的数据（如果有的话），并给 TCP 连接的对端发送一个带 RST 标志位的 TCP 报文段。在这种情况下，TCP

连接会跳过 TIME_WAIT 状态，直接进入 CLOSED 状态。
- l_onoff 设置为非 0 值，l_linger 的值大于 0，此时的 socket 如果是阻塞的，则 close 调用的最长阻塞时间为 l_linger 的值。如果 TCP 发送缓冲区中没有待发送的数据，或者数据都已经发送完毕且对端也确认了，则 close 调用会提前返回。而如果 socket 是非阻塞的，则 close 调用会立即返回。我们可以通过 close 调用的返回值和 errno 来判断是否有数据还未完成发送。

## 9.6 TCP 经典异常场景分析

在日常研发过程中，我们经常会遇到一些 TCP 上的报错，却无法快速定位问题的根本原因（简称根因）。其实，TCP 上的很多报错都有明确的原因。只要我们知道了报错的根因，就能够快速排错。本节将使用如下两个工具，详细分析 TCP 常见的异常场景。
- telnet：用于快速发起 TCP 连接，并且可以观察报错信息。
- tcpdump：TCP 抓包工具，用于查看 TCP 报文段的交互细节。

### 9.6.1 场景 1：Address already in use

这是大家在自测中经常遇到的一个错误。这个错误的根因是，当服务启动时，要监听的端口已经被另一个服务占用（没有启用 REUSEPORT 选项）。此时，可以先使用 netstat -lnpt | grep port 命令来查看端口被哪个服务占用了，再使用 killall -9 或 kill -9 命令强制杀死（简称"强杀"）该服务，最后再启动自己的服务。

### 9.6.2 场景 2：Connection refused

这个错误经常在和下游业务联调时出现。这个错误的根因是，对端没有在对应的端口上开启监听（下游服务崩溃或者服务没有启动）。下面让我们来分析一下整个 TCP 报文段的交互过程。
- 客户端在发出请求前需要建立连接。为了建立连接，客户端先向对端发送了 TCP SYN 报文段。
- 对端在接收到建立连接的 TCP SYN 报文段后，发现对应的端口并没有服务在监听，于是返回一个 RST（重置）报文段。
- 客户端在接收到这个 RST 报文段之后，返回 ECONNREFUSED 的错误码。

1. 举个例子
- 确保没有服务在端口 6666 上开启监听。
- 使用终端工具，打开两个命令行终端。
- 在其中一个命令行终端执行命令（需要先切换到 root 用户）tcpdump -i lo port 6666，进行抓包。
- 在另一个命令行终端执行命令 telnet 127.0.0.1 6666，进行连接测试。

### 2. 结果分析

- tcpdump 抓包的输出如下。

```
[root@VM-114-245-centos ~]# tcpdump -i lo port 6666
tcpdump: verbose output suppressed, use -v or -vv for full protocol decode
listening on lo, link-type EN10MB (Ethernet), capture size 65535 bytes
08:42:44.921437 IP VM-114-245-centos.58846 > VM-114-245-centos.ircu-2:
Flags [S], seq 139459144, win 65495, options [mss 65495,sackOK,TS val
1379197798 ecr 0,nop,wscale 6], length 0
08:42:44.921464 IP VM-114-245-centos.ircu-2 > VM-114-245-centos.58846:
Flags [R.], seq 0, ack 139459145, win 0, length 0
```

根据抓包结果，对端在接收到 TCP SYN 报文段之后，马上回复了一个 RST 报文段。

- telnet 命令的输出如下。

```
[root@VM-114-245-centos ~]# telnet 127.0.0.1 6666
Trying 127.0.0.1...
telnet: connect to address 127.0.0.1: Connection refused
```

根据 telnet 命令的输出我们可以看到，对端在接收到 RST 报文段之后，输出了"Connection refused"的报错信息。

### 9.6.3 场景 3：Broken pipe

这个错误是在 TCP 连接的对端已经关闭连接的情况下触发的。对端关闭连接之后，TCP 连接进入半关闭状态。当我们向这个半关闭的 TCP 连接继续写入数据时，就会报这个错误。此时，进程会收到 SIGPIPE 信号，而 SIGPIPE 信号的默认处理动作是退出进程。因此，当发现网络服务莫名其妙地自己退出时，就可以考虑这种现象是不是这个场景导致的。

要避免 Broken pipe 错误导致的进程退出问题，方法其实很简单。可以修改 SIGPIPE 信号的默认处理逻辑，忽略这个信号或者简单地输出一条日志即可。这样就可以避免进程因为这个错误而退出了。

### 9.6.4 场景 4：Connection timeout

这个错误也很常见，它在网络出现抖动（RTT 比较大）或者建立连接的 TCP SYN 报文段被防火墙丢弃时经常出现。如果使用操作系统默认的超时策略，则 connect 函数会被阻塞很久，具体多久由系统参数 net.ipv4.tcp_syn_retries 决定。因为 connect 函数长时间被阻塞，使得服务的工作进程或线程被耗尽，最终导致服务雪崩不可用的情况，在生产环境中也屡见不鲜。

为了避免这种情况发生，我们可以通过设置连接的超时时间来解决。我们可以使用非阻塞的 connect 函数，并设置一个较短的超时时间，如果在这个较短的超时时间内连接没有建立成功，则返回一个错误。这样可以避免长时间的阻塞，从而降低服务"雪崩"的风险。

#### 1. 举个例子

- 使用终端工具，打开两个命令行终端。
- 在其中一个命令行终端执行命令（需要先切换到 root 用户）tcpdump host 8.8.8.8，进行抓包。
- 在另一个命令行终端执行命令 date && telnet 8.8.8.8 || date，进行连接测试。

### 2. 结果分析

- tcpdump 抓包的输出如下。

```
[root@VM-114-245-centos ~]# tcpdump host 8.8.8.8
tcpdump: verbose output suppressed, use -v or -vv for full protocol decode
listening on eth0, link-type EN10MB (Ethernet), capture size 65535 bytes
08:51:04.375899 IP 10.104.114.245.59600 > dns.google.telnet: Flags [S],
seq 1523302428, win 14600, options [mss 1460,sackOK,TS val 1379697253 ecr
0,nop,wscale 6], length 0
08:51:05.375777 IP 10.104.114.245.59600 > dns.google.telnet: Flags [S],
seq 1523302428, win 14600, options [mss 1460,sackOK,TS val 1379698253 ecr
0,nop,wscale 6], length 0
08:51:07.375753 IP 10.104.114.245.59600 > dns.google.telnet: Flags [S],
seq 1523302428, win 14600, options [mss 1460,sackOK,TS val 1379700253 ecr
0,nop,wscale 6], length 0
08:51:11.375775 IP 10.104.114.245.59600 > dns.google.telnet: Flags [S],
seq 1523302428, win 14600, options [mss 1460,sackOK,TS val 1379704253 ecr
0,nop,wscale 6], length 0
08:51:19.375753 IP 10.104.114.245.59600 > dns.google.telnet: Flags [S],
seq 1523302428, win 14600, options [mss 1460,sackOK,TS val 1379712253 ecr
0,nop,wscale 6], length 0
08:51:35.375752 IP 10.104.114.245.59600 > dns.google.telnet: Flags [S],
seq 1523302428, win 14600, options [mss 1460,sackOK,TS val 1379728253 ecr
0,nop,wscale 6], length 0
```

- telnet 命令的输出如下。

```
[root@VM-114-245-centos ~]# date && telnet 8.8.8.8 || date
Fri Oct 21 08:51:04 CST 2022
Trying 8.8.8.8...
telnet: connect to address 8.8.8.8: Connection timed out
Fri Oct 21 08:52:07 CST 2022
```

从 telnet 命令执行前后输出的时间信息中可以看出，telnet 命令在被阻塞了 63 秒之后才超时。经过多次测试我们发现，每次都是 63 秒。这是因为连接的默认超时时间是由系统参数 net.ipv4.tcp_syn_retries 决定的。执行命令 cat /proc/sys/net/ipv4/tcp_syn_retries 后可以看到，当前系统配置值为 5，也就是说，SYN 包最多重试 5 次，如果在重试 5 次之后还没有收到 ACK，则认为连接超时。

根据 tcpdump 抓包的输出，我们可以逐条分析。

- 08:51:04，telnet 客户端发出第 1 个 SYN 包。
- 08:51:05，1 秒超时之后发出第 2 个 SYN 包（第 1 次重试）。
- 08:51:07，2 秒超时之后发出第 3 个 SYN 包（第 2 次重试）。
- 08:51:11，4 秒超时之后发出第 4 个 SYN 包（第 3 次重试）。
- 08:51:19，8 秒超时之后发出第 5 个 SYN 包（第 4 次重试）。
- 08:51:35，16 秒超时之后发出第 6 个 SYN 包（第 5 次重试）。
- 32 秒之后，第 5 次重试也超时了，connect 调用返回连接超时的错误码 ETIMEDOUT。1 + 2 + 4 + 8 + 16 + 32 = 63，所以每一次的连接操作都会在 63 秒之后超时。

### 3. 自定义连接的超时时间

当我们需要自定义连接的超时时间时，可以按照以下步骤进行。

- 把 socket 函数返回的 fd 设置成非阻塞的。使用 fcntl 函数将 socket 设置为非阻塞模式，这样后续的 connect 调用就不会阻塞进程。
- 调用 connect 函数，此时 connect 函数会立即返回并报错，然后判断错误码是否为 EINPROGRESS。

- 如果错误码不是 EINPROGRESS，则表示连接失败，可以直接返回错误。
- 如果错误码是 EINPROGRESS，则表示 TCP 三次握手还在进行中，尚未完成，需要等待连接建立完成。
- 此时，调用 poll 函数监控 fd 是否可写，并设置对应的超时时间，这个超时时间就是我们自定义的连接超时时间。
- 如果 poll 调用失败，则表示连接操作失败。
- 如果 poll 调用超时，则表示连接操作超时。
- 如果 poll 调用在超时之前返回，fd 可写并且 fd 上没有其他错误，则表示连接建立成功，顺利和对端完成了 TCP 三次握手。

### 9.6.5　场景 5：Connection reset by peer

这个错误通常在读取 TCP 连接上的数据时出现，根因是在读取并等待数据的过程中收到了对端的 RST 包。通常是对端在关闭连接时主动发送了 RST 包。

RST 包是 TCP 中的一种控制包，用于强制关闭连接。当对端发送 RST 包时，表示对端不再接收本端发送的数据，同时也不再发送数据给本端。如果本端在此之后继续发送数据，就会收到 RST 包，连接将被强制关闭。

## 9.7　本章小结

在本章中，我们详细介绍了网络通信的基础知识以及与网络编程相关的知识点。我们从协议栈开始，自底向上分别介绍了物理层、数据链路层、网络层、传输层，并通过 ARP、ICMP 的编程实例加深了大家对网络层协议的理解。我们还介绍了网络编程常用的 API 函数，包括 socket、bind、listen、accept、connect、send、recv 等函数。

在本章的最后，我们为大家分析了 TCP 经典的异常场景，包括连接超时、连接重置、连接中断等情况，并介绍了如何通过代码自定义连接的超时时间。

通过本章的学习，大家应该对网络通信和网络编程有了更深入的理解，并且能够更加熟练地使用网络编程常用的 API 函数，同时还能够更好地处理网络编程中的异常情况。

# 第 10 章 I/O 模型与并发

对于互联网公司来说，用户规模通常都是几十万、几百万，甚至达到千万级别，头部互联网公司的用户人数更是以亿计。为了给大规模的用户提供服务，基于成本的考虑，我们需要充分利用单服务器的资源，给更多的用户提供服务。为此，我们需要通过高效的并发模型，让单服务器能够支持上万、十万甚至百万的用户连接。

后端程序通过网络对外提供服务，因此网络 I/O 模型是后端开发人员必须掌握的知识点。不同的网络 I/O 模型存在着明显的性能差异，只有充分理解不同 I/O 模型的性能差异，才能编写出性能更好的并发服务。网络 I/O 的读/写操作分为两个阶段：等待 I/O 就绪（可读或可写）以及完成内核态和用户态之间数据的复制。不同网络 I/O 模型的差异主要集中在这两个阶段。

## 10.1 I/O 模型概述

本节将对 4 种常见的 I/O 模型进行概述，旨在让大家对 I/O 模型有一个整体的认知。

### 10.1.1 阻塞 I/O

在 Linux 系统中，socket 上的读/写操作默认都是阻塞的。在这种模型下，一个用户态的进程在执行 socket 读/写操作时，会陷入内核态并被挂起，直到 socket 上有数据可读或可写时，这个进程才会从内核态切换回用户态，并完成数据在内核态和用户态之间的复制。

在阻塞 I/O 模型下，读/写操作会导致进程被挂起，进而导致服务性能低下，因为进程无法充分利用 CPU。

### 10.1.2 非阻塞 I/O

为了解决阻塞 I/O 挂起等待导致服务性能低下的问题，Linux 系统提供了非阻塞 I/O。在非阻塞 I/O 模型下，用户态的进程在执行 socket 读/写操作时，如果没有数据可读或数据不可写，那么读/写操作会立即返回，并设置 errno。因此，在非阻塞 I/O 模型下，需要循环多次执行读/写操作，才能完成预期的数据读/写。

### 10.1.3 I/O 多路复用

当需要处理大量客户端连接时，采用每个连接对应一个线程或进程的方式效率不高，且操作系统可能不允许创建那么多的线程或进程。为了解决这个问题，Linux 系统提供了

I/O 多路复用模型。在 I/O 多路复用模型下，一个进程可以同时监测多个 socket 的 I/O 是否就绪（可读或可写），只要其中任何一个就绪就返回，从而可以不被阻塞地完成对应的 I/O 操作。I/O 多路复用的优势在于能够同时处理多个连接，但在连接数不多的情况下，其性能相对其他 I/O 模型并不完全占优。

### 10.1.4 异步 I/O

无论是阻塞 I/O、非阻塞 I/O 还是 I/O 多路复用，都需要模型在用户态自行发起并完成 I/O 操作，这种需要自行发起并完成 I/O 操作的模型就是同步 I/O 模型。但是，也可以只发起请求，在告诉操作系统要读/写的数据后，就什么都不管，让操作系统自己默默地完成后续的操作，之后再通知服务，这种模型就是异步 I/O 模型。

在异步 I/O 模型下，在进程发起 I/O 操作之后，就可以立刻去处理其他事情。从内核的角度看，在接收到异步 I/O 操作之后，内核会立刻返回，不会对进程造成任何阻塞。内核会等待 I/O 就绪，然后完成数据的读/写。当操作完成之后，内核会向进程发送一个信号，通知进程 I/O 操作完成了。

然而，异步 I/O 模型在实际应用中的使用并不多，原因在于信号机制存在着一些限制。比如，每个进程只有一个信号（SIGPOLL 或 SIGIO）可以用于异步处理，并且我们在信号处理函数中也不推荐执行复杂的操作。

## 10.2 并发实例——EchoServer

在第 9 章中，我们介绍了网络编程常用的 API 函数，10.1 节介绍了 4 种常见的 I/O 模型。本节将正式开始并发实例的编程，我们将使用不同的并发模型来实现 EchoServer 这个回显服务，并对比不同并发模型的性能。

需要特别说明的是，本节中所有并发模型的代码示例都采用通用 makefile 进行编译，因此我们不再展示 makefile 文件。

### 10.2.1 Echo 协议

EchoServer 是一个回显服务，为了对外提供服务，我们需要定义一个应用层协议，我们称之为 Echo 协议。Echo 协议非常简单，由两部分组成。第一部分是长度为 4 字节的协议头部，用于标识协议体长度。第二部分是变长的协议体。Echo 协议的编解码如代码清单 10-1 所示，源代码在 codec.hpp 文件中。

**代码清单 10-1　Echo 协议的编解码**

```
#pragma once
#include <arpa/inet.h>
#include <string.h>
#include <strings.h>
#include <unistd.h>
#include <list>
#include <string>
namespace EchoServer {
```

## 10.2 并发实例——EchoServer

```cpp
enum DecodeStatus {
  HEAD = 1,      //解析协议头（协议体长度）
  BODY = 2,      //解析协议体
  FINISH = 3,    //完成解析
};
class Packet {
 public:
  Packet() = default;
  ~Packet() {
    if (data_) delete[] data_;
    len_ = 0;
  }
  void Alloc(size_t size) {
    if (data_) delete[] data_;
    len_ = size;
    data_ = new uint8_t[len_];
  }
  uint8_t *Data() { return data_; }
  ssize_t Len() { return len_; }
 public:
  uint8_t *data_{nullptr};    //二进制缓冲区
  ssize_t len_{0};            //缓冲区的长度
};
class Codec {
 public:
  ~Codec() {
    if (msg_) delete msg_;
  }
  void EnCode(const std::string &msg, Packet &pkt) {
    pkt.Alloc(msg.length() + 4);
    *(uint32_t *)pkt.Data() = htonl(msg.length());   //将协议体长度转换成网
                                                     //络字节序
    memmove(pkt.Data() + 4, msg.data(), msg.length());
  }
  void DeCode(uint8_t *data, size_t len) {
    uint32_t decodeLen = 0;                //本次解析的字节长度
    reserved_.append((const char *)data, len);
    uint32_t curLen = reserved_.size();    //还有多少字节需要解析
    data = (uint8_t *)reserved_.data();
    if (nullptr == msg_) msg_ = new std::string("");
    while (curLen > 0) {  //只要还有未解析的网络字节流,就持续解析
      bool decodeBreak = false;
      if (HEAD == decode_status_) {    //解析协议头
        decodeHead(&data, curLen, decodeLen, decodeBreak);
        if (decodeBreak) break;
      }
      if (BODY == decode_status_) {    //若解析完协议头,则解析协议体
        decodeBody(&data, curLen, decodeLen, decodeBreak);
        if (decodeBreak) break;
      }
    }
    if (decodeLen > 0) {               //删除本次解析完的数据
      reserved_.erase(0, decodeLen);
    }
    if (reserved_.size() <= 0) {       //及时释放空间
      reserved_.reserve(0);
    }
  }
  bool GetMessage(std::string &msg) {
    if (nullptr == msg_) return false;
    if (decode_status_ != FINISH) return false;
    msg = *msg_;
    delete msg_;
```

```cpp
        msg_ = nullptr;
        return true;
    }
  private:
    bool decodeHead(uint8_t **data, uint32_t &curLen, uint32_t &decodeLen,
        bool &decodeBreak) {
      if (curLen < 4) {      //将协议头固定为4字节
        decodeBreak = true;
        return true;
      }
      body_len_ = ntohl(*(uint32_t *)(*data));
      curLen -= 4;
      (*data) += 4;
      decodeLen += 4;
      decode_status_ = BODY;
      return true;
    }
    bool decodeBody(uint8_t **data, uint32_t &curLen, uint32_t &decodeLen,
        bool &decodeBreak) {
      if (curLen < body_len_) {
        decodeBreak = true;
        return true;
      }
      msg_->append((const char *)*data, body_len_);
      curLen -= body_len_;
      (*data) += body_len_;
      decodeLen += body_len_;
      decode_status_ = FINISH;
      body_len_ = 0;
      return true;
    }
  private:
    DecodeStatus decode_status_{HEAD};    //当前解析状态
    std::string reserved_;                //未解析的网络字节流
    uint32_t body_len_{0};                //当前消息的协议体长度
    std::string *msg_{nullptr};           //解析的消息
  };
}  //命名空间EchoServer
```

我们使用不到120行的代码，就实现了Echo协议的编解码。其中，Codec类用于消息的编解码，它采用了状态机的方法来解析请求数据，并提供了流式解析的DeCode函数；Packet类实现了二进制数据包的封装。

我们还对消息的接收和发送、socket选项的设置、创建用于监听的socket、客户端连接的接收等常用操作进行了函数封装，相关代码在代码清单10-2中，源代码在common.hpp文件中。

**代码清单10-2　常用操作的函数封装**

```cpp
#pragma once
#include <assert.h>
#include <fcntl.h>
#include <sys/sysinfo.h>
#include <functional>
#include "codec.hpp"
namespace EchoServer {
  int GetNProcs() { return get_nprocs(); }              //获取系统有多少个可用的CPU
  bool SendMsg(int fd, const std::string message) {     //在阻塞I/O模式下发送应答消息
    EchoServer::Packet pkt;
    EchoServer::Codec codec;
    codec.EnCode(message, pkt);
    ssize_t sendLen = 0;
    while (sendLen != pkt.Len()) {
      ssize_t ret = write(fd, pkt.Data() + sendLen, pkt.Len() - sendLen);
      if (ret < 0) {
        if (errno == EINTR) continue;    //中断的情况可以重试
```

## 10.2 并发实例——EchoServer

```cpp
            perror("write failed");
            return false;
        }
        sendLen += ret;
    }
    return true;
}
bool RecvMsg(int fd, std::string &message) {    //在阻塞I/O模式下接收请求消息
    uint8_t data[4 * 1024];
    EchoServer::Codec codec;
    while (not codec.GetMessage(message)) {    //如果还未获取完整的消息，则一直循环
        ssize_t ret = read(fd, data, 4 * 1024);//一次最多读取4KB
        if (ret <= 0) {
            if (errno == EINTR) continue;    //中断的情况可以重试
            perror("read failed");
            return false;
        }
        codec.DeCode(data, ret);
    }
    return true;
}
void SetNotBlock(int fd) {
    int oldOpt = fcntl(fd, F_GETFL);
    assert(oldOpt != -1);
    assert(fcntl(fd, F_SETFL, oldOpt | O_NONBLOCK) != -1);
}
void SetTimeOut(int fd, int64_t sec, int64_t usec) {
    struct timeval tv;
    tv.tv_sec = sec;       //秒
    tv.tv_usec = usec;     //微秒，1秒等于10⁶微秒
    assert(setsockopt(fd, SOL_SOCKET, SO_RCVTIMEO, &tv, sizeof(tv)) != -1);
    assert(setsockopt(fd, SOL_SOCKET, SO_SNDTIMEO, &tv, sizeof(tv)) != -1);
}
int CreateListenSocket(char *ip, int port, bool isReusePort) {
    sockaddr_in addr;
    addr.sin_family = AF_INET;
    addr.sin_port = htons(port);
    addr.sin_addr.s_addr = inet_addr(ip);
    int sockFd = socket(AF_INET, SOCK_STREAM, 0);
    if (sockFd < 0) {
        perror("socket failed");
        return -1;
    }
    int reuse = 1;
    int opt = SO_REUSEADDR;
    if (isReusePort) opt = SO_REUSEPORT;
    if (setsockopt(sockFd, SOL_SOCKET, opt, &reuse, sizeof(reuse)) != 0) {
        perror("setsockopt failed");
        return -1;
    }
    if (bind(sockFd, (sockaddr *)&addr, sizeof(addr)) != 0) {
        perror("bind failed");
        return -1;
    }
    if (listen(sockFd, 1024) != 0) {
        perror("listen failed");
        return -1;
    }
    return sockFd;
}
//在调用本函数之前，需要把sockFd设置成非阻塞的
void LoopAccept(int sockFd, int maxConn, std::function<void(int clientFd)>
    clientAcceptCallBack) {
    while (maxConn--) {
        int clientFd = accept(sockFd, NULL, 0);
```

```
    if (clientFd > 0) {
      clientAcceptCallBack(clientFd);
      continue;
    }
    if (errno != EAGAIN && errno != EWOULDBLOCK && errno != EINTR) {
      perror("accept failed");
    }
    break;
  }
} //命名空间EchoServer
```

在后续的并发实例编码中，我们将使用 codec.hpp 和 common.hpp 中封装的类或函数。大家可以先熟悉这些函数实现的功能，以提高后续阅读代码的效率并减少困惑。

### 10.2.2 协程

线程是操作系统调度的基本单位，进程是操作系统分配资源的基本单位。对于网络服务来说，网络 I/O 是主要的性能瓶颈之一。虽然可以通过多线程、多进程、线程池、进程池的方式来实现并发处理网络请求的能力，但是当我们在阻塞 I/O 模式下执行 I/O 操作时，进程或线程会被挂起，无法充分利用 CPU，CPU 利用率低，服务的并发能力不足。虽然我们还可以通过"非阻塞 I/O+异步回调"的方式来充分利用 CPU，提升服务的并发处理能力，但这种方式会增加编程复杂度，加重工程师的心智负担，同时也增加了调试难度。

为了在解决服务的并发处理能力不足的问题时，不过多带来额外的复杂度，协程被引入进来。协程是用户态的线程，它的创建、调度、销毁成本更低，协程的调度策略也完全可以由用户自行控制。那么，协程是如何在提升服务并发处理能力的同时，而不过多带来额外复杂度的呢？我们以网络请求的处理流程为例，在服务中引入协程的流程大致如图 10-1 所示。

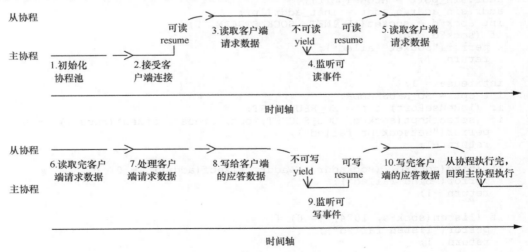

图10-1　在服务中引入协程的流程

- 步骤 1：初始化协程池。
- 步骤 2：接受客户端连接，将客户端关联的 socket 设置为非阻塞模式。
- 步骤 3：在客户端 socket 上，当第一次监听到数据可读时，创建从协程并将 socket

和新建的从协程关联起来，然后执行该从协程。
- 步骤 4：在从协程中循环执行 read 操作，当 read 操作返回数据暂不可读时，让出 CPU 执行权，服务回到主协程中执行。
- 步骤 5：主协程继续监听客户端 socket 上的可读事件，当 socket 继续可读时，找出 socket 关联的从协程，恢复该从协程的执行。
- 步骤 6：在从协程中继续循环执行 read 操作，假定在 read 操作返回数据暂不可读前，已经完成请求的全部数据的接收。
- 步骤 7：在从协程中解析出完整的客户端请求，完成业务逻辑的处理，并对应答数据进行编码，序列化成字节流。
- 步骤 8：在从协程中开启客户端 socket 可写事件的监听，然后循环执行 write 操作，写应答数据。当 write 操作返回数据暂不可写时，让出 CPU 执行权，服务回到主协程中执行。
- 步骤 9：主协程监听客户端 socket 上的可写事件，当 socket 可写时，找出 socket 关联的从协程，恢复该从协程的执行。
- 步骤 10：在从协程中继续循环执行 write 操作，假定在 write 操作返回数据暂不可写前，已经完成应答的全部数据的发送。此时，从协程顺利完成自己的使命，"功成身退"，服务回到主协程中执行。

从上面的流程中我们可以看出，协程在 I/O 暂不可用时，会及时切换当前的执行上下文，而不是挂起服务，这样就能充分利用 CPU，提供更好的并发处理能力。然而，有人可能担心引入协程会增加代码的复杂度。实际上，我们可以通过框架的封装来简化整个流程。框架只需要暴露步骤 7，这样使用框架的人员只需要专注于业务逻辑的处理即可。在后续的章节中，我们将介绍如何实现这样的框架。

那么，我们如何封装自己的协程呢？协程的实现方式有很多种，我们可以使用 Linux 系统中与 ucontext 相关的系统 API 来实现协程。这里只涉及 3 个简单的系统 API，它们的内容如下。

### 1. getcontext 函数

getcontext 函数用于获取当前执行上下文，并保存到传入的 ucontext_t*指针指向的上下文结构体 ucontext_t 中。它的函数原型如下。

```
#include <ucontext.h>
int getcontext(ucontext_t *ucp);
```

（1）ucp

一个指向 ucontext_t 结构体的指针，用于保存当前执行上下文的信息。

（2）返回值

获取当前执行上下文成功时返回 0，失败时返回-1 并设置 errno。

### 2. makecontext 函数

makecontext 函数用于修改使用 getcontext 函数获取的当前执行上下文。在调用 makecontext 函数之前，需要先修改获取的当前执行上下文的栈成员 uc_stack 和后续执行上下文的栈成员 uc_link，让 uc_stack 指向新的栈空间，而让 uc_link 指向新的后续执行上下文。如果 uc_link 为 NULL，那么在上下文被激活执行完之后，就直接退出当前线程。makecontext 函数的函数原型如下。

```c
#include <ucontext.h>
void makecontext(ucontext_t *ucp, void (*func)(), int argc, ...);
```

（1）ucp

一个指向 ucontext_t 结构体的指针，用于指定要修改的执行上下文。

（2）func

函数指针，用于指定上下文后续被激活时想要执行的函数。

（3）argc

func 所指定的函数的参数个数。

（4）...

一个变长参数列表，传入 argc 指定个数的参数，这个变长参数列表就是调用 func 的参数列表。

### 3. swapcontext 函数

swapcontext 函数用于保存当前执行上下文，并切换到新的执行上下文，它的函数原型如下。

```c
#include <ucontext.h>
int swapcontext(ucontext_t *oucp, ucontext_t *ucp);
```

（1）oucp

一个指向 ucontext_t 结构体的指针，用于保存当前执行上下文。

（2）ucp

一个指向 ucontext_t 结构体的指针，用于指定想要切换到的新的执行上下文。

（3）返回值

如果 swapcontext 函数执行成功，则不返回任何值，否则返回-1 并设置 errno 以指示错误原因。需要注意的是，当 oucp 指向的上下文被激活时，swapcontext 函数就会返回，此时的返回值为 0。

通过前面介绍的三个系统 API，我们可以实现自己的协程。除了基本的协程调度，我们还实现了按优先级调度、批量并行执行和协程本地变量的特性。相关代码如代码清单 10-3 和代码清单 10-4 所示。

**代码清单 10-3　头文件 coroutine.h**

```cpp
#pragma once
#include <stdlib.h>
#include <string.h>
#include <ucontext.h>
#include <cstdint>
#include <list>
#include <unordered_map>
namespace MyCoroutine {
constexpr int INVALID_BATCH_ID = -1;            //无效的batchId
constexpr int INVALID_ROUTINE_ID = -1;          //无效的协程id
constexpr int MAX_COROUTINE_SIZE = 102400;      //最多创建102 400个协程
constexpr int MAX_BATCH_RUN_SIZE = 51200;       //最多创建51 200个批量执行
constexpr int CANARY_SIZE = 512;                //canary内存的大小，单位为字节
constexpr uint8_t CANARY_PADDING = 0x88;        //canary填充的内容
/* 1.协程的状态，协程的状态转移如下。
 *   idle->ready
```

## 10.2 并发实例——EchoServer

```c
 *    ready->run
 *    run->suspend
 *    suspend->run
 *    run->idle
 * 2.批量执行的状态，批量执行的状态转移如下。
 *    idle->ready
 *    ready->run
 *    run->idle
 */
enum State {
  Idle = 1,        //空闲
  Ready = 2,       //就绪
  Run = 3,         //运行
  Suspend = 4,     //挂起
};
enum ResumeResult {
  NotRunnable = 1,   //没有可运行的协程
  Success = 2,       //成功唤醒一个处于挂起状态的协程
};
enum StackCheckResult {
  Normal = 0,      //正常
  OverFlow = 1,    //栈顶溢出
  UnderFlow = 2,   //栈底溢出
};
typedef void (*Entry)(void* arg);   //入口函数
typedef struct LocalData {   //协程本地变量的数据
  void* data;
  Entry freeEntry;           //用于释放本地协程变量的内存
} LocalData;
typedef struct Coroutine {   //协程结构体
  State state;                                    //协程当前的状态
  uint32_t priority;                              //协程优先级，值越小，优先级越高
  void* arg;                                      //协程入口函数的参数
  Entry entry;                                    //协程入口函数
  ucontext_t ctx;                                 //协程执行上下文
  uint8_t* stack;                                 //每个协程独占的协程栈，动态分配
  std::unordered_map<void*, LocalData> local;     //协程本地变量的存储
  int relateBatchId;                              //关联的batchId
  bool isInsertBatch;         //当前在协程中是否插入了batchRun的卡点
} Coroutine;
typedef struct Batch {    //批量执行结构体
  State state;                                    //批量执行的状态
  int relateId;                                   //关联的协程id
  std::unordered_map<int, bool> cid2finish;       //每个关联协程的运行状态
} Batch;
typedef struct Schedule {   //协程调度器
  ucontext_t main;                                //用于保存主协程的上下文
  int32_t runningCoroutineId;                     //运行中的从协程的id
  int32_t coroutineCnt;                           //协程数
  int32_t activityCnt;                            //处于非空闲状态的协程数
  bool isMasterCoroutine;                         //当前协程是否为主协程
  Coroutine* coroutines[MAX_COROUTINE_SIZE];      //从协程数组池
  Batch* batchs[MAX_BATCH_RUN_SIZE];              //批量执行数组池
  int stackSize;                                  //协程栈的大小，单位为字节
  std::list<int> batchFinishList;                 //完成了批量执行的关联的协程id
  bool stackCheck;                                //检测协程栈空间是否溢出
} Schedule;
//创建协程
```

```cpp
    int CoroutineCreate(Schedule& schedule, Entry entry, void* arg, uint32_t
        priority = 0, int relateBatchId = INVALID_BATCH_ID);
    //判断是否可以创建协程
    bool CoroutineCanCreate(Schedule& schedule);
    //让出执行权,只能在从协程中调用
    void CoroutineYield(Schedule& schedule);
    //恢复从协程的调用,只能在主协程中调用
    int CoroutineResume(Schedule& schedule);
    //恢复指定从协程的调用,只能在主协程中调用
    int CoroutineResumeById(Schedule& schedule, int id);
    //恢复从协程batch中协程的调用,只能在主协程中调用
    int CoroutineResumeInBatch(Schedule& schedule, int id);
    //恢复被插入batch卡点的从协程的调用,只能在主协程中调用
    int CoroutineResumeBatchFinish(Schedule& schedule);
    //判断当前从协程是否在batch中
    bool CoroutineIsInBatch(Schedule& schedule);
    //设置协程本地变量
    void CoroutineLocalSet(Schedule& schedule, void* key, LocalData localData);
    //获取协程本地变量
    bool CoroutineLocalGet(Schedule& schedule, void* key, LocalData& localData);
    //协程栈使用检测
    int CoroutineStackCheck(Schedule& schedule, int id);
    //初始化一个批量执行的上下文
    int BatchInit(Schedule& schedule);
    //在批量执行上下文中添加要执行的任务
    void BatchAdd(Schedule& schedule, int batchId, Entry entry, void* arg,
        uint32_t priority = 0);
    //执行批量操作
    void BatchRun(Schedule& schedule, int batchId);
    //初始化协程调度结构体
    int ScheduleInit(Schedule& schedule, int coroutineCnt, int stackSize = 8
        * 1024);
    //判断是否还有协程在运行
    bool ScheduleRunning(Schedule& schedule);
    //释放调度器
    void ScheduleClean(Schedule& schedule);
    //调度器尝试释放内存
    bool ScheduleTryReleaseMemory(Schedule& schedule);
    //获取当前运行中的从协程id
    int ScheduleGetRunCid(Schedule& schedule);
    //关闭协程栈检查
    void ScheduleDisableStackCheck(Schedule& schedule);
}   //命名空间MyCoroutine
```

代码清单10-4    源文件 coroutine.cpp

```cpp
#include "coroutine.h"
#include <assert.h>
#include <iostream>
#include "percentile.hpp"
namespace MyCoroutine {
static bool isBatchDone(Schedule& schedule, int batchId) {
    assert(batchId >= 0 && batchId < MAX_BATCH_RUN_SIZE);
    assert(schedule.batchs[batchId]->state == Run);
    for (const auto& kv : schedule.batchs[batchId]->cid2finish) {
        if (not kv.second) return false;   //只要有一个关联的协程没执行完,就返回false
    }
    return true;
}
```

## 10.2 并发实例——EchoServer

```cpp
static void CoroutineRun(Schedule* schedule) {
  schedule->isMasterCoroutine = false;
  int id = schedule->runningCoroutineId;
  assert(id >= 0 && id < schedule->coroutineCnt);
  Coroutine* routine = schedule->coroutines[id];
  routine->entry(routine->arg);   //执行entry函数
  //entry函数执行完之后,将协程状态更新为Idle,并标记runningCoroutineId为无效的id
  routine->state = Idle;
  //如果有关联的batch,则更新batch的信息,设置batch关联的协程已经执行完
  if (routine->relateBatchId != INVALID_BATCH_ID) {
    Batch* batch = schedule->batchs[routine->relateBatchId];
    batch->cid2finish[id] = true;
    //batch都执行完了,更新batchFinishList
    if (isBatchDone(*schedule, routine->relateBatchId)) {
      schedule->batchFinishList.push_back(batch->relateId);
    }
    routine->relateBatchId = INVALID_BATCH_ID;
  }
  schedule->activityCnt--;
  schedule->runningCoroutineId = INVALID_ROUTINE_ID;
  if (schedule->stackCheck) {
    assert(Normal == CoroutineStackCheck(*schedule, id));
  }
  //等到这个函数执行完之后,调用栈会回到主协程中,执行routine->ctx.uc_link指向的上
  //下文中的下一条指令
}
static void CoroutineInit(Schedule& schedule, Coroutine* routine, Entry
    entry, void* arg, uint32_t priority, int relateBatchId) {
  routine->arg = arg;
  routine->entry = entry;
  routine->state = Ready;
  routine->priority = priority;
  routine->relateBatchId = relateBatchId;
  routine->isInsertBatch = false;
  if (nullptr == routine->stack) {
    routine->stack = new uint8_t[schedule.stackSize];
    //填充栈顶canary内容
    memset(routine->stack, CANARY_PADDING, CANARY_SIZE);
    //填充栈底canary内容
    memset(routine->stack + schedule.stackSize - CANARY_SIZE, CANARY_
        PADDING, CANARY_SIZE);
  }
  getcontext(&(routine->ctx));
  routine->ctx.uc_stack.ss_flags = 0;
  routine->ctx.uc_stack.ss_sp = routine->stack + CANARY_SIZE;
  routine->ctx.uc_stack.ss_size = schedule.stackSize - 2 * CANARY_SIZE;
  routine->ctx.uc_link = &(schedule.main);
  //设置routine->ctx上下文要执行的函数和对应的参数
  //这里没有直接使用entry和arg设置,而是多了一层CoroutineRun函数的调用
  //这是为了在CoroutineRun中的entry函数执行完之后,将从协程的状态更新为Idle,并更
  //新当前处于运行中的从协程id为无效id
  //这样这些逻辑就可以对上层调用透明了
  makecontext(&(routine->ctx), (void (*)(void))(CoroutineRun), 1, &schedule);
}
int CoroutineCreate(Schedule& schedule, Entry entry, void* arg, uint32_t
    priority, int relateBatchId) {
  int id = 0;
  for (id = 0; id < schedule.coroutineCnt; id++) {
    if (schedule.coroutines[id]->state == Idle) break;
  }
  if (id >= schedule.coroutineCnt) {
    return INVALID_ROUTINE_ID;
  }
  schedule.activityCnt++;
```

```cpp
    Coroutine* routine = schedule.coroutines[id];
    CoroutineInit(schedule, routine, entry, arg, priority, relateBatchId);
    return id;
}
bool CoroutineCanCreate(Schedule& schedule) {
    int id = 0;
    for (id = 0; id < schedule.coroutineCnt; id++) {
        if (schedule.coroutines[id]->state == Idle) return true;
    }
    return false;
}
void CoroutineYield(Schedule& schedule) {
    assert(not schedule.isMasterCoroutine);
    int id = schedule.runningCoroutineId;
    assert(id >= 0 && id < schedule.coroutineCnt);
    Coroutine* routine = schedule.coroutines[schedule.runningCoroutineId];
    //更新当前的从协程状态为挂起
    routine->state = Suspend;
    //当前的从协程让出执行权,并把当前的从协程的执行上下文保存到routine->ctx中
    //执行权回到主协程中,只有当从协程被主协程resume时,swapcontext才会返回
    swapcontext(&routine->ctx, &(schedule.main));
    schedule.isMasterCoroutine = false;
}
int CoroutineResume(Schedule& schedule) {
    assert(schedule.isMasterCoroutine);
    bool isInsertBatch = true;
    uint32_t priority = UINT32_MAX;
    int coroutineId = INVALID_ROUTINE_ID;
    //按优先级进行调度,选择优先级最高的状态为挂起的从协程来运行,并考虑是否插入了batch卡点
    for (int i = 0; i < schedule.coroutineCnt; i++) {
        if (schedule.coroutines[i]->state == Idle || schedule.coroutines[i]->
            state == Run){
            continue;
        }
        //执行到这里,schedule.coroutines[i]->state的值为Suspend或Ready
        if (not schedule.coroutines[i]->isInsertBatch && isInsertBatch) {
            coroutineId = i;
            //没有batch卡点的协程优先级更高
            priority = schedule.coroutines[i]->priority;
            isInsertBatch = false;
        } else if (schedule.coroutines[i]->isInsertBatch && not isInsertBatch) {
            //插入了batch卡点的协程优先级更低,所以这里不再更新isInsertBatch、priority和
            //coroutineId
        } else {    //都没有插入batch卡点或者都插入了batch卡点
            if (schedule.coroutines[i]->priority < priority) {
                coroutineId = i;
                priority = schedule.coroutines[i]->priority;
            }
        }
    }
    if (coroutineId == INVALID_ROUTINE_ID) return NotRunnable;
    Coroutine* routine = schedule.coroutines[coroutineId];
    //对于插入了batch卡点的协程,需要再次校验batch是否执行完
    if (isInsertBatch) {
        //batch卡点关联的协程必须全部执行完
        assert(isBatchDone(schedule, routine->relateBatchId));
    }
    routine->state = Run;
    schedule.runningCoroutineId = coroutineId;
    //从主协程切换到协程编号为id的协程中执行,并把当前执行上下文保存到schedule.main中
    //只有当从协程执行结束或者从协程主动yield时,swapcontext才会返回
    swapcontext(&schedule.main, &routine->ctx);
    schedule.isMasterCoroutine = true;
    return Success;
```

```cpp
  }
  int CoroutineResumeById(Schedule& schedule, int id) {
    assert(schedule.isMasterCoroutine);
    assert(id >= 0 && id < schedule.coroutineCnt);
    Coroutine* routine = schedule.coroutines[id];
    //只有处于挂起状态或就绪状态的协程才可以唤醒
    if (routine->state != Suspend && routine->state != Ready) return NotRunnable;
    //对于插入了batch卡点的协程，需要batch执行完才可以唤醒
    if (routine->isInsertBatch && not isBatchDone(schedule, routine->
      relateBatchId)) return NotRunnable;
    routine->state = Run;
    schedule.runningCoroutineId = id;
    //从主协程切换到协程编号为id的协程中执行，并把当前执行上下文保存到schedule.main中
    //只有当从协程执行结束或者从协程主动yield时，swapcontext才会返回
    swapcontext(&schedule.main, &routine->ctx);
    schedule.isMasterCoroutine = true;
    return Success;
  }
  int CoroutineResumeInBatch(Schedule& schedule, int id) {
    assert(schedule.isMasterCoroutine);
    assert(id >= 0 && id < schedule.coroutineCnt);
    Coroutine* routine = schedule.coroutines[id];
    //如果没有被插入batch卡点，则没有需要唤醒的batch协程
    if (not routine->isInsertBatch) return NotRunnable;
    int batchId = routine->relateBatchId;
    auto iter = schedule.batchs[batchId]->cid2finish.begin();
    //恢复batch关联的所有从协程
    while (iter != schedule.batchs[batchId]->cid2finish.end()) {
      assert(iter->second == false);
      assert(CoroutineResumeById(schedule, iter->first) == Success);
      iter++;
    }
    return Success;
  }
  int CoroutineResumeBatchFinish(Schedule& schedule) {
    assert(schedule.isMasterCoroutine);
    if (schedule.batchFinishList.size() <= 0) return NotRunnable;
    while (not schedule.batchFinishList.empty()) {
      int cid = schedule.batchFinishList.front();
      schedule.batchFinishList.pop_front();
      assert(CoroutineResumeById(schedule, cid) == Success);
    }
    return Success;
  }
  bool CoroutineIsInBatch(Schedule& schedule) {
    assert(not schedule.isMasterCoroutine);
    int cid = schedule.runningCoroutineId;
    return schedule.coroutines[cid]->relateBatchId != INVALID_BATCH_ID;
  }
  void CoroutineLocalSet(Schedule& schedule, void* key, LocalData localData) {
    assert(not schedule.isMasterCoroutine);   //在从协程中才可以调用
    int cid = schedule.runningCoroutineId;
    auto iter = schedule.coroutines[cid]->local.find(key);
    if (iter != schedule.coroutines[cid]->local.end()) {
      iter->second.freeEntry(iter->second.data);   //如果之前有值，则要先释放空间
    }
    schedule.coroutines[cid]->local[key] = localData;
  }
  bool CoroutineLocalGet(Schedule& schedule, void* key, LocalData& localData) {
    assert(not schedule.isMasterCoroutine);   //在从协程中才可以调用
    int cid = schedule.runningCoroutineId;
    auto iter = schedule.coroutines[cid]->local.find(key);
    if (iter == schedule.coroutines[cid]->local.end()) {
```

```cpp
      //如果不存在，则判断是否有关联batch
      int relateBatchId = schedule.coroutines[cid]->relateBatchId;
      if (relateBatchId == INVALID_BATCH_ID) return false;
      //从被插入batch卡点的协程中查找，进而实现部分协程间本地变量的共享
      Batch* batch = schedule.batchs[relateBatchId];
      iter = schedule.coroutines[batch->relateId]->local.find(key);
      if (iter == schedule.coroutines[batch->relateId]->local.end())
        return false;
      localData = iter->second;
      return true;
    }
    localData = iter->second;
    return true;
  }
  int CoroutineStackCheck(Schedule& schedule, int id) {
    assert(id >= 0 && id < schedule.coroutineCnt);
    Coroutine* routine = schedule.coroutines[id];
    assert(routine->stack);
    //栈的"生长"方向，从高地址到低地址
    for (int i = 0; i < CANARY_SIZE; i++) {
      if (routine->stack[i] != CANARY_PADDING) {
        return OverFlow;
      }
      if (routine->stack[schedule.stackSize - 1 - i] != CANARY_PADDING) {
        return UnderFlow;
      }
    }
    return Normal;
  }
  int BatchInit(Schedule& schedule) {
    assert(not schedule.isMasterCoroutine);   //在从协程中才可以调用
    for (int i = 0; i < MAX_BATCH_RUN_SIZE; i++) {
      if (schedule.batchs[i]->state == Idle) {
        schedule.batchs[i]->state = Ready;
        schedule.batchs[i]->relateId = schedule.runningCoroutineId;
        schedule.coroutines[schedule.runningCoroutineId]->relateBatchId = i;
        schedule.coroutines[schedule.runningCoroutineId]->isInsertBatch = true;
        return i;
      }
    }
    return INVALID_BATCH_ID;
  }
  void BatchAdd(Schedule& schedule, int batchId, Entry entry, void* arg,
    uint32_t priority) {
    assert(not schedule.isMasterCoroutine);
    assert(batchId >= 0 && batchId < MAX_BATCH_RUN_SIZE);
    assert(schedule. batchs[batchId]->state == Ready);
    assert(schedule.bat chs[batchId]-> relateId == schedule.runningCoroutineId);
    int id = CoroutineCreate(schedule, entry, arg, priority, batchId);
    assert(id != INVALID_ROUTINE_ID);
    schedule.batchs[batchId]->cid2finish[id] = false;   //新增要执行的协程还没执行完
  }
  void BatchRun(Schedule& schedule, int batchId) {
    assert(not schedule.isMasterCoroutine);
    assert(batchId >= 0 && batchId < MAX_BATCH_RUN_SIZE);
    assert(schedule.batchs[batchId]->relateId == schedule.runningCoroutineId);
    schedule.batchs[batchId]->state = Run;
    //只是一个卡点，等batch中所有的协程都执行完了，主协程再恢复从协程的执行
    CoroutineYield(schedule);
    schedule.batchs[batchId]->state = Idle;
    schedule.batchs[batchId]->cid2finish.clear();
    schedule.coroutines[schedule.runningCoroutineId]->relateBatchId = INVALID_BATCH_ID;
    schedule.coroutines[schedule.runningCoroutineId]->isInsertBatch = false;
  }
```

## 10.2 并发实例——EchoServer

```cpp
int ScheduleInit(Schedule& schedule, int coroutineCnt, int stackSize) {
  assert(coroutineCnt > 0 && coroutineCnt <= MAX_COROUTINE_SIZE);
  stackSize += (CANARY_SIZE * 2);    //添加canary需要的额外内存
  schedule.activityCnt = 0;
  schedule.stackCheck = true;
  schedule.stackSize = stackSize;
  schedule.isMasterCoroutine = true;
  schedule.coroutineCnt = coroutineCnt;
  schedule.runningCoroutineId = INVALID_ROUTINE_ID;
  for (int i = 0; i < coroutineCnt; i++) {
    schedule.coroutines[i] = new Coroutine;
    schedule.coroutines[i]->state = Idle;
    schedule.coroutines[i]->stack = nullptr;
  }
  for (int i = 0; i < MAX_BATCH_RUN_SIZE; i++) {
    schedule.batchs[i] = new Batch;
    schedule.batchs[i]->state = Idle;
  }
  return 0;
}
bool ScheduleRunning(Schedule& schedule) {
  assert(schedule.isMasterCoroutine);
  if (schedule.runningCoroutineId != INVALID_ROUTINE_ID) return true;
  for (int i = 0; i < schedule.coroutineCnt; i++) {
    if (schedule.coroutines[i]->state != Idle) return true;
  }
  return false;
}
void ScheduleClean(Schedule& schedule) {
  assert(schedule.isMasterCoroutine);
  for (int i = 0; i < schedule.coroutineCnt; i++) {
    delete[] schedule.coroutines[i]->stack;
    for (auto& item : schedule.coroutines[i]->local) {
      item.second.freeEntry(item.second.data);    //释放协程本地变量的内存空间
    }
    delete schedule.coroutines[i];
  }
  for (int i = 0; i < MAX_BATCH_RUN_SIZE; i++) {
    delete schedule.batchs[i];
  }
}
bool ScheduleTryReleaseMemory(Schedule& schedule) {
  static Percentile pct;
  pct.Stat("activityCnt", schedule.activityCnt);
  double pctValue;
  //保持PCT99水平即可
  if (not pct.GetPercentile("activityCnt", 0.99, pctValue)) return false;
  int32_t releaseCnt = 0;
  //扣除活动的协程，计算剩余需要保留的栈空间内存的协程数
  int32_t remainStackCnt = (int32_t)pctValue - schedule.activityCnt;
  for (int i = 0; i < schedule.coroutineCnt; i++) {
    if (schedule.coroutines[i]->state != Idle) continue;
    if (nullptr == schedule.coroutines[i]->stack) continue;
    if (remainStackCnt <= 0) {                      //没有保留名额了
      delete[] schedule.coroutines[i]->stack;       //释放状态为Idle的协程的栈内存
      schedule.coroutines[i]->stack = nullptr;
      for (auto& item : schedule.coroutines[i]->local) {
        item.second.freeEntry(item.second.data);//释放协程本地变量的内存空间
      }
      schedule.coroutines[i]->local.clear();
      releaseCnt++;
      if (releaseCnt >= 25) break;    //最多释放25个协程栈的空间，以避免耗时过长
    } else {
      remainStackCnt--;                        //将保留名额减1
    }
  }
}
```

```
        return true;
    }
    int ScheduleGetRunCid(Schedule& schedule) { return schedule.runningCoroutineId; }
    void ScheduleDisableStackCheck(Schedule& schedule) { schedule.stackCheck
    = false; }
}   //命名空间MyCoroutine
```

上述代码实现了一个协程调度器,其中定义了多个结构体,用于保存协程相关数据和批量执行相关数据。具体来说,LocalData 结构体用于存储协程本地变量的数据,Coroutine 结构体用于保存协程相关数据,Batch 结构体用于保存批量执行相关数据,Schedule 结构体则用作协程的调度器。

上述代码还实现了多个函数,用于协程创建、协程挂起、协程激活、协程调度器初始化、协程调度器清理、协程本地变量设置、协程本地变量获取、创建批量任务执行上下文、新增批量执行任务、运行批量任务等。为了确保协程栈的安全,我们实现了协程栈访问异常的检查函数,默认情况下,当发现协程栈访问异常时,进程将触发断言并退出。

总之,上述代码实现了一个功能齐全的协程调度器,它不仅支持协程的创建、挂起、激活和调度等,还具有支持协程本地变量和批量执行等特性。在使用这个协程调度器时,需要注意协程栈的大小和安全性,以确保程序的正确性和可靠性。

在我们的协程实现中,我们使用了百分位数计算的功能,具体的代码如代码清单 10-5 所示。

**代码清单 10-5 头文件 percentile.hpp**

```cpp
#pragma once
#include <algorithm>
#include <map>
#include <string>
#include <vector>
class Percentile {
 public:
  Percentile() = default;
  Percentile(size_t maxStatDataLen) : max_stat_data_len_(maxStatDataLen) {}
  void Stat(std::string key, int64_t value) {
    auto iter = origin_stat_data_.find(key);
    if (iter == origin_stat_data_.end()) {
      origin_stat_data_index_[key] = 0;
      origin_stat_data_[key] = std::vector<int64_t>();
      iter = origin_stat_data_.find(key);
      iter->second.reserve(max_stat_data_len_);
    }
    if (iter->second.size() < max_stat_data_len_) {
      iter->second.push_back(value);
      return;
    }
    iter->second[origin_stat_data_index_[key]] = value;       //循环数组
    origin_stat_data_index_[key] = (origin_stat_data_index_[key] + 1) %
      max_stat_data_len_;                                      //更新下标
  }
  bool GetPercentile(std::string key, double pct, double &pctValue) {
    auto iter = origin_stat_data_.find(key);
    if (iter == origin_stat_data_.end()) {
      return false;
    }
    if (iter->second.size() < max_stat_data_len_) {
      return false;
    }
    std::vector<int64_t> temp = iter->second;
    std::sort(temp.begin(), temp.end());
    double x = (temp.size() - 1) * pct;
```

```
        int32_t i = (int32_t)x;
        double j = x - i;
        pctValue = (1 - j) * temp[i] + j * temp[i + 1];
        return true;
    }
private:
    size_t max_stat_data_len_{1024};    //原始统计数据的最大长度
    std::map<std::string, std::vector<int64_t>> origin_stat_data_;   //原始
                                                                    //统计数据
    std::map<std::string, int32_t> origin_stat_data_index_;   //原始统计数据的索引
};
```

百分位数计算的功能，在协程库中用于统计 PCT99 水平的协程数量，并在释放多余的空闲协程栈空间时发挥了重要作用。

我们实现的协程有 4 种状态，分别为 Idle（空闲）、Ready（就绪）、Run（运行）和 Suspend（挂起）。协程 4 种状态的迁移状态机如图 10-2 所示。

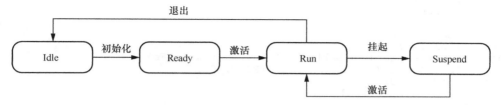

图10-2　协程4种状态的迁移状态机

在协程基础上实现的批量任务只有 3 种状态，分别为 Idle（空闲）、Ready（就绪）和 Run（运行）。批量任务 3 种状态的迁移状态机如图 10-3 所示。

图10-3　批量任务3种状态的迁移状态机

批量执行的特性实现原理是在从协程中插入执行的依赖卡点。只有当一个从协程的依赖卡点关联的其他从协程全部执行完毕时，这个从协程才能恢复执行。此外，在一个从协程中，可以连续插入多个批量任务执行的依赖卡点。需要注意的是，批量执行不能嵌套。通过这种方式，批量执行提供了一种自定义的并发执行能力，可以进一步提升服务性能。

协程本地变量是通过在结构体 Coroutine 中定义一个名为 unordered_map 的映射来实现的。这个映射中的 key 为变量内存地址的指针，这种使用相同变量内存地址的指针，在不同的协程中获取到的值不同，从而实现了协程之间的隔离，并进而实现了协程本地变量的特性。此外，批量执行任务中的协程也可以和被插入批量执行任务的协程共享协程本地变量。

### 10.2.3　benchmark 工具

为了比较不同并发模型方案下程序的性能差异，我们需要编写 benchmark 工具，用于

压测 EchoServer 服务，以便获得基准的性能指标。benchmark 工具的代码如代码清单 10-6 所示。

**代码清单 10-6　源文件 benchmark.cpp**

```cpp
#include <arpa/inet.h>
#include <sys/socket.h>
#include <sys/time.h>
#include <sys/types.h>
#include <unistd.h>
#include <iostream>
#include <mutex>
#include <string>
#include <thread>
#include "../common.h"
typedef struct Stat {
  int sum{0};
  int success{0};
  int failure{0};
  int spendms{0};
} Stat;
std::mutex Mutex;
Stat FinalStat;
bool getConnection(sockaddr_in &addr, int &sockFd) {
  sockFd = socket(AF_INET, SOCK_STREAM, 0);
  if (sockFd < 0) {
    perror("socket failed");
    return false;
  }
  int ret = connect(sockFd, (sockaddr *)&addr, sizeof(addr));
  if (ret < 0) {
    perror("connect failed");
    close(sockFd);
    return false;
  }
  struct linger lin;
  lin.l_onoff = 1;
  lin.l_linger = 0;
  //设置当关闭TCP连接时，直接发送RST包，TCP连接直接进入CLOSED状态
  if (0 == setsockopt(sockFd, SOL_SOCKET, SO_LINGER, &lin, sizeof(lin))) {
    return true;
  }
  perror("setsockopt failed");
  close(sockFd);
  return false;
}
int getSpendMs(timeval begin, timeval end) {
  end.tv_sec -= begin.tv_sec;
  end.tv_usec -= begin.tv_usec;
  if (end.tv_usec <= 0) {
    end.tv_sec -= 1;
    end.tv_usec += 1000000;
  }
  return end.tv_sec * 1000 + end.tv_usec / 1000;   //计算运行的时间,单位为毫秒
}
void client(int theadId, Stat *curStat, char *argv[]) {
  int sum = 0;
  int success = 0;
  int failure = 0;
  int spendms = 0;
  sockaddr_in addr;
  addr.sin_family = AF_INET;
  addr.sin_port = htons(atoi(argv[1]));
  addr.sin_addr.s_addr = inet_addr(std::string("127.0.0.") + std::to_string
    (theadId + 1)).c_str());
  int msgLen = atoi(argv[2]) * 1024;
```

## 10.2 并发实例——EchoServer

```cpp
    if (msgLen <= 0) {
      msgLen = 100;   //最少发送100字节
    }
    std::string message(msgLen - 4, 'a');
    int concurrency = atoi(argv[3]) / 10;    //每个线程的并发数
    int *sockFd = new int[concurrency];
    timeval end;
    timeval begin;
    gettimeofday(&begin, NULL);
    for (int i = 0; i < concurrency; i++) {
      if (not getConnection(addr, sockFd[i])) {
        sockFd[i] = 0;
        failure++;
      }
    }
    auto failureDeal = [&sockFd, &failure](int i) {
      close(sockFd[i]);
      sockFd[i] = 0;
      failure++;
    };
    std::cout << "threadId[" << theadId << "] finish connection" << std::endl;
    for (int i = 0; i < concurrency; i++) {
      if (sockFd[i]) {
        if (not EchoServer::SendMsg(sockFd[i], message)) {
          failureDeal(i);
        }
      }
    }
    std::cout << "threadId[" << theadId << "] finish send message" << std::endl;
    for (int i = 0; i < concurrency; i++) {
      if (sockFd[i]) {
        std::string respMessage;
        if (not EchoServer::RecvMsg(sockFd[i], respMessage)) {
          failureDeal(i);
          continue;
        }
        if (respMessage != message) {
          failureDeal(i);
          continue;
        }
        close(sockFd[i]);
        success++;
      }
    }
    delete[] sockFd;
    std::cout << "threadId[" << theadId << "] finish recv message" << std::endl;
    sum = success + failure;
    gettimeofday(&end, NULL);
    spendms = getSpendMs(begin, end);
    std::lock_guard<std::mutex> guard(Mutex);
    curStat->sum += sum;
    curStat->success += success;
    curStat->failure += failure;
    curStat->spendms += spendms;
}
void UpdateFinalStat(Stat stat) {
    FinalStat.sum += stat.sum;
    FinalStat.success += stat.success;
    FinalStat.failure += stat.failure;
    FinalStat.spendms += stat.spendms;
}
int main(int argc, char *argv[]) {
    if (argc != 5) {
      std::cout << "invalid input" << std::endl;
      std::cout << "example: ./BenchMark 1688 1 1000 1" << std::endl;
      return -1;
    }
```

```cpp
    int runSecond = 1;    //压测运行的总时长，单位为秒
    if (atoi(argv[4]) > runSecond) {
      runSecond = atoi(argv[4]);
    }
    timeval end;
    timeval runBeginTime;
    gettimeofday(&runBeginTime, NULL);
    int runRoundCount = 0;
    while (true) {
      Stat curStat;
      std::thread threads[10];
      for (int threadId = 0; threadId < 10; threadId++) {
        threads[threadId] = std::thread(client, threadId, &curStat, argv);
      }
      for (int threadId = 0; threadId < 10; threadId++) {
        threads[threadId].join();
      }
      runRoundCount++;
      curStat.spendms /= 10;
      UpdateFinalStat(curStat);
      gettimeofday(&end, NULL);
      std::cout << "round " << runRoundCount << " spend " << curStat.spendms
          << " ms. " << std::endl;
      if (getSpendMs(runBeginTime, end) >= runSecond * 1000) {
        break;
      }
      sleep(2);    //每间隔两秒，就发起下一轮压测，这样压测结果更稳定
    }
    std::cout << "total spend " << FinalStat.spendms << " ms. avg spend "
          << FinalStat.spendms / runRoundCount
          << " ms. sum[" << FinalStat.sum << "],success["
          << FinalStat.success << "],failure[" << FinalStat.failure
          << "]" << std::endl;
    return 0;
}
```

当使用 benchmark 工具时，可以通过命令行参数来指定被压测服务监听的端口、压测请求包的大小、并发请求的数量和压测运行的总时长，默认连接的是本地 IP 地址 127.0.0.X。每一批次的压测会创建 10 个线程，并且会并发地发起连接、SendMsg 和 RecvMsg 操作。每个线程执行完之后，都会更新统计信息。由于统计数据存在并发访问，因此需要使用互斥锁来保护临界区。每一批次的压测都会在主线程中调用 join 函数，等待所有的压测线程执行完毕。压测运行结束之后，输出压测总耗时、单批次平均耗时、请求总数、请求成功总数和请求失败总数。

需要特别注意的一点是，在创建完连接之后，需要设置 LINGER 选项。这样在调用 close 函数关闭 TCP 连接时，就会直接发送 RST 包，使 TCP 连接直接复位，进入 CLOSED 状态，从而不影响下一轮压测。否则，很多本地端口会因为 TCP 连接处于 TIME_WAIT 状态而不可用。总之，在进行压测时，需要注意 TCP 连接的状态和资源的释放，以确保程序的正确性和可靠性。

### 10.2.4 单进程

单进程是最简单的并发设计，我们使用单进程来完成所有客户端连接的接受、请求数据的接收、解码和处理，以及应答数据的编码和发送。对应的代码如代码清单 10-7 所示。

代码清单 10-7　源文件 singleprocess.cpp

```cpp
#include <sys/socket.h>
#include <unistd.h>
```

```cpp
#include <iostream>
#include "../common.hpp"
void handlerClient(int clientFd) {
  std::string msg;
  if (not EchoServer::RecvMsg(clientFd, msg)) {
    return;
  }
  EchoServer::SendMsg(clientFd, msg);
  close(clientFd);
}
int main(int argc, char* argv[]) {
  if (argc != 3) {
    std::cout << "invalid input" << std::endl;
    std::cout << "example: ./SingleProcess 0.0.0.0 1688" << std::endl;
    return -1;
  }
  int sockFd = EchoServer::CreateListenSocket(argv[1], atoi(argv[2]), false);
  if (sockFd < 0) {
    return -1;
  }
  while (true) {
    int clientFd = accept(sockFd, NULL, 0);
    if (clientFd < 0) {
      perror("accept failed");
      continue;
    }
    handlerClient(clientFd);
    close(clientFd);
  }
  return 0;
}
```

在 main 函数中，在开启监听之后，服务就陷入了死循环。每当接受一个客户端连接之后，就马上处理这个客户端的请求，处理完请求之后就关闭连接。由于这是一个单进程模型，因此只能串行地处理客户端请求，而无法并发地处理多个客户端请求。

### 10.2.5 多进程

最原始的单进程模型虽然简单，但每次只能处理一个客户端的请求，其他客户端的请求只能被阻塞，请求的处理是串行的，因此服务的并发处理能力有限。为了提高服务的并发处理能力，我们可以使用多进程的并发模型，为每个客户端连接都创建一个单独的进程，一个进程服务一个客户端。对应的代码如代码清单 10-8 所示。

**代码清单 10-8　源文件 multiprocess.cpp**

```cpp
#include <signal.h>
#include <sys/socket.h>
#include <unistd.h>
#include <iostream>
#include "../common.hpp"
void handlerClient(int clientFd) {
  std::string msg;
  if (not EchoServer::RecvMsg(clientFd, msg)) {
    return;
  }
  EchoServer::SendMsg(clientFd, msg);
  close(clientFd);
}
void childExitSignalHandler() {
```

```cpp
    struct sigaction act;
    act.sa_handler = SIG_IGN;       //设置信号处理函数，这里忽略子进程退出信号
    sigemptyset(&act.sa_mask);      //信号屏蔽设置为空
    act.sa_flags = 0;               //标志位设置为0
    sigaction(SIGCHLD, &act, NULL);
}
int main(int argc, char* argv[]) {
    if (argc != 3) {
        std::cout << "invalid input" << std::endl;
        std::cout << "example: ./MultiProcess 0.0.0.0 1688" << std::endl;
        return -1;
    }
    int sockFd = EchoServer::CreateListenSocket(argv[1], atoi(argv[2]), false);
    if (sockFd < 0) {
        return -1;
    }
    //忽略子进程退出信号，否则就会导致大量的僵尸进程，后续无法再创建子进程
    childExitSignalHandler();
    while (true) {
        int clientFd = accept(sockFd, NULL, 0);
        if (clientFd < 0) {
            perror("accept failed");
            continue;
        }
        pid_t pid = fork();
        if (pid == -1) {
            perror("fork failed");
            continue;
        }
        if (pid == 0) {   //子进程
            handlerClient(clientFd);
            exit(0);        //处理完请求，子进程直接退出
        } else {
            close(clientFd);  //父进程直接关闭客户端连接，否则文件描述符会泄露
        }
    }
    return 0;
}
```

在 main 函数中，在开启监听之后，服务就陷入了死循环。每当接受客户端连接之后，就创建新的子进程为其服务。在此过程中，有 3 个细节需要特别注意。

首先，子进程处理完请求之后需要立即退出，否则就会导致子进程资源的浪费和系统资源的耗尽。

其次，父进程创建完子进程返回后，需要关闭客户端连接，否则文件描述符会泄露，从而导致系统资源的浪费。

最后，我们需要忽略子进程退出信号，这样在子进程退出之后，子进程资源就会被自动回收，从而避免出现僵尸进程。

### 10.2.6 多线程

多进程的并发模型存在的问题在于需要频繁地创建和销毁进程，而创建和销毁进程的系统开销较高，资源占用也较多。为了解决这个问题，我们可以使用多线程的并发模型，为每个客户端连接都创建一个单独的线程，一个线程服务一个客户端。创建和销毁线程的系统开销较低，资源占用也较少。对应的代码如代码清单 10-9 所示。

## 10.2 并发实例——EchoServer

**代码清单 10-9　源文件 multithread.cpp**

```cpp
#include <arpa/inet.h>
#include <netinet/in.h>
#include <sys/socket.h>
#include <unistd.h>
#include <iostream>
#include <thread>
#include "../common.hpp"
void handlerClient(int clientFd) {
  std::string msg;
  if (not EchoServer::RecvMsg(clientFd, msg)) {
    return;
  }
  EchoServer::SendMsg(clientFd, msg);
  close(clientFd);
}
int main(int argc, char* argv[]) {
  if (argc != 3) {
    std::cout << "invalid input" << std::endl;
    std::cout << "example: ./MultiThread 0.0.0.0 1688" << std::endl;
    return -1;
  }
  int sockFd = EchoServer::CreateListenSocket(argv[1], atoi(argv[2]), false);
  if (sockFd < 0) {
    return -1;
  }
  while (true) {
    int clientFd = accept(sockFd, NULL, 0);
    if (clientFd < 0) {
      perror("accept failed");
      continue;
    }
    std::thread(handlerClient, clientFd).detach();    //这里需要调用detach函数，
                                                      //以使创建的线程独立运行
  }
  return 0;
}
```

在 main 函数中，在开启监听之后，服务就陷入了死循环。每当接受客户端连接之后，就创建新的线程为其服务。在此过程中，有一个细节需要特别注意：这里需要调用 detach 函数，以使创建的线程独立运行，否则线程执行完之后，服务就会异常终止。

### 10.2.7　进程池 1

多进程的并发模型需要频繁地创建和销毁进程，这会导致系统开销较高，资源占用也较多。进程池的并发模型则预先创建指定数量的进程，每个进程不退出，而是一直为不同的客户端提供服务。这种模型可以减少进程的创建和销毁，从而提高服务的并发处理能力，降低系统开销和资源占用。对应的代码如代码清单 10-10 所示。

**代码清单 10-10　源文件 processpool1.cpp**

```cpp
#include <sys/socket.h>
#include <unistd.h>
#include <iostream>
#include "../common.hpp"
void handlerClient(int clientFd) {
  std::string msg;
  if (not EchoServer::RecvMsg(clientFd, msg)) {
    return;
  }
```

```cpp
      EchoServer::SendMsg(clientFd, msg);
   }
   void handler(int sockFd) {
      while (true) {
         int clientFd = accept(sockFd, NULL, 0);
         if (clientFd < 0) {
            perror("accept failed");
            continue;
         }
         handlerClient(clientFd);
         close(clientFd);
      }
   }
   int main(int argc, char* argv[]) {
      if (argc != 3) {
         std::cout << "invalid input" << std::endl;
         std::cout << "example: ./ProcessPool1 0.0.0.0 1688" << std::endl;
         return -1;
      }
      int sockFd = EchoServer::CreateListenSocket(argv[1], atoi(argv[2]), false);
      if (sockFd < 0) {
         return -1;
      }
      for (int i = 0; i < EchoServer::GetNProcs(); i++) {
         pid_t pid = fork();
         if (pid < 0) {
            perror("fork failed");
            continue;
         }
         if (0 == pid) {
            handler(sockFd);      //子进程陷入死循环，处理客户端请求
            exit(0);
         }
      }
      while (true) sleep(1);      //父进程陷入死循环
      return 0;
   }
```

在 main 函数中，在开启监听之后，根据系统当前可用的 CPU 核心数，预先创建数量与之相等的子进程。每个子进程都陷入死循环，且一直监听客户端连接的到来并给客户端提供服务。

### 10.2.8　进程池 2

在前面进程池的并发模型中，所有的子进程都会调用 accept 函数来接受新的客户端连接。这种方式存在竞争，当新的客户端连接到来时，多个子进程之间会争夺接受连接的机会。在 2.6 版本之前的 Linux 内核中，所有子进程都会被唤醒，但只有一个可以调用 accept 函数成功，其他的则失败并设置 EGAIN 错误码。这种方式会导致不必要的系统调用，降低系统的性能。

在 2.6 版本及之后的 Linux 内核中，新增了互斥等待变量，只有一个子进程会被唤醒，从而减少了不必要的系统调用，提高了系统的性能。这种方式可以有效地避免不必要的系统调用，提高服务的并发处理能力。

虽然在 2.6 版本及之后的 Linux 内核中只有一个子进程被唤醒，但仍然存在互斥等待，这种方式并不够优雅。我们可以使用 socket 的 SO_REUSEPORT 选项，让多个进程同时监听在相同的网络地址（IP 地址+端口）上，Linux 内核会自动在多个进程之间进行连接的负载均衡，而不存在互斥等待行为，从而提高系统的性能和可靠性。对应的代码如代码

清单 10-11 所示。

**代码清单 10-11　源文件 processpool2.cpp**

```cpp
#include <sys/socket.h>
#include <unistd.h>
#include <iostream>
#include "../common.hpp"
void handlerClient(int clientFd) {
  std::string msg;
  if (not EchoServer::RecvMsg(clientFd, msg)) {
    return;
  }
  EchoServer::SendMsg(clientFd, msg);
}
void handler(char* argv[]) {
  //将isReusePort设置为true，开启SO_REUSEPORT选项
  int sockFd = EchoServer::CreateListenSocket(argv[1], atoi(argv[2]), true);
  if (sockFd < 0) {
    return;
  }
  while (true) {
    int clientFd = accept(sockFd, NULL, 0);
    if (clientFd < 0) {
      perror("accept failed");
      continue;
    }
    handlerClient(clientFd);
    close(clientFd);
  }
}
int main(int argc, char* argv[]) {
  if (argc != 3) {
    std::cout << "invalid input" << std::endl;
    std::cout << "example: ./ProcessPool2 0.0.0.0 1688" << std::endl;
    return -1;
  }
  for (int i = 0; i < EchoServer::GetNProcs(); i++) {
    pid_t pid = fork();
    if (pid < 0) {
      perror("fork failed");
      continue;
    }
    if (0 == pid) {
      handler(argv);        //子进程陷入死循环，处理客户端请求
      exit(0);
    }
  }
  while (true) sleep(1);    //父进程陷入死循环
  return 0;
}
```

在 main 函数中，根据系统当前可用的 CPU 核心数，预先创建数量与之相等的子进程。每个子进程都会创建自己的 socket，设置 SO_REUSEPORT 选项，并在相同的网络地址上开启监听。最后，每个子进程都陷入死循环，等待客户端连接的到来并给客户端提供服务。

### 10.2.9　线程池

在线程池的并发模型中，预先创建指定数量的线程，每个线程都不退出，一直等待客户端连接的到来并给客户端提供服务。这种方式可以避免频繁地创建和销毁线程，提高系统的性能和效率，同时也可以降低系统的开销和资源占用。对应的代码如代码清单 10-12 所示。

代码清单 10-12　源文件 threadpool.cpp

```cpp
#include <arpa/inet.h>
#include <netinet/in.h>
#include <sys/socket.h>
#include <unistd.h>
#include <iostream>
#include <thread>
#include "../common.hpp"
void handlerClient(int clientFd) {
  std::string msg;
  if (not EchoServer::RecvMsg(clientFd, msg)) {
    return;
  }
  EchoServer::SendMsg(clientFd, msg);
  close(clientFd);
}
void handler(char* argv[]) {
  //将isReusePort设置为true，开启SO_REUSEPORT选项
  int sockFd = EchoServer::CreateListenSocket(argv[1], atoi(argv[2]), true);
  if (sockFd < 0) {
    return;
  }
  while (true) {
    int clientFd = accept(sockFd, NULL, 0);
    if (clientFd < 0) {
      perror("accept failed");
      continue;
    }
    handlerClient(clientFd);
  }
}
int main(int argc, char* argv[]) {
  if (argc != 3) {
    std::cout << "invalid input" << std::endl;
    std::cout << "example: ./ThreadPool 0.0.0.0 1688" << std::endl;
    return -1;
  }
  for (int i = 0; i < EchoServer::GetNProcs(); i++) {
    std::thread(handler, argv).detach();     //调用detach函数，以使创建的线程独立运行
  }
  while (true) sleep(1);                     //主线程陷入死循环
  return 0;
}
```

在 main 函数中，根据系统当前可用的 CPU 核心数，预先创建数量与之相等的线程。每个线程都创建自己的 socket，设置 SO_REUSEPORT 选项，并在相同的网络地址上开启监听。最后，每个线程都陷入死循环，等待客户端请求的到来并给客户端提供服务。

### 10.2.10　简单的领导者-跟随者模型

在线程池的并发模型中，线程之间的关系是对等的。领导者-跟随者模型是线程池并发模型的一种变体，一开始，所有的线程都是跟随者，它们会"竞争上岗"，获胜的线程成为领导者。领导者线程会监听客户端连接的到来，并在接受客户端的连接时，放弃领导权，由其他跟随者"竞争上岗"。此时领导者线程变成工作线程，并给新来的客户端提供服务。对应的代码如代码清单 10-13 所示。

代码清单 10-13　源文件 leaderandfollower.cpp

```cpp
#include <arpa/inet.h>
#include <netinet/in.h>
```

## 10.2 并发实例——EchoServer

```cpp
#include <sys/socket.h>
#include <unistd.h>
#include <iostream>
#include <mutex>
#include <thread>
#include "../common.hpp"
std::mutex Mutex;
void handlerClient(int clientFd) {
  std::string msg;
  if (not EchoServer::RecvMsg(clientFd, msg)) {
    return;
  }
  EchoServer::SendMsg(clientFd, msg);
  close(clientFd);
}
void handler(int sockFd) {
  while (true) {
    int clientFd;
    //跟随者等待获取锁,成为领导者
    {
      std::lock_guard<std::mutex> guard(Mutex);
      clientFd = accept(sockFd, NULL, 0);    //获取锁,并获取客户端的连接
      if (clientFd < 0) {
        perror("accept failed");
        continue;
      }
    }
    handlerClient(clientFd);    //处理每个客户端请求
  }
}
int main(int argc, char* argv[]) {
  if (argc != 3) {
    std::cout << "invalid input" << std::endl;
    std::cout << "example: ./LeaderAndFollower 0.0.0.0 1688" << std::endl;
    return -1;
  }
  int sockFd = EchoServer::CreateListenSocket(argv[1], atoi(argv[2]), false);
  if (sockFd < 0) {
    return -1;
  }
  for (int i = 0; i < EchoServer::GetNProcs(); i++) {
    std::thread(handler, sockFd).detach();    //这里需要调用detach函数,以使创
                                              //建的线程独立运行
  }
  while (true) sleep(1);    //主线程陷入死循环
  return 0;
}
```

在 main 函数中,首先开启监听,然后根据系统当前可用的 CPU 核心数,预先创建相同数量的线程。主线程会进入一个死循环,而所有从线程都会尝试获取锁。获取到锁的线程将开始监听客户端连接的到来,一旦有客户端连接到来,该线程就会释放锁,并开始处理客户端的请求。其他线程则继续尝试获取锁,并等待下一个客户端连接的到来。线程的状态迁移状态机如图 10-4 所示。

图10-4 线程的状态迁移状态机

## 10.2.11　I/O 多路复用之 select(单进程)-阻塞 I/O

之前所有的并发模型，每次都只能监听并操作一个客户端连接，而 I/O 多路复用可以通过同时监听多个连接上的事件，来提升服务的并发处理能力。在 Linux 系统中，最早支持的 I/O 多路复用接口是 select 函数。select 函数可以同时监听多个文件描述符上的事件，当有事件发生时，select 函数会返回相应的文件描述符，从而实现对多个连接的并发处理。需要注意的是，select 函数的文件描述符集合大小有限，通常默认为 1024，如果要监听的文件描述符数量超过了这个限制，就需要使用其他的 I/O 多路复用方式。select 函数的原型如下。

```
#include <sys/time.h>
#include <sys/types.h>
#include <unistd.h>
int select(int nfds, fd_set *readfds, fd_set *writefds, fd_set *exceptfds,
    struct timeval *timeout);
void FD_CLR(int fd, fd_set *set);
int FD_ISSET(int fd, fd_set *set);
void FD_SET(int fd, fd_set *set);
void FD_ZERO(fd_set *set);
```

（1）nfds

表示监听的文件描述符集合中最大的文件描述符值再加上 1。

（2）readfds、writefds、exceptfds

分别表示要监听的读、写、异常事件的文件描述符集合。

（3）timeout

select 调用的超时时间。如果 timeout 指向的时间结构体的成员都设置为 0，则 select 函数立即返回；如果 timeout 设置为 NULL，则 select 调用将被阻塞，直至有监听的事件发生或者调用失败才会返回。

（4）返回值

若调用成功，则返回监听的三个文件描述符集合中，有事件发生的所有文件描述符的总数。若调用失败，则返回-1 并设置 errno。

FD_CLR 用于清除文件描述符集合中指定文件描述符的标志位，FD_ISSET 用于判断文件描述符集合中指定文件描述符的标志位是否被设置，FD_SET 用于在文件描述符集合中设置指定文件描述符的标志位，FD_ZERO 用于清空文件描述符集合中所有的标志位。以上这些都是和 select 函数相关的系统函数。

现在让我们来看一下如何使用 select 函数实现并发服务，对应的代码如代码清单 10-14 所示。

**代码清单 10-14　源文件 select.cpp**

```
#include <arpa/inet.h>
#include <netinet/in.h>
#include <stdio.h>
#include <stdlib.h>
#include <sys/socket.h>
#include <unistd.h>
#include <iostream>
#include <unordered_set>
#include "../common.hpp"
```

## 10.2 并发实例——EchoServer

```cpp
void updateReadSet(std::unordered_set<int> &clientFds, int &maxFd, int
  sockFd, fd_set &readSet) {
  maxFd = sockFd;
  FD_ZERO(&readSet);
  FD_SET(sockFd, &readSet);
  for (const auto &clientFd : clientFds) {
    if (clientFd > maxFd) {
      maxFd = clientFd;
    }
    FD_SET(clientFd, &readSet);
  }
}
void handlerClient(int clientFd) {
  std::string msg;
  if (not EchoServer::RecvMsg(clientFd, msg)) {
    return;
  }
  EchoServer::SendMsg(clientFd, msg);
}
int main(int argc, char *argv[]) {
  if (argc != 3) {
    std::cout << "invalid input" << std::endl;
    std::cout << "example: ./Select 0.0.0.0 1688" << std::endl;
    return -1;
  }
  int sockFd = EchoServer::CreateListenSocket(argv[1], atoi(argv[2]), false);
  if (sockFd < 0) {
    return -1;
  }
  int maxFd;
  fd_set readSet;
  EchoServer::SetNotBlock(sockFd);
  std::unordered_set<int> clientFds;
  while (true) {
    updateReadSet(clientFds, maxFd, sockFd, readSet);
    int ret = select(maxFd + 1, &readSet, NULL, NULL, NULL);
    if (ret <= 0) {
      if (ret < 0) perror("select failed");
      continue;
    }
    for (int i = 0; i <= maxFd; i++) {
      if (not FD_ISSET(i, &readSet)) {
        continue;
      }
      if (i == sockFd) {   //若监听的sockFd可读，则表示有新的连接
        EchoServer::LoopAccept(sockFd, 1024, [&clientFds](int clientFd) {
          clientFds.insert(clientFd);   //新增到要监听的文件描述符集合中
        });
        continue;
      }
      handlerClient(i);
      clientFds.erase(i);
      close(i);
    }
  }
  return 0;
}
```

在 main 函数中，首先开启监听，然后进入一个死循环。在每次循环中，都会调用 select 函数来等待可读事件。在每次调用 select 函数前，都会更新监听可读事件的文件描述符集合。每当有新的客户端连接到来时，就将客户端关联的文件描述符放入要监听的文件描述符集合中。当客户端连接上有可读事件时，服务器端会处理客户端的请求，处理完之后，关闭连接。

这种设计使得服务器端可以同时处理多个客户端请求,从而提高了服务的并发处理能力。通过使用 select 函数来等待可读事件,可以避免阻塞等待客户端连接的情况,从而提高了服务器端的响应速度。

## 10.2.12　I/O 多路复用之 poll(单进程)-阻塞 I/O

select 函数的问题在于,支持监听的文件描述符数量存在上限,通常为 1024。为了支持监听更多的文件描述符,Linux 系统后续新增了 poll 函数。与 select 函数不同的是,poll 函数在没有触碰到系统的其他限制之前,理论上支持监听的文件描述符数量是没有上限的,只要内存充足即可。下面让我们来看一下 poll 函数的原型。

```
#include <poll.h>
int poll(struct pollfd *fds, nfds_t nfds, int timeout);
struct pollfd {
    int    fd;            /* 文件描述符 */
    short  events;        /* 监听的事件 */
    short  revents;       /* 返回的事件 */
};
```

(1) fds

指向 pollfd 结构体数组的指针,pollfd 结构体定义了要监听的文件描述符 fd 和对应的事件 events。poll 调用完成之后发生的事件,将通过 pollfd 结构体的成员变量 revents 来返回。

(2) nfds

用于指明 fds 数组的大小。

(3) timeout

poll 调用的超时时间,单位为毫秒。如果设置为负值,则 poll 调用将被阻塞,直至有监听的事件发生或者调用失败才会返回。

(4) 返回值

若调用成功,则返回有事件发生的文件描述符的总数;若调用失败,则返回-1 并设置 errno。

表 10-1 列出了 poll 调用支持监听的事件和返回的事件。

表 10-1　poll 调用支持监听的事件和返回的事件

| 事件 | 描述 | 可以作为监听事件吗? | 可以作为返回事件吗? |
| --- | --- | --- | --- |
| POLLIN | 有数据可读 | 可以 | 可以 |
| POLLPRI | 有紧急数据可读,比如TCP的带外数据 | 可以 | 可以 |
| POLLOUT | 数据可写 | 可以 | 可以 |
| POLLRDHUP | 对端完全关闭了连接或者只关闭了写端,在使用之前需要先定义_GNU_SOURCE宏 | 可以 | 可以 |
| POLLERR | 有错误发生 | 不可以 | 可以 |

## 10.2 并发实例——EchoServer

续表

| 事件 | 描述 | 可以作为监听事件吗？ | 可以作为返回事件吗？ |
|---|---|---|---|
| POLLHUP | 挂起，比如，若管道的读端被关闭，那么在写端监听事件时就会返回POLLHUP事件 | 不可以 | 可以 |
| POLLNVAL | 无效的文件描述符，文件描述符未打开 | 不可以 | 可以 |

下面让我们来看一下如何使用 poll 函数来实现 EchoServer 服务，对应的代码如代码清单 10-15 所示。

**代码清单 10-15　源文件 poll.cpp**

```cpp
#include <arpa/inet.h>
#include <netinet/in.h>
#include <poll.h>
#include <stdio.h>
#include <stdlib.h>
#include <sys/socket.h>
#include <unistd.h>
#include <iostream>
#include <unordered_set>
#include "../common.hpp"
void updateFds(std::unordered_set<int> &clientFds, pollfd **fds, int &nfds) {
  if (*fds != nullptr) {
    delete[](*fds);
  }
  nfds = clientFds.size();
  *fds = new pollfd[nfds];
  int index = 0;
  for (const auto &clientFd : clientFds) {
    (*fds)[index].fd = clientFd;
    (*fds)[index].events = POLLIN;
    (*fds)[index].revents = 0;
    index++;
  }
}
void handlerClient(int clientFd) {
  std::string msg;
  if (not EchoServer::RecvMsg(clientFd, msg)) {
    return;
  }
  EchoServer::SendMsg(clientFd, msg);
}
int main(int argc, char *argv[]) {
  if (argc != 3) {
    std::cout << "invalid input" << std::endl;
    std::cout << "example: ./Poll 0.0.0.0 1688" << std::endl;
    return -1;
  }
  int sockFd = EchoServer::CreateListenSocket(argv[1], atoi(argv[2]), false);
  if (sockFd < 0) {
    return -1;
  }
  int nfds = 0;
  pollfd *fds = nullptr;
  std::unordered_set<int> clientFds;
  clientFds.insert(sockFd);
  EchoServer::SetNotBlock(sockFd);
  while (true) {
    updateFds(clientFds, &fds, nfds);
    int ret = poll(fds, nfds, -1);
    if (ret <= 0) {
```

```cpp
            if (ret < 0) perror("poll failed");
            continue;
        }
        for (int i = 0; i < nfds; i++) {
            if (not(fds[i].revents & POLLIN)) {
                continue;
            }
            int curFd = fds[i].fd;
            if (curFd == sockFd) {
                EchoServer::LoopAccept(sockFd, 1024, [&clientFds](int clientFd) {
                    clientFds.insert(clientFd);   //新增到要监听的文件描述符集合中
                });
                continue;
            }
            handlerClient(curFd);
            clientFds.erase(curFd);
            close(curFd);
        }
    }
    return 0;
}
```

在 main 函数中，首先开启监听，然后进入一个死循环，并在循环中调用 poll 函数来监听多个客户端连接的可读事件。在每次调用 poll 函数之前，我们需要更新监听可读事件的 fd 集合（即文件描述符集合），以确保程序能够及时响应新的事件。同时，每当有新的客户端连接请求时，我们需要将其关联的 fd 放入要监听的 fd 集合中。当客户端连接上有可读事件时，我们就会处理客户端的请求，并在处理完毕后关闭连接。这样我们就可以实现一个高效且并发的服务器端程序，它能够同时处理多个客户端的请求。

从上面的代码中可以看出，poll 函数和 select 函数的使用方式及处理逻辑类似，只是在监听事件的设置和返回事件的判断上有所不同。当然，poll 函数支持更多的文件描述符，并且能够处理更多的连接。无论是 poll 函数还是 select 函数，它们都用来监听多个文件描述符的可读事件，并在可读事件发生时进行相应的处理。

### 10.2.13　I/O 多路复用之 epoll(单进程)-阻塞 I/O

epoll 是 poll 的一种变体，它通过事件注册和通知机制，有效提升了事件监听效率，并且对更大数量文件描述符的监听有更好的可扩展性。相较于 poll 和 select，epoll 更加高效，能够处理更多的连接。epoll 一共提供了 3 个系统调用，它们的内容如下。

#### 1. epoll_create 函数

epoll_create 函数用于创建 epoll 实例，并返回与之关联的文件描述符。其函数原型如下。

```cpp
#include <sys/epoll.h>
int epoll_create(int size);
```

（1）size

从 Linux 2.6.8 内核开始，epoll_create 函数的第一个参数已经被弃用，不再用于指示内核为 size 个文件描述符分配与监听事件相关的存储空间。相反，内核会自行动态地分配存储空间。

（2）返回值

若调用成功，epoll_create 函数会返回与之关联的有效文件描述符；若调用失败，则返回−1 并设置 errno。

## 2. epoll_ctl 函数

epoll_ctl 函数用于注册、修改或者删除在指定文件描述符上监听的事件。其函数原型如下。

```
#include <sys/epoll.h>
int epoll_ctl(int epfd, int op, int fd, struct epoll_event *event);
```

（1）epfd

epoll_create 函数创建的关联了 epoll 实例的文件描述符。

（2）op

指定要执行的操作，一共支持 3 种类型的操作。EPOLL_CTL_ADD 用于注册文件描述符上监听的事件；EPOLL_CTL_MOD 用于修改文件描述符上监听的事件；EPOLL_CTL_DEL 用于删除对文件描述符上所有事件的监听。此时，event 参数会被忽略。也可以直接将 event 参数设置为 NULL。

（3）fd

要监听的文件描述符。

（4）event

指定要监听的事件，event 是一个结构体，它的内容如下。

```
typedef union epoll_data {
  void       *ptr;
  int        fd;
  __uint32_t u32;
  __uint64_t u64;
} epoll_data_t;
struct epoll_event {
  __uint32_t   events;     /* 要监听的事件类型 */
  epoll_data_t data;       /* 与事件相关的数据 */
};
```

其中，events 成员表示要监听的事件类型，可以是 EPOLLIN、EPOLLOUT、EPOLLRDHUP 等常量的按位或。data 成员表示与事件相关的数据，可以是一个指针或一个文件描述符。在后续的 epoll_wait 函数调用中，我们可以通过 epoll_event 结构体的 data 成员来获取与事件相关的数据。

epoll 和 poll 支持监听的事件基本相同，epoll 事件宏的名称仅仅在对应的 poll 事件宏名称的前面添加了一个字母 E 作为前缀。比如，可写事件在 epoll 中对应的宏是 EPOLLOUT，而在 poll 中对应的宏是 POLLOUT。除了支持与 poll 相同的事件宏，epoll 还支持另外两个事件，它们分别是 EPOLLET 和 EPOLLONESHOT，我们将在后面讨论它们。

（5）返回值

若调用成功，则返回 0；若调用失败，则返回-1 并设置 errno。

## 3. epoll_wait 函数

前面介绍的两个函数完成了 epoll 实例的创建和监听事件的注册，后续操作就是调用 epoll_wait 函数来获取系统通知的事件集合。epoll_wait 函数的原型如下。

```
#include <sys/epoll.h>
int epoll_wait(int epfd, struct epoll_event *events, int maxevents, int timeout);
```

（1）epfd

epoll_create 函数创建的关联了 epoll 实例的文件描述符。

（2）events

epoll 返回的触发的事件集合，返回的每个事件结构体 epoll_event 都会携带之前通过 epoll_ctl 函数设置在 event 结构体中的数据。这样应用程序就可以通过 epoll_event 结构体的 data 成员来获取与事件相关的数据，并根据事件类型进行相应的处理。

（3）maxevents

每次最多返回的事件集合的大小，因此 maxevents 的值必须大于 0。如果 maxevents 的值小于或等于 0，epoll_wait 函数将提示错误。因此，在调用 epoll_wait 函数时，需要确保 maxevents 的值大于 0，并根据实际情况将其设置为合适的值。

（4）timeout

调用超时时间，单位是毫秒。如果将 timeout 设置为 0，epoll_wait 函数将立即返回，而无论是否有事件发生。如果将 timeout 设置为-1，epoll_wait 函数将一直被阻塞，直至有事件发生或者调用失败。如果将 timeout 设置为一个正整数，epoll_wait 函数将在等待指定的时间后返回，而无论是否有事件发生。因此，在调用 epoll_wait 函数时，需要根据实际情况将 timeout 设置为合适的值。

（5）返回值

如果调用成功，则返回触发的事件集合的大小。如果超时时间到了却没有触发事件，则返回 0。如果调用失败，则返回-1 并设置 errno。因此，在调用 epoll_wait 函数时，需要检查返回值并根据实际情况处理错误。

### 4．水平触发和边缘触发

epoll 事件的触发模式有两种，一种是水平触发（默认模式），另一种是边缘触发。

- 在水平触发模式下，文件描述符上监听的事件只要满足，epoll_wait 函数就会一直返回。水平触发关心的是事件的状态，比如文件描述符的接收缓冲区只要还有数据可读，epoll_wait 函数就会不断地返回可读事件，直至应用程序处理完所有的数据。因此，在使用水平触发模式时，需要注意及时处理事件，避免出现事件堆积的情况。
- 在边缘触发模式下，文件描述符监听的事件只有在状态发生变化时才会返回。边缘触发关心的是事件状态的变化，比如当文件描述符的接收缓冲区有数据到来时，epoll_wait 函数会返回可读事件，但是当后续还有数据未读取时，则不再返回可读事件，除非有新的数据再次到来。因此，在使用边缘触发模式时，需要注意及时处理事件并及时读取数据，否则可能出现数据丢失的情况。

需要特别注意的是，在边缘触发模式下，一定要将文件描述符设置为非阻塞的，并且需要循环读写数据，直至返回 EAGAIN 或 EWOULDBLOCK，只有这样才能保证所有的数据都被正确地读取。如果不这样做，就可能出现文件描述符上还有数据未读取完，但是没有可读事件返回的情况。因此，在使用边缘触发模式时，需要格外注意这一点。

对于数据的读写，如果只需要进行很少次的 I/O 操作就能完成，那么水平触发和边缘触发的性能差异不明显。但是，如果数据的读写需要进行多次 I/O 操作才能完成，那么边缘触发的性能将优于水平触发，因为边缘触发需要调用 epoll_wait 函数的次数更少，从而减少了系统调用的开销。因此，在选择事件触发模式时，需要根据实际情况考虑数据的读写方式和 I/O 操作的次数，从而选择合适的事件触发模式。

在使用非阻塞 I/O 的情况下，如果在水平触发模式下也采用循环读写的方式，并且直至返回 EAGAIN 或 EWOULDBLOCK，那么水平触发模式下的性能和边缘触发模式下的性能基本能够持平，因为此时水平触发和边缘触发需要调用 epoll_wait 函数的次数基本相同，而且都需要循环读写数据。因此，在这种情况下，选择事件触发模式的差异不太明显，可以根据实际情况选择合适的事件触发模式。

### 5. EPOLLONESHOT

在多线程模式下，如果一个连接上的多次事件被不同的线程获取，就会存在并发读取数据的问题。为了解决这个问题，epoll 提供了事件的 EPOLLONESHOT 选项。顾名思义，如果使用该选项，那么当监听的事件触发时，epoll_wait 函数只会返回一次对应的事件，后续的事件将不再被返回，直至应用程序重新使用 EPOLL_CTL_MOD 操作符监听该事件。这样可以避免多个线程同时读取同一个连接上的数据，从而避免并发读取数据的问题。因此，在使用多线程模式时，需要格外注意这一点，并根据实际情况选择是否使用 EPOLLONESHOT 选项。

### 6. epoll 公共代码

由于后续所有的并发模型示例程序都涉及 epoll，因此我们对一些公共代码进行了提炼和封装。这样可以减少后续示例程序的代码量，同时也能让我们更加聚焦于核心的逻辑。具体来说，我们封装了两个头文件——conn.hpp 和 epollctl.hpp。其中，conn.hpp 封装了客户端连接管理相关代码，epollctl.hpp 封装了 epoll 事件管理相关代码，它们的内容如代码清单 10-16 和代码清单 10-17 所示。

**代码清单 10-16　头文件 conn.hpp**

```cpp
#pragma once
#include "common.hpp"
namespace EchoServer {
class Conn {
 public:
  Conn(int fd, int epoll_fd, bool is_multi_io) : fd_(fd), epoll_fd_
    (epoll_fd), is_multi_io_(is_multi_io) {}
  bool Read() {
    do {
      uint8_t data[100];
      ssize_t ret = read(fd_, data, 100);    //一次最多读取100字节
      if (ret == 0) {
        perror("peer close connection");
        return false;
      }
      if (ret < 0) {
        if (EINTR == errno) continue;
        if (EAGAIN == errno or EWOULDBLOCK == errno) return true;
        perror("read failed");
        return false;
      }
      codec_.DeCode(data, ret);
    } while (is_multi_io_);
    return true;
  }
  bool Write(bool autoEnCode = true) {
    if (autoEnCode && 0 == send_len_) {
```

```cpp
      codec_.EnCode(message_, pkt_);
    }
    do {
      if (send_len_ == pkt_.Len()) return true;
      ssize_t ret = write(fd_, pkt_.Data() + send_len_, pkt_.Len() -
        send_len_);
      if (ret < 0) {
        if (EINTR == errno) continue;
        if (EAGAIN == errno && EWOULDBLOCK == errno) return true;
        perror("write failed");
        return false;
      }
      send_len_ += ret;
    } while (is_multi_io_);
    return true;
  }
  bool OneMessage() { return codec_.GetMessage(message_); }
  void EnCode() { codec_.EnCode(message_, pkt_); }
  bool FinishWrite() { return send_len_ == pkt_.Len(); }
  int Fd() { return fd_; }
  int EpollFd() { return epoll_fd_; }
 private:
  int fd_{0};              //关联的客户端连接的fd
  int epoll_fd_{0};        //关联的epoll实例的fd
  bool is_multi_io_;       //是否进行多次I/O，直至返回EAGAIN或EWOULDBLOCK
  ssize_t send_len_{0};    //要发送的应答数据的长度
  std::string message_;    //对于EchoServer来说，既是获取的请求消息，也是要发送的
                           //应答消息
  Packet pkt_;             //发送应答消息的二进制数据包
  Codec codec_;            //EchoServer协议的编解码
};
}  //命名空间EchoServer
```

在 conn.hpp 头文件中，我们定义了一个名为 Conn 的类，该类封装了客户端连接数据的接收和发送、EchoServer 协议的编解码等操作，并且可以关联 epoll 实例的 fd。通过 Conn 类，我们可以方便地管理客户端连接，从而高效地处理多个客户端请求。

**代码清单 10-17　头文件 epollctl.hpp**

```cpp
#pragma once
#include "conn.hpp"
namespace EchoServer {
inline void AddReadEvent(Conn *conn, bool isET = false, bool isOneShot =
  false) {
  epoll_event event;
  event.data.ptr = (void *)conn;
  event.events = EPOLLIN;
  if (isET) event.events |= EPOLLET;
  if (isOneShot) event.events |= EPOLLONESHOT;
  assert(epoll_ctl(conn->EpollFd(), EPOLL_CTL_ADD, conn->Fd(), &event) != -1);
}
inline void AddReadEvent(int epollFd, int fd, void *userData) {
  epoll_event event;
  event.data.ptr = userData;
  event.events = EPOLLIN;
  assert(epoll_ctl(epollFd, EPOLL_CTL_ADD, fd, &event) != -1);
}
inline void ReStartReadEvent(Conn *conn) {
  epoll_event event;
  event.data.ptr = (void *)conn;
  event.events = EPOLLIN | EPOLLONESHOT;
  assert(epoll_ctl(conn->EpollFd(), EPOLL_CTL_MOD, conn->Fd(), &event) != -1);
}
inline void ModToWriteEvent(Conn *conn, bool isET = false) {
```

## 10.2 并发实例——EchoServer

```cpp
    epoll_event event;
    event.data.ptr = (void *)conn;
    event.events = EPOLLOUT;
    if (isET) event.events |= EPOLLET;
    assert(epoll_ctl(conn->EpollFd(), EPOLL_CTL_MOD, conn->Fd(), &event) != -1);
  }
  inline void ModToWriteEvent(int epollFd, int fd, void *userData) {
    epoll_event event;
    event.data.ptr = userData;
    event.events = EPOLLOUT;
    assert(epoll_ctl(epollFd, EPOLL_CTL_MOD, fd, &event) != -1);
  }
  inline void ClearEvent(Conn *conn, bool isClose = true) {
    assert(epoll_ctl(conn->EpollFd(), EPOLL_CTL_DEL, conn->Fd(), NULL) != -1);
    if (isClose) close(conn->Fd());
  }
  inline void ClearEvent(int epollFd, int fd) {
    assert(epoll_ctl(epollFd, EPOLL_CTL_DEL, fd, NULL) != -1);
    close(fd);
  }
} //命名空间EchoServer
```

在epollctl.hpp头文件中,我们封装了可读事件的监听、可写事件的监听以及监听事件的清理等操作。通过这些封装好的函数,我们可以方便地管理epoll事件,从而高效地处理多个事件。

我们已经介绍了epoll相关的API以及epoll公共代码的封装,接下来让我们看一下如何使用epoll实现并发模型。对应的代码如代码清单10-18所示。

**代码清单10-18　源文件epoll.cpp**

```cpp
#include <arpa/inet.h>
#include <assert.h>
#include <netinet/in.h>
#include <stdio.h>
#include <stdlib.h>
#include <sys/epoll.h>
#include <sys/socket.h>
#include <unistd.h>
#include <iostream>
#include "../epollctl.hpp"
void handlerClient(int clientFd) {
  std::string msg;
  if (not EchoServer::RecvMsg(clientFd, msg)) {
    return;
  }
  EchoServer::SendMsg(clientFd, msg);
}
int main(int argc, char *argv[]) {
  if (argc != 3) {
    std::cout << "invalid input" << std::endl;
    std::cout << "example: ./Epoll 0.0.0.0 1688" << std::endl;
    return -1;
  }
  int sockFd = EchoServer::CreateListenSocket(argv[1], atoi(argv[2]), false);
  if (sockFd < 0) {
    return -1;
  }
  epoll_event events[2048];
  int epollFd = epoll_create(1024);
  if (epollFd < 0) {
    perror("epoll_create failed");
    return -1;
  }
  EchoServer::Conn conn(sockFd, epollFd, false);
```

```cpp
    EchoServer::SetNotBlock(sockFd);
    EchoServer::AddReadEvent(&conn);
    while (true) {
      int num = epoll_wait(epollFd, events, 2048, -1);
      if (num < 0) {
        perror("epoll_wait failed");
        continue;
      }
      for (int i = 0; i < num; i++) {
        EchoServer::Conn *conn = (EchoServer::Conn *)events[i].data.ptr;
        if (conn->Fd() == sockFd) {
          EchoServer::LoopAccept(sockFd, 2048, [epollFd](int clientFd) {
            EchoServer::Conn *conn = new EchoServer::Conn(clientFd, epollFd, false);
            EchoServer::AddReadEvent(conn);     //监听可读事件,保持fd为阻塞I/O
            EchoServer::SetTimeOut(conn->Fd(), 0, 500000);   //超时时间为500毫秒
          });
          continue;
        }
        handlerClient(conn->Fd());
        EchoServer::ClearEvent(conn);
        delete conn;
      }
    }
    return 0;
  }
```

在 main 函数中,首先开启监听,然后进入一个死循环。在循环中,调用 epoll_wait 函数等待事件的发生。每当有新的客户端连接时,就新增监听该客户端连接的可读事件。当客户端连接上有可读事件时,处理客户端请求并在处理完之后关闭连接。通过在循环中不断地接收新的客户端连接并处理客户端请求,就可以实现并发处理多个客户端请求的目的。

到目前为止,我们已经介绍了如何使用 select、poll 和 epoll 这 3 种 I/O 多路复用技术来实现简单的并发服务。表 10-2 将它们做了对比。

表 10-2 select、poll、epoll 的对比

| | select | poll | epoll |
| --- | --- | --- | --- |
| 支持监听的最大连接数 | 一般为 1024,定义在 FD_SETSIZE宏中 | 无限制,取决于内存的大小 | 无限制,取决于内存的大小 |
| fd 监听事件传递 | 每次调用select函数时传递三组fd_set | 每次调用poll函数时传递pollfd数组 | 只需要调用epoll_ctl函数进行一次注册,或者进行少量的修改 |
| 连接就绪事件的获取 | 遍历三组fd_set | 遍历pollfd数组 | 直接获取连接就绪事件 |
| 获取就绪事件的时间复杂度 | $O(n)$ | $O(n)$ | $O(1)$ |

### 10.2.14 I/O 多路复用之 epoll(单进程)-Reactor

在 10.2.13 节中,我们只是使用 epoll 作为客户端连接和请求到达的触发器,在处理用户请求时使用的都是阻塞 I/O。使用阻塞 I/O 进行循环的读写虽然实现起来非常简单,但也有缺点。阻塞 I/O 在 I/O 没有就绪时会导致服务被挂起,无法充分利用 CPU,服务整体的吞吐量也会受到限制。

## 10.2 并发实例——EchoServer

本小节将介绍一种新的并发模型——Reactor。Reactor 并发模型使用事件进行驱动，有统一的事件管理器，支持事件监听管理和事件触发时的分发。当有新的连接到来以及可读、可写事件发生时，就会分发对应的事件到不同的处理器中。Reactor 并发模型的交互简图如图 10-5 所示。

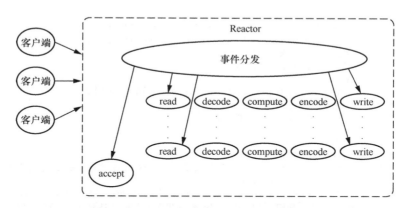

图10-5　Reactor并发模型的交互简图

在 Reactor 并发模型中，所有的读写都是非阻塞的。只要读写操作返回 EAGAIN 或 EWOULDBLOCK，就结束当前的读写操作，然后继续监听新事件的到来。因此，在同一个时间点，多个客户端请求都在被处理，只不过不同的客户端请求的处理进展不一样。比如，有的客户端请求数据已经读取完在做业务逻辑处理，有的客户端请求数据只读取了一半。这样一来，服务就能更充分地利用 CPU，服务整体的吞吐量更大。

Reactor 并发模型虽然提升了服务整体的吞吐量，但是需要付出更多的"成本"。这些成本包括需要额外地对客户端连接进行管理，需要使用更多的内存来保存请求和应答数据，需要管理客户端连接状态迁移，并且处理请求不像阻塞 I/O 那样是串行连续的，而是在不同的事件处理函数中断断续续地推进，因此代码维护成本更高。

现在让我们来看一下具体如何实现，对应的代码如代码清单 10-19 所示。

**代码清单 10-19　源文件 epollreactorsingleprocess.cpp**

```cpp
#include <arpa/inet.h>
#include <assert.h>
#include <fcntl.h>
#include <netinet/in.h>
#include <stdio.h>
#include <stdlib.h>
#include <sys/epoll.h>
#include <sys/socket.h>
#include <unistd.h>
#include <iostream>
#include "../epollctl.hpp"
int main(int argc, char *argv[]) {
  if (argc != 4) {
    std::cout << "invalid input" << std::endl;
    std::cout << "example: ./EpollReactorSingleProcess 0.0.0.0 1688 1"
              << std::endl;
    return -1;
  }
  int sockFd = EchoServer::CreateListenSocket(argv[1], atoi(argv[2]), false);
  if (sockFd < 0) {
```

```cpp
      return -1;
    }
    epoll_event events[2048];
    int epollFd = epoll_create(1024);
    if (epollFd < 0) {
      perror("epoll_create failed");
      return -1;
    }
    bool isMultiIo = (std::string(argv[3]) == "1");
    EchoServer::Conn conn(sockFd, epollFd, isMultiIo);
    EchoServer::SetNotBlock(sockFd);
    EchoServer::AddReadEvent(&conn);
    while (true) {
      int num = epoll_wait(epollFd, events, 2048, -1);
      if (num < 0) {
        perror("epoll_wait failed");
        continue;
      }
      for (int i = 0; i < num; i++) {
        EchoServer::Conn *conn = (EchoServer::Conn *)events[i].data.ptr;
        if (conn->Fd() == sockFd) {
          EchoServer::LoopAccept(sockFd, 2048, [epollFd, isMultiIo](int clientFd) {
            EchoServer::Conn *conn = new EchoServer::Conn(clientFd, epollFd,
                isMultiIo);
            EchoServer::SetNotBlock(clientFd);
            EchoServer::AddReadEvent(conn);      //监听可读事件
          });
          continue;
        }
        auto releaseConn = [&conn] () {
          EchoServer::ClearEvent(conn);
          delete conn;
        };
        if (events[i].events & EPOLLIN) {        //可读
          if (not conn->Read()) {                //执行读失败
            releaseConn();
            continue;
          }
          if (conn->OneMessage()) {              //判断是否要触发写事件
            EchoServer::ModToWriteEvent(conn);   //修改成只监控可写事件
          }
        }
        if (events[i].events & EPOLLOUT) {       //可写
          if (not conn->Write()) {               //执行写失败
            releaseConn();
            continue;
          }
          if (conn->FinishWrite()) {   //若完成请求的应答写,则可以释放连接
            releaseConn();
          }
        }
      }
    }
    return 0;
  }
```

在 main 函数中,首先开启监听,然后陷入死循环,并在循环中调用 epoll_wait 函数。当接收到不同的事件时,执行不同的处理逻辑。我们使用 Conn 对象来管理客户端连接,Conn 对象的状态会随着事件的触发而迁移。一个完整请求的处理过程是在不同的读写函数之间跳跃。

## 10.2.15　I/O 多路复用之 epoll(单进程)-Reactor-ET 模式

在 10.2.14 节中，我们介绍了 Reactor 并发模型的基本原理和实现方式，使用了 epoll 默认的水平触发模式。在本小节中，我们将使用边缘触发模式来实现 Reactor 并发模型。对应的代码如代码清单 10-20 所示。

**代码清单 10-20　源文件 epollreactorsingleprocesset.cpp**

```cpp
#include <arpa/inet.h>
#include <assert.h>
#include <fcntl.h>
#include <netinet/in.h>
#include <stdio.h>
#include <stdlib.h>
#include <sys/epoll.h>
#include <sys/socket.h>
#include <unistd.h>
#include <iostream>
#include "../epollctl.hpp"
int main(int argc, char *argv[]) {
  if (argc != 3) {
    std::cout << "invalid input" << std::endl;
    std::cout << "example: ./EpollReactorSingleProcessET 0.0.0.0 1688"
              << std::endl;
    return -1;
  }
  int sockFd = EchoServer::CreateListenSocket(argv[1], atoi(argv[2]),
      false);
  if (sockFd < 0) {
    return -1;
  }
  epoll_event events[2048];
  int epollFd = epoll_create(1024);
  if (epollFd < 0) {
    perror("epoll_create failed");
    return -1;
  }
  EchoServer::Conn conn(sockFd, epollFd, true);
  EchoServer::SetNotBlock(sockFd);
  EchoServer::AddReadEvent(&conn);
  while (true) {
    int num = epoll_wait(epollFd, events, 2048, -1);
    if (num < 0) {
      perror("epoll_wait failed");
      continue;
    }
    for (int i = 0; i < num; i++) {
      EchoServer::Conn *conn = (EchoServer::Conn *)events[i].data.ptr;
      if (conn->Fd() == sockFd) {
        EchoServer::LoopAccept(sockFd, 2048, [epollFd](int clientFd) {
          EchoServer::Conn *conn = new EchoServer::Conn(clientFd, epollFd, true);
          EchoServer::SetNotBlock(clientFd);
          EchoServer::AddReadEvent(conn, true);        //监听可读事件
        });
        continue;
      }
      auto releaseConn = [&conn]() {
        EchoServer::ClearEvent(conn);
        delete conn;
      };
      if (events[i].events & EPOLLIN) {               //可读
        if (not conn->Read()) {                       //执行非阻塞读
```

```cpp
            releaseConn();
            continue;
        }
        if (conn->OneMessage()) {      //判断是否要触发写事件
            EchoServer::ModToWriteEvent(conn, true);    //修改成只监控可写事件
        }
    }
    if (events[i].events & EPOLLOUT) {    //可写
        if (not conn->Write()) {          //执行非阻塞写
            releaseConn();
            continue;
        }
        if (conn->FinishWrite()) {    //若完成请求的应答写,则可以释放连接
            releaseConn();
        }
    }
}
return 0;
}
```

在 epoll 的 ET 模式下,需要循环执行 I/O 读写操作,直至 I/O 读写操作返回 EAGAIN 或 EWOULDBLOCK。在中断的情况下还要重新启动 I/O 读写操作,否则就可能出现数据仍然可以读写,但是 epoll 不再返回可读写的事件的情况。

由于对代码进行了良好的封装,我们可以看到 ET 模式代码和 LT 模式(默认模式)代码的差异,仅仅体现在创建连接对象和读写事件监听的调用上,读写事件的监听开启了 ET 模式。

### 10.2.16  I/O 多路复用之 epoll(单进程)-Reactor-协程池

在 Reactor 并发模型中,所有的读写都是非阻塞的。因此,客户端的一个请求是在不同的事件处理函数中断断续续推进的。这会导致处理逻辑分散、代码难以理解等问题。相较于在一个函数中处理完请求的方式,维护成本更高。

为了解决这些问题,我们引入了协程。前面我们已经实现了简单的协程池。协程能够帮助我们实现集中式的串行编写处理逻辑,并且还能获得非阻塞 I/O 带来的性能提升。那么,在 Reactor 并发模型中,如何引入协程呢?对应的代码如代码清单 10-21 所示。

**代码清单 10-21  源文件 epollreactorsingleprocesscoroutine.cpp**

```cpp
#include <arpa/inet.h>
#include <assert.h>
#include <fcntl.h>
#include <netinet/in.h>
#include <stdio.h>
#include <stdlib.h>
#include <sys/epoll.h>
#include <sys/socket.h>
#include <unistd.h>
#include <iostream>
#include "../coroutine.h"
#include "../epollctl.hpp"
struct EventData {
    EventData(int fd, int epoll_fd) : fd_(fd), epoll_fd_(epoll_fd){};
    int fd_{0};
    int epoll_fd_{0};
```

## 10.2 并发实例——EchoServer

```cpp
    int cid_{MyCoroutine::INVALID_ROUTINE_ID};
    MyCoroutine::Schedule *schedule_{nullptr};
};
void EchoDeal(const std::string reqMessage, std::string &respMessage) {
  respMessage = reqMessage;
}
void handlerClient(void *arg) {
  EventData *eventData = (EventData *)arg;
  auto releaseConn = [&eventData]() {
    EchoServer::ClearEvent(eventData->epoll_fd_, eventData->fd_);
    delete eventData;   //释放内存
  };
  ssize_t ret = 0;
  EchoServer::Codec codec;
  std::string reqMessage;
  std::string respMessage;
  while (true) {         //读操作
    uint8_t data[100];
    ret = read(eventData->fd_, data, 100);  //一次最多读取100字节
    if (ret == 0) {
      perror("peer close connection");
      releaseConn();
      return;
    }
    if (ret < 0) {
      if (EINTR == errno) continue;  //被中断，可以重启读操作
      if (EAGAIN == errno or EWOULDBLOCK == errno) {
        MyCoroutine::CoroutineYield(*eventData->schedule_);
        continue;
      }
      perror("read failed");
      releaseConn();
      return;
    }
    codec.DeCode(data, ret);          //解析请求数据
    if (codec.GetMessage(reqMessage)) {  //解析出一个完整的请求
      break;
    }
  }
  EchoDeal(reqMessage, respMessage);
  EchoServer::Packet pkt;
  codec.EnCode(respMessage, pkt);
  EchoServer::ModToWriteEvent(eventData->epoll_fd_, eventData->fd_,eventData);
  ssize_t sendLen = 0;
  while (sendLen != pkt.Len()) {       //写操作
    ret = write(eventData->fd_, pkt.Data() + sendLen, pkt.Len() - sendLen);
    if (ret < 0) {
      if (EINTR == errno) continue;   //被中断，可以重启写操作
      if (EAGAIN == errno or EWOULDBLOCK == errno) {
        MyCoroutine::CoroutineYield(*eventData->schedule_);
        continue;
      }
      perror("write failed");
      releaseConn();
      return;
    }
    sendLen += ret;
  }
  releaseConn();
}
int main(int argc, char *argv[]) {
  if (argc != 4) {
    std::cout << "invalid input" << std::endl;
    std::cout << "example: ./EpollReactorSingleProcessCoroutine 0.0.0.0 1688 1"
              << std::endl;
```

```cpp
    return -1;
  }
  int sockFd = EchoServer::CreateListenSocket(argv[1], atoi(argv[2]), false);
  if (sockFd < 0) {
    return -1;
  }
  epoll_event events[2048];
  int epollFd = epoll_create(1024);
  if (epollFd < 0) {
    perror("epoll_create failed");
    return -1;
  }
  bool dynamicMsec = false;
  if (std::string(argv[3]) == "1") {
    dynamicMsec = true;
  }
  EventData eventData(sockFd, epollFd);
  EchoServer::SetNotBlock(sockFd);
  EchoServer::AddReadEvent(epollFd, sockFd, &eventData);
  MyCoroutine::Schedule schedule;
  MyCoroutine::ScheduleInit(schedule, 10000);   //初始化协程池
  int msec = -1;
  while (true) {
    int num = epoll_wait(epollFd, events, 2048, msec);
    if (num < 0) {
      perror("epoll_wait failed");
      continue;
    } else if (num == 0) {   //没有事件了，下次调用epoll_wait大概率被挂起
      sleep(0);     //主动让出CPU
      msec = -1;    //大概率被挂起，故这里将超时时间设置为-1
      continue;
    }
    if (dynamicMsec) msec = 0;   //下次大概率还有事件，故这里将msec设置为0
    for (int i = 0; i < num; i++) {
      EventData *eventData = (EventData *)events[i].data.ptr;
      if (eventData->fd_ == sockFd) {
        EchoServer::LoopAccept(sockFd, 2048, [epollFd](int clientFd) {
          EventData *eventData = new EventData(clientFd, epollFd);
          EchoServer::SetNotBlock(clientFd);
          EchoServer::AddReadEvent(epollFd, clientFd, eventData);
        });
        continue;
      }
      if (eventData->cid_ == MyCoroutine::INVALID_ROUTINE_ID) {
        if (MyCoroutine::CoroutineCanCreate(schedule)) {
          eventData->schedule_ = &schedule;
          eventData->cid_ = MyCoroutine::CoroutineCreate(schedule,
              handlerClient, eventData, 0);   //创建协程
          MyCoroutine::CoroutineResumeById(schedule, eventData->cid_);
        } else {
          std::cout << "MyCoroutine is full" << std::endl;
        }
      } else {
        MyCoroutine::CoroutineResumeById(schedule, eventData->cid_);
      }
    }
    MyCoroutine::ScheduleTryReleaseMemory(schedule);
  }
  return 0;
}
```

在 main 函数中，在开启网络监听之后，我们创建了大小为 10 000 的协程池，然后陷入 epoll 的死循环中，等待事件的到来。当连接事件到来时，我们将持续接受客户端连接。当可读事件到来时，我们将创建一个新的协程，并启动新协程的运行。在从协程中，我们

先执行非阻塞的读操作。如果读操作返回 EAGAIN 或 EWOULDBLOCK，则从协程让出执行权，此时回到主协程中运行。这个从协程在下一个可读事件到来时会被重新唤醒，继续之前中断的流程。从协程中的写操作与此类似，若暂时不可写，则让出执行权，等待下次调度。在读写操作都执行完之后，从协程也就"功成身退"，此时回到主协程中运行。

### 10.2.17　I/O 多路复用之 epoll(线程池)-Reactor

在 Reactor 并发模型中，所有的 I/O 操作都是非阻塞的，CPU 得到了充分利用。在多核情况下，我们可以启动多个线程来提升服务的并发处理能力。对应的代码如代码清单 10-22 所示。

代码清单 10-22　源文件 epollreactorthreadpoll.cpp

```cpp
#include <arpa/inet.h>
#include <assert.h>
#include <fcntl.h>
#include <netinet/in.h>
#include <stdio.h>
#include <stdlib.h>
#include <sys/epoll.h>
#include <sys/socket.h>
#include <unistd.h>
#include <iostream>
#include <thread>
#include "../epollctl.hpp"
void handler(char *argv[]) {
  int sockFd = EchoServer::CreateListenSocket(argv[1], atoi(argv[2]), true);
  if (sockFd < 0) {
    return;
  }
  epoll_event events[2048];
  int epollFd = epoll_create(1024);
  if (epollFd < 0) {
    perror("epoll_create failed");
    return;
  }
  EchoServer::Conn conn(sockFd, epollFd, true);
  EchoServer::SetNotBlock(sockFd);
  EchoServer::AddReadEvent(&conn);
  while (true) {
    int num = epoll_wait(epollFd, events, 2048, -1);
    if (num < 0) {
      perror("epoll_wait failed");
      continue;
    }
    for (int i = 0; i < num; i++) {
      EchoServer::Conn *conn = (EchoServer::Conn *)events[i].data.ptr;
      if (conn->Fd() == sockFd) {
        EchoServer::LoopAccept(sockFd, 2048, [epollFd](int clientFd) {
          EchoServer::Conn *conn = new EchoServer::Conn(clientFd, epollFd, true);
          EchoServer::SetNotBlock(clientFd);
          EchoServer::AddReadEvent(conn);  //监听可读事件
        });
        continue;
      }
      auto releaseConn = [&conn]() {
        EchoServer::ClearEvent(conn);
        delete conn;
```

```cpp
        };
        if (events[i].events & EPOLLIN) {      //可读
          if (not conn->Read()) {              //执行非阻塞读
            releaseConn();
            continue;
          }
          if (conn->OneMessage()) {            //判断是否要触发写事件
            EchoServer::ModToWriteEvent(conn); //修改成只监控可写事件
          }
        }
        if (events[i].events & EPOLLOUT) {     //可写
          if (not conn->Write()) {             //执行非阻塞写
            releaseConn();
            continue;
          }
          if (conn->FinishWrite()) {           //若完成请求的应答写,则可以释放连接
            releaseConn();
          }
        }
      }
    }
  }
  int main(int argc, char *argv[]) {
    if (argc != 3) {
      std::cout << "invalid input" << std::endl;
      std::cout << "example: ./EpollReactorThreadPool 0.0.0.0 1688" << std::endl;
      return -1;
    }
    for (int i = 0; i < EchoServer::GetNProcs(); i++) {
      std::thread(handler, argv).detach();     //调用detach函数以使创建的线程独立运行
    }
    while (true) sleep(1);                     //主线程陷入死循环
    return 0;
  }
```

在 main 函数中,根据系统当前可用的 CPU 核心数,预先创建数量与之相等的工作线程。然后,主线程陷入死循环。每个工作线程都会创建自己的 socket,并设置 SO_REUSEPORT 选项,以便在相同的网络地址上开启监听。最后,工作线程陷入 epoll 的死循环,等待客户端请求的到来,并给客户端提供服务。

### 10.2.18 I/O 多路复用之 epoll(线程池)-Reactor-HSHA

前面所有的并发模型,不管是多线程、多进程、线程池还是进程池,都是同步的。网络 I/O 操作和业务逻辑操作都在同一个线程中进行。但是,还有一种半同步半异步的并发模型,名为 HSHA,它将网络 I/O 操作和业务逻辑操作隔离开来,并在它们之间插入一个共享队列用于通信。这样整个并发模型就被分成了三层,分别为网络 I/O 层、共享队列层和业务逻辑层。

在 HSHA(Half Sync / Half Async)模型中,半同步指的是业务逻辑层的操作;而半异步指的是,从业务逻辑层的视角来看,I/O 读写不是它自己完成的,而是通过共享队列层最后交给网络 I/O 层来完成。因此,HSHA 模型被称为半同步半异步模型。需要注意的是,这里的异步并不是指异步 I/O,网络层的 I/O 操作仍然是同步的。

Reactor-HSHA 模型的交互简图如图 10-6 所示。

## 10.2 并发实例——EchoServer

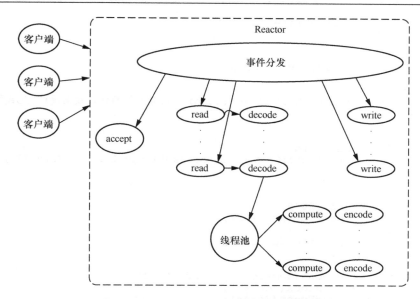

图10-6 Reactor-HSHA模型的交互简图

Reactor-HSHA 模型该如何实现呢？对应的代码如代码清单 10-23 所示。

**代码清单 10-23　源文件 epollreactorthreadpoolhsha.cpp**

```cpp
#include <arpa/inet.h>
#include <fcntl.h>
#include <netinet/in.h>
#include <stdio.h>
#include <stdlib.h>
#include <sys/epoll.h>
#include <sys/socket.h>
#include <unistd.h>
#include <condition_variable>
#include <iostream>
#include <mutex>
#include <queue>
#include <thread>
#include "../epollctl.hpp"
std::mutex Mutex;
std::condition_variable Cond;
std::queue<EchoServer::Conn *> Queue;
void pushInQueue(EchoServer::Conn *conn) {
  {
    std::unique_lock<std::mutex> locker(Mutex);
    Queue.push(conn);
  }
  Cond.notify_one();
}
EchoServer::Conn *getQueueData() {
  std::unique_lock<std::mutex> locker(Mutex);
  Cond.wait(locker, []() -> bool { return Queue.size() > 0; });
  EchoServer::Conn *conn = Queue.front();
  Queue.pop();
  return conn;
}
void workerHandler(bool directSend) {
  while (true) {
    EchoServer::Conn *conn = getQueueData();
    conn->EnCode();
    if (directSend) {  //直接把数据发送给客户端，而不是通过I/O线程来发送
      while (not conn->FinishWrite()) {
```

```cpp
          if (not conn->Write(false)) {
            break;
          }
        }
        EchoServer::ClearEvent(conn);
        delete conn;
      } else {
        EchoServer::ModToWriteEvent(conn);    //监听写事件，数据通过I/O线程来发送
      }
    }
  }
}
void ioHandler(char *argv[]) {
  int sockFd = EchoServer::CreateListenSocket(argv[1], atoi(argv[2]), true);
  if (sockFd < 0) {
    return;
  }
  epoll_event events[2048];
  int epollFd = epoll_create(1024);
  if (epollFd < 0) {
    perror("epoll_create failed");
    return;
  }
  EchoServer::Conn conn(sockFd, epollFd, true);
  EchoServer::SetNotBlock(sockFd);
  EchoServer::AddReadEvent(&conn);
  int msec = -1;
  while (true) {
    int num = epoll_wait(epollFd, events, 2048, msec);
    if (num < 0) {
      perror("epoll_wait failed");
      continue;
    }
    for (int i = 0; i < num; i++) {
      EchoServer::Conn *conn = (EchoServer::Conn *)events[i].data.ptr;
      if (conn->Fd() == sockFd) {
        EchoServer::LoopAccept(sockFd, 2048, [epollFd](int clientFd) {
          EchoServer::Conn *conn = new EchoServer::Conn(clientFd, epollFd,
              true);
          EchoServer::SetNotBlock(clientFd);
          EchoServer::AddReadEvent(conn, false, true);   //监听并开启oneshot
        });
        continue;
      }
      auto releaseConn = [&conn]() {
        EchoServer::ClearEvent(conn);
        delete conn;
      };
      if (events[i].events & EPOLLIN) {    //可读
        if (not conn->Read()) {    //执行非阻塞读
          releaseConn();
          continue;
        }
        if (conn->OneMessage()) {
          pushInQueue(conn);       //加入共享输入队列，有锁
        } else {
          EchoServer::ReStartReadEvent(conn);    //重启监听并开启oneshot
        }
      }
      if (events[i].events & EPOLLOUT) {    //可写
        if (not conn->Write(false)) {    //执行非阻塞写
          releaseConn();
          continue;
        }
        if (conn->FinishWrite()) {    //若完成请求的应答写，则可以释放连接
          releaseConn();
        }
      }
    }
  }
}
```

```cpp
  }
}
int main(int argc, char *argv[]) {
  if (argc != 4) {
    std::cout << "invalid input" << std::endl;
    std::cout << "example: ./EpollReactorThreadPoolHSHA 0.0.0.0 1688 1"
              << std::endl;
    return -1;
  }
  bool directSend = (std::string(argv[3]) == "1");
  for (int i = 0; i < EchoServer::GetNProcs(); i++) {  //创建工作线程
    std::thread(workerHandler, directSend).detach();
  }
  for (int i = 0; i < EchoServer::GetNProcs(); i++) {  //创建I/O线程
    std::thread(ioHandler, argv).detach();
  }
  while (true) sleep(1);    //主线程陷入死循环
  return 0;
}
```

在 main 函数中，根据系统当前可用的 CPU 核心数，预先创建数量与之相等的工作线程和 I/O 线程。然后，主线程陷入死循环。每个 I/O 线程都会创建自己的 socket，并设置 SO_REUSEPORT 选项，以便在相同的网络地址上开启监听。最后，I/O 线程陷入 epoll 的死循环。

I/O 线程负责监听客户端连接的到来以及客户端可读和可写事件。当 I/O 线程接收完数据并解析出一个完整的请求时，它会将消息插入共享队列，并通过条件变量唤醒一个工作线程来处理请求。

工作线程启动后，就会等待条件变量的通知。为了避免共享队列中数据读取的异常，在等待条件变量的通知时，需要再判断共享队列中的数据量必须大于 0 才可以返回。工作线程在获取到请求数据后，会对应答数据进行编码。然后，既可以选择直接将应答数据发送给客户端，也可以选择注册监听客户端连接的可写事件，由 I/O 线程完成应答数据的发送。

有些人可能会对应答数据的发送方式感到困惑。毕竟，HSHA 模型要求通过队列来发送应答数据，但即使是 HSHA 模型的原始文献也没有对此进行详细的描述。因此，我们不必过于教条，而是可以灵活变通。我们的实现支持两种发送应答数据的方式。第一种是直接发送给客户端，这种方式是合理的，因为此时客户端大概率在等待应答，服务器端的文件描述符也大概率是可写的。第二种是注册监听客户端连接的可写事件，由 I/O 线程通过事件驱动来完成应答数据的发送。这种方式和通过队列来发送应答数据类似，只不过没有真正通过一个队列而已。

### 10.2.19　I/O 多路复用之 epoll(线程池)-Reactor-MS

Reactor 并发模型还有一种变体，就是 Reactor-MS 模型。它将客户端连接的接受放在单独的 MainReactor 中，MainReactor 再将客户端连接移交给 SubReactor 进行读写操作的处理。使用单独的线程来接受客户端连接可以更快地为新的客户端提供服务，因为同时处理的客户端连接更多了，从而提高了服务并发度，更好地利用了 CPU。Reactor-MS 模型的交互简图如图 10-7 所示。

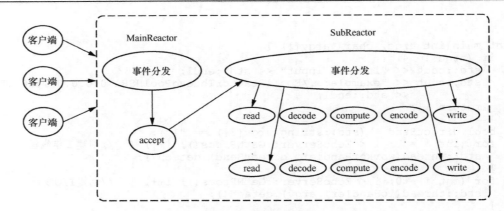

图10-7 Reactor-MS模型的交互简图

Reactor-MS 模型具体如何实现呢？对应的代码如代码清单 10-24 所示。

**代码清单 10-24　源文件 epollreactorthreadpoolms.cpp**

```cpp
#include <arpa/inet.h>
#include <assert.h>
#include <fcntl.h>
#include <netinet/in.h>
#include <stdio.h>
#include <stdlib.h>
#include <sys/epoll.h>
#include <sys/socket.h>
#include <unistd.h>
#include <condition_variable>
#include <iostream>
#include <mutex>
#include <thread>
#include "../epollctl.hpp"
int *EpollFd;
int EpollInitCnt = 0;
std::mutex Mutex;
std::condition_variable Cond;
void waitSubReactor() {
  std::unique_lock<std::mutex> locker(Mutex);
  Cond.wait(locker, []() -> bool { return EpollInitCnt >= EchoServer::
    GetNProcs(); });
  return;
}
void subReactorNotifyReady() {
  {
    std::unique_lock<std::mutex> locker(Mutex);
    EpollInitCnt++;
  }
  Cond.notify_all();
}
void addToSubReactor(int &index, int clientFd) {
  index++;
  index %= EchoServer::GetNProcs();
  //以轮询的方式添加到SubReactor线程中
  EchoServer::Conn *conn = new EchoServer::Conn(clientFd, EpollFd[index], true);
  EchoServer::AddReadEvent(conn);  //监听可读事件
}
void MainReactor(char *argv[]) {
  waitSubReactor();  //等待所有的SubReactor线程都启动完毕
  int sockFd = EchoServer::CreateListenSocket(argv[1], atoi(argv[2]), true);
  if (sockFd < 0) {
    return;
```

## 10.2 并发实例——EchoServer

```cpp
      }
      epoll_event events[2048];
      int epollFd = epoll_create(1024);
      if (epollFd < 0) {
        perror("epoll_create failed");
        return;
      }
      int index = 0;
      bool mainMonitorRead = (std::string(argv[3]) == "1");
      EchoServer::Conn conn(sockFd, epollFd, true);
      EchoServer::SetNotBlock(sockFd);
      EchoServer::AddReadEvent(&conn);
      while (true) {
        int num = epoll_wait(epollFd, events, 2048, -1);
        if (num < 0) {
          perror("epoll_wait failed");
          continue;
        }
        for (int i = 0; i < num; i++) {
          EchoServer::Conn *conn = (EchoServer::Conn *)events[i].data.ptr;
          if (conn->Fd() == sockFd) { //有客户端连接到来
            EchoServer::LoopAccept(sockFd, 100000, [&index, mainMonitorRead,
              epollFd](int clientFd) {
                EchoServer::SetNotBlock(clientFd);
                if (mainMonitorRead) {
                  EchoServer::Conn *conn = new EchoServer::Conn(clientFd,
                    epollFd, true);
                  EchoServer::AddReadEvent(conn);
                } else {
                  addToSubReactor(index, clientFd);
                }
            });
            continue;
          }
          //若客户端有数据可读，则把连接迁移到SubReactor线程中进行管理
          EchoServer::ClearEvent(conn, false);
          addToSubReactor(index, conn->Fd());
          delete conn;
        }
      }
    }
    void SubReactor(int threadId) {
      epoll_event events[2048];
      int epollFd = epoll_create(1024);
      if (epollFd < 0) {
        perror("epoll_create failed");
        return;
      }
      EpollFd[threadId] = epollFd;
      subReactorNotifyReady();
      while (true) {
        int num = epoll_wait(epollFd, events, 2048, -1);
        if (num < 0) {
          perror("epoll_wait failed");
          continue;
        }
        for (int i = 0; i < num; i++) {
          EchoServer::Conn *conn = (EchoServer::Conn *)events[i].data.ptr;
          auto releaseConn = [&conn]() {
            EchoServer::ClearEvent(conn);
            delete conn;
          };
          if (events[i].events & EPOLLIN) { //可读
            if (not conn->Read()) { //执行非阻塞读
              releaseConn();
              continue;
```

```cpp
        }
        if (conn->OneMessage()) {      //判断是否要触发写事件
          EchoServer::ModToWriteEvent(conn);   //修改成只监控可写事件
        }
      }
      if (events[i].events & EPOLLOUT) {   //可写
        if (not conn->Write()) {    //执行非阻塞写
          releaseConn();
          continue;
        }
        if (conn->FinishWrite()) {   //若完成请求的应答写, 则可以释放连接
          releaseConn();
        }
      }
    }
  }
}
int main(int argc, char *argv[]) {
  if (argc != 4) {
    std::cout << "invalid input" << std::endl;
    std::cout << "example: ./EpollReactorThreadPoolMS 0.0.0.0 1688 1"
              << std::endl;
    return -1;
  }
  EpollFd = new int[EchoServer::GetNProcs()];
  for (int i = 0; i < EchoServer::GetNProcs(); i++) {
    std::thread(SubReactor, i).detach();
  }
  int mainReactorCnt = 3;
  for (int i = 0; i < mainReactorCnt; i++) {
    std::thread(MainReactor, argv).detach();
  }
  while (true) sleep(1);     //主线程陷入死循环
  return 0;
}
```

在 main 函数中,根据系统当前可用的 CPU 核心数,预先创建数量与之相等的 SubReactor 线程。然后,创建 3 个 MainReactor 线程。最后,主线程陷入死循环。MainReactor 线程会等待所有 SubReactor 线程都创建完 epoll 实例,才会开启网络监听。当 MainReactor 线程接受客户端连接时,就可以直接将客户端读写事件的监听分派给 SubReactor 线程,也可以在监听到可读事件后,再将其分派给 SubReactor 线程。SubReactor 线程负责处理客户端请求。

## 10.2.20　I/O 多路复用之 epoll(进程池)-Reactor-协程池

Reactor-协程池的并发模型同样也存在进程池的版本。对应的代码如代码清单 10-25 所示。

**代码清单 10-25　源文件 epollreactorprocesspollcoroutine.cpp**

```cpp
#include <arpa/inet.h>
#include <assert.h>
#include <fcntl.h>
#include <netinet/in.h>
#include <stdio.h>
#include <stdlib.h>
#include <sys/epoll.h>
#include <sys/socket.h>
#include <unistd.h>
```

## 10.2 并发实例——EchoServer

```cpp
#include <iostream>
#include "../coroutine.h"
#include "../epollctl.hpp"
struct EventData {
  EventData(int fd, int epoll_fd) : fd_(fd), epoll_fd_(epoll_fd){};
  int fd_{0};
  int epoll_fd_{0};
  int cid_{MyCoroutine::INVALID_ROUTINE_ID};
  MyCoroutine::Schedule *schedule_{nullptr};
};
void EchoDeal(const std::string reqMessage, std::string &respMessage) {
  respMessage = reqMessage;
}
void handlerClient(void *arg) {
  EventData *eventData = (EventData *)arg;
  auto releaseConn = [&eventData]() {
    EchoServer::ClearEvent(eventData->epoll_fd_, eventData->fd_);
    delete eventData;       //释放内存
  };
  ssize_t ret = 0;
  EchoServer::Codec codec;
  std::string reqMessage;
  std::string respMessage;
  while (true) {   //读操作
    uint8_t data[100];
    ret = read(eventData->fd_, data, 100);   //一次最多读取100字节
    if (ret == 0) {
      perror("peer close connection");
      releaseConn();
      return;
    }
    if (ret < 0) {
      if (EINTR == errno) continue;   //被中断，可以重启读操作
      if (EAGAIN == errno or EWOULDBLOCK == errno) {
        MyCoroutine::CoroutineYield(*eventData->schedule_);
        continue;
      }
      perror("read failed");
      releaseConn();
      return;
    }
    codec.DeCode(data, ret);            //解析请求数据
    if (codec.GetMessage(reqMessage)) {  //解析出一个完整的请求
      break;
    }
  }
  EchoDeal(reqMessage, respMessage);
  EchoServer::Packet pkt;
  codec.EnCode(respMessage, pkt);
  EchoServer::ModToWriteEvent(eventData->epoll_fd_, eventData->fd_, eventData);
  ssize_t sendLen = 0;
  while (sendLen != pkt.Len()) {   //写操作
    ret = write(eventData->fd_, pkt.Data() + sendLen, pkt.Len() - sendLen);
    if (ret < 0) {
      if (EINTR == errno) continue;   //被中断，可以重启写操作
      if (EAGAIN == errno or EWOULDBLOCK == errno) {
        MyCoroutine::CoroutineYield(*eventData->schedule_);
        continue;
      }
      perror("write failed");
      releaseConn();
      return;
    }
    sendLen += ret;
```

```cpp
  }
  releaseConn();
}
void handler(char *argv[]) {
  int sockFd = EchoServer::CreateListenSocket(argv[1], atoi(argv[2]), true);
  if (sockFd < 0) {
    return;
  }
  epoll_event events[2048];
  int epollFd = epoll_create(1024);
  if (epollFd < 0) {
    perror("epoll_create failed");
    return;
  }
  EventData eventData(sockFd, epollFd);
  EchoServer::SetNotBlock(sockFd);
  EchoServer::AddReadEvent(epollFd, sockFd, &eventData);
  MyCoroutine::Schedule schedule;
  MyCoroutine::ScheduleInit(schedule, 10000);   //初始化协程池
  int msec = -1;
  while (true) {
    int num = epoll_wait(epollFd, events, 2048, msec);
    if (num < 0) {
      perror("epoll_wait failed");
      continue;
    } else if (num == 0) {  //没有事件了,下次调用epoll_wait大概率被挂起
      sleep(0);   //主动让出CPU
      msec = -1;  //大概率被挂起,故这里将超时时间设置为-1
      continue;
    }
    msec = 0;   //下次大概率还有事件,故这里将msec设置为0
    for (int i = 0; i < num; i++) {
      EventData *eventData = (EventData *)events[i].data.ptr;
      if (eventData->fd_ == sockFd) {
        EchoServer::LoopAccept(sockFd, 2048, [epollFd](int clientFd) {
          EventData *eventData = new EventData(clientFd, epollFd);
          EchoServer::SetNotBlock(clientFd);
          EchoServer::AddReadEvent(epollFd, clientFd, eventData);
        });
        continue;
      }
      if (eventData->cid_ == MyCoroutine::INVALID_ROUTINE_ID) {
        if (MyCoroutine::CoroutineCanCreate(schedule)) {
          eventData->schedule_ = &schedule;
          eventData->cid_ = MyCoroutine::CoroutineCreate(schedule,
              handlerClient, eventData, 0);   //创建协程
          MyCoroutine::CoroutineResumeById(schedule, eventData->cid_);
        } else {
          std::cout << "MyCoroutine is full" << std::endl;
        }
      } else {
        MyCoroutine::CoroutineResumeById(schedule, eventData->cid_);
      }
    }
    MyCoroutine::ScheduleTryReleaseMemory(schedule);    //尝试释放内存
  }
}
int main(int argc, char *argv[]) {
  if (argc != 3) {
    std::cout << "invalid input" << std::endl;
    std::cout << "example: ./EpollReactorProcessPoolCoroutine 0.0.0.0 1688"
              << std::endl;
    return -1;
  }
  for (int i = 0; i < EchoServer::GetNProcs(); i++) {
    pid_t pid = fork();
```

```
        if (pid < 0) {
            perror("fork failed");
            continue;
        }
        if (0 == pid) {
            handler(argv);          //子进程陷入死循环，处理客户端请求
            exit(0);
        }
    }
    while (true) sleep(1);          //父进程陷入死循环
    return 0;
}
```

在 main 函数中，根据系统当前可用的 CPU 核心数，预先创建数量与之相等的子进程。在子进程中开启网络监听之后，执行与 10.2.16 节中相同的逻辑，这里不再赘述。

## 10.3 基准性能对比与分析

在前面的内容中，我们已经实现了 17 种不同的并发模型。当然，这里并没列举所有的并发模型，而只是列出了主流的那些。在本节中，我们将对这 17 种不同的并发模型进行压力测试，对比它们的性能差异并进行分析。我们将采用分组、分特性的方式对它们进行对比。

我们使用压测工具对不同的并发模型进行了测试，压测工具和并发服务都运行在同一台 16 核 32GHz 的 CentOS 云主机上，每个 CPU 的频率为 2.59GHz。由于无法统一压测使用的机器和环境，因此在不同的压测机器或环境中，得到的压测结果会存在一定的差异。即使使用相同的压测机器和环境，多次压测的结果也会存在一定的偏差。

在开始压测之前，需要调整两个系统配置。一个是允许打开的文件描述符的最大数量，我们需要将这个配置调整为 50 万。另一个是本地端口的可分配范围，我们需要将这个配置调整为 1024~65 500。

需要特别说明的是，后续表格中的压测结果 "-" 表示耗时过长，因此没有展示具体的耗时。此外，我们使用程序文件名来表示不同的并发模型，例如 EpollReactorSingleProcess 和 EpollReactorSingleProcessET，它们分别表示使用 epoll 实现的 Reactor 单进程模型以及使用 epoll 实现的 Reactor 单进程的边缘触发模型。

### 10.3.1 非 I/O 复用模型对比

我们使用 BenchMark 压测工具对所有非 I/O 复用的模型进行了压测，请求包的大小为 100 字节，每次压测持续 30 s，并记录不同并发量请求的平均耗时。压测结果如表 10-3 所示。

表 10-3 非 I/O 复用模型压测结果

| 并发量 | 单进程 | 多进程 | 多线程 | 进程池 1 | 进程池 2 | 线程池 | 领导者-跟随者 |
| --- | --- | --- | --- | --- | --- | --- | --- |
| 100 | 1 ms | 4 ms | 1 ms | <1 ms | <1 ms | <1 ms | <1 ms |
| 170 | 32 550 ms | 630 ms | 575 ms | 2570 ms | <1 ms | <1 ms | 1179 ms |
| 200 | - | 701 ms | 778 ms | 31 069 ms | 1 ms | <1 ms | 8210 ms |

| 并发量 | 单进程 | 多进程 | 多线程 | 进程池 1 | 进程池 2 | 线程池 | 领导者-跟随者 |
|---|---|---|---|---|---|---|---|
| 1000 | - | 5527 ms | 5851 ms | - | 4 ms | 4 ms | - |
| 1500 | - | 8177 ms | 8989 ms | - | 7 ms | 7 ms | - |

从压测结果中可以看出，最原始的单进程模型在并发量为 170 时，性能就严重下降了。相比之下，多进程和多线程模型表现更好。然而，进程池 1 模型由于进程在接受客户端连接时存在锁竞争，性能也不佳。进程池 2 和线程池模型使用了 REUSEPORT 特性，由操作系统进行连接的负载均衡，因此性能最优。领导者-跟随者模型存在多线程锁竞争，性能不如进程池 2 和线程池模型优秀。

### 10.3.2 I/O 复用模型对比

我们使用 BenchMark 压测工具对 select、poll 和 epoll 这三个 I/O 复用模型进行了压测，请求包的大小为 100 字节，每次压测持续 60 s，并记录不同并发量请求的平均耗时。压测结果如表 10-4 所示。

表 10-4 I/O 复用模型压测结果

| 并发量 | select | poll | epoll |
|---|---|---|---|
| 1000 | 2556ms | 2656 ms | 2842 ms |
| 2500 | 3228ms | 3392 ms | 2949 ms |
| 10 000 | - | 3415 ms | 3229 ms |
| 20 000 | - | 3821 ms | 3353 ms |
| 40 000 | - | 63372 ms | 4204 ms |

从压测结果中可以看出，epoll 的性能是最优的，尤其是在高并发的情况下。相比之下，select 在并发量超过 2500 时，比较容易触碰到支持的最大 fd 数量的限制。

### 10.3.3 epoll 下 LT 模式和 ET 模式对比

我们使用 BenchMark 压测工具对 EpollReactorSingleProcess 和 EpollReactorSingleProcessET 进行了压测，请求包的大小为 150KB，每次压测持续 60 s，并记录不同并发量请求的平均耗时。压测结果如表 10-5 所示。

表 10-5 epoll 下 LT 模式和 ET 模式压测结果

| 并发量 | LT-单次读取 | LT-多次读取 | ET-多次读取 |
|---|---|---|---|
| 5000 | 4858 ms | 3745 ms | 3514 ms |
| 10 000 | 8791 ms | 4675 ms | 4587 ms |
| 20 000 | 25895 ms | 6717 ms | 6756 ms |

从压测结果中可以看出，在大包请求下，LT-单次读取的性能最差，因为需要调用更多

次的 epoll_wait 函数。而在多次读取的情况下，LT 模式和 ET 模式的性能基本持平。

### 10.3.4　epoll 下协程池模式和非协程池模式对比

我们使用 BenchMark 压测工具对 EpollReactorSingleProcess 和 EpollReactorSingleProcess-Coroutine 进行了压测，请求包的大小为 4KB，每次压测持续 60 s，并记录不同并发量请求的平均耗时。压测结果如表 10-6 所示。

表 10-6　协程池模式和非协程池模式压测结果

| 并发量 | 协程池 | 非协程池-多次读取 |
| --- | --- | --- |
| 1000 | 3126 ms | 3057 ms |
| 5000 | 3727 ms | 3437 ms |
| 10 000 | 3951 ms | 3931 ms |
| 20 000 | 4881 ms | 4600 ms |

从压测结果中可以看出，协程池模式并不优于非协程池模式。相比非协程池模式，协程池模式多了协程调度和管理的成本。

### 10.3.5　HSHA 模式下工作线程和 I/O 线程写应答对比

我们使用 BenchMark 压测工具对 EpollReactorThreadPoolHSHA 的两种不同模式——使用工作线程或者使用 I/O 线程写应答进行了压测，请求包的大小为 4KB，每次压测持续 60 s，并记录不同并发量请求的平均耗时。压测结果如表 10-7 所示。

表 10-7　HSHA 模式下工作线程和 I/O 线程写应答压测结果

| 并发量 | 工作线程写应答 | I/O 线程写应答 |
| --- | --- | --- |
| 10 000 | 72 ms | 168 ms |
| 20 000 | 207 ms | 355 ms |
| 40 000 | 657 ms | 936 ms |
| 80 000 | 1154 ms | 1853 ms |
| 160 000 | 2347 ms | 3142 ms |

从压测结果中可以看出，使用工作线程写应答的性能明显优于使用 I/O 线程。使用 I/O 线程写应答需要多付出锁的成本（epoll_ctl 是线程安全的，内部有锁），并且通常来说，在写应答数据时，socket 基本上是可写的，大概率不需要再监听可写事件，直接写应答数据性能更佳。

### 10.3.6　MS 模式下 MainReactor 线程是否监听可读事件对比

我们使用 BenchMark 压测工具对 EpollReactorThreadPoolMS 的两种不同模式——MainReactor 线程是否监听可读事件进行了压测，请求包的大小为 4KB，每次压测持续 60 s，并记录不同并发量请求的平均耗时。压测结果如表 10-8 所示。

表 10-8　MS 模式下 MainReactor 线程是否监听可读事件压测结果

| 并发量 | MainReactor 监听可读事件 | MainReactor 不监听可读事件 |
| --- | --- | --- |
| 10 000 | 511 ms | 480 ms |
| 20 000 | 541 ms | 535 ms |
| 40 000 | 876 ms | 831 ms |
| 80 000 | 1227 ms | 1131 ms |
| 160 000 | 1885 ms | 1686 ms |

从压测结果中可以看出，MainReactor 线程不监听可读事件的性能更佳。当 MainReactor 线程监听可读事件时，直到有可读事件后，才把客户端移交给 SubReactor 线程监听，因此需要付出更多次 epoll_wait 返回和更多次内存分配的成本。

### 10.3.7　epoll 下动态和固定超时时间对比

我们使用 BenchMark 压测工具对 EpollReactorSingleProcessCoroutine 的两种不同模式——是否使用动态超时时间进行了压测，请求包的大小为 25KB，每次压测持续 60 s，并记录不同并发量请求的平均耗时。压测结果如表 10-9 所示。

表 10-9　epoll 下动态和固定超时时间压测结果

| 并发量 | 固定超时时间 | 动态超时时间 |
| --- | --- | --- |
| 2500 | 3906 ms | 3156 ms |
| 5000 | 4038 ms | 3488 ms |
| 10 000 | 4359 ms | 3734 ms |
| 20 000 | 4459 ms | 3843 ms |

从压测结果中可以看出，动态设置 epoll_wait 调用的超时时间可以获得更佳的性能表现。

### 10.3.8　epoll 下进程池和线程池对比

我们使用 BenchMark 压测工具对 EpollReactorProcessPoolCoroutine（动态超时时间）、EpollReactorThreadPool、EpollReactorThreadPoolHSHA（使用工作线程写应答）、EpollReactorThreadPoolMS（MainReactor 线程不监听可读事件）进行了压测，请求包的大小为 8KB，每次压测持续 60 s，并记录不同并发量请求的平均耗时。压测结果如表 10-10 所示。

表 10-10　进程池和线程池压测结果

| 并发量 | ProcessPoolCoroutine | ThreadPool | ThreadPoolHSHA | ThreadPoolMS |
| --- | --- | --- | --- | --- |
| 20 000 | 396 ms | 185 ms | 216 ms | 514 ms |
| 40 000 | 879 ms | 583 ms | 564 ms | 739 ms |

续表

| 并发量 | ProcessPoolCoroutine | ThreadPool | ThreadPoolHSHA | ThreadPoolMS |
|---|---|---|---|---|
| 80 000 | 1195 ms | 962 ms | 1100 ms | 1009 ms |
| 160 000 | 2380 ms | 2233 ms | 2257 ms | 1631 ms |
| 320 000 | 3429 ms | 3183 ms | 3210 ms | 2861 ms |

从压测结果中可以看出，进程池的协程模型（ProcessPoolCoroutine）性能不如线程池的其他模型（ThreadPool、ThreadPoolHSHA 和 ThreadPoolMS）。半同步半异步模型相对传统的线程池模型并没有明显的性能优势，而主从模式下的线程池模型在高并发下展现出了更优的性能。因为有 main 线程专门接受连接，所以在高并发时连接的接受不会成为瓶颈，连接接受得快，请求就能更快地得到处理。

## 10.4 本章小结

在本章中，我们详细介绍了 4 种 I/O 模型，并使用了 17 种不同的并发模型来实现回显服务。通过对不同模型的性能进行对比和压测，我们深入探讨了网络并发服务和编程实践中的关键问题，为大家提供了全面的视角。这些内容对于理解网络编程、优化网络性能以及选择合适的并发模型都具有非常重要的意义。希望这些内容能够帮助大家更好地理解和应用网络编程及并发编程技术。

# 第 11 章 公共代码提炼

公共代码的提炼和封装，可以帮助我们更加高效地完成 RPC 框架 MyRPC（在第 13 章会介绍）的实现。这些公共代码都被定义在 Common 命名空间中，这样可以避免命名冲突和代码混乱。虽然本章没有给出如何使用的示例代码，但是这些公共代码会在后续章节中被广泛使用，因此我们需要熟练掌握它们的使用方法和注意事项。

需要特别说明的是，后续章节中有很多后缀为.hpp 的头文件，这种文件表示定义和实现都放在一起，并对外只提供一个后缀为.hpp 的头文件，而不提供后缀为.cpp 的源文件。这种方式可以简化代码结构，提高代码的可读性和可维护性，但也需要我们更加注意代码的安全性和鲁棒性，以避免出现潜在的问题和漏洞。

在实现自己的 RPC 框架 MyRPC 之前，我们需要掌握这些公共代码的使用方法和原理，以便更好地理解后续章节的内容。同时，这些公共代码也可以在日常业务开发中广泛使用，以提高研发效率和代码质量。

## 11.1 参数列表

定时器回调函数和协程执行的入口函数所能接收的参数个数是有限的，而此类参数通常是一个 void*类型的指针。我们一般会定义一个专用的结构体，然后传递这个结构体变量的指针给回调函数或入口函数。但这种方式还是不够优雅，因为每次都需要定义一个专用的结构体。为了提供更通用高效的解决方案，我们封装了 Argv 类，对应的代码如代码清单 11-1 所示。

代码清单 11-1　头文件 argv.hpp

```
#pragma once
#include <assert.h>
#include <unordered_map>
namespace Common {
class Argv {
 public:
  Argv& Set(std::string name, void* arg) {
    argv_[name] = arg;
    return *this;
  }
  template <class Type>
  Type& Arg(std::string name) {
    auto iter = argv_.find(name);
    assert(iter != argv_.end());
    return *(Type*)iter->second;
  }
 private:
  std::unordered_map<std::string, void*> argv_;   //参数变量名到变量指针的映射
};
}  //命名空间Common
```

Argv 类封装了两个函数：Set 函数和 Arg 函数。Set 函数用于将各种不同类型的参数与一个名称绑定；Arg 函数则是一个模板函数，旨在通过参数类型和名称返回对应参数值的引用。

## 11.2　命令行参数解析

命令行参数解析是后端开发不可或缺的重要功能。各种命令行工具都需要实现对命令行参数的解析，并根据不同的命令行参数来实现不同的功能。为此，我们参考了 Go 语言 flag 包的实现逻辑，并进行了通用的命令行参数解析。对应的代码如代码清单 11-2 和代码清单 11-3 所示。

代码清单 11-2　头文件 cmdline.h

```
#pragma once
#include <string>
namespace Common {
namespace CmdLine {
typedef void (*Usage)();
void BoolOpt(bool* value, std::string name);
void Int64Opt(int64_t* value, std::string name, int64_t defaultValue);
void StrOpt(std::string* value, std::string name, std::string defaultValue);
void Int64OptRequired(int64_t* value, std::string name);
void StrOptRequired(std::string* value, std::string name);
void SetUsage(Usage usage);
void Parse(int argc, char* argv[]);
} //命名空间CmdLine
} //命名空间Common
```

函数 BoolOpt、Int64Opt、StrOpt 用于设置命令行可选选项，并支持指定默认值。函数 Int64OptRequired 和 StrOptRequired 则用于设置必选命令行选项。函数 SetUsage 用于设置命令行的用法说明，而函数 Parse 则用于解析命令行参数。

代码清单 11-3　源文件 cmdline.cpp

```
#include "cmdline.h"
#include <stdint.h>
#include <stdio.h>
#include <string.h>
#include <map>
namespace Common {
namespace CmdLine {
class Opt;   //前置声明
static Usage usage_ = nullptr;
static std::map<std::string, Opt> opts_;
enum OptType {
  INT64_T = 1,
  BOOL = 2,
  STRING = 3,
};
class Opt {
 public:
  Opt() = default;
  Opt(bool* value, std::string name, bool defaultValue, bool required) {
    init(BOOL, value, name, required);
    *(bool*)value_ = defaultValue;
  }
  Opt(int64_t* value, std::string name, int64_t defaultValue, bool required) {
    init(INT64_T, value, name, required);
    *(int64_t*)value_ = defaultValue;
  }
  Opt(std::string* value, std::string name, std::string defaultValue, bool
    required) {
    init(STRING, value, name, required);
    *(std::string*)value_ = defaultValue;
  }
```

245

```cpp
    bool IsBoolOpt() { return type_ == BOOL; }
    void SetBoolValue(bool value) {
      value_is_set_ = true;
      *(bool*)value_ = value;
    }
    void SetValue(std::string value) {
      if (type_ == STRING) *(std::string*)value_ = value;
      if (type_ == INT64_T) *(int64_t*)value_ = atoll(value.c_str());
      value_is_set_ = true;
    }
    bool CheckRequired() {
      if (not required_) return true;
      if (required_ && value_is_set_) return true;
      printf("required option %s not set argument\n", name_.c_str());
      return false;
    }
   private:
    void init(OptType type, void* value, std::string name, bool required) {
      type_ = type;
      name_ = name;
      value_ = (void*)value;
      required_ = required;
      if (required_) value_is_set_ = false;
    }
   private:
    OptType type_;
    std::string name_;
    void* value_;
    bool value_is_set_{true};
    bool required_{false};
  };
  static bool isValidName(std::string name) {
    if (name == "") return false;
    if (name[0] == '-') {
      printf("option %s begins with -\n", name.c_str());
      return false;
    }
    if (name.find("=") != name.npos) {
      printf("option %s contains =\n", name.c_str());
      return false;
    }
    return true;
  }
  static int ParseOpt(int argc, char* argv[], int& parseIndex) {
    char* opt = argv[parseIndex];
    int optLen = strlen(opt);
    if (optLen <= 1) {          //选项的长度必须大于或等于2
      printf("option's len must greater than or equal to 2\n");
      return -1;
    }
    if (opt[0] != '-') {    //选项必须以'-'开头
      printf("option must begins with '-', %s is invalid option\n", opt);
      return -1;
    }
    opt++;         //过滤第一个'-'
    optLen--;
    if (*opt == '-') {
      opt++;     //过滤第二个'-'
      optLen--;
    }
    //在过滤完有效的'-'之后,还需要检查一下后面的内容和长度
    if (optLen == 0 || *opt == '-' || *opt == '=') {
      printf("bad opt syntax:%s\n", argv[parseIndex]);
      return -1;
    }
    //执行到这里,说明是一个选项,接下来判断这个选项是否有参数
```

## 11.2 命令行参数解析

```cpp
      bool hasArgument = false;
      std::string argument = "";
      for (int i = 1; i < optLen; i++) {
        if (opt[i] == '=') {
          hasArgument = true;
          argument = std::string(opt + i + 1);  //取等号之后的内容，赋值给argument
          opt[i] = 0;   //这样opt指向的字符串就是'='之前的内容
          break;
        }
      }
      std::string optName = std::string(opt);
      if (optName == "help" || optName == "h") {   //若是help选项，则调用_usage函数并退出
        if (usage_) usage_();
        exit(0);
      }
      auto iter = opts_.find(optName);
      if (iter == opts_.end()) {          //选项不存在
        printf("option provided but not defined: -%s\n", optName.c_str());
        return -1;
      }
      if (iter->second.IsBoolOpt()) {   //不需要参数的布尔类型选项
        iter->second.SetBoolValue(true);
        parseIndex++;    //跳到下一个选项
      } else {              //需要参数的选项，参数可能在下一个命令行参数中
        if (hasArgument) {
          parseIndex++;
        } else {
          if (parseIndex + 1 < argc) {   //选项的值在下一个命令行参数中
            hasArgument = true;
            argument = std::string(argv[parseIndex + 1]);
            parseIndex += 2;   //跳到下一个选项
          }
        }
        if (not hasArgument) {
          printf("option needs an argument: -%s\n", optName.c_str());
          return -1;
        }
        iter->second.SetValue(argument);
      }
      return 0;
    }
    static bool CheckRequired() {
      auto iter = opts_.begin();
      while (iter != opts_.end()) {
        if (!iter->second.CheckRequired()) return false;
        iter++;
      }
      return true;
    }
    static void setOptCheck(const std::string& name) {
      if (opts_.find(name) != opts_.end()) {
        printf("%s opt already set\n", name.c_str());
        exit(-1);
      }
      if (not isValidName(name)) {
        printf("%s is invalid name\n", name.c_str());
        exit(-2);
      }
    }
    void BoolOpt(bool* value, std::string name) {
      setOptCheck(name);
      opts_[name] = Opt(value, name, false, false);
    }
    void Int64Opt(int64_t* value, std::string name, int64_t defaultValue) {
      setOptCheck(name);
      opts_[name] = Opt(value, name, defaultValue, false);
```

247

```cpp
    }
    void StrOpt(std::string* value, std::string name, std::string defaultValue) {
      setOptCheck(name);
      opts_[name] = Opt(value, name, defaultValue, false);
    }
    void Int64OptRequired(int64_t* value, std::string name) {
      setOptCheck(name);
      opts_[name] = Opt(value, name, 0, true);
    }
    void StrOptRequired(std::string* value, std::string name) {
      setOptCheck(name);
      opts_[name] = Opt(value, name, "", true);
    }
    void SetUsage(Usage usage) { usage_ = usage; }

    void Parse(int argc, char* argv[]) {
      if (nullptr == usage_) {
        printf("usage function not set\n");
        exit(-1);
      }
      int parseIndex = 1;   //这里跳过命令名不解析，所以parseIndex从1开始
      while (parseIndex < argc) {
        if (ParseOpt(argc, argv, parseIndex)) {
          exit(-2);
        }
      }
      if (not CheckRequired()) {   //校验必设选项，非必设选项则设置为默认值
        usage_();
        exit(-1);
      }
    }
  }    //命名空间CmdLine
}      //命名空间Common
```

Opt 类封装了对命令行选项的处理，支持 int64_t、bool、string 三种选项类型。所有命令行选项的信息都存储在 opts_ 变量中，每个命令行选项的解析由 ParseOpt 函数实现。

## 11.3 字符串

C++标准库中的 string 类只提供了基础的字符串操作，而没有像其他编程语言那样提供更丰富的字符串操作，如 Split、Join 等操作。为了提高效率，我们对常用的字符串操作进行了封装，对应的代码如代码清单 11-4 所示。

**代码清单 11-4　头文件 strings.hpp**

```cpp
#pragma once
#include <assert.h>
#include <stdarg.h>
#include <stdio.h>
#include <algorithm>
#include <string>
#include <vector>
namespace Common {
class Strings {
 public:
  static void ltrim(std::string &str) {
    if (str.empty()) return;
    str.erase(0, str.find_first_not_of(" "));
  }
  static void rtrim(std::string &str) {
    if (str.empty()) return;
```

```
        str.erase(str.find_last_not_of(" ") + 1);
      }
      static void trim(std::string &str) {
        ltrim(str);
        rtrim(str);
      }
      static void Split(std::string &str, std::string sep, std::vector<std::::
        string> &result) {
        if (str == "") return;
        std::string::size_type prePos = 0;
        std::string::size_type curPos = str.find(sep);
        while (std::string::npos != curPos) {
          std::string subStr = str.substr(prePos, curPos - prePos);
          if (subStr != "") {   //非空串才插入
            result.push_back(subStr);
          }
          prePos = curPos + sep.size();
          curPos = str.find(sep, prePos);
        }
        if (prePos != str.length()) {
          result.push_back(str.substr(prePos));
        }
      }
      static std::string Join(std::vector<std::string> &strs, std::string sep) {
        std::string result;
        for (size_t i = 0; i < strs.size(); ++i) {
          result += strs[i];
          if (i != strs.size() - 1) {
            result += sep;
          }
        }
        return result;
      }
      static std::string StrFormat(char *format, ...) {
        char *buf = (char *)malloc(1024);
        va_list plist;
        va_start(plist, format);
        int ret = vsnprintf(buf, 1024, format, plist);
        va_end(plist);
        assert(ret > 0);
        if (ret >= 1024) {   //缓冲区长度不足，需要重新分配内存
          buf = (char *)realloc(buf, ret + 1);
          va_start(plist, format);
          ret = vsnprintf(buf, ret + 1, format, plist);
          va_end(plist);
        }
        std::string result(buf);
        free(buf);
        return result;
      }
      static void ToLower(std::string &str) { transform(str.begin(), str.end(
        ), str.begin(), ::tolower); }
    };  //命名空间Strings
}   //命名空间Common
```

Strings 类封装了 trim 系列函数，用于删除字符串前后的空白符，此处还封装了如下函数：Split 函数，用于字符串的分割；Join 函数，用于字符串的连接；StrFormat 函数，用于字符串的格式化；以及 ToLower 函数，用于字符串的小写转换。

## 11.4  配置文件读取

对于每个后端服务来说，配置文件都是必不可少的。相应的程序也需要具备读取配置

文件的能力。配置文件的格式有多种，包括 INI 格式、XML 格式、JSON 格式等。INI 格式简单易用，但难以表达复杂的嵌套结构；XML 格式可以表达复杂的嵌套逻辑，但数据冗余且不易于编辑；JSON 格式易于理解，也能表达复杂的嵌套逻辑，但添加注释不方便。

我们实现了最常见的 INI 格式配置文件的读取，对应的代码如代码清单 11-5 所示。

**代码清单 11-5　头文件 config.hpp**

```cpp
#pragma once
#include <stdlib.h>
#include <fstream>
#include <functional>
#include <map>
#include <string>
#include "strings.hpp"
namespace Common {
class Config {
 public:
  void Dump(std::function<void(const std::string&, const std::string&, const
    std::string&)> deal) {
    auto iter = cfg_.begin();
    while (iter != cfg_.end()) {
      auto kvIter = iter->second.begin();
      while (kvIter != iter->second.end()) {
        deal(iter->first, kvIter->first, kvIter->second);
        ++kvIter;
      }
      ++iter;
    }
  }
  bool Load(std::string fileName) {
    if (fileName == "") return false;
    std::ifstream in;
    std::string line;
    in.open(fileName.c_str());
    if (not in.is_open()) return false;
    while (getline(in, line)) {
      std::string section, key, value;
      if (not parseLine(line, section, key, value)) {
        continue;
      }
      setSectionKeyValue(section, key, value);
    }
    return true;
  }
  void GetStrValue(std::string section, std::string key, std::string& value,
    std::string defaultValue) {
    if (cfg_.find(section) == cfg_.end()) {
      value = defaultValue;
      return;
    }
    if (cfg_[section].find(key) == cfg_[section].end()) {
      value = defaultValue;
      return;
    }
    value = cfg_[section][key];
  }
  void GetIntValue(std::string section, std::string key, int64_t& value,
    int64_t defaultValue) {
    if (cfg_.find(section) == cfg_.end()) {
      value = defaultValue;
      return;
    }
    if (cfg_[section].find(key) == cfg_[section].end()) {
      value = defaultValue;
      return;
```

```cpp
      }
      value = atol(cfg_[section][key].c_str());
    }
  private:
    void setSectionKeyValue(std::string& section, std::string& key, std::
      string& value) {
      if (cfg_.find(section) == cfg_.end()) {
        std::map<std::string, std::string> kvMap;
        cfg_[section] = kvMap;
      }
      if (key != "" && value != "") cfg_[section][key] = value;
    }
    bool parseLine(std::string& line, std::string& section, std::string&
      key, std::string& value) {
      static std::string curSection = "";
      std::string nodes[2] = {"#", ";"};   //去掉注释的内容
      for (int i = 0; i < 2; ++i) {
        std::string::size_type pos = line.find(nodes[i]);
        if (pos != std::string::npos) line.erase(pos);
      }
      Strings::trim(line);
      if (line == "") return false;
      if (line[0] == '[' && line[line.size() - 1] == ']') {
        section = line.substr(1, line.size() - 2);
        Strings::trim(section);
        curSection = section;
        return false;
      }
      if (curSection == "") return false;
      bool isKey = true;
      for (size_t i = 0; i < line.size(); ++i) {
        if (line[i] == '=') {
          isKey = false;
          continue;
        }
        if (isKey) {
          key += line[i];
        } else {
          value += line[i];
        }
      }
      section = curSection;
      Strings::trim(key);
      Strings::trim(value);
      return true;
    }
  private:
    std::map<std::string, std::map<std::string, std::string>> cfg_;
};   //INI格式配置文件的读取
}    //命名空间Common
```

Config 类封装了 INI 格式配置文件的加载、导出和读取，其中 Load 函数实现了配置文件的加载，Dump 函数实现了配置文件内容的导出，GetStrValue 和 GetIntValue 函数分别用于读取配置文件的内容。Config 类的核心是 parseLine 函数，它实现了对配置文件中每一行文本的解析。当解析到 Section 时，更新当前 Section 的值；当解析到 Section 下的 Key-Value 配置时，则更新当前 Section 下的 Key-Value 配置值。所有的配置都被保存到一个二维的映射中。

## 11.5 延迟执行

在很多场景中，我们需要实现统一的处理逻辑，但又不想在每条分支路径中都执行一

遍，因为这样很容易遗漏，而且代码也存在很多冗余，可维护性和可读性很差。为了解决这个问题，我们参考了 Go 语言的 defer 特性，实现了延迟执行的封装，对应的代码如代码清单 11-6 所示。

代码清单 11-6　头文件 defer.hpp

```
#pragma once
#include <functional>
namespace Common {
class Defer {
 public:
  Defer(std::function<void(void)> func) : func_(func) {}
  ~Defer() { func_(); }
 private:
  std::function<void(void)> func_;
};
}  //命名空间Common
```

Defer 类的实现非常简洁——利用 C++类构造函数和析构函数这两个在变量生命周期开始和结束时自动调用的函数来实现。这样我们就可以实现延迟执行的特性，让代码更为简洁和易读。

## 11.6　单例模板

单例模板类用于快速且安全地获取全局唯一的单例实体对象，并提供一个全局的访问点。常见的单例实体对象包括日志单例对象、状态码单例对象等。由于单例是很常见的需求，我们封装了一个单例模板类，对应的代码如代码清单 11-7 所示。

代码清单 11-7　头文件 singleton.hpp

```
#pragma once
namespace Common {
template <class Type>
class Singleton {    //单例模板类
 public:
  static Type& Instance() {
    static Type object;
    return object;
  }
};
}  //命名空间Common
```

Singleton 是一个模板类，它通过静态函数内的静态变量的特性，实现了单例且是线程安全的，因为 C++保证了函数内的静态变量只会被初始化一次并且也是线程安全的。

## 11.7　百分位数计算

百分位数是统计学上的概念，用于描述百分之多少的数据的分布情况。百分位数通常使用 PCT×× 或 P×× 来表示，比如 PCT99 和 P99 都表示第 99 百分位数。百分位数在评估服务接口性能和资源池大小时是很好的指标。我们将采用下面的步骤，实现百分位数的计算。

❑ 步骤 1：将 $n$ 个统计数据从小到大排序，$x(i-1)$ 表示排序后的第 $i$ 个数。

❑ 步骤2：计算指数，设$(n-1)*P\% = i + j$，其中$P$为具体的百分位，$i$为整数部分，$j$为小数部分。

❑ 步骤3：计算百分位数，计算公式为$(1-j)*x(i) + j*x(i+1)$。

例如，假设我们有以下一组数据："10, 20, 30, 40, 50, 60, 70, 80, 90, 100"。现在我们想要计算它们的第90百分位数。首先，我们将这些数据从小到大排序："10, 20, 30, 40, 50, 60, 70, 80, 90, 100"。然后，我们计算指数：$(10-1) \times 90\% = 8 + 0.1$，即$i = 8$，$j = 0.1$。最后，我们使用公式计算第90百分位数：$(1-0.1) \times 90 + 0.1 \times 100 = 91$。因此，这组数据的第90百分位数为91。

在10.2.2节中，我们已经实现了百分位数的计算，这里不再展示对应的代码。具体来说，我们可以使用活跃协程数的PCT99百分位数来评估需要继续保留栈空间内存的协程数。

## 11.8 鲁棒的I/O

在进行读写操作时，read函数和write函数的每次调用，并不一定能够完成指定大小数据的读写，可能只读取或写入了部分数据。因此，为了完成指定大小数据的读写操作，我们通常需要多次调用read函数和write函数。为了提供更鲁棒的接口，我们对read函数和write函数进行了封装，对应的代码如代码清单11-8所示。

**代码清单11-8　头文件robustio.hpp**

```cpp
#pragma once
#include <unistd.h>
#include "utils.hpp"
namespace Common {
class RobustIo {
public:
  RobustIo(int fd) : fd_(fd) {}
  ssize_t Write(uint8_t* data, size_t len) {
    ssize_t total = len;
    while (total > 0) {
      ssize_t ret = write(fd_, data, total);
      if (ret <= 0) {
        if (0 == ret || RestartAgain(errno)) continue;
        return -1;
      }
      total -= ret;
      data += ret;
    }
    return len;
  }
  ssize_t Read(uint8_t* data, size_t len) {
    ssize_t total = len;
    while (total > 0) {
      ssize_t ret = read(fd_, data, total);
      if (0 == ret) break;
      if (ret < 0) {
        if (RestartAgain(errno)) continue;
        return -1;
      }
      total -= ret;
      data += ret;
    }
    return len - total;
  }
```

```cpp
    void SetNotBlock() {
      Utils::SetNotBlock(fd_);
      is_block_ = false;
    }
    void SetTimeOut(int64_t timeOutSec, int64_t timeOutUSec) {
      if (not is_block_) return;    //非阻塞的不用设置读写超时时间，设置了也无效
      struct timeval tv {
          .tv_sec = timeOutSec, .tv_usec = timeOutUSec,
      };
      assert(setsockopt(fd_, SOL_SOCKET, SO_RCVTIMEO, &tv, sizeof(tv)) != -1);
      assert(setsockopt(fd_, SOL_SOCKET, SO_SNDTIMEO, &tv, sizeof(tv)) != -1);
    }
    bool RestartAgain(int err) {
      if (EINTR == err) return true;      //被信号中断，可以重启读写
      if (is_block_) return false;         //其他情况都不可以重启读写
      if (EAGAIN == err || EWOULDBLOCK == err) return true;
      return false;
    }
  private:
    int fd_{-1};
    bool is_block_{true};    //fd_默认是被阻塞的
};
}   //命名空间Common
```

为了提供更鲁棒的 I/O 操作，我们提供了 RobustIo 类的封装。RobustIo 类支持将文件描述符设置为非阻塞模式，并且提供了如下函数：Read 和 Write 函数，用于实现鲁棒的 I/O 读写；RestartAgain 函数，用于判断在 I/O 操作失败时是否需要重启 I/O 操作；以及 SetTimeOut 函数，用于设置 socket 类型的文件描述符的超时时间。

## 11.9 时间处理

时间处理是任何程序中都非常高频的操作，因此为了提高效率，我们对最常见的时间操作进行了封装，对应的代码如代码清单 11-9 所示。

**代码清单 11-9　头文件 timedeal.hpp**

```cpp
#pragma once
#include <sys/time.h>
#include <string>
namespace Common {
class TimeStat {
 public:
  TimeStat() { gettimeofday(&begin, NULL); }
  int64_t GetSpendTimeUs(bool reset = true) {
    struct timeval temp;
    struct timeval current;
    gettimeofday(&current, NULL);
    temp = current;
    temp.tv_sec -= begin.tv_sec;
    temp.tv_usec -= begin.tv_usec;
    if (temp.tv_usec < 0) {
      temp.tv_sec -= 1;
      temp.tv_usec += 1000000;
    }
    if (reset) begin = current;
    return temp.tv_sec * 1000000 + temp.tv_usec;   //计算运行时间，单位为微秒
  }
 private:
  struct timeval begin;
};
class TimeFormat {
```

```
public:
  static std::string GetTimeStr(const char *format, bool hasUSec = false) {
    struct timeval curTime;
    char temp[100] = {0};
    char timeStr[100] = {0};
    gettimeofday(&curTime, NULL);
    strftime(temp, 99, format, localtime(&curTime.tv_sec));
    if (hasUSec) {
      snprintf(timeStr, 99, "%s:%06ld", temp, curTime.tv_usec);
      return std::string(timeStr);
    }
    return std::string(temp);
  }
};
} //命名空间Common
```

为了便捷地统计代码执行的耗时，我们提供了 TimeStat 类的封装。TimeStat 类封装了耗时的统计逻辑，能够快速统计一段代码的执行耗时，并支持重置耗时统计。此外，我们还提供了 TimeFormat 类，其中的 GetTimeStr 函数实现了对时间格式化的封装，并支持是否展示微秒。

## 11.10 状态码

后端服务在对外提供服务时，各种各样的状态码是不可避免的。有些状态码用于标识系统错误，有些状态码用于标识业务上的逻辑错误。为了更好地管理这些状态码，我们提供了 StatusCode 类的封装，对应的代码如代码清单 11-10 所示。

**代码清单 11-10　头文件 statuscode.hpp**

```
#pragma once
#include <assert.h>
#include <map>
#include <string>
#include "singleton.hpp"
#define STATUS_CODE Common::Singleton<Common::StatusCode>::Instance()
enum STATUS_CODE_FRAME_DEF {
   SUCCESS = 0,                      //成功
   SOCKET_CREATE_FAILED = -100,      //socket创建失败
   CONNECTION_FAILED = -101,         //连接失败
   WRITE_FAILED = -102,              //写失败
   READ_FAILED = -103,               //读失败
   NOT_SUPPORT_RPC = -300,           //不支持的RPC调用
   SERIALIZE_FAILED = -301,          //序列化失败
   PARSE_FAILED = -302,              //解析失败
   PARAM_INVALID = -400,             //参数无效
};
enum STATUS_CODE_REDIS_DEF {
   EMPTY_VALUE = -1000,    //value为空
   GET_FAILED = -1001,     //获取失败
   SET_FAILED = -1002,     //设置失败
   DEL_FAILED = -1003,     //删除失败
   EXEC_FAILED = -1004,    //执行失败
};
namespace Common {
class StatusCode {
 public:
   StatusCode() {
     Set(SUCCESS, "success");
```

```cpp
      Set(SOCKET_CREATE_FAILED, "socket create failed");
      Set(CONNECTION_FAILED, "connection failed");
      Set(WRITE_FAILED, "write failed");
      Set(READ_FAILED, "read failed");
      Set(NOT_SUPPORT_RPC, "not support rpc");
      Set(SERIALIZE_FAILED, "serialize failed");
      Set(PARSE_FAILED, "parse failed");
      Set(PARAM_INVALID, "param invalid");
      Set(EMPTY_VALUE, "empty value");
      Set(GET_FAILED, "get failed");
      Set(SET_FAILED, "set failed");
      Set(DEL_FAILED, "del failed");
      Set(EXEC_FAILED, "exec failed");
   }
   std::string Message(int32_t statusCode) {
      auto iter = status_codes_.find(statusCode);
      if (iter == status_codes_.end()) {
         return "unknown";
      }
      return iter->second;
   }
  private:
   void Set(int32_t statusCode, std::string message) {
      auto iter = status_codes_.find(statusCode);
      assert(iter == status_codes_.end());
      status_codes_[statusCode] = message;
   }
  private:
   std::map<int32_t, std::string> status_codes_;
};
} //命名空间Common
```

StatusCode 类封装了状态码到描述的映射关联，并对外提供了 Message 函数，用于获取对应的状态码描述文案。

## 11.11 转换

在不同的业务场景下，我们可能会使用不同的数据格式，因此有时需要进行不同数据格式之间的转换。为了更方便地进行数据格式转换，我们将转换逻辑集中到了 Convert 类中。Convert 类包含了一系列用于不同数据格式之间转换的函数，对应的代码如代码清单 11-11 所示。

**代码清单 11-11　头文件 convert.hpp**

```cpp
#pragma once
#include <google/protobuf/util/json_util.h>
#include <json/json.h>
namespace Common {
class Convert {
 public:
   static bool Pb2JsonStr(const google::protobuf::Message &message, std::
     string &jsonStr, bool addWhitespace = false) {
      google::protobuf::util::JsonPrintOptions options;
      options.add_whitespace = addWhitespace;
      options.always_print_primitive_fields = true;
      options.preserve_proto_field_names = true;
      options.always_print_enums_as_ints = true;
      return google::protobuf::util::MessageToJsonString(message, &jsonStr,
        options).ok();
   }
   static bool JsonStr2Pb(const std::string &jsonStr, google::protobuf::
     Message &message) {
```

```
        return google::protobuf::util::JsonStringToMessage(jsonStr, &message).ok();
    }
    static bool Pb2Json(const google::protobuf::Message &message, Json::
        Value &value) {
        std::string jsonStr;
        if (not Pb2JsonStr(message, jsonStr)) return false;
        Json::Reader reader;
        return reader.parse(jsonStr, value);
    }
    static bool Json2Pb(Json::Value &value, google::protobuf::Message
        &message) {
        Json::FastWriter fastWriter;
        std::string jsonStr;
        jsonStr = fastWriter.write(value);
        return JsonStr2Pb(jsonStr, message);
    }
};    //命名空间Convert
}     //命名空间Common
```

Convert 类实现了 Protocol Buffer 消息与 JSON 字符串或 JSON 数据结构的相互转换。其中，Pb2JsonStr 函数将一条 Protocol Buffer 消息转换为 JSON 字符串，而 JsonStr2Pb 函数则执行相反的转换——将一个 JSON 字符串转换为 Protocol Buffer 消息。Pb2Json 和 Json2Pb 函数也类似，但它们接收和返回 JSON 数据结构而不是 JSON 字符串。Pb2Json 函数在内部调用了 Pb2JsonStr 函数，而 Json2Pb 函数则使用 Json::FastWriter 对象将 JSON 数据结构转换为 JSON 字符串，然后调用 JsonStr2Pb 函数。

## 11.12  socket 选项

在网络编程中，我们通常需要调整或查询与 socket 相关的选项。为了方便执行这些操作，我们对相关操作进行了封装，提供了一系列函数，以帮助应用程序更方便地进行 socket 选项的操作，提高网络编程的效率。这些函数的实现如代码清单 11-12 所示。

**代码清单 11-12　头文件 sockopt.hpp**

```
#pragma once
#include <assert.h>
#include <sys/types.h>
namespace Common {
class SockOpt {
 public:
    static void GetBufSize(int sockFd, int &readBufSize, int &writeBufSize) {
        int value = 0;
        socklen_t optlen;
        optlen = sizeof(value);
        assert(0 == getsockopt(sockFd, SOL_SOCKET, SO_RCVBUF, &value, &optlen));
        readBufSize = value;
        assert(0 == getsockopt(sockFd, SOL_SOCKET, SO_SNDBUF, &value, &optlen));
        writeBufSize = value;
    }
    static void SetBufSize(int sockFd, int readBufSize, int writeBufSize) {
        assert(0 == setsockopt(sockFd, SOL_SOCKET, SO_RCVBUF, &readBufSize,
            sizeof(readBufSize)));
        assert(0 == setsockopt(sockFd, SOL_SOCKET, SO_SNDBUF, &writeBufSize,
            sizeof(writeBufSize)));
    }
    static void EnableKeepAlive(int sockFd, int idleTime, int interval, int
        cnt) {
        int val = 1;
        socklen_t len = (socklen_t)sizeof(val);
        assert(0 == setsockopt(sockFd, SOL_SOCKET, SO_KEEPALIVE, (void *)&
```

```
      val, len));
    val = idleTime;
    assert(0 == setsockopt(sockFd, IPPROTO_TCP, TCP_KEEPIDLE, (void *)&
      val, len));
    val = interval;
    assert(0 == setsockopt(sockFd, IPPROTO_TCP, TCP_KEEPINTVL, (void *)&
      val, len));
    val = cnt;
    assert(0 == setsockopt(sockFd, IPPROTO_TCP, TCP_KEEPCNT, (void *)&val, len));
  }
  static void DisableNagle(int sockFd) {
    int noDelay = 1;
    socklen_t len = (socklen_t)sizeof(noDelay);
    assert(0 == setsockopt(sockFd, IPPROTO_TCP, TCP_NODELAY, &noDelay, len));
  }
  static int GetSocketError(int sockFd) {
    int err = 0;
    socklen_t errLen = sizeof(err);
    assert(0 == getsockopt(sockFd, SOL_SOCKET, SO_ERROR, &err, &errLen));
    return err;
  }
}; //命名空间SockOpt
} //命名空间Common
```

SockOpt 类封装了一系列用于设置或查询 socket 选项的函数。其中，GetBufSize 函数用于获取 socket 的接收和发送缓冲区大小，并将结果存储在传入的参数 readBufSize 和 writeBufSize 中；SetBufSize 函数用于设置 socket 的接收和发送缓冲区大小，传入的参数 readBufSize 和 writeBufSize 分别表示接收和发送缓冲区的大小；EnableKeepAlive 函数用于启用 TCP 保活机制，传入的参数 idleTime 表示空闲时间，interval 表示发送保活消息的时间间隔，cnt 表示发送保活消息的次数；DisableNagle 函数用于禁用 Nagle 算法，Nagle 算法虽然可以缓解网络拥塞，但会增加延迟；GetSocketError 函数用于获取 socket 的错误信息，返回值为 socket 错误码。

## 11.13 "龙套"

有时候，我们会有很多公共代码，但是它们难以归类到一个特定的类或模块中。为了方便管理这些代码，我们通常会将它们放到一个名为"龙套"的文件中，对应的代码如代码清单 11-13 所示。

代码清单 11-13 "龙套" utils.cpp

```cpp
#pragma once
#include <arpa/inet.h>
#include <assert.h>
#include <fcntl.h>
#include <ifaddrs.h>
#include <netinet/tcp.h>
#include <string.h>
#include <sys/resource.h>
#include <sys/sysinfo.h>
#include <sys/time.h>
#include <unistd.h>
#include <string>
namespace Common {
class Utils {
public:
  static std::string GetSelfName() {
    char buf[1024] = {0};
    char *begin = nullptr;
    ssize_t ret = readlink("/proc/self/exe", buf, 1023);
    assert(ret > 0);
```

```cpp
      buf[ret] = 0;
      if ((begin = strrchr(buf, '/')) == nullptr) return std::string(buf);
      ++begin;  //跳过'/'
      return std::string(begin);
    }
    static std::string GetIpStr(std::string ethName) {
      struct ifaddrs *ifa = nullptr;
      struct ifaddrs *ifList = nullptr;
      if (getifaddrs(&ifList) < 0) {
        return "";
      }
      char ip[20] = {0};
      std::string ipStr = "127000000001";
      for (ifa = ifList; ifa != nullptr; ifa = ifa->ifa_next) {
        if (ifa->ifa_addr->sa_family != AF_INET) {
          continue;
        }
        if (strcmp(ifa->ifa_name, ethName.c_str()) == 0) {
          struct sockaddr_in *addr = (struct sockaddr_in *)(ifa->ifa_addr);
          uint8_t *sin_addr = (uint8_t *)&(addr->sin_addr);
          snprintf(ip, 20, "%03d%03d%03d%03d", sin_addr[0], sin_addr[1],
            sin_addr[2], sin_addr[3]);
          ipStr = std::string(ip);
          break;
        }
      }
      freeifaddrs(ifList);
      return ipStr;
    }
    static uint32_t GetAddr(std::string ethName) {
      struct ifaddrs *ifa = nullptr;
      struct ifaddrs *ifList = nullptr;
      uint32_t ethAddr = htonl(INADDR_LOOPBACK);
      if (ethName == "any") {
        return htonl(INADDR_ANY);
      }
      if (ethName == "lo" or getifaddrs(&ifList) < 0) {
        return ethAddr;
      }
      for (ifa = ifList; ifa != nullptr; ifa = ifa->ifa_next) {
        if (ifa->ifa_addr->sa_family != AF_INET) {
          continue;
        }
        if (strcmp(ifa->ifa_name, ethName.c_str()) == 0) {
          struct sockaddr_in *addr = (struct sockaddr_in *)(ifa->ifa_addr);
          ethAddr = addr->sin_addr.s_addr;
          break;
        }
      }
      freeifaddrs(ifList);
      return ethAddr;
    }
    static void CoreDumpEnable() {
      struct rlimit rlim_new = {0, 0};
      rlim_new.rlim_cur = RLIM_INFINITY;
      rlim_new.rlim_max = RLIM_INFINITY;
      setrlimit(RLIMIT_CORE, &rlim_new);
    }
    static void SetNotBlock(int fd) {
      int oldOpt = fcntl(fd, F_GETFL);
      assert(oldOpt != -1);
      assert(fcntl(fd, F_SETFL, oldOpt | O_NONBLOCK) != -1);
    }
    static int GetNProcs() { return get_nprocs(); }
};  //命名空间Utils
}  //命名空间Common
```

Utils 类封装了一系列用于实现常用功能的函数。其中，GetSelfName 函数用于获取当前程序的名称，先使用 readlink 函数来获取程序的绝对路径，再从绝对路径中解析出程序的名称；GetIpStr 函数用于获取指定网卡的 IP 地址，传入的参数 ethName 表示网卡名称，先使用 getifaddrs 函数来获取系统中所有网卡的信息，再遍历网卡列表，找到指定网卡的 IP 地址，并将其转换为字符串形式；GetAddr 函数用于获取指定网卡的 IP 地址，传入的参数 ethName 表示网卡名称，先使用 getifaddrs 函数来获取系统中所有网卡的信息，再遍历网卡列表，找到指定网卡的 IP 地址，并将其转换为网络字节序；CoreDumpEnable 函数用于启用 core dump；SetNotBlock 函数用于将指定的文件描述符设置为非阻塞模式，传入的参数 fd 表示文件描述符；GetNProcs 函数用于获取系统中的 CPU 核心数。

## 11.14　日志文件

日志是每个程序必不可少的功能，通过日志，我们能够定位 bug、分析用户行为等。为了方便记录日志，我们提供了 Logger 日志文件类的封装，该类包含了一系列用于记录日志的函数。每条日志都带有级别，用于标识日志的不同类型和重要程度。对应的代码如代码清单 11-14 所示。

**代码清单 11-14　头文件 log.hpp**

```cpp
#pragma once
#include <fcntl.h>
#include <stdarg.h>
#include <sys/stat.h>
#include <sys/types.h>
#include <string>
#include "robustio.hpp"
#include "singleton.hpp"
#include "strings.hpp"
#include "timedeal.hpp"
#include "utils.hpp"
namespace Common {
enum LogLevel {   //日志输出级别
    LEVEL_TRACE = 0,
    LEVEL_DEBUG = 1,
    LEVEL_INFO = 2,
    LEVEL_WARN = 3,
    LEVEL_ERROR = 4,
};
class Logger {   //日志文件类
 public:
    Logger() {
        std::string programName = Utils::GetSelfName();
        const char *cStr = programName.c_str();
        std::string fileName = Strings::StrFormat((char *)
            "/home/backend/log/%s/%s.log", cStr, cStr);
        fd_ = open(fileName.c_str(), O_APPEND | O_CREAT | O_WRONLY,
                   S_IRUSR | S_IWUSR | S_IRGRP | S_IWGRP);   //以追加写的方式打开文件
        assert(fd_ > 0);
        srand(time(0));
    }
    void SetLevel(LogLevel level) { level_ = level; }
    void Log(std::string logId, LogLevel level, char *format, ...) {
        if (level < level_) return;
        int32_t ret = 0;
        char *buf = (char *)malloc(1024);
        va_list plist;
        va_start(plist, format);
```

## 11.14 日志文件

```cpp
      ret = vsnprintf(buf, 1024, format, plist);
      va_end(plist);
      assert(ret > 0);
      if (ret >= 1024) {   //缓冲区长度不足,需要重新分配内存
        buf = (char *)realloc(buf, ret + 1);
        va_start(plist, format);
        ret = vsnprintf(buf, ret + 1, format, plist);
        va_end(plist);
      }
      if (logId == "") {
        logId = GetLogId();
      }
      std::string timeStr = TimeFormat::GetTimeStr("%F %T", true);
      std::string logMsg = levelStr(level) + " " + timeStr + " " +
        std::to_string(getpid()) + "," + logId + " " + buf + "\n";
      free(buf);
      RobustIo io(fd_);
      io.Write((uint8_t *)logMsg.data(), logMsg.size());
    }
    static std::string GetLogId() {
      static std::string ip = Common::Utils::GetIpStr("eth0");//默认获取eth0的IP地址
      std::string curTime = TimeFormat::GetTimeStr("%Y%m%d%H%M%S");
      return curTime + ip + std::to_string(rand() % 1000000);
    }

  private:
    std::string levelStr(LogLevel level) {
      if (LEVEL_TRACE == level) return "[TRACE]";
      if (LEVEL_DEBUG == level) return "[DEBUG]";
      if (LEVEL_INFO == level) return "[INFO]";
      if (LEVEL_WARN == level) return "[WARN]";
      if (LEVEL_ERROR == level) return "[ERROR]";
      return "UNKNOWN";
    }
  protected:
    LogLevel level_{LEVEL_TRACE};       //日志级别
    int fd_{-1};                        //文件句柄
};
}   //namespace Common
#define LOGGER Common::Singleton<Common::Logger>::Instance()
#define FILENAME(x) strrchr(x, '/') ? strrchr(x, '/') + 1 : x
#define TRACE(format, ...) \
  LOGGER.Log("", Common::LEVEL_TRACE, (char *)"(%s:%s:%d):" \
        format, FILENAME(__FILE__), __FUNCTION__, __LINE__, \
        ##__VA_ARGS__)
#define DEBUG(format, ...) \
  LOGGER.Log("", Common::LEVEL_DEBUG, (char *)"(%s:%s:%d):" \
        format, FILENAME(__FILE__), __FUNCTION__, __LINE__, \
        ##__VA_ARGS__)
#define INFO(format, ...) \
  LOGGER.Log("", Common::LEVEL_INFO, (char *)"(%s:%s:%d):" \
        format, FILENAME(__FILE__), __FUNCTION__, __LINE__, \
        ##__VA_ARGS__)
#define WARN(format, ...) \
  LOGGER.Log("", Common::LEVEL_WARN, (char *)"(%s:%s:%d):" \
        format, FILENAME(__FILE__), __FUNCTION__, __LINE__, \
        ##__VA_ARGS__)
#define ERROR(format, ...) \
  LOGGER.Log("", Common::LEVEL_ERROR, (char *)"(%s:%s:%d):" \
        format, FILENAME(__FILE__), __FUNCTION__, __LINE__, \
        ##__VA_ARGS__)
#define CTX_TRACE(ctx, format, ...) \
  LOGGER.Log(ctx.log_id(), Common::LEVEL_TRACE, (char *)"(%d:%s:%s:%d):"format, \
        MyCoroutine::ScheduleGetRunCid(SCHEDULE), FILENAME(__FILE__), \
        __FUNCTION__, __LINE__, ##__VA_ARGS__)
```

```
#define CTX_DEBUG(ctx, format, ...) \
  LOGGER.Log(ctx.log_id(), Common::LEVEL_DEBUG, (char *)"(%d:%s:%s:%d):"format, \
             MyCoroutine::ScheduleGetRunCid(SCHEDULE), FILENAME(__FILE__), \
             __FUNCTION__, __LINE__, ##__VA_ARGS__)
#define CTX_INFO(ctx, format, ...) \
  LOGGER.Log(ctx.log_id(), Common::LEVEL_INFO, (char *)"(%d:%s:%s:%d):"format, \
             MyCoroutine::ScheduleGetRunCid(SCHEDULE), FILENAME(__FILE__), \
             __FUNCTION__, __LINE__, ##__VA_ARGS__)
#define CTX_WARN(ctx, format, ...) \
  LOGGER.Log(ctx.log_id(), Common::LEVEL_WARN, (char *)"(%d:%s:%s:%d):"format, \
             MyCoroutine::ScheduleGetRunCid(SCHEDULE), FILENAME(__FILE__), \
             __FUNCTION__, __LINE__, ##__VA_ARGS__)
#define CTX_ERROR(ctx, format, ...) \
  LOGGER.Log(ctx.log_id(), Common::LEVEL_ERROR, (char *)"(%d:%s:%s:%d):"format, \
             MyCoroutine::ScheduleGetRunCid(SCHEDULE), FILENAME(__FILE__), \
             __FUNCTION__, __LINE__, ##__VA_ARGS__)
```

日志一共有 5 个级别——TRACE、DEBUG、INFO、WARN、ERROR，它们被定义在枚举 LogLevel 中。不同级别的日志用于不同的场景，TRACE 级别的日志为跟踪日志，用于输出执行路径信息、确认执行路径等；DEBUG 级别的日志为调试日志，用于输出定位问题的调试信息、确认 bug 等；INFO 级别的日志为信息日志，用于输出关键信息、确认核心代码是否执行过等；WARN 级别的日志为告警日志，用于输出告警信息，提醒当前服务处于异常状态，但服务仍可用；ERROR 级别的日志为错误日志，用于输出错误信息，提示服务发生了严重的问题，服务不可用。

我们可以通过 TRACE、DEBUG、INFO、WARN、ERROR 这 5 个宏来实现不同级别日志的输出。此外，我们还提供了带 CTX_前缀的宏，用于支持输出指定上下文的日志 id。FILENAME 宏用于删除文件的路径前缀。LOGGER 宏则通过单列模板来获取全局唯一的 Logger 对象的引用，然后调用 Log 函数来输出不同级别的日志。在这些宏中，我们使用了 gcc/g++编译器内置的宏__FILE__、__FUNCTION__、__LINE__、__VA_ARGS__，它们分别代表当前所在的文件、当前所在的函数、当前所在的代码行数、当前的可变参数列表。需要注意的是，在将__VA_ARGS__传递给其他函数时，需要加上##前缀。

## 11.15 服务锁

为了保证同一个后端服务在一台服务器上只能被启动一个，我们提供了服务锁，服务锁可以通过文件锁的特性来实现。对应的代码如代码清单 11-15 所示。

**代码清单 11-15　头文件 servicelock.hpp**

```cpp
#pragma once
#include <string>
#include "log.hpp"
#include "robustio.hpp"
namespace Common {
class ServiceLock {
 public:
  static bool lock(std::string pidFile) {
    int fd;
    fd = open(pidFile.c_str(), O_RDWR | O_CREAT, S_IRUSR | S_IWUSR |
      S_IRGRP | S_IWGRP);
    if (fd < 0) {
      ERROR("open %s failed, error:%s", pidFile.c_str(), strerror(errno));
      return false;
    }
```

```cpp
        int ret = lockf(fd, F_TEST, 0);   //返回0表示未加锁或者被当前进程加锁，返回-1
                                          //表示被其他进程加锁
        if (ret < 0) {
          ERROR("lock %s failed, error:%s", pidFile.c_str(), strerror(errno));
          return false;
        }
        ret = lockf(fd, F_TLOCK, 0);   //尝试为文件加锁，加锁失败时直接返回错误码，而
                                       //不是一直阻塞
        if (ret < 0) {
          ERROR("lock %s failed, error:%s", pidFile.c_str(), strerror(errno));
          return false;
        }
        ftruncate(fd, 0);              //清空文件内容
        lseek(fd, 0, SEEK_SET);        //移到文件开头
        char buf[1024] = {0};
        sprintf(buf, "%d", getpid());
        RobustIo robustIo(fd);
        robustIo.Write((uint8_t *)buf, strlen(buf));   //写入进程的pid
        INFO("lock pidFile[%s] success. pid[%s]", pidFile.c_str(), buf);
        return true;
      }
    };   //命名空间ServiceLock
  }   //命名空间Common
```

ServiceLock 类的 lock 函数首先调用 open 函数打开指定的文件，然后尝试为文件加锁。如果文件加锁成功，就清空文件内容，最后向文件中写入当前进程的 pid。在写入 pid 的过程中，我们使用了之前介绍的 RobustIo 类。

## 11.16 本章小结

本章对常用的公共代码进行了抽象和封装，它们可以帮助我们更加高效地完成编程任务。通过这些封装好的函数和类，我们可以避免重复编写相似的代码，提高代码的复用性和可维护性。这些公共代码涉及日志文件的写、配置文件的读、命令行参数解析、单例模板、鲁棒的 I/O、百分位数计算、时间处理、socket 选项等。

这些公共代码经过了工程实践的检验，具有良好的鲁棒性和可靠性，可以帮助我们避免一些常见的错误和问题。使用这些公共代码，我们可以更加专注于上层逻辑的实现，而不必过多关注底层细节的处理。这有助于我们提高编码效率和代码质量，使我们的程序更加鲁棒、高效和易于维护。

# 第 12 章 应用层协议设计与实现

应用层协议在网络通信中扮演着至关重要的角色，不同的协议适用于不同的场景和需求。在头部互联网公司内部，通常会定义用于内部通信的应用层协议，这是为了提高通信效率，并保证通信的安全性和稳定性。而在对外开放的平台上，通常会使用知名的通信协议，比如 HTTP，这是为了方便不同系统之间交互和通信。

绝大部分研发人员在工作中，基本上没有机会从头到尾去设计并实现一套完整的应用层协议，这是因为应用层协议的设计与实现，涉及很多复杂的技术细节和要点，需要有一定的经验和技术储备才能够完成。因此，很多公司的基础架构部门会提供封装好的应用层协议和框架，供业务研发人员直接使用。

互联网中充斥着各种不同的协议，比如 HTTP、SMTP、RESP 等。掌握应用层协议是成为后端资深研发人员或架构师的基本功，就好比打通任督二脉才能成为武林高手。只有深入学习和掌握各种协议的原理和特点，我们才能够应对复杂场景和问题，提高技术和创新能力。

在本章中，我们将为 RPC 框架 MyRPC（在第 13 章会介绍）设计并实现一个应用层协议，这将涉及各种技术细节和要点，包括协议的设计原则、协议格式、数据的序列化和反序列化、错误处理和传输效率等。通过本章的学习，我们将能够更好地理解和应用应用层协议，为后续设计与实现 RPC 框架 MyRPC 打下坚实的基础。

## 12.1 协议概述

协议是为了实现**通信**而设计的一系列关于**消息格式**和消息**交互模式**的约定。

掌握通信协议将会让你步入一个全新的世界。例如，当数据库对敏感信息表或字段做了加密时，你知道如何为加密的数据库实现解密代理；当需要在 HTTP 代理层给请求添加原始客户端 IP 地址的头部时，你知道如何对 HTTP 请求进行加工；当你想在一个端口上同时支持多种协议时，比如在 80 端口上同时支持 HTTP 和 HTTPS，你知道如何识别不同的协议；当需要对 TCP 连接进行复用时，你知道如何在 TCP 连接上构建多条通信隧道。

任何应用层协议都需要解决三个核心问题：通信、消息格式和交互模式。通信需要是跨主机、跨操作系统、跨编程语言的；消息格式需要能高效实现字节流和内存对象之间的相互转换，也就是常说的序列化和反序列化，并需要具备可扩展性；交互模式需要支持请求/应答、单向消息和快速回包这三种常见的交互形式。

## 12.2 协议分类

目前，对于协议的分类，主要有两种不同的方式。一种是按照编解码方式进行分类，另一种是按照边界划分方式进行分类。

## 12.2.1 按编解码方式对协议进行分类

**1. 二进制协议**

二进制协议是指使用二进制数据作为通信内容的协议，TCP 是最常见的二进制协议。TCP 的相关字段都是以二进制形式进行编解码的，比如 TCP 头中的源端口、目的端口、协议头长度、消息标志位等字段。

虽然协议体数据部分的有效荷载，可能是应用层的文本协议数据，但这对 TCP 来说是透明的，TCP 不会对有效荷载的协议体数据部分进行任何的编解码。TCP 只负责将应用层的数据分割成合适的数据包进行传输，并保证数据的可靠性和有序性。

在实际应用中，二进制协议具有高效、灵活、可靠的特点，能够满足各种复杂的通信需求。但是，二进制协议也存在一些缺点，比如可读性差、扩展性差等。

**2. 文本协议**

文本协议是指协议中的数据全部为可见字符的协议，易于阅读。常见的文本协议有应用层的 HTTP、SMTP 等。其中，HTTP 规定协议中的所有数据都是明文的可见字符，包括请求头、响应头和消息体等内容。

文本协议具有可读性好、易于调试等优点，能够方便地进行协议的开发和调试。但是，文本协议也存在一些缺点，比如安全性差、扩展性差等。

**3. 混合协议（二进制协议+文本协议）**

苹果公司早期的 APNs（Apple Push Notification service）推送协议是一种混合协议。其中，payload 部分使用文本协议，而其他部分（如 device token、command、notify id）使用的是二进制协议。

具体来说，APNs 推送协议采用了二进制格式的消息头，包括 device token、command、notify id 等字段，这些字段都是以二进制形式进行编解码的。而 payload 部分则采用了明文的文本格式，可以包含推送消息的具体内容，比如文字、图片等。

采用混合协议可以兼顾二进制协议的高效性和文本协议的可读性，既能够保证数据的传输效率，又能够方便地进行协议的开发和调试。不过，混合协议也需要注意安全性问题，避免敏感信息泄露。

## 12.2.2 按边界划分方式对协议进行分类

**1. 固定边界的协议**

对于固定边界的协议，我们能够明确获得一条完整的协议消息的长度，从而使协议更易于解析。例如，在 IP 数据报中，IP 头中携带了整个 IP 数据报的总长度，这样可以方便地确定 IP 数据报的边界，从而更容易地进行数据的解析和处理。

通过明确协议消息的长度，可以避免出现数据截断或者数据丢失的情况，保证数据的完整性和准确性。同时，也可以提高协议的解析效率和数据的传输效率，从而更好地满足实际应用的需求。

**2. 模糊边界的协议**

对于模糊边界的协议，则无法明确获得一条完整的协议消息的长度，这样的协议解析较为复杂，通常需要通过某些特定的字节来界定协议消息是否结束。以知名的应用层协议 HTTP 为例，它的每个消息头都使用 "\r\n" 作为结束标志，消息头集合和消息体之间则使用 "\r\n" 进行分隔。

对于模糊边界的协议，通常需要采用特定的解析方法和工具来进行解析和处理。例如，对于 HTTP，可以使用专门的 HTTP 解析器来进行解析，从而更好地处理 HTTP 的模糊边界问题。

## 12.3 协议评判

每一个应用层协议都是经过权衡后做出的设计决策，没有完美的设计，只有合适的设计，不同的设计决策是为了满足不同的核心诉求，我们可以从不同的维度来评判协议的优劣，具体如表 12-1 所示。

表 12-1 协议的评判维度

| 维度 | 优秀的协议 | 拙劣的协议 |
| --- | --- | --- |
| 序列化与反序列化 | 易于序列化与反序列化，CPU 占用率较低 | 烦琐的序列化与反序列化，CPU 占用率较高 |
| 数据压缩 | 高压缩率，能够有效地对数据进行压缩 | 无法对数据进行压缩，处理后的数据甚至适得其反 |
| 易读性 | 易于理解和阅读，便于进行协议的开发和调试 | 无法直接被人理解和阅读 |
| 扩展性 | 易于扩展，能够方便地进行协议的升级和演进 | 难以扩展或无法扩展 |
| 兼容性 | 向前向后都兼容，便于进行协议的升级和演进 | 无法做到向前或向后兼容 |
| 安全性 | 能够保证数据的完整性，以及防止数据被篡改和监听 | 难以保证数据的完整性，容易被监听和篡改 |

## 12.4 自定义协议的优缺点

任何事物都有两面性，自定义协议亦如此。自定义协议也可以称为"私有协议"，它具有以下优缺点。

### 12.4.1 优点

❑ 通信更安全：自定义协议可以增强数据通信的安全性，黑客需要先破解协议，才能对服务发起渗透和攻击，从而增加了攻击的成本和难度。

- 扩展性更好：自定义协议可以根据业务需求和发展的需要扩展自己的协议，更加自由和灵活。

### 12.4.2 缺点

- 设计难度高：自定义协议需要考虑易扩展性，最好能向前向后都兼容，这增加了协议的设计难度。
- 实现起来烦琐：自定义协议需要自己实现序列化和反序列化，这增加了协议的实现难度。

## 12.5 协议设计

从本节开始，我们将正式设计自己的应用层协议，我们把协议命名为 My Service Protocol，简称 MySvr。本节介绍 MySvr 的消息格式和设计上的权衡。

### 12.5.1 协议消息格式

我们设计的 MySvr 消息格式如图 12-1 所示。

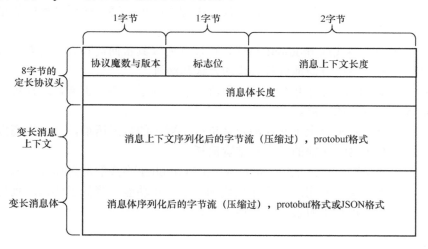

图12-1　MySvr消息格式

#### 1. 协议魔数与版本

协议魔数和协议版本各占 4 位，协议魔数在前，协议版本在后。协议魔数为一个特定的值，用于对网络请求的合法性做出初步的、简单的快速判断，对于魔数值不匹配的网络请求，可以立即关闭网络连接。协议版本号用于标识不同版本的协议，目前的协议版本号为 1。

#### 2. 标志位

目前只启用了 3 位，第 1 位表示 body 是否为 JSON 格式，第 2 位表示是否为 oneway

（单向）消息，第 3 位表示是否为 fast-resp（快速回包）消息。

    3．消息上下文长度

占用 2 字节，长度单位为字节，需要特别说明的是，这个长度是经过压缩后的长度。

    4．消息体长度

占用 4 字节，长度单位为字节，需要特别说明的是，这个长度也是经过压缩后的长度。

    5．变长消息上下文

变长的消息上下文用于保存消息的元数据，比如服务名、接口名、分布式调用追踪等信息，消息上下文使用的是 protobuf 格式。

    6．变长消息体

变长的消息体则是具体的消息内容，用于保存请求、响应或者推送的数据，消息体同时支持 JSON 格式和 protobuf 格式。

### 12.5.2 协议设计权衡

我们的协议采用了固定边界、混合编码、压缩消息上下文和消息体的设计，这是基于以下几点进行权衡的。

- 采用固定边界的设计，可以使协议易于程序解析，避免解析过程中的错误和不必要的计算。
- 采用 JSON 格式或 protobuf 格式，可以使协议具备向前和向后的兼容性，并且扩展性也强，可以方便地进行协议的升级和演进。
- 8 位的标志位，只启用了 3 位，预留了 5 位用于后续的扩展，这样可以为协议的扩展提供更多的可能。
- 压缩消息：对消息上下文和消息体进行了默认的数据压缩，可以提高数据传输的效率，减少网络传输的时间和带宽消耗。
- 序列化和反序列化：采用 JSON 格式或 protobuf 格式的消息体以及 protobuf 格式的消息上下文，利用通用的序列化和反序列化功能，降低了协议序列化和反序列化的难度，提高了协议的易用性。

## 12.6 预备知识

在开始编码实现我们的应用层协议之前，下面先介绍相关的技术细节和知识要点，这样大家在后续的编码实现过程中，就能更快地掌握相关代码。

### 12.6.1 大小端

计算机系统在内存中存储各种数据类型的变量时，起始地址是高地址还是低地址，就是大小端的区别。大端的系统从高地址开始存储，小端的系统从低地址开始存储。一个

uint32_t 类型的 data 变量，假设它的值为 "0 + (1 << 8) + (2 << 16) + (3 << 24)"，那么它在大小端系统下的内存布局如图 12-2 所示。

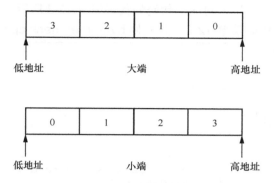

**图12-2  大小端内存布局**

既然计算机系统存在大小端之分，那么在编码层面，我们如何判断一个系统是大端的还是小端的呢？我们可以利用 C 语言中联合体的所有变量，共用一块内存空间的特性来做出判断，对应的代码如代码清单 12-1 所示。

**代码清单 12-1　　源文件 bigsmallcheck.cpp**

```cpp
#include <stdint.h>
#include <iostream>
bool IsSmall() {
  union Check {
    uint8_t bytes[4];
    uint32_t data;
  };
  Check check;
  for (int i = 0; i < 4; i++) {
    check.bytes[i] = i;
  }
  std::cout << "data = " << check.data << std::endl;
  uint8_t* data = (uint8_t*)&check.data;
  return data[0] == 0 && data[1] == 1 && data[2] == 2 && data[3] == 3;
}
int main() {
  if (IsSmall()) {
    std::cout << "small" << std::endl;
  } else {
    std::cout << "big" << std::endl;
  }
  return 0;
}
```

我们定义了一个名为 Check 的联合体，该联合体包含一个 32 位的无符号整型变量 data 和一个长度为 4 的无符号字符数组 bytes。在 IsSmall 函数中，将 bytes 数组中的每个元素赋值为对应的下标值，并将变量 data 的地址强制转换为无符号字符类型的指针 data，然后判断指针 data 指向的内存中的值，以确定系统的大小端情况。

### 12.6.2　字节序

字节序和大小端在本质上是一样的，指的都是在内存中表示多字节类型的数据时，字节的排列顺序。在网络通信中，由于不同机器的本地字节序可能不同，为了保证数据的正确传输，需要将数据转换为网络字节序，也就是统一采用大端模式。这样接收端就可以将网络字节序转换为本地字节序，以正确地解析数据。下面我们来看一下如何检查网络字节序和本地字节序的大小端情况，对应的代码如代码清单 12-2 所示。

**代码清单 12-2　源文件 byteordercheck.cpp**

```cpp
#include <arpa/inet.h>
#include <stdint.h>
#include <iostream>
bool IsSmall(uint32_t value) {
  union Check {
    uint8_t bytes[4];
    uint32_t data;
  };
  Check check;
  check.data = value;
  std::cout << "data = " << check.data << std::endl;
  uint8_t* data = (uint8_t*)&check.data;
  return data[0] == check.bytes[0] && data[1] == check.bytes[1] &&
    data[2] == check.bytes[2] && data[3] == check.bytes[3];
}
int main() {
  uint32_t hostValue = 666888;
  bool hostValueIsSmall = false;
  hostValueIsSmall = IsSmall(hostValue);
  if (hostValueIsSmall) {
    std::cout << "host byte order is small" << std::endl;
  } else {
    std::cout << "host byte order is big" << std::endl;
  }
  uint32_t netValue = htonl(hostValue);
  if (netValue != hostValue) {
    if (hostValueIsSmall) {
      std::cout << "net byte order is big" << std::endl;
    } else {
      std::cout << "net byte order is small" << std::endl;
    }
  } else {
    if (hostValueIsSmall) {
      std::cout << "net byte order is small" << std::endl;
    } else {
      std::cout << "net byte order is big" << std::endl;
    }
  }
  return 0;
}
```

在 main 函数中，我们首先定义了一个 32 位的无符号整型变量 hostValue，并将其赋值为 666 888。然后调用 IsSmall 函数，判断本地字节序的大小端情况，并将结果存储在 hostValueIsSmall 变量中。接下来，将 hostValue 转换为网络字节序，并将结果存储在 netValue 变量中。如果 netValue 不等于 hostValue，则说明网络字节序与本地字节序不同。此时，再次判断本地字节序的大小端情况，并输出网络字节序的大小端情况。如果 netValue 等于 hostValue，则说明网络字节序与本地字节序相同。此时，再次判断本地字节序的大小端情况，并输出网络字节序的大小端情况。

### 12.6.3　字节序的互转

在网络通信中，需要做本地字节序和网络字节序互转的 C/C++ 数据类型，主要是 16 位、

32 位和 64 位的整数。Linux 系统中的网络 API 只提供了 16 位和 32 位整数在本地字节序和网络字节序之间互转的函数，它们的函数原型分别如下。

```
#include <arpa/inet.h>
//将本地字节序的uint32_t转换成网络字节序的uint32_t
uint32_t htonl(uint32_t hostlong);
//将本地字节序的uint16_t转换成网络字节序的uint16_t
uint16_t htons(uint16_t hostshort);
//将网络字节序的uint32_t转换成本地字节序的uint32_t
uint32_t ntohl(uint32_t netlong);
//将网络字节序的uint16_t转换成本地字节序的uint16_t
uint16_t ntohs(uint16_t netshort);
```

64 位整数的字节序互转需要我们自行实现，这相对比较简单，只需要结合我们之前编写的 IsSmall 函数即可实现，对应的代码如代码清单 12-3 所示。

**代码清单 12-3　头文件 byteorderconvert.hpp**

```
#include <stdint.h>
inline bool IsSmall() {
  union Check {
    uint8_t bytes[4];
    uint32_t data;
  };
  Check check;
  for (int i = 0; i < 4; i++) {
    check.bytes[i] = i;
  }
  uint8_t *data = (uint8_t *)&check.data;
  return data[0] == 0 && data[1] == 1 && data[2] == 2 && data[3] == 3;
}
inline uint64_t htonll(uint64_t hostLongLong) {
  if (not IsSmall()) {
    return hostLongLong;
  }
  uint64_t netLongLong;
  uint8_t *net = (uint8_t *)&netLongLong;
  uint8_t *host = (uint8_t *)&hostLongLong;
  //将本地字节序转换成网络字节序
  net[7] = host[0];
  net[6] = host[1];
  net[5] = host[2];
  net[4] = host[3];
  net[3] = host[4];
  net[2] = host[5];
  net[1] = host[6];
  net[0] = host[7];
  return netLongLong;
}
inline uint64_t ntohll(uint64_t netLongLong) {
  if (not IsSmall()) {
    return netLongLong;
  }
  uint64_t hostLongLong;
  char *net = (char *)&netLongLong;
  char *host = (char *)&hostLongLong;
  //将网络字节序转换成本地字节序
  host[0] = net[7];
  host[1] = net[6];
  host[2] = net[5];
  host[3] = net[4];
```

```
    host[4] = net[3];
    host[5] = net[2];
    host[6] = net[1];
    host[7] = net[0];
    return hostLongLong;
}
```

### 12.6.4 内存对象与布局

任何变量，不管是堆变量还是栈变量，都对应着操作系统中的一块内存。内存对齐这一要求导致程序中的变量并不是紧凑存储的，以 C/C++中的一个结构体 Test（如代码清单 12-4 所示）为例，它在内存中可能的布局如图 12-3 所示。

**代码清单 12-4　结构体 Test**

```
struct Test {
    uint8_t a;
    uint8_t b;
    uint32_t c;
};
```

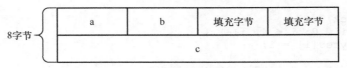

**图12-3　结构体在内存中可能的布局**

### 12.6.5 指针类型的本质

不同的指针类型意味着对同一块内存的起始地址执行不同的解析方式，这是因为指针类型决定了编译器如何解析指针所指向的内存区域。

例如，一个 32 位的无符号整数既可以用一个 uint32_t 类型的指针来解析，也可以用一个 uint8_t 类型的指针来解析。如果用一个 uint32_t 类型的指针来解析，则该指针指向的内存区域被解释为一个 32 位的无符号整数；如果用一个 uint8_t 类型的指针来解析，则该指针指向的内存区域被解释为一个长度为 4 字节的无符号字符数组。

下面让我们来看一个具体的例子，对应的代码如代码清单 12-5 所示，指针的解析如图 12-4 所示。

**代码清单 12-5　源文件 pointer.cpp**

```
#include <malloc.h>
#include <stdint.h>
#include <string.h>
#include <iostream>
int main() {
    void *p = malloc(5);        //申请5字节大小的堆内存
    memset(p, 66, 5);           //把每一字节的内容设置成66
    char *pC = (char *)p;       //声明一个char类型的指针pC，它指向所分配内存的起始地址
    uint32_t *pUint32 = (uint32_t *)p;   //声明一个uint32_t类型的指针pUint32，它
                                         //指向所分配内存的起始地址
```

## 12.6 预备知识

```
    if (*pC == 66) {    //从起始地址开始，取1字节的内存去解析成char变量
      std::cout << "char yes" << std::endl;
    }
    if (*pUint32 == 66 + (66 << 8) + (66 << 16) + (66 << 24)) {   //从起始地址
                                               //开始，取4字节的内存去解析成uint32_t变量
      std::cout << "int32 yes" << std::endl;
    }
    return 0;
}
```

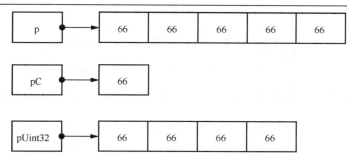

图12-4　指针的解析

### 12.6.6　序列化与反序列化

序列化是将计算机语言中的内存对象转换为网络字节流的过程，以便在网络上传输和存储。在序列化过程中，需要将内存对象中的各个成员变量按照一定的顺序和格式转换为字节流，并将字节流发送到网络上。

反序列化则是将网络字节流转换为计算机语言中的内存对象的过程，以便接收端正确地解析数据。在反序列化过程中，需要将接收到的字节流按照一定的顺序和格式转换为内存对象中的各个成员变量，并将其存储到内存中。

例如，要将 C/C++语言中的结构体 Test 序列化为一个长度为 6 的字节流，我们可以按照一定的顺序将该结构体中的各个成员变量转换为字节流，并将其存储到一个 uint8_t 类型的数组中。反序列化则是指将该数组中的字节流按照一定的顺序和格式转换为结构体 Test 中的各个成员变量，并将其存储到内存中。

下面我们来看一个序列化和反序列化的示例，对应的代码如代码清单 12-6 所示，序列化与反序列化的过程如图 12-5 所示。

**代码清单 12-6　源文件 codec.cpp**

```
#include <arpa/inet.h>
#include <stdint.h>
#include <stdio.h>
#include <iostream>
struct Test {
  uint8_t a;
  uint8_t b;
  uint32_t c;
  bool operator==(const Test &right) {
    return this->a == right.a && this->b == right.b && this->c == right.c;
  }
};
```

273

```
//序列化
void struct_to_array(Test *test, uint8_t *data) {
  *data = test->a;  //从data指向地址处写入1字节到网络字节流中
  data++;  //将data指针向前移动1字节
  *data = test->b;  //从data指向地址处写入1字节到网络字节流中
  data++;  //将data指针向前移动1字节
  *(uint32_t *)data = htonl(test->c);  //从data指向地址处写入4字节,即网络字节
                                       //序的uint32_t
}
//反序列化
void array_to_struct(uint8_t *data, Test *test) {
  test->a = *data;  //从data指向地址处读取1字节并写入a中
  data++;  //将data指针向前移动1字节
  test->b = *data;  //从data指向地址处读取1字节并写入b中
  data++;  //将data指针向前移动1字节
  //将data指针指向的网络字节流后的4字节的网络字节序的uint32_t转换成本地字节序的
  //uint32_t
  test->c = ntohl(*(uint32_t *)data);
}
int main() {
  Test test;
  Test testTwo;
  uint8_t data[6];
  test.a = 10;
  test.b = 11;
  test.c = 12;
  struct_to_array(&test, data);
  array_to_struct(data, &testTwo);
  if (test == testTwo) {
    std::cout << "equal" << std::endl;
  }
  return 0;
}
```

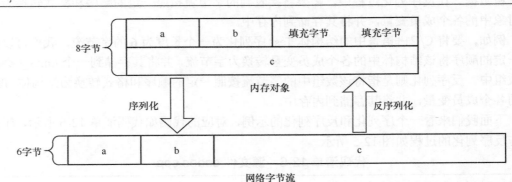

图12-5 序列化与反序列化的过程

在进行序列化和反序列化时,需要注意字节序的问题,以确保不同机器上数据的正确传输和解析。同时,为了方便处理序列化和反序列化的问题,可以使用相关的库。

## 12.7 其他协议

在实现 MySvr 之前,我们先来看看其他两个知名的协议——HTTP 和 RESP(REdis

Serialization Protocol）。这两个协议在后续的内容中会用到。通过 HTTP，我们可以提供易于调试的接口，因为有许多现成的 HTTP 调试工具和软件可供使用。而通过 RESP，我们可以访问 Redis 实例。HTTP 和 RESP 既是文本协议，也是模糊边界的协议。下面让我们来看一下它们的协议消息格式。

### 12.7.1　HTTP 消息格式

HTTP 的请求和应答都有各自的格式。HTTP 请求由三部分组成，即请求行、请求头集合和请求体。HTTP 应答也由三部分组成，即状态行、响应头部集合和响应体。HTTP 消息格式如图 12-6 所示。

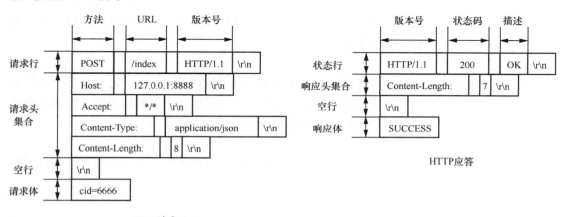

图12-6　HTTP消息格式

**1．请求行**

请求行由三部分组成，即方法、URL 和版本号。常见的方法有 GET、POST、HEAD、PUT 和 DELETE，URL 则是所要操作资源的唯一标识。

**2．状态行**

状态行也由三部分组成，即版本号、状态码以及状态码所对应的描述。状态码分为 5 类，1××表示临时响应，2××表示成功，3××表示重定向，4××表示请求错误，5××表示服务器错误。

**3．头部集合（请求头集合和响应头集合）**

头部集合中的每个头部都是一个键-值对，键的后面跟着一个"："，常见的头部有 Content-Type、Content-Length、Host 和 Connection。

**4．请求体/应答体**

请求体和应答体是 HTTP 主要的 payload，常见的格式有 JSON、由"&"分隔的键-值对和 XML。

## 12.7.2 RESP 消息格式

RESP 是一种文本协议，具有易于实现、解析快速和易读的特点。RESP 支持 5 种数据类型，包括简单字符串、错误信息、整数、大容量字符串和数组。在 RESP 中，可以通过第一个字节来识别不同的数据类型。简单字符串以 "+" 开头，错误信息以 "-" 开头，整数以 ":" 开头，大容量字符串以 "$" 开头，而数组以 "*" 开头。接下来，我们将详细介绍这 5 种数据类型的格式。

### 1．RESP 支持的 5 种数据类型

（1）简单字符串

以 "+" 开头，后跟字符串，字符串中不能包含换行符，最后以 "\r\n" 结尾。举个例子，"+OK\r\n" 是 Redis 中常见的应答。

（2）错误信息

以 "-" 开头，后跟错误描述字符串。在 Redis 的使用惯例中，"-" 之后的第一个单词（直到第一个空格或换行符）表示返回的错误类型。在解析时，可以根据不同的错误类型抛出不同的异常，也可以只是简单地返回表示错误类型的字符串。

（3）整数

以 ":" 开头，以 "\r\n" 结尾，中间是整数，例如 ":666\r\n"。返回的整数必须保证在 int64 整数的范围内。

（4）大容量字符串

以 "$" 开头，以 "\r\n" 结尾，中间是字符串。大容量字符串可以用于表示长度达到 512MB 的大字符串。空串在大容量字符串格式中使用 "$0\r\n\r\n" 来表示，null 字符串则使用 "$-1\r\n" 来表示。在解析时，我们需要能够区分大容量字符串的空值和 null 值。

（5）数组

客户端使用数组格式向服务器端发送请求命令，而服务器端在某些命令下也使用数组来返回应答数据。数组以 "*" 开头，以 "\r\n" 结尾，中间是数组的大小，后跟对应的数组元素。数组元素可以是相同的数据类型，也可以是不同的数据类型。数组可以是空的，也可以是嵌套的，还可以包含 null 元素。空数组使用 "*0\r\n" 来表示，null 数组使用 "*-1\r\n" 来表示。

### 2．客户端和服务器端的交互模式

客户端向服务器端发送只包含大容量字符串的数组类型的请求数据，服务器端则根据不同的请求类型返回任何有效数据类型的数据作为应答。

## 12.8 协议实现

我们实现了 HTTP、RESP 和 MySvr 这三种协议的编解码。由于协议的编解码存在共性，我们首先对协议编解码的类进行了抽象，并设计了相关类之间的关系。这样的设计可以提高代码的重用性和可维护性，使得代码更加鲁棒和可靠。协议编解码核心类关系

## 12.8 协议实现

简图如图 12-7 所示。

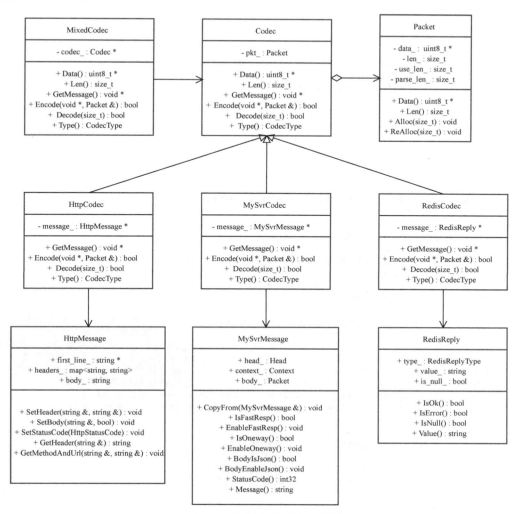

图12-7　协议编解码核心类关系简图

### 12.8.1 协议编解码抽象

在介绍 Codec 类之前，我们需要先介绍 Packet 类。Packet 类不仅仅是简单的二进制缓冲区的封装，它还支持流式解析。Packet 类有一个成员变量 parse_len_，用于标识当前缓冲区中已经完成解析的字节数。Packet 类实现了二合一（即数据读取缓冲区+流式解析缓冲区）的功能。这样做的好处在于不用分配两块内存缓冲区（一块作为读取缓冲区，另一块作为流式解析缓冲区），因而也就不用在两块缓冲区之间进行数据拷贝，从而减少了内存占用和 CPU 占用。Packet 类对应的代码如代码清单 12-7 所示。

**代码清单 12-7　头文件 packet.hpp**

```
#pragma once
#include "base.pb.h"
```

```cpp
namespace Protocol {
class Packet {   //二进制包
 public:
  ~Packet() {
    if (data_) free(data_);
  }
  void Alloc(size_t len) {
    if (data_) free(data_);
    data_ = (uint8_t *)malloc(len);
    len_ = len;
    use_len_ = 0;
    parse_len_ = 0;
  }
  void ReAlloc(size_t len) {
    if (len < len_) {
      return;
    }
    data_ = (uint8_t *)realloc(data_, len);
    len_ = len;
  }
  void CopyFrom(const Packet &pkt) {
    data_ = (uint8_t *)malloc(pkt.len_);
    memmove(data_, pkt.data_, pkt.len_);
    len_ = pkt.len_;
    use_len_ = pkt.use_len_;
    parse_len_ = pkt.parse_len_;
  }
  uint8_t *Data() { return data_ + use_len_; }       //缓冲区可以写入的开始地址
  uint8_t *DataRaw() { return data_; }               //原始缓冲区的开始地址
  uint8_t *DataParse() { return data_ + parse_len_; } //需要解析的开始地址
  size_t NeedParseLen() { return use_len_ - parse_len_; } //需要解析的长度
  size_t Len() { return len_ - use_len_; }           //缓存区中还可以写入的数据长度
  size_t UseLen() { return use_len_; }               //缓冲区已经使用的容量
  void UpdateUseLen(size_t add_len) { use_len_ += add_len; }
  void UpdateParseLen(size_t add_len) { parse_len_ += add_len; }

 public:
  uint8_t *data_{nullptr};   //二进制缓冲区
  size_t len_{0};            //缓冲区的长度
  size_t use_len_{0};        //缓冲区使用长度
  size_t parse_len_{0};      //完成解析的长度
};
}   //命名空间Protocol
```

由于 Packet 类同时实现了读取缓冲区和流式解析缓冲区的功能，因此它需要提供更多的接口。Alloc、ReAlloc 和 CopyFrom 函数是与内存分配相关的函数；Data 和 Len 函数用于配合 I/O 读取函数向缓冲区中写入读取到的数据；DataParse 和 NeedParseLen 函数用于返回需要解析的数据；DataRaw 和 UseLen 函数用于返回缓冲区中使用的内存数据。这些接口的实现使得 Packet 类可以在读取和解析数据时更加灵活和高效。

Codec 类依赖于 Packet 类，因为需要对协议解析的数据，可以通过 Data 和 Len 函数直接写入 Packet 对象中。因此，你可以看到，Decode 函数的声明中只有需要解析的字节数作为入参，而没有对应的数据缓冲区。这样的设计使得数据解析更加高效。Codec 类对应的代码如代码清单 12-8 所示。

**代码清单 12-8　头文件 codec.hpp**

```cpp
#pragma once
#include "packet.hpp"
namespace Protocol {
```

## 12.8 协议实现

```cpp
enum CodecType {         //编解码协议类型
  UNKNOWN = 0,
  HTTP = 1,
  MY_SVR = 2,
  REDIS = 3,
};
class Codec {            //协议编解码基类
 public:
  virtual ~Codec() {}
  uint8_t *Data() { return pkt_.Data(); }
  size_t Len() { return pkt_.Len(); }
  virtual void *GetMessage() = 0;
  virtual bool Encode(void *msg, Packet &pkt) = 0;
  virtual bool Decode(size_t len) = 0;
  virtual CodecType Type() = 0;
 protected:
  Packet pkt_;
};
}    //命名空间Protocol
```

Codec 类的抽象十分简单，它有一个 Packet 类的成员变量。除了刚刚提到的函数，Codec 类还抽象出了 Encode 函数用于编码，GetMessage 函数用于获取当前解析出的内存对象，Type 函数则用于返回当前使用的编解码协议类型。通过协议编解码的抽象，我们可以更加灵活地实现不同协议的编解码。下面让我们来看一下如何实现不同协议的编解码。

### 12.8.2 MySvr 实现

我们使用 MySvrMessage 对象作为 MySvr 解析后的内存对象，MySvrMessage 类对应的代码如代码清单 12-9 所示。

**代码清单 12-9　头文件 mysvrmessage.hpp**

```cpp
#pragma once
#include "../common/statuscode.hpp"
#include "packet.hpp"
namespace Protocol {
//协议中使用的常量
constexpr uint8_t PROTO_MAGIC = 1;      //协议魔数
constexpr uint8_t PROTO_VERSION = 1;    //协议版本
constexpr uint32_t PROTO_HEAD_LEN = 8;  //固定8字节的头部
constexpr uint8_t PROTO_FLAG_IS_JSON = 0x1;     //body是否为JSON格式
constexpr uint8_t PROTO_FLAG_IS_ONEWAY = 0x2;   //是否为oneway消息
constexpr uint8_t PROTO_FLAG_IS_FAST_RESP = 0x4;   //是否为FastResp消息
constexpr uint8_t PROTO_MAGIC_AND_VERSION = (PROTO_MAGIC << 4) | PROTO_VERSION;
typedef struct Head {   //协议头
  uint8_t magic_and_version_{PROTO_MAGIC_AND_VERSION};   //协议魔数和协议版本
  uint8_t flag_{0};              //协议的标志位
  uint16_t context_len_{0};      //消息上下文序列化后的长度（压缩过）
  uint32_t body_len_{0};         //消息体序列化后的长度（压缩过）
} Head;
typedef struct MySvrMessage {   //协议消息
  void CopyFrom(const MySvrMessage &message) {
    head_ = message.head_;
    context_.CopyFrom(message.context_);
    body_.CopyFrom(message.body_);
  }
  bool IsFastResp() { return head_.flag_ & PROTO_FLAG_IS_FAST_RESP; }
```

```cpp
        void EnableFastResp() { head_.flag_ |= PROTO_FLAG_IS_FAST_RESP; }
        bool IsOneway() { return head_.flag_ & PROTO_FLAG_IS_ONEWAY; }
        void EnableOneway() { head_.flag_ |= PROTO_FLAG_IS_ONEWAY; }
        bool BodyIsJson() { return head_.flag_ & PROTO_FLAG_IS_JSON; }
        void BodyEnableJson() { head_.flag_ |= PROTO_FLAG_IS_JSON; }
        int32_t StatusCode() { return context_.status_code(); }
        std::string Message() { return STATUS_CODE.Message(context_.status_code()); }

        Head head_;              //消息头
        MySvr::Base::Context context_;   //消息上下文
        Packet body_;   //根据消息上下文的服务名和接口名可以反序列化成具体的内存对象
    } MySvrMessage;
}   //命名空间Protocol
```

MySvrMessage 类有三个成员变量，head_对应长度为 8 字节的协议头部，context_对应变长的消息上下文，body_对应变长的消息体。其中，context_ 的类型是 MySvr::Base::Context，定义在 base.proto 文件中，base.proto 文件的内容如代码清单 12-10 所示。

**代码清单 12-10　base.proto 文件的内容**

```proto
syntax = "proto3";
import "google/protobuf/descriptor.proto";
extend google.protobuf.ServiceOptions {
    int32 Port = 50001;   //扩展服务选项，新增Port字段，用于设置服务监听的端口
}
extend google.protobuf.MethodOptions {
    /* 扩展方法选项
     * 1表示RR(Request-Response)模式，此为默认模式
     * 2表示oneway(单向调用，无回包)模式
     * 3表示FR(Fast-Response)模式
     */
    int32 MethodMode = 50001;
}
package MySvr.Base;
message TraceStack {
    int32 parent_id = 1;      //调用方分布式调用栈id
    int32 current_id = 2;     //被调方分布式调用栈id
    string service_name = 3;  //服务名称
    string rpc_name = 4;      //RPC名称
    int32 status_code = 5;    //RPC执行结果
    string message = 6;       //RPC执行结果的描述
    int64 spend_us = 7;       //接口调用耗时，单位为微秒(也就是千分之一毫秒)
    bool is_batch = 8;        //是否批量执行
}
message Context {
    string log_id = 1;           //请求id，用于唯一标识一次请求
    string service_name = 2;     //要调用服务的名称
    string rpc_name = 3;         //要调用接口的名称
    int32 status_code = 4;       //返回的状态码，在应答数据时使用
    int32 current_stack_id = 5;  //当前分布式调用栈id
    int32 parent_stack_id = 6;   //上游分布式调用栈id
    int32 stack_alloc_id = 7;    //当前分布式调用栈分配的id，初始值为0
    repeated TraceStack trace_stack = 8;  //分布式调用栈数据，用于还原分布式调用
}
message OneWayResponse {}    //空message用于oneway模式下的response占位
message FastRespResponse {}  //空message用于FR模式下的response占位
```

除了定义 Context，base.proto 文件还定义了 TraceStack、OneWayResponse 和 FastRespResponse。其中，TraceStack 用于记录分布式调用中每一次 RPC 调用的结果，我们

会在后续的内容中做详细介绍。而 OneWayResponse 和 FastRespResponse 这两个空的 message，则分别用于 oneway 模式和 Fast Response 模式下的 response 占位。

base.proto 是使用 protobuf 语法编写的基础类型声明，它对服务和方法选项进行了扩展，支持定义服务的监听端口和模式。在介绍 protobuf 之前，我们需要先了解一下它的作用。protobuf 是 protocol buffers 的简称，是由 Google 开发的数据描述语言。除了支持数据的描述，它还支持 RPC 服务的描述，并自带序列化和反序列化的功能。protobuf 是一种语言无关、平台无关、扩展性良好的数据格式，非常适合作为网络通信协议中的 payload（数据载荷）。

在 protobuf 中，最基本的数据单元是 message。message 中的每个成员都有一个字段编号，编号从 1 开始且不可重复。message 支持嵌套。除了 message，protobuf 还支持一些基本的数据类型，比如 int32、int64、string 等，并且可以定义枚举。使用 service 关键字可以声明一个服务，在服务中使用 rpc 关键字可以声明这个服务提供的接口。protobuf 还有许多其他的细节，这里不再展开，大家可以自行查看相关文档。

下面让我们来看一下如何实现 MySvr 的编解码，对应的代码如代码清单 12-11 所示。

**代码清单 12-11　头文件 mysvrcodec.hpp**

```cpp
#pragma once
#include <arpa/inet.h>
#include <snappy.h>
#include <string>
#include "codec.hpp"
#include "mysvrmessage.hpp"
namespace Protocol {
constexpr uint32_t MY_SVR_MAX_CONTEXT_LEN = 64 * 1024;        //上下文最大长度
constexpr uint32_t MY_SVR_MAX_BODY_LEN = 20 * 1024 * 1024;    //消息体最大长度
enum MySvrDecodeStatus {    //解码状态
    MY_SVR_HEAD = 1,          //消息头
    MY_SVR_CONTEXT = 2,       //消息上下文
    MY_SVR_BODY = 3,          //消息体
    MY_SVR_FINISH = 4,        //完成消息解析
};
class MySvrCodec : public Codec {    //协议编解码
 public:
    MySvrCodec() { pkt_.Alloc(PROTO_HEAD_LEN); }    //第一次分配协议头大小的空间
    ~MySvrCodec() {
        if (message_) delete message_;
    }
    CodecType Type() { return MY_SVR; }
    void *GetMessage() {
        if (nullptr == message_) return nullptr;
        if (decode_status_ != MY_SVR_FINISH) return nullptr;
        MySvrMessage *result = message_;
        message_ = nullptr;
        decode_status_ = MY_SVR_HEAD; //消息被取出之后，将解析状态设置为MY_SVR_HEAD
        return (void *)result;
    }
    void SetLimit(uint32_t maxContextLen, uint32_t maxBodyLen) {
        max_context_len_ = maxContextLen;
        max_body_len_ = maxBodyLen;
    }
    bool Encode(void *msg, Packet &pkt) {
        MySvrMessage &message = *(MySvrMessage *)msg;
        std::string body((const char *)message.body_.DataRaw(), message.body_
            .UseLen());
```

```cpp
      std::string context;
      std::string compressBody;
      std::string compressContext;
      if (not message.context_.SerializePartialToString(&context)) return false;
      snappy::Compress(body.data(), body.size(), &compressBody);
      snappy::Compress(context.data(), context.size(), &compressContext);
      message.head_.context_len_ = compressContext.size();  //设置上下文的长度
      message.head_.body_len_ = compressBody.size();        //设置消息体的长度
      size_t len = PROTO_HEAD_LEN + message.head_.context_len_ + message.
          head_.body_len_;     //计算包的总长度
      pkt.Alloc(len);          //分配空间
      encodeHead(message, pkt);   //打包消息头
      pkt.UpdateUseLen(PROTO_HEAD_LEN);
      //打包消息上下文
      memmove(pkt.Data(), compressContext.data(), compressContext.size());
      pkt.UpdateUseLen(compressContext.size());
      //打包消息体
      memmove(pkt.Data(), compressBody.data(), compressBody.size());
      pkt.UpdateUseLen(compressBody.size());
      return true;
    }
    bool Decode(size_t len) {
      pkt_.UpdateUseLen(len);
      uint32_t decodeLen = 0;
      uint32_t needDecodeLen = pkt_.NeedParseLen();
      uint8_t *data = pkt_.DataParse();
      if (nullptr == message_) message_ = new MySvrMessage;
      while (needDecodeLen > 0) {    //只要还有未解析的网络字节流，就持续解析
        bool decodeBreak = false;
        if (MY_SVR_HEAD == decode_status_) {       //解析消息头
          if (not decodeHead(&data, needDecodeLen, decodeLen, decodeBreak)) {
            return false;
          }
          if (decodeBreak) break;
        }
        if (MY_SVR_CONTEXT == decode_status_) {    //解析完消息头，解析上下文
          if (not decodeContext(&data, needDecodeLen, decodeLen, decodeBreak)) {
            return false;
          }
          if (decodeBreak) break;
        }
        if (MY_SVR_BODY == decode_status_) {       //解析完上下文，解析消息体
          if (not decodeBody(&data, needDecodeLen, decodeLen, decodeBreak)) {
            return false;
          }
          if (decodeBreak) break;
        }
      }
      if (decodeLen > 0) pkt_.UpdateParseLen(decodeLen);
      if (MY_SVR_FINISH == decode_status_) {
        pkt_.Alloc(PROTO_HEAD_LEN);   //释放空间，并重新申请协议头部需要的空间
      }
      return true;
    }
  private:
    void encodeHead(MySvrMessage &message, Packet &pkt) {
      uint8_t *data = pkt.Data();
      *data = message.head_.magic_and_version_;   //设置协议魔数和协议版本
      ++data;
      *data = message.head_.flag_;                //设置标志位
      ++data;
      *(uint16_t *)data = htons(message.head_.context_len_);   //设置消息上下文长度
      data += 2;
```

```cpp
    *(uint32_t *)data = htonl(message.head_.body_len_);    //设置消息体长度
}
bool decodeHead(uint8_t **data, uint32_t &needDecodeLen, uint32_t
  &decodeLen, bool &decodeBreak) {
    if (needDecodeLen < PROTO_HEAD_LEN) {
        decodeBreak = true;
        return true;
    }
    uint8_t *curData = *data;
    message_->head_.magic_and_version_ = *curData;
    if (message_->head_.magic_and_version_ != PROTO_MAGIC_AND_VERSION)
        return false;     //魔数和版本号不一致，解析失败
    curData++;
    message_->head_.flag_ = *curData;                                //解析标志位
    curData++;
    message_->head_.context_len_ = ntohs(*(uint16_t *)curData); //解析上下文长度
    curData += 2;
    message_->head_.body_len_ = ntohl(*(uint32_t *)curData);     //解析消息体长度
    if (message_->head_.context_len_ > max_context_len_) return false;
    if (message_->head_.body_len_ > max_body_len_) return false;
    //更新剩余待解析数据长度、已经解析的数据长度、缓冲区指针的位置以及当前解析的状态
    needDecodeLen -= PROTO_HEAD_LEN;
    decodeLen += PROTO_HEAD_LEN;
    (*data) += PROTO_HEAD_LEN;
    decode_status_ = MY_SVR_CONTEXT;
    //重新分配内存空间，这样解析一条消息最多分配两次内存
    pkt_.ReAlloc(PROTO_HEAD_LEN + message_->head_.context_len_ + message_
      ->head_.body_len_);
    return true;
}
bool decodeContext(uint8_t **data, uint32_t &needDecodeLen, uint32_t
  &decodeLen, bool &decodeBreak) {
    uint32_t contextLen = message_->head_.context_len_;
    if (needDecodeLen < contextLen) {
        decodeBreak = true;
        return true;
    }
    std::string context;
    std::string compressContext((const char *)*data, (size_t)contextLen);
    snappy::Uncompress(compressContext.data(), compressContext.size(),
      &context);
    if (not message_->context_.ParseFromString(context)) {
        return false;
    }
    //更新剩余待解析数据长度、已经解析的数据长度、缓冲区指针的位置以及当前解析的状态
    needDecodeLen -= contextLen;
    decodeLen += contextLen;
    (*data) += contextLen;
    decode_status_ = MY_SVR_BODY;
    return true;
}
bool decodeBody(uint8_t **data, uint32_t &needDecodeLen, uint32_t
  &decodeLen, bool &decodeBreak) {
    decodeBreak = true;     //不管能否完成解析，都跳出循环
    uint32_t bodyLen = message_->head_.body_len_;
    if (needDecodeLen < bodyLen) {
        return true;
    }
    std::string body;
    std::string compressBody((const char *)*data, (size_t)bodyLen);
    snappy::Uncompress(compressBody.data(), compressBody.size(), &body);
    message_->body_.Alloc(body.size());
    memmove(message_->body_.Data(), body.data(), body.size());
    message_->body_.UpdateUseLen(body.size());
    //更新剩余待解析数据长度、已经解析的数据长度、缓冲区指针的位置以及当前解析的状态
```

```cpp
        needDecodeLen -= bodyLen;
        decodeLen += bodyLen;
        (*data) += bodyLen;
        decode_status_ = MY_SVR_FINISH;   //解析状态流转，更新为完成消息解析
        return true;
    }
 private:
    MySvrDecodeStatus decode_status_{MY_SVR_HEAD};   //当前解析状态
    MySvrMessage *message_{nullptr};                 //当前解析的消息对象
    uint32_t max_context_len_{MY_SVR_MAX_CONTEXT_LEN};
    uint32_t max_body_len_{MY_SVR_MAX_BODY_LEN};
};
}  //命名空间Protocol
```

MySvrCodec 类实现了 MySvr 的编解码。这里有一个小技巧，就是在 MySvrCodec 类的构造函数中，先申请一块协议头大小的空间。等解析完协议头的数据之后，再重新分配一次剩余需要的内存空间。这样解析一条消息就只需要分配两次内存。这种做法既可以减少内存分配次数，又可以提高解析效率。

Decode 函数实现了协议的解码。它的入参是每次要解析的数据长度。只要还有未解析的字节流，就持续解析，直到无法再继续解析为止。整个解析的过程是一个有限状态机的流转，从最开始的 MY_SVR_HEAD 状态流转到最后的 MY_SVR_FINISH 状态。MySvr 头部、协议消息上下文和协议消息体都对应一个解析函数。这些解析函数都有 4 个入参，分别代表要解析的数据缓冲区起始地址、需要解析的数据长度、已经解析的数据长度和是否中断解析过程。由于 MySvr 的消息上下文和消息体都默认使用 snappy 算法进行压缩，因此在解析时也需要使用 snappy 算法进行解析压缩。

Encode 函数实现了协议的编码。它的入参是要编码的消息和用于输出编码结果的 Packet 对象。首先对消息上下文和消息体进行序列化，然后使用 snappy 算法进行压缩（该算法在 Google 内部被广泛使用，比如在 MapReduce 和 Google 内部的 RPC 系统中）。接下来计算协议头中的字段，最后进行协议头、协议消息上下文和协议消息体的编码，并将它们写入 Packet 对象中。

SetLimit 函数用于设置对应协议消息上下文和消息体的最大长度限制。

### 12.8.3 HTTP 实现

HTTP 是一个知名的应用层协议，许多编程语言都内置支持 HTTP 的编解码。在这里，我们使用 C++ 来实现 HTTP 的编解码，并且只实现 HTTP 的子集。我们使用 HttpMessage 对象作为 HTTP 解析后的内存对象。HttpMessage 类的代码如代码清单 12-12 所示。

**代码清单 12-12　头文件 httpmessage.hpp**

```cpp
#pragma once
#include <map>
#include <string>
namespace Protocol {
enum HttpStatusCode {   //目前只支持4个状态码
    OK = 200,                             //请求成功
    BAD_REQUEST = 400,                    //body只支持JSON格式，非JSON格式返回状态码400
    NOT_FOUND = 404,                      //请求失败，未找到相关资源
    INTERNAL_SERVER_ERROR = 500,          //内部服务错误
```

```cpp
};
typedef struct HttpMessage {    //HTTP消息
  void SetHeader(const std::string &key, const std::string &value) {
    headers_[key] = value;
  }
  void SetBody(const std::string &body) {
    body_ = body;
    SetHeader("Content-Type", "application/json");
    SetHeader("Content-Length", std::to_string(body_.length()));
  }
  void SetStatusCode(HttpStatusCode statusCode) {
    if (OK == statusCode) {
      first_line_ = "HTTP/1.1 200 OK";
    } else if (BAD_REQUEST == statusCode) {
      first_line_ = "HTTP/1.1 400 Bad Request";
    } else if (NOT_FOUND == statusCode) {
      first_line_ = "HTTP/1.1 404 Not Found";
    } else {
      first_line_ = "HTTP/1.1 500 Internal Server Error";
    }
  }
  std::string GetHeader(const std::string &key) {
    if (headers_.find(key) == headers_.end()) return "";
    return headers_[key];
  }
  void GetMethodAndUrl(std::string &method, std::string &url) {
    int32_t spaceCount = 0;
    for (size_t i = 0; i < first_line_.size(); i++) {
      if (first_line_[i] == ' ') {
        spaceCount++;
        continue;
      }
      if (spaceCount == 0) method += first_line_[i];
      if (spaceCount == 1) url += first_line_[i];
    }
  }
  std::string first_line_;    //对于请求来说是request_line,对于应答来说是status_line
  std::map<std::string, std::string> headers_;
  std::string body_;
} HttpMessage;
}    //命名空间Protocol
```

HttpMessage 类是对 HTTP 请求和响应的抽象。它有 3 个成员变量：first_line_，对于请求来说是 request_line，对于响应来说是 status_line；headers_是请求头或响应头的集合；body_是请求体或响应体。HttpMessage 类实现了 SetHeader、SetBody、SetStatusCode 等属性设置函数，同时也实现了 GetHeader、GetMethodAndUrl 等属性获取函数。

下面让我们来看一下如何实现 HTTP 的编解码，对应的代码如代码清单 12-13 所示。

**代码清单 12-13　头文件 httpcodec.hpp**

```cpp
#pragma once
#include <string>
#include <unordered_map>
#include <vector>
#include "../common/log.hpp"
#include "../common/strings.hpp"
#include "codec.hpp"
#include "httpmessage.hpp"

namespace Protocol {
constexpr uint32_t FIRST_READ_LEN = 256;              //优先读取数据的大小
constexpr uint32_t MAX_FIRST_LINE_LEN = 8 * 1024;     //HTTP第一行的最大长度
constexpr uint32_t MAX_HEADER_LEN = 8 * 1024;         //header最大长度
```

```cpp
constexpr uint32_t MAX_BODY_LEN = 1024 * 1024;        //body最大长度
enum HttpDecodeStatus {      //解码状态
    FIRST_LINE = 1,          //第一行
    HEADERS = 2,             //消息头
    BODY = 3,                //消息体
    FINISH = 4,              //完成消息解析
};
class HttpCodec : public Codec {    //协议编解码
 public:
    HttpCodec() { pkt_.Alloc(FIRST_READ_LEN); }
    ~HttpCodec() {
        if (message_) delete message_;
    }
    CodecType Type() { return HTTP; }
    void *GetMessage() {
        if (nullptr == message_ || decode_status_ != FINISH) return nullptr;
        HttpMessage *result = message_;
        message_ = nullptr;
        decode_status_ = FIRST_LINE;    //消息被取出之后,将解析状态设置为FIRST_LINE
        return result;
    }
    void SetLimit(uint32_t maxFirstLineLen, uint32_t maxHeaderLen, uint32_t
        maxBodyLen) {
        max_first_line_len_ = maxFirstLineLen;
        max_header_len_ = maxHeaderLen;
        max_body_len_ = maxBodyLen;
    }
    bool Encode(void *msg, Packet &pkt) {
        HttpMessage *message = (HttpMessage *)msg;
        std::string data;
        data.append(message->first_line_ + "\r\n");
        auto iter = message->headers_.begin();
        while (iter != message->headers_.end()) {
            data.append(iter->first + ": " + iter->second + "\r\n");
            iter++;
        }
        data.append("\r\n");
        data.append(message->body_);
        pkt.Alloc(data.length());
        memmove(pkt.Data(), data.c_str(), data.length());
        pkt.UpdateUseLen(data.length());
        return true;
    }
    bool Decode(size_t len) {
        pkt_.UpdateUseLen(len);
        uint32_t decodeLen = 0;
        uint32_t needDecodeLen = pkt_.NeedParseLen();
        uint8_t *data = pkt_.DataParse();
        if (nullptr == message_) message_ = new HttpMessage;
        while (needDecodeLen > 0) {    //只要还有未解析的网络字节流,就持续解析
            bool decodeBreak = false;
            if (FIRST_LINE == decode_status_) {                   //解析第一行
                if (!decodeFirstLine(&data, needDecodeLen, decodeLen, decodeBreak)) {
                    return false;
                }
                if (decodeBreak) break;
            }
            if (needDecodeLen > 0 && HEADERS == decode_status_) {  //解析headers
                if (!decodeHeaders(&data, needDecodeLen, decodeLen, decodeBreak)) {
                    return false;
                }
                if (decodeBreak) break;
            }
            if (needDecodeLen > 0 && BODY == decode_status_) {     //解析body
```

```cpp
          if (!decodeBody(&data, needDecodeLen, decodeLen, decodeBreak)) {
            return false;
          }
          if (decodeBreak) break;
        }
      }
      if (decodeLen > 0) pkt_.UpdateParseLen(decodeLen);
      if (FINISH == decode_status_) {
        pkt_.Alloc(FIRST_READ_LEN);   //释放内存空间并重新申请
      }
      return true;
    }

  private:
    bool decodeFirstLine(uint8_t **data, uint32_t &needDecodeLen, uint32_t
      &decodeLen, bool &decodeBreak) {
      uint8_t *temp = *data;
      bool completeFirstLine = false;
      uint32_t firstLineLen = 0;
      for (uint32_t i = 0; i < needDecodeLen - 1; i++) {
        if (temp[i] == '\r' && temp[i + 1] == '\n') {
          completeFirstLine = true;
          firstLineLen = i + 2;
          break;
        }
      }
      if (not completeFirstLine) {
        if (needDecodeLen > max_first_line_len_) {
          ERROR("first_line len[%d] is too long", needDecodeLen);
          return false;
        }
        pkt_.ReAlloc(pkt_.UseLen() * 2);   //无法完成解析，扩大下次读取的数据量
        decodeBreak = true;
        return true;
      }
      if (firstLineLen > max_first_line_len_) {
        ERROR("first_line len[%d] is too long", firstLineLen);
        return false;
      }
      message_->first_line_ = std::string((char *)temp, firstLineLen - 2);
      //更新剩余待解析数据长度、已经解析的数据长度、缓冲区指针的位置以及当前解析的状态
      needDecodeLen -= firstLineLen;
      decodeLen += firstLineLen;
      (*data) += firstLineLen;
      decode_status_ = HEADERS;
      return true;
    }
    bool decodeHeaders(uint8_t **data, uint32_t &needDecodeLen, uint32_t
      &decodeLen, bool &decodeBreak) {
      uint8_t *temp = *data;
      //解析到空行
      if (needDecodeLen >= 2 && temp[0] == '\r' && temp[1] == '\n') {
        needDecodeLen -= 2;
        decodeLen += 2;
        (*data) += 2;
        decode_status_ = BODY;
        return true;
      }
      bool isKey = true;
      uint32_t decodeHeadersLen = 0;
      bool getOneHeader = false;
      //解析每个header的键-值对
      std::string key, value;
      for (uint32_t i = 0; i < needDecodeLen - 1; i++) {
        if (temp[i] == '\r' && temp[i + 1] == '\n') {   //一个完整的键-值对
          Common::Strings::trim(key);
          Common::Strings::trim(value);
```

```cpp
          if (key != "" && value != "") message_->headers_[key] = value;
          getOneHeader = true;
          decodeHeadersLen = i + 2;
          break;
        }
        if (isKey && temp[i] == ':') {    //第一个':'才是分隔符
          isKey = false;
          continue;
        }
        if (isKey)
          key += temp[i];
        else
          value += temp[i];
      }
      if (not getOneHeader) {
        if (needDecodeLen > max_header_len_) {
          ERROR("header len[%d] is too long", needDecodeLen);
          return false;
        }
        decodeBreak = true;
        pkt_.ReAlloc(pkt_.UseLen() * 2);    //无法完成解析，扩大下次读取的数据量
        return true;
      }
      if (decodeHeadersLen > max_header_len_) {
        ERROR("header len[%d] is too long", decodeHeadersLen);
        return false;
      }
      needDecodeLen -= decodeHeadersLen;
      decodeLen += decodeHeadersLen;
      (*data) += decodeHeadersLen;
      return true;
    }
    bool decodeBody(uint8_t **data, uint32_t &needDecodeLen, uint32_t
      &decodeLen, bool &decodeBreak) {
      auto iter = message_->headers_.find("Content-Length");
      if (iter == message_->headers_.end()) {    //必须携带通过Content-Length头
        ERROR("not find Content-Length header");
        return false;
      }
      uint32_t bodyLen = (uint32_t)std::stoi(iter->second.c_str());
      if (bodyLen > max_body_len_) {
        ERROR("body len[%d] is too long", bodyLen);
        return false;
      }
      decodeBreak = true;    //不管能否完成解析，都跳出循环
      if (needDecodeLen < bodyLen) {
        pkt_.ReAlloc(pkt_.UseLen() + (bodyLen - needDecodeLen));
        return true;
      }
      uint8_t *temp = *data;
      message_->body_ = std::string((char *)temp, bodyLen);
      //更新剩余待解析数据长度、已经解析的数据长度、缓冲区指针的位置以及当前解析的状态
      needDecodeLen -= bodyLen;
      decodeLen += bodyLen;
      (*data) += bodyLen;
      decode_status_ = FINISH;    //解析状态流转，更新为完成消息解析
      return true;
    }
  private:
    HttpDecodeStatus decode_status_{FIRST_LINE};    //当前解析状态
    HttpMessage *message_{nullptr};
    uint32_t max_first_line_len_{MAX_FIRST_LINE_LEN};
    uint32_t max_header_len_{MAX_HEADER_LEN};
    uint32_t max_body_len_{MAX_BODY_LEN};
  };
}   //命名空间Protocol
```

## 12.8 协议实现

HttpCodec 类实现了 HTTP 的编解码。由于 HTTP 具有模糊的边界，因此我们预先分配了 256 字节大小的空间。在解析过程中，如果发现数据不完整导致解析中断，则重新分配内存。新内存的大小为已使用内存大小的两倍。通过这种策略，我们可以尽可能地减少内存分配次数。

HttpCodec 类的 Decode 函数和 MySvrCodec 类的 Decode 函数逻辑类似。只要还有未解析的字节流，就持续解析，直到无法继续解析为止。整个解析的过程是一个有限状态机的流转，从最开始的 FIRST_LINE 状态流转到最后的 FINISH 状态。HTTP 的第一行、头部集合和协议体都对应一个解析函数。在协议解析过程中，如果发现某一部分的长度超过设置的最大值，则直接报解析失败。

Encode 函数实现了协议的编码。这里的 Encode 函数相对比较简单，只是按顺序将 HTTP 的第一行、头部集合和协议体写入 Packet 对象中。

### 12.8.4 RESP 实现

我们使用 RedisCommand 对象作为 RESP 请求的内存对象，并使用 RedisReply 对象作为 RESP 应答的内存对象。RedisCommand 类和 RedisReply 类对应的代码如代码清单 12-14 所示。

**代码清单 12-14　头文件 redismessage.hpp**

```cpp
#pragma once
#include <sstream>
#include <string>
#include <vector>
#include "codec.hpp"
namespace Protocol {
enum RedisReplyType {    //只支持4种应答类型
    SIMPLE_STRINGS = 1,  //简单字符串，响应的首字节是"+", demo:"+OK\r\n"
    ERRORS = 2,          //错误，响应的首字节是"-", demo:"-Error message\r\n"
    INTEGERS = 3,        //整型，响应的首字节是":", demo:":1000\r\n"
    BULK_STRINGS = 4,    //批量字符串，响应的首字节是"$", demo:"$2\r\nok\r\n"
};
/* 只支持5种命令
    SET   //设置键和值
    GET   //获取键以及对应的值
    DEL   //删除键
    INCR  //值递增1
    AUTH  //认证
*/
typedef struct RedisCommand {
    void makeGetCmd(std::string key) {
        params_.push_back("GET");
        params_.push_back(key);
    }
    void makeDelCmd(std::string key) {
        params_.push_back("DEL");
        params_.push_back(key);
    }
    void makeAuthCmd(std::string passwd) {
        params_.push_back("AUTH");
        params_.push_back(passwd);
    }
    void makeSetCmd(std::string key, std::string value, int64_t expireTime = 0) {
```

```cpp
      params_.push_back("SET");
      params_.push_back(key);
      params_.push_back(value);
      if (expireTime > 0) {
        params_.push_back("EX");
        params_.push_back(std::to_string(expireTime));
      }
    }
    void makeIncrCmd(std::string key) {
      params_.push_back("INCR");
      params_.push_back(key);
    }
    void GetOut(std::string &str) {
      size_t len = params_.size();
      std::stringstream out;
      out << "*" << len << "\r\n";
      for (size_t i = 0; i < params_.size(); i++) {
        out << "$" << params_[i].size() << "\r\n";
        out << params_[i] << "\r\n";
      }
      str = out.str();
    }
    std::vector<std::string> params_;
} RedisCommand;
typedef struct RedisReply {
    bool IsOk() { return value_ == "OK"; }
    bool IsError() { return type_ == ERRORS; }
    bool IsNull() { return is_null_; }
    std::string Value() { return value_; }
    int64_t IntValue() {
      assert(type_ == INTEGERS);
      return std::stol(value_);
    }
    RedisReplyType type_;
    std::string value_;
    bool is_null_{false};
} RedisReply;
}   //命名空间Protocol
```

RedisCommand 类是对大容量字符串数组的抽象，它只有一个 params_ 成员变量，仅支持 5 种命令，分别是 SET、GET、DEL、INCR 和 AUTH。RedisReply 类有 3 个成员变量，type_ 表示不同的应答类型，value_ 是对应的应答值，is_null_ 用于标识是否为 null 值。

下面让我们来看一下如何实现 RESP 的编解码，对应的代码如代码清单 12-15 所示。

**代码清单 12-15　头文件 rediscodec.hpp**

```cpp
#pragma once
#include "codec.hpp"
#include "redismessage.hpp"
namespace Protocol {
enum ReplyDecodeStatus {      //解析状态
    FIRST_CHAR = 1,           //第一个字符
    SIMPLE_VALUE = 2,         //回复单行值
    BULK_VALUE = 3,           //批量字符串值
    END = 4,                  //完成消息解析
};
class RedisCodec : public Codec {   //协议编解码
 public:
    RedisCodec() { pkt_.Alloc(100); }
    ~RedisCodec() {
      if (message_) delete message_;
    }
    CodecType Type() { return REDIS; }
    void *GetMessage() {
```

## 12.8 协议实现

```cpp
      if (nullptr == message_) return nullptr;
      if (decode_status_ != END) return nullptr;
      RedisReply *result = message_;
      message_ = nullptr;
      decode_status_ = FIRST_CHAR;    //消息被取出之后，将解析状态设置为FIRST_CHAR
      return (void *)result;
    }
    bool Encode(void *msg, Packet &pkt) {
      RedisCommand &message = *(RedisCommand *)msg;   //大容量字符串数组
      std::string outStr;
      message.GetOut(outStr);
      size_t len = outStr.size();
      pkt.Alloc(len);
      memmove(pkt.Data(), outStr.data(), len);
      pkt.UpdateUseLen(len);
      return true;
    }
    bool Decode(size_t len) {
      pkt_.UpdateUseLen(len);
      uint32_t decodeLen = 0;
      uint32_t needDecodeLen = pkt_.NeedParseLen();
      uint8_t *data = pkt_.DataParse();
      if (nullptr == message_) message_ = new RedisReply;
      while (needDecodeLen > 0) {     //只要还有未解析的网络字节流，就持续解析
        bool decodeBreak = false;
        if (FIRST_CHAR == decode_status_) {    //解析第一个字符
          if (!decodeFirstChar(&data, needDecodeLen, decodeLen, decodeBreak)) {
            return false;
          }
          if (decodeBreak) break;
        }
        if (needDecodeLen <= 0) break;
        if (SIMPLE_VALUE == decode_status_) {    //简单字符串
          if (!decodeSimpleValue(&data, needDecodeLen, decodeLen,decodeBreak)) {
            return false;
          }
          if (decodeBreak) break;
        } else {                                 //批量字符串
          if (!decodeBulkValue(&data, needDecodeLen, decodeLen, decodeBreak)) {
            return false;
          }
          if (decodeBreak) break;
        }
      }
      if (decodeLen > 0) pkt_.UpdateParseLen(decodeLen);
      if (END == decode_status_) {
        pkt_.Alloc(100);     //释放内存空间并重新申请
      }
      return true;
    }
  private:
    bool decodeFirstChar(uint8_t **data, uint32_t &needDecodeLen, uint32_t
      &decodeLen, bool &decodeBreak) {
      if (needDecodeLen < 1) {
        decodeBreak = true;
        return true;
      }
      char *curData = (char *)*data;
      if (*curData == '+') {
        message_->type_ = SIMPLE_STRINGS;
      } else if (*curData == '-') {
        message_->type_ = ERRORS;
      } else if (*curData == ':') {
        message_->type_ = INTEGERS;
      } else if (*curData == '$') {
```

```cpp
      message_->type_ = BULK_STRINGS;
    } else {
      assert(0);
    }
    //更新剩余待解析数据长度、已经解析的数据长度、缓冲区指针的位置以及当前解析的状态
    needDecodeLen -= 1;
    decodeLen += 1;
    (*data) += 1;
    if (BULK_STRINGS == message_->type_) {
      decode_status_ = BULK_VALUE;
    } else {
      decode_status_ = SIMPLE_VALUE;
    }
    return true;
  }
  bool decodeSimpleValue(uint8_t **data, uint32_t &needDecodeLen, uint32_t
    &decodeLen, bool &decodeBreak) {
    char *curData = (char *)(*data);
    bool getValue = false;
    uint32_t currentDecodeLen = 0;
    for (uint32_t i = 0; i < needDecodeLen - 1; i++) {
      if (curData[i] == '\r' && curData[i + 1] == '\n') {
        curData[i] = 0;
        currentDecodeLen = i + 2;
        message_->value_ = std::string(curData);
        getValue = true;
      }
    }
    decodeBreak = true;   //不管能否完成解析,都跳出循环
    if (not getValue) {
      pkt_.ReAlloc(pkt_.UseLen() * 2);    //无法完成解析,扩大下次读取的数据量
      return true;
    }
    //更新剩余待解析数据长度、已经解析的数据长度、缓冲区指针的位置以及当前解析的状态
    needDecodeLen -= currentDecodeLen;
    decodeLen += currentDecodeLen;
    (*data) += currentDecodeLen;
    decode_status_ = END;
    assert(needDecodeLen == 0);
    return true;
  }
  bool decodeBulkValue(uint8_t **data, uint32_t &needDecodeLen, uint32_t
    &decodeLen, bool &decodeBreak) {
    char *curData = (char *)(*data);
    int32_t bulkLen = 0;
    bool getBulkLen = false;
    bool getBulkValue = false;
    uint32_t currentDecodeLen = 0;
    for (uint32_t i = 0; i < needDecodeLen - 1; i++) {
      if (not(curData[i] == '\r' && curData[i + 1] == '\n')) {
        continue;
      }
      if (not getBulkLen) {   //还没解析到长度
        getBulkLen = true;
        curData[i] = 0;
        bulkLen = std::atoi(curData);
        //大容量字符串的最大长度为512MB
        if (bulkLen > 512 * 1024 * 1024) return false;
        curData[i] = '\r';   //取完长度之后,需要设置回去
        if (bulkLen == -1) {   //null值
          message_->is_null_ = true;
          currentDecodeLen = i + 2;
          getBulkValue = true;
          break;
        }
```

## 12.8 协议实现

```
      } else {                         //解析到具体值(空值或者非空值)
        getBulkValue = true;
        currentDecodeLen = i + 2;
        if (0 == bulkLen) {   //空值
          message_->value_ = "";
          break;
        }
        curData[i] = 0;            //先设置字符串结束标志
        message_->value_ = std::string(curData + (i - bulkLen));   //取字符串
        curData[i] = '\r';        //取完字符串之后,需要设置回去
        break;
      }
    }
    decodeBreak = true;           //不管能否完成解析,都跳出循环
    if (not getBulkValue) {
      pkt_.ReAlloc(pkt_.UseLen() * 2);  //无法完成解析,扩大下次读取的数据量
      return true;
    }
    //更新剩余待解析数据长度、已经解析的数据长度、缓冲区指针的位置以及当前解析的状态
    needDecodeLen -= currentDecodeLen;
    decodeLen += currentDecodeLen;
    (*data) += currentDecodeLen;
    decode_status_ = END;
    assert(needDecodeLen == 0);
    return true;
  }
 private:
  ReplyDecodeStatus decode_status_{FIRST_CHAR};   //当前解析状态
  RedisReply *message_{nullptr};                  //当前解析的消息对象
};
}   //命名空间Protocol
```

  RedisCodec 类实现了 RESP 的编解码。与 HTTP 类似,RESP 也具有模糊的边界。在内存分配和优化方面,我们采用了与 HTTP 相同的策略。所不同的是,我们预先分配的内存空间大小为 100 字节。

  RedisCodec 类的 Decode 函数和之前介绍的其他协议的 Decode 函数逻辑类似,也是持续解析字节流,直到解析被中断为止。整个解析的过程也是一个有限状态机的流转,从最开始的 FIRST_CHAR 状态流转到最后的 END 状态。先通过 decodeFirstChar 函数获取应答类型,再针对不同的应答类型采用不同的解析函数,如 decodeSimpleValue 和 decodeBulkValue 函数。

  Encode 函数实现了协议的编码,逻辑非常简单。它首先将大容量字符串数组序列化成字符串,然后写入 Packet 对象中。

### 12.8.5 混合协议实现

  混合协议实现是指同时支持多种协议的编解码。为什么要实现这样的功能呢?虽然自定义的应用层协议基本上在内部系统中使用,但有时也希望它们能够快速地对外开放。因此,混合协议就有了用武之地,混合协议使得我们可以轻松地控制好对内和对外的协议。

  混合协议被抽象成 MixedCodec 类,它同时支持 HTTP 和 MySvr 的解析。MixedCodec 类有一个 codec_ 成员变量,codec_ 会根据所要解析的字节流动态实例化成具体的解析对象,可能是 HttpCodec 对象,也可能是 MySvrCodec 对象。下面让我们来看一下如何实现混合协议的编解码,对应的代码如代码清单 12-16 所示。

**代码清单12-16　头文件mixedcodec.hpp**

```cpp
#pragma once
#include "../common/convert.hpp"
#include "httpcodec.hpp"
#include "mysvrcodec.hpp"
namespace Protocol {
class MixedCodec {
 public:
  ~MixedCodec() {
    if (codec_) delete codec_;
  }
  CodecType GetCodecType() {
    if (nullptr == codec_) return UNKNOWN;
    return codec_->Type();
  }
  uint8_t *Data() {
    if (nullptr == codec_) return &first_byte_;    //无法确定具体的协议，只读取1字节
    return codec_->Data();
  }
  size_t Len() {
    if (nullptr == codec_) return 1;               //无法确定具体的协议，只读取1字节
    return codec_->Len();
  }
  void *GetMessage() {
    if (nullptr == codec_) return nullptr;
    return codec_->GetMessage();
  }
  bool Encode(void *msg, Packet &pkt) {
    if (nullptr == codec_) return false;
    return codec_->Encode(msg, pkt);
  }
  bool Decode(size_t len) {
    assert(len >= 1);
    createCodec();
    assert(codec_ != nullptr);
    return codec_->Decode(len);
  }
  static void Http2MySvr(HttpMessage &httpMessage, MySvrMessage &mySvrMessage) {
    mySvrMessage.context_.set_service_name(httpMessage.GetHeader(
      "service_name"));
    mySvrMessage.context_.set_rpc_name(httpMessage.GetHeader("rpc_name"));
    mySvrMessage.BodyEnableJson();      //将body的格式设置为JSON
    size_t bodyLen = httpMessage.body_.size();
    mySvrMessage.body_.Alloc(bodyLen);
    memmove(mySvrMessage.body_.Data(), httpMessage.body_.data(), bodyLen);
    mySvrMessage.body_.UpdateUseLen(bodyLen);
  }
  static void MySvr2Http(MySvrMessage &mySvrMessage, HttpMessage &httpMessage) {
    httpMessage.SetStatusCode(OK);
    httpMessage.SetHeader("log_id", mySvrMessage.context_.log_id());
    httpMessage.SetHeader("status_code", std::to_string(mySvrMessage.
      context_.status_code()));
    if (0 == mySvrMessage.context_.status_code()) {
      assert(mySvrMessage.BodyIsJson());   //body此时必须是JSON字符串
      size_t len = mySvrMessage.body_.UseLen();
      httpMessage.SetBody(std::string((char *)mySvrMessage.body_.DataRaw(),
        len));
    } else {
      httpMessage.SetBody(R"({"message":")" + mySvrMessage.Message() +
        R"("})");
    }
  }
  static bool PbParseFromMySvr(google::protobuf::Message &pb, MySvrMessage
    &mySvr) {
    std::string str((char *)mySvr.body_.DataRaw(), mySvr.body_.UseLen());
```

```cpp
      if (mySvr.BodyIsJson()) {   //JSON格式
        return Common::Convert::JsonStr2Pb(str, pb);
      }
      return pb.ParseFromString(str);
    }
    static void PbSerializeToMySvr(google::protobuf::Message &pb, MySvrMessage
      &mySvr, int statusCode) {
      std::string str;
      bool result = true;
      if (mySvr.BodyIsJson()) {   //JSON格式
        result = Common::Convert::Pb2JsonStr(pb, str);
      } else {
        result = pb.SerializeToString(&str);
      }
      if (not result) {
        mySvr.context_.set_status_code(SERIALIZE_FAILED);
        return;
      }
      mySvr.body_.Alloc(str.size());
      memmove(mySvr.body_.Data(), str.data(), str.size());
      mySvr.body_.UpdateUseLen(str.size());
      mySvr.context_.set_status_code(statusCode);
    }
    static void JsonStrSerializeToMySvr(std::string serviceName, std::string
      rpcName, std::string &jsonStr, MySvrMessage &mySvr) {
      mySvr.BodyEnableJson();
      mySvr.context_.set_service_name(serviceName);
      mySvr.context_.set_rpc_name(rpcName);
      mySvr.body_.Alloc(jsonStr.size());
      memmove(mySvr.body_.Data(), jsonStr.data(), jsonStr.size());
      mySvr.body_.UpdateUseLen(jsonStr.size());
    }
  private:
    void createCodec() {
      if (codec_ != nullptr) return;
      if (PROTO_MAGIC_AND_VERSION == first_byte_) {
        codec_ = new MySvrCodec;
      } else {
        codec_ = new HttpCodec;
      }
      memmove(codec_->Data(), &first_byte_, 1);   //拷贝1字节的内容
      first_byte_ = 0;
    }
  private:
    Codec *codec_{nullptr};
    uint8_t first_byte_{0};   //第1个字节, 用于判断具体的协议
};
}   //命名空间Protocol
```

MixedCodec 类的实现并不复杂。它首先通过协议字节流的第 1 个字节来识别具体的协议，然后创建对应的编解码类。MixedCodec 类提供了 HTTP 内存对象和 MySvr 内存对象之间互相转换的函数 Http2MySvr 和 MySvr2Http，还提供了 PbParseFromMySvr、PbSerializeToMySvr 和 JsonStrSerializeToMySvr 三个函数，用于方便地操作 MySvr 中的消息体。

### 12.8.6 共性总结

在了解了 HTTP、MySvr 和 RESP 的解析过程之后，我们可以对协议解析做一个简单的总结。我们使用了流式解析的方式来解析协议，也就是说，来多少字节流就解析多少字节流。流式解析的性能和效率往往比一次性解析要高，因为它可以在接收到一部分数据后就开始解析，而不需要等待所有数据都接收完毕。流式解析协议的通用流程如图 12-8 所示。

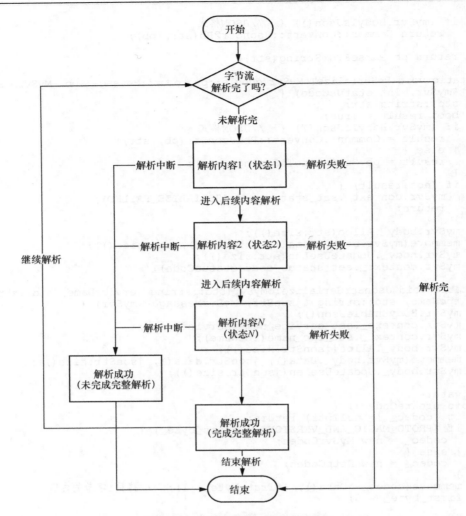

图12-8 流式解析协议的通用流程

流式解析协议的本质是有限状态机的流转。在完成一轮有限状态机的流转之后，也就完成了协议的解析。每个状态的解析都会有 3 种分支：解析失败、解析中断，以及完成本状态的解析并进入下一个状态的解析。相对地，协议编码就简单得多了：只需要按照协议格式将数据序列化，然后写入二进制缓冲区即可。

## 12.9 本章小结

在本章中，我们介绍了如何设计并实现应用层协议。我们详细介绍了协议的分类、不同协议的优缺点、自定义协议 MySvr 的设计及设计权衡。为了让大家充分掌握协议的实现，我们详细讲解了实现协议解析前需要掌握的预备知识。而后，我们介绍了协议 HTTP 和 RESP，实现了 HTTP、RESP 和 MySvr 这 3 个协议的编解码，并对它们的共性进行了总结。通过这 3 个协议的实现，我们加强了大家对协议解析的理解。相信通过本章的学习，大家完全可以自行设计并实现自己的应用层协议。

# 第13章 MyRPC 框架设计与实现

为了实现一个可靠的 RPC 框架，我们在前面的章节中铺垫了很多预备知识，主要包括 shell 编程，程序的编译、链接、运行与调试，后端服务编写，网络通信，I/O 模型与并发，公共代码集合，以及应用层协议的设计与实现。在本章中，我们将综合应用这些技术点来实现名为 MyRPC 的 RPC 框架。

## 13.1 框架概述

RPC（Remote Produce Call，远程过程调用）被封装成和本地调用一样的方式，但实际上，RPC 需要通过网络通信来调用远端的服务接口。RPC 框架在实现分布式微服务的过程中是不可或缺的。下面介绍我们即将实现的 RPC 框架的特性。

特性 1：I/O 模型与并发。在我们的框架中，所有的网络 I/O 操作都是非阻塞的，并且使用了 epoll 这一 I/O 多路复用技术。为了得到高并发的服务处理能力，我们采用了进程池、Reactor-MS 以及协程池。不过需要注意的是，本地文件的读写仍然是同步阻塞的。

特性 2：协程本地变量。我们在协程本地变量的基础接口上，封装了协程本地变量模板类，以使其更易于使用。此外，我们还支持在 batch run 场景下，在不同协程之间共享协程本地变量。

特性 3：多协议支持。我们的框架在应用层使用混合协议，同时支持 HTTP 和 MySvr。通过 HTTP，我们可以提供易于调试的接口，因为有许多现成的 HTTP 调试工具和软件可供使用。此外，我们还提供了便捷的协议切换功能，以适配内外部不同的需求。

特性 4：超时管理。我们的框架通过定时器机制，实现了连接最大空闲时间管理、连接超时时间管理和 socket 读写超时时间管理。同时，我们还通过超时机制来判断连接的可用性，从而提高了框架的稳定性和可靠性。

特性 5：服务路由管理。我们的框架使用本地文件存储路由信息，而不采用服务注册和服务发现的机制。这种方式简化了服务路由管理，使得用户可以更加方便地管理和维护服务路由。

特性 6：连接池管理。我们的框架能够实时计算并更新每个服务的活跃连接数的百分位数，并通过百分位数来动态调整连接池的大小，从而更加合理地管理和使用连接资源。这种方式可以提高连接资源的利用率，同时也能够保证服务的高可用性和稳定性。

特性 7：高效的客户端。我们的框架通过协程和非阻塞 I/O 机制，实现了高效的非阻塞客户端。在 I/O 暂不可用时，框架会主动切换协程，在 I/O 可用时则唤醒被挂起的协程。这种方式可以提高客户端的性能和响应速度，同时协程的切换对上层是透明的，不会对用户造成额外的负担。与此同时，MySvr 客户端配合 JSON 格式的消息体，还可以实现客户端的泛化调用。

特性 8：分布式调用追踪。我们的框架通过在 MySvr 上收集每一次 RPC 的信息，实现了对分布式调用的追踪。这种方式能让众多服务之间的调用关系和状态更清晰地展现出来，接口调用的调试和分析也更加简单。

特性 9：业务层并发。我们的框架不仅在框架层面实现了不同客户端请求的并发处理，还通过对协程 batch 基础接口的封装，实现了业务层自定义的并发处理能力。这种并发处理的实现类似于 Go 语言中的 WaitGroup 特性，从而可以更加方便地管理和控制并发处理的数量及状态。

## 13.2 并发模型

在第 10 章中，我们专门介绍了 I/O 模型与并发，并实现了 17 种不同的并发模型。MyRPC 框架使用 epoll 实现了 I/O 多路复用，并在此基础上实现了 Reactor-MS。通过端口复用，我们实现了进程池中多个进程的负载均衡。同时，我们通过协程池实现了业务逻辑上的串行编码，以及运行时和异步回调类似的高效网络 I/O 处理。由于协程池中的协程都在同一个线程中运行，因此协程池中的协程之间不存在数据竞争导致的并发访问问题。接下来让我们看一下 MyRPC 框架简化的并发模型，如图 13-1 所示。

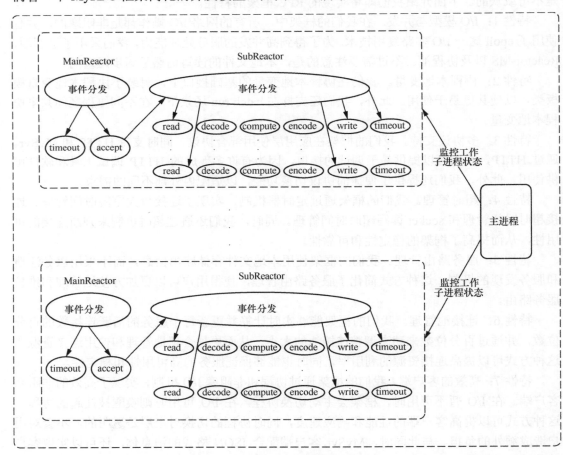

图13-1 MyRPC框架简化的并发模型

MyRPC 采用进程池模式，在服务启动时会根据配置启动多个进程。其中，主进程负责监控工作子进程的状态，每个工作子进程都能独立地处理客户端请求。通过 Reactor-MS 和协程池，工作子进程能够高效地处理客户端请求，实现了高性能的网络 I/O 处理。

## 13.3 框架具体实现

本节将深入代码层面，介绍框架具体实现。在此之前，让我们先看一下 MyRPC 框架核心类关系简图，如图 13-2 所示。

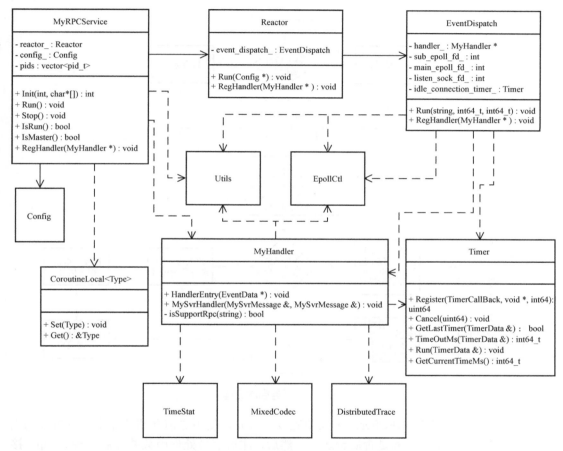

图13-2 MyRPC框架核心类关系简图

MyRPCService 类是 RPC 服务启动的入口。EventDispatch 类通过 epoll 实现了事件（包括 I/O 事件和超时事件）的分发。MyHandler 类实现了事件处理的核心逻辑。Reactor 类通过 EventDispatch 变量成员实现了 Reactor-MS。Timer 类实现了定时器功能。CoroutineLocal 模板类封装了协程本地变量。EpollCtl 类实现了事件的管理操作。TimeStat 类实现了时间的统计。DistributedTrace 类实现了分布式调用信息的管理。其他的类在前面的内容中已经介绍过，这里不再赘述。

### 13.3.1 服务启动流程

服务启动流程如图 13-3 所示。

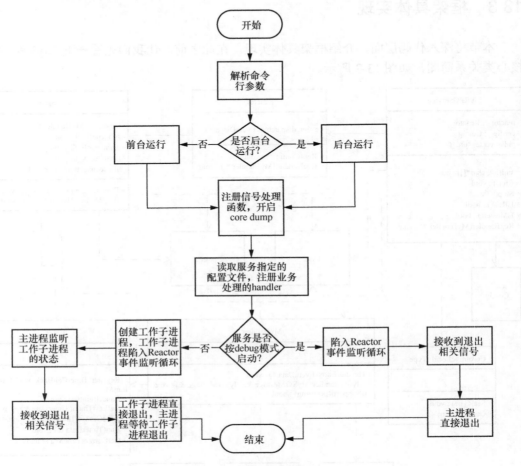

图13-3 服务启动流程

服务启动流程在 MyRPCService 类中完成。首先，使用之前介绍的命令行解析代码完成命令行参数的解析，判断是否后台运行。然后，注册信号处理函数并开启 core dump。接下来，读取服务指定的配置文件并注册业务处理的 handler。如果服务按 debug 模式启动，则直接陷入 Reactor 事件监听循环；否则创建工作子进程，让工作子进程陷入 Reactor 事件监听循环。最后，主进程通过给工作子进程发送 0 号信号来监控工作子进程的状态。当监控到工作子进程异常时，主进程会创建新的工作子进程。当接收到退出相关信号时，无论服务是否按 debug 模式启动，都会执行对应的退出逻辑。对应的代码如代码清单 13-1 和代码清单 13-2 所示。

**代码清单 13-1 头文件 service.h**

```
#pragma once
#include "../common/config.hpp"
```

```cpp
#include "../common/singleton.hpp"
#include "handler.hpp"
#include "reactor.hpp"
#define SERVICE Common::Singleton<Core::MyRPCService>::Instance()
namespace Core {
class MyRPCService {
 public:
  int Init(int argc, char* argv[]);   //初始化,从配置文件中读取框架相关的配置
  void Run();      //启动运行
  void Stop();     //停止运行

  bool IsRun() { return is_running_; }
  bool IsMaster() { return is_master_; }
  void RegHandler(MyHandler* handler) { reactor_.RegHandler(handler); }
 private:
  static void usage();
  void monitorWorker();
  pid_t restartWorker(pid_t oldPid);
  int parseInitArgs(int argc, char* argv[]);
 private:
  bool is_master_{true};      //是否为主进程
  bool is_running_{true};     //是否运行中
  bool is_daemon_{false};     //服务是否以守护进程的方式运行
  bool is_debug_{false};      //服务是否进入调试模式
  Reactor reactor_;           //Reactor类
  Common::Config config_;     //配置文件
  std::vector<pid_t> pids_;   //子进程的pid
};
}  //命名空间Core
```

代码清单 13-2　源文件 service.cpp

```cpp
#include "service.h"
#include <signal.h>
#include <sys/types.h>
#include <sys/wait.h>
#include <unistd.h>
#include "../common/cmdline.h"
#include "../common/log.hpp"
#include "../common/servicelock.hpp"
#include "../common/utils.hpp"
#include "coroutinelocal.hpp"
#include "signalhandler.hpp"
Core::CoroutineLocal<int> EpollFd;   //subReactor关联的epoll实例的fd
Core::CoroutineLocal<Core::TimeOut> RpcTimeOut;           //RPC调用超时配置
Core::CoroutineLocal<MySvr::Base::Context> ReqCtx;        //当前请求关联的上下文
namespace Core {
int MyRPCService::Init(int argc, char* argv[]) {
  if (parseInitArgs(argc, argv) != 0) return -1;      //解析命令行参数
  if (is_daemon_) assert(0 == daemon(0, 0));
  Core::Signal::SignalDealReg();      //注册信号处理函数
  Common::Utils::CoreDumpEnable();    //开启core dump
  std::string programName = Common::Utils::GetSelfName();
  const char* str = programName.c_str();
  std::string cfgFile = Common::Strings::StrFormat((char*)
    "/home/backend/service/%s/%s.conf", str, str);
  assert(config_.Load(cfgFile));      //加载配置文件
  config_.Dump([](const std::string& section, const std::string& key,
    const std::string& value) {
    INFO("section[%s],keyValue[%s=%s]", section.c_str(), key.c_str(),
      value.c_str());
  });
  return 0;
```

```cpp
}
void MyRPCService::Run() {
  if (not Common::ServiceLock::lock("/home/backend/lock/subsys/" +
    Common::Utils::GetSelfName())) {
    ERROR("service already running");
    return;
  }
  if (is_debug_) {
    reactor_.Run(&config_);   //在debug模式下，直接启动Reactor，陷入事件监听循环
    return;
  }
  int64_t processCount = 0;
  config_.GetIntValue("MyRPC", "process_count", processCount, Common::
    Utils::GetNProcs());
  for (int64_t i = 0; i < processCount; i++) {
    pid_t pid = fork();
    if (pid < 0) {
      ERROR("call fork failed. errMsg[%s]", strerror(errno));
      continue;
    }
    if (0 == pid) {   //子进程直接跳出循环
      is_master_ = false;
      break;
    }
    pids_.push_back(pid);
  }
  if (is_master_) {
    monitorWorker();   //主进程监控子进程
  } else {
    reactor_.Run(&config_);   //子进程启动Reactor，陷入事件监听循环
  }
}
void MyRPCService::Stop() {
  is_running_ = false;
  for (size_t i = 0; i < pids_.size(); i++) {
    waitpid(pids_[i], NULL, 0);
  }
  INFO("service finish stop, worker count[%d]", pids_.size());
}
void MyRPCService::usage() {
  std::cout << "Usage: " << Common::Utils::GetSelfName()
            << " [-d -debug]" << std::endl;
  std::cout << std::endl;
  std::cout << "    -h,--help        print usage" << std::endl;
  std::cout << "    -d               run in daemon mode" << std::endl;
  std::cout << "    -debug           run in debug mode" << std::endl;
  std::cout << std::endl;
}
void MyRPCService::monitorWorker() {
  while (true) {
    sleep(1);   //每1秒就检查一下子进程的状态
    for (size_t i = 0; i < pids_.size(); i++) {
      if (pids_[i] <= 0 || kill(pids_[i], 0) != 0) {   //若子进程状态异常，则
                                                        //重启子进程
        pids_[i] = restartWorker(pids_[i]);
      }
    }
  }
}
pid_t MyRPCService::restartWorker(pid_t oldPid) {
  pid_t pid = fork();
  if (pid < 0) {
    ERROR("call fork failed. errMsg[%s]", strerror(errno));
    return -1;
  }
```

```cpp
    if (0 == pid) {
      is_master_ = false;
      reactor_.Run(&config_);   //子进程启动Reactor，陷入事件监听循环，不再返回
    }
    //只有主进程会执行到这里
    INFO("worker process pid[%d] not exist, restart new pid[%d]", oldPid, pid);
    return pid;
  }
  int MyRPCService::parseInitArgs(int argc, char** argv) {
    Common::CmdLine::SetUsage(MyRPCService::usage);
    Common::CmdLine::BoolOpt(&is_daemon_, "d");
    Common::CmdLine::BoolOpt(&is_debug_, "debug");
    Common::CmdLine::Parse(argc, argv);
    return 0;
  }
} //命名空间Core
```

信号处理相关的代码如代码清单13-3所示。

**代码清单13-3　头文件signalhandler.hpp**

```cpp
#pragma once
#include <signal.h>
#include <unistd.h>
#include "log.hpp"
#include "service.h"
namespace Core {
typedef void (*signalHandler)(int signalNo);
class Signal {
 public:
  static void SignalDealReg() {
    signalDeal(SIGCHLD, SIG_IGN);   //子进程退出时，触发的信号，这里直接忽略这个信
                                    //号，子进程相关资源被释放
    signalDeal(SIGTERM, signalExit);// "杀死"进程时，触发的信号
    signalDeal(SIGINT, signalExit); //进程前台运行时，按【Ctrl + C】组合键触发的信号
    signalDeal(SIGQUIT, signalExit);//进程前台运行时，按【Ctrl + \】组合键触发的信号
    signalDeal(SIGHUP, signalExit); //关联终端退出时，触发的信号
    signalDeal(SIGPIPE, signalPipeBroken);   //发生管道错误时，触发的信号
  }
 private:
  static void signalExit(int signalNo) {
    if (SERVICE.IsRun()) {
      if (SERVICE.IsMaster()) {
        INFO("catch signal[%d], master pid[%d], stop service waiting"
          " worker exit.", signalNo, getpid());
        SERVICE.Stop();   //主进程等待子进程退出
      } else {
        INFO("catch signal[%d], worker pid[%d], stop service.",
          signalNo,getpid());
      }
      exit(0);
    }
  }
  static void signalPipeBroken(int signalNo) { WARN("pipe broken happen"); }
  static void signalDeal(int signalNo, signalHandler handler) {
    struct sigaction act;
    act.sa_handler = handler;      //设置信号处理函数
    sigemptyset(&act.sa_mask);     //信号屏蔽设置为空
    act.sa_flags = 0;              //标志位设置为0
    assert(0 == sigaction(signalNo, &act, NULL));
  }
};
} //命名空间Core
```

Signal 类的 SignalDealReg 函数实现了信号处理函数的注册。它忽略了子进程退出的信号，从而避免了僵尸进程的产生。对于 SIGTERM、SIGINT、SIGQUIT、SIGHUP 信号，执行退出逻辑，子进程直接退出，主进程等待子进程退出后再退出。当发生管道错误时，只会输出一条日志。

### 13.3.2 事件分发流程

事件的分发由 Reactor-MS 并发模型来完成。每个工作子进程启动两个线程，其中一个是 MainReactor 线程，另一个是 SubReactor 线程。在这两个线程中，事件分发的流程分别如图 13-4 和图 13-5 所示。

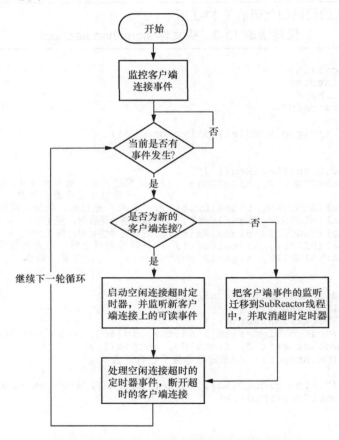

**图13-4　MainReactor线程中事件分发的流程**

在 MainReactor 线程的事件分发流程中，并不是一监听到新的客户端连接，就把客户端事件的监听迁移到 SubReactor 线程中，而是先创建一个超时的定时器事件。如果在指定的时间内客户端连接上没有可读事件被触发，就关闭这个客户端连接。这么做可以应对恶意连接（建立连接之后，就不发送任何数据）的攻击，并能及时释放被恶意占用的连接资源。

在 SubReactor 线程的事件分发流程中，先初始化协程池，再陷入监听客户端连接上读写事件的循环中。每次先处理 I/O 事件,当事件有关联的协程时,就恢复之前协程的执行,否则创建新的协程并执行。当执行权返回到主协程之后,接着处理协程池的 batch 任务,恢复 batch 任务相关协程的执行。最后,处理到期的定时器事件,执行设置的超时回调函数。

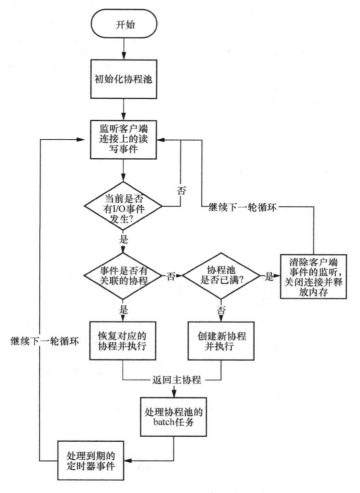

图13-5　SubReactor线程中事件分发的流程

Reactor-MS 并发模型相关的代码如代码清单 13-4 和代码清单 13-5 所示。

### 代码清单 13-4　reactor.hpp 头文件

```
#pragma once
#include "../common/config.hpp"
#include "eventdispatch.hpp"
#include "handler.hpp"
namespace Core {
class Reactor {
 public:
  void Run(Common::Config *config) {
    int64_t port;
    std::string listenIf;
    int64_t coroutineCount;
    config->GetIntValue("MyRPC", "port", port, 0);
    config->GetStrValue("MyRPC", "listen_if", listenIf, "eth0");
```

```cpp
        config->GetIntValue("MyRPC", "coroutine_count", coroutineCount, 1024);
        event_dispatch_.Run(listenIf, port, coroutineCount);     //处理事件,陷入死循环
    }
    void RegHandler(MyHandler *handler) { event_dispatch_.RegHandler(handler); }
 private:
    EventDispatch event_dispatch_;                               //事件分发器
};
}   //命名空间Core
```

### 代码清单 13-5　eventdispatch.hpp 头文件

```cpp
#pragma once
#include <sys/epoll.h>
#include <condition_variable>
#include <mutex>
#include <string>
#include <thread>
#include "../common/log.hpp"
#include "../common/utils.hpp"
#include "connmanager.hpp"
#include "coroutinelocal.hpp"
#include "epollctl.hpp"
#include "handler.hpp"
#include "timer.hpp"
extern Core::CoroutineLocal<int> EpollFd;
namespace Core {
class EventDispatch {
 public:
    void Run(std::string listenIf, int64_t port, int64_t coroutineCount) {
        std::thread(subHandler, coroutineCount, this).detach();  //启动subReactor
        mainHandler(listenIf, port);                             //启动mainReactor
    }
    void RegHandler(MyHandler *handler) { handler_ = handler; }
 private:
    void waitSubReactor() {
        std::unique_lock<std::mutex> locker(mutex_);
        cond_.wait(locker, [this]() -> bool { return sub_reactor_run_; });
    }
    void subReactorNotify() {
        std::unique_lock<std::mutex> locker(mutex_);
        sub_reactor_run_ = true;
        cond_.notify_one();
    }
    static void clearEventAndDelete(void *data) {
        EventData *eventData = (EventData *)data;
        EpollCtl::ClearEvent(eventData->epoll_fd_, eventData->fd_);  //超时清除事件
        delete eventData;    //释放空间
    }
    void mainHandler(std::string listenIf, int64_t port) {
        waitSubReactor();    //等待subReactor协程都启动完毕
        listen_sock_fd_ = createListenSocket(listenIf, (int)port);
        assert(listen_sock_fd_ > 0);
        epoll_event events[2048];
        main_epoll_fd_ = epoll_create(1);
        assert(main_epoll_fd_ > 0);
        EventData eventData(listen_sock_fd_, main_epoll_fd_, LISTEN);
        Common::Utils::SetNotBlock(listen_sock_fd_);
        EpollCtl::AddReadEvent(main_epoll_fd_, listen_sock_fd_, &eventData);
        int msec = -1;
        TimerData timerData;
        bool oneTimer = false;
        while (true) {
            oneTimer = idle_connection_timer_.GetLastTimer(timerData);
            if (oneTimer) {
                msec = idle_connection_timer_.TimeOutMs(timerData);
            }
```

```cpp
      int num = epoll_wait(main_epoll_fd_, events, 2048, msec);
      if (num < 0) {
        ERROR("epoll_wait failed, errMsg[%s]", strerror(errno));
        continue;
      } else if (num == 0) {  //没有事件了，下次调用epoll_wait大概率被挂起
        sleep(0);      //这里调用sleep(0)，让出CPU
        msec = -1;     //大概率被挂起，故这里将超时时间设置为-1
      } else {
        msec = 0;      //下次大概率还有事件，故这里将msec设置为0
      }
      for (int i = 0; i < num; i++) {
        EventData *data = (EventData *)events[i].data.ptr;
        data->events_ = events[i].events;
        mainEventHandler(data);
      }
      if (oneTimer) idle_connection_timer_.Run(timerData);  //处理定时器
    }
  }
  static void subHandler(int coroutineCount, EventDispatch *eventDispatch) {
    epoll_event events[2048];
    eventDispatch->sub_epoll_fd_ = epoll_create(1);
    assert(eventDispatch->sub_epoll_fd_ > 0);
    eventDispatch->subReactorNotify();
    MyCoroutine::ScheduleInit(SCHEDULE, coroutineCount, 64 * 1024);
    int msec = -1;
    TimerData timerData;
    bool oneTimer = false;
    while (true) {
      oneTimer = TIMER.GetLastTimer(timerData);
      if (oneTimer) {
        msec = TIMER.TimeOutMs(timerData);
      }
      int num = epoll_wait(eventDispatch->sub_epoll_fd_, events, 2048, msec);
      if (num < 0) {
        ERROR("epoll_wait failed, errMsg[%s]", strerror(errno));
        continue;
      } else if (num == 0) {  //没有事件了，下次调用epoll_wait大概率被挂起
        sleep(0);      //这里调用sleep(0)，让出CPU
        msec = -1;     //大概率被挂起，故这里将超时时间设置为-1
      } else {
        msec = 0;      //下次大概率还有事件，故这里将msec设置为0
      }
      for (int i = 0; i < num; i++) {
        EventData *eventData = (EventData *)events[i].data.ptr;
        eventData->events_ = events[i].events;
        eventDispatch->subEventHandler(eventData);
      }
      if (oneTimer) TIMER.Run(timerData);                    //处理定时器
      MyCoroutine::ScheduleTryReleaseMemory(SCHEDULE);       //尝试释放内存
    }
  }
  static void coroutineEventEntry(void *arg) {
    EventData *eventData = (EventData *)arg;
    MyHandler *handler = (MyHandler *)eventData->handler_;
    EpollFd.Set(eventData->epoll_fd_);  //把epoll实例fd设置为协程本地变量
    handler->HandlerEntry(eventData);
  }
  void subEventHandler(EventData *eventData) {
    int cid = eventData->cid_;
    if (RPC_CLIENT == eventData->type_) {
      //唤醒之前主动让出CPU的协程
      MyCoroutine::CoroutineResumeById(SCHEDULE, eventData->cid_);
    } else if (CLIENT == eventData->type_) {
```

```cpp
      //若没有运行的协程与之关联，则创建协程
      if (eventData->cid_ == MyCoroutine::INVALID_ROUTINE_ID) {
        if (MyCoroutine::CoroutineCanCreate(SCHEDULE)) {
          eventData->cid_ = MyCoroutine::CoroutineCreate(SCHEDULE,
            coroutineEventEntry, eventData, 0);   //创建协程
          cid = eventData->cid_;
        } else {   //协程池满了之后，直接清除事件监听，关闭连接，释放空间
          WARN("MyCoroutine is full");
          clearEventAndDelete(eventData);
          return;
        }
      }
      MyCoroutine::CoroutineResumeById(SCHEDULE, cid);   //唤醒协程
    }
    //如果插入了batch卡点，则唤醒batch卡点关联的协程
    MyCoroutine::CoroutineResumeInBatch(SCHEDULE, cid);
    //尝试唤醒batch的任务都执行完之后，需要从batch卡点恢复执行的协程
    MyCoroutine::CoroutineResumeBatchFinish(SCHEDULE);
  }
  void mainEventHandler(EventData *eventData) {
    if (LISTEN == eventData->type_) {
      //执行到这里就说明客户端连接到了，循环接收客户端连接
      return loopAccept(2048);
    }
    //客户端有可读事件，把事件监听迁移到SubReactor线程中并取消超时定时器
    idle_connection_timer_.Cancel(eventData->timer_id_);
    EpollCtl::ClearEvent(main_epoll_fd_, eventData->fd_, false);
    eventData->handler_ = handler_;
    eventData->epoll_fd_ = sub_epoll_fd_;
    //监听可读事件，添加到sub_epoll_fd_中
    EpollCtl::AddReadEvent(sub_epoll_fd_, eventData->fd_, eventData);
  }
  int createListenSocket(std::string listenIf, int port) {
    sockaddr_in addr;
    addr.sin_family = AF_INET;
    addr.sin_port = htons(port);
    addr.sin_addr.s_addr = Common::Utils::GetAddr(listenIf);
    int sockFd = socket(AF_INET, SOCK_STREAM, 0);
    if (sockFd < 0) {
      ERROR("socket failed. errMsg[%s]", strerror(errno));
      return -1;
    }
    int reuse = 1;
    if (setsockopt(sockFd, SOL_SOCKET, SO_REUSEPORT, &reuse, sizeof(reuse))
      != 0) {
      ERROR("setsockopt failed. errMsg[%s]", strerror(errno));
      return -1;
    }
    if (bind(sockFd, (sockaddr *)&addr, sizeof(addr)) != 0) {
      ERROR("bind failed. errMsg[%s]", strerror(errno));
      return -1;
    }
    if (listen(sockFd, 2048) != 0) {
      ERROR("listen failed. errMsg[%s]", strerror(errno));
      return -1;
    }
    return sockFd;
  }
  void loopAccept(int maxConn) {   //在调用这个函数之前，需要把sockFd设置成非阻塞的
    while (maxConn--) {
      int clientFd = accept(listen_sock_fd_, NULL, 0);
      if (clientFd > 0) {
        Common::Utils::SetNotBlock(clientFd);
        Common::SockOpt::DisableNagle(clientFd);
```

## 13.3 框架具体实现

```cpp
          Common::SockOpt::EnableKeepAlive(clientFd, 300, 12, 5);
          EventData *eventData = new EventData(clientFd, main_epoll_fd_, CLIENT);
          //注册定时器，30秒超时
          eventData->timer_id_ = idle_connection_timer_.Register
              (clearEventAndDelete, eventData, 30000);
          //监听可读事件，添加到main_epoll_fd_中
          EpollCtl::AddReadEvent(main_epoll_fd_, clientFd, eventData);
          continue;
      }
      if (errno != EAGAIN && errno != EWOULDBLOCK && errno != EINTR) {
          ERROR("accept failed. errMsg[%s]", strerror(errno));
      }
      break;
  }
}
private:
  MyHandler *handler_;            //用于业务处理的handler
  int sub_epoll_fd_;              //epoll实例的fd，用于监听客户端的读写
  int main_epoll_fd_;             //epoll实例的fd，用于监听客户端连接
  int listen_sock_fd_;            //开启网络监听的fd
  Timer idle_connection_timer_;   //空闲连接定时器
  std::mutex mutex_;
  std::condition_variable cond_;
  bool sub_reactor_run_{false};
};
} //命名空间Core
```

在协程执行的入口函数 coroutineEventEntry 中，我们使用了全局的协程本地变量 EpollFd。EpollFd 用于保存 epoll 实例的文件描述符（即 fd），这样就不用一直在不同函数之间传递这个文件描述符，从而提高了编程效率。在 service.cpp 中，我们定义了 3 个协程本地变量。协程本地变量模板类的代码如代码清单 13-6 所示。

**代码清单 13-6　头文件 coroutinelocal.hpp**

```cpp
#pragma once
#include "coroutine.h"
namespace Core {
//协程本地变量模板类
template <class Type>
class CoroutineLocal {
 public:
  static void FreeLocal(void* data) {
    if (data) delete (Type*)data;
  }
  void Set(Type value) {
    Type* temp = new Type;
    *temp = value;
    MyCoroutine::LocalData localData{
        .data = temp,
        .freeEntry = FreeLocal,
    };
    MyCoroutine::CoroutineLocalSet(SCHEDULE, this, localData);
  }
  Type& Get() {
    MyCoroutine::LocalData localData;
    bool result = MyCoroutine::CoroutineLocalGet(SCHEDULE, this, localData);
    assert(result == true);
    return *(Type*)localData.data;
  }
};
} //命名空间Core
```

CoroutineLocal 模板类提供了 3 个接口：Set 函数用于设置，Get 函数用于获取，FreeLocal 函数用于内存释放。除了实现协程本地变量，我们还在 epoll_wait 调用的基础上实现了定时器事件。当存在定时器时，使用定时器的超时时间作为 epoll_wait 调用的超时时间。epoll_wait 调用返回之后，再判断定时器是否真的超时。如果超时，则触发定时器事件的回调函数。定时器是使用优先队列来实现的，相关的代码如代码清单 13-7 所示。

代码清单 13-7　头文件 timer.hpp

```cpp
#pragma once
#include <assert.h>
#include <stdint.h>
#include <sys/time.h>
#include <time.h>
#include <queue>
#include <unordered_set>
#include "../common/singleton.hpp"

#define TIMER Common::Singleton<Core::Timer>::Instance()
namespace Core {
typedef void (*TimerCallBack)(void* data);
typedef struct TimerData {
  friend bool operator<(const TimerData& left, const TimerData& right) {
    return left.abs_time_ms_ > right.abs_time_ms_;
  }
  uint64_t id_;
  void* data_{nullptr};
  int64_t abs_time_ms_{0};
  TimerCallBack call_back_{nullptr};
} TimerData;
class Timer {
 public:
  uint64_t Register(TimerCallBack callBack, void* data, int64_t timeOutMs) {
    alloc_id_++;
    TimerData timerData;
    timerData.id_ = alloc_id_;
    timerData.data_ = data;
    timerData.abs_time_ms_ = GetCurrentTimeMs() + timeOutMs;
    timerData.call_back_ = callBack;
    timers_.push(timerData);
    timer_ids_.insert(timerData.id_);
    return alloc_id_;
  }
  void Cancel(uint64_t id) {
    assert(timer_ids_.find(id) != timer_ids_.end());  //被取消的定时器必须是存在的
    cancel_ids_.insert(id);                           //这里只记录id
  }
  bool GetLastTimer(TimerData& timerData) {
    while (not timers_.empty()) {
      timerData = timers_.top();
      timers_.pop();
      //被取消的定时器
      if (cancel_ids_.find(timerData.id_) != cancel_ids_.end()) {
        cancel_ids_.erase(timerData.id_);
        timer_ids_.erase(timerData.id_);
        continue;
      }
      return true;
    }
    return false;
  }
  int64_t TimeOutMs(TimerData& timerData) {
```

```cpp
      //多了1毫秒,以确保后续的定时器也都超时
      int64_t temp = timerData.abs_time_ms_ + 1 - GetCurrentTimeMs();
      if (temp > 0) {
        return temp;
      }
      return 0;
    }
    void Run(TimerData& timerData) {
      if (not isExpire(timerData)) {   //没有过期,重新塞入队列中并排队
        timers_.push(timerData);
        return;
      }
      int64_t timerId = timerData.id_;
      assert(timer_ids_.find(timerId) != timer_ids_.end()); //被取消的定时器必须是存在的
      timer_ids_.erase(timerId);
      if (cancel_ids_.find(timerId) != cancel_ids_.end()) {   //被取消的定时
                                                              //器不执行
        cancel_ids_.erase(timerId);
        return;
      }
      timerData.call_back_(timerData.data_);
    }
    int64_t GetCurrentTimeMs() {
      struct timeval current;
      gettimeofday(&current, NULL);
      return current.tv_sec * 1000 + current.tv_usec / 1000;
    }
  private:
    bool isExpire(TimerData& timerData) { return GetCurrentTimeMs() >=
      timerData.abs_time_ms_; }
  private:
    uint64_t alloc_id_{0};
    std::unordered_set<uint64_t> timer_ids_;
    std::unordered_set<uint64_t> cancel_ids_;
    std::priority_queue<TimerData> timers_;
  };
}   //命名空间Core
```

Timer 类提供了 Register 函数和 Cancel 函数,用于定时器事件的注册和注销。GetLastTimer 函数用于获取最近到期的定时器事件。Run 函数则完成定时器事件的回调和清理。isExpire 函数、TimeOutMs 函数和 GetCurrentTimeMs 函数则是一些辅助函数。

### 13.3.3 服务器端请求处理流程

通过 13.3.2 节我们可以知道,事件的处理由 MyHandler 类的 HandlerEntry 函数来完成。HandlerEntry 函数完成了一个请求在服务器端的处理流程。让我们先来看一下 HandlerEntry 函数的处理流程,如图 13-6 所示。

HandlerEntry 函数的整体逻辑并不复杂。首先从字节流中解析出请求的内存对象;然后对请求进行处理,获取到应答的内存对象;接下来,对应答的内存对象进行序列化;最后把应答数据返回给客户端。当然,除了这个主分支,还有 Fast-Resp 模式和 oneway 模式的执行分支。Fast-Resp 模式在执行请求的业务处理逻辑之前,就把默认的应答数据返回给客户端。而 oneway 模式在处理完请求的业务逻辑之后,不需要写应答数据给客户端。

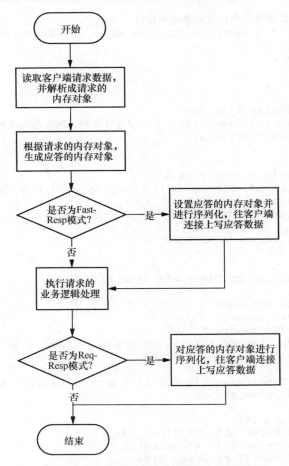

图13-6 HandlerEntry函数的处理流程

服务器端请求处理流程的代码如代码清单13-8所示。

**代码清单13-8 头文件handler.hpp**

```cpp
#pragma once
#include "../common/log.hpp"
#include "../common/statuscode.hpp"
#include "../protocol/mixedcodec.hpp"
#include "coroutineio.hpp"
#include "coroutinelocal.hpp"
#include "distributedtrace.hpp"
#include "epollctl.hpp"
#define RPC_HANDLER(NAME, HANDLER, PB_REQ_TYPE, PB_RESP_TYPE, req, resp) \
    do { \
        Context ctx = req.context_; \
        if (ctx.rpc_name() == NAME) { \
            PB_REQ_TYPE pbReq; \
            PB_RESP_TYPE pbResp; \
            bool convert = Protocol::MixedCodec::PbParseFromMySvr(pbReq, req); \
            int ret = 0; \
            if (convert) { \
                ret = HANDLER(pbReq, pbResp); \
            } else { \
                ret = PARSE_FAILED; \
            } \
            Protocol::MixedCodec::PbSerializeToMySvr(pbResp, resp, ret); \
```

```cpp
        std::string reqJson, respJson;                              \
        Common::Convert::Pb2JsonStr(pbReq, reqJson);                \
        Common::Convert::Pb2JsonStr(pbResp, respJson);              \
        CTX_TRACE(ctx, NAME " ret[%d],req[%s],resp[%s]", ret,       \
            reqJson.c_str(), respJson.c_str());                     \
      }                                                             \
    } while (0)
extern Core::CoroutineLocal<Core::TimeOut> RpcTimeOut;
extern Core::CoroutineLocal<MySvr::Base::Context> ReqCtx;
namespace Core {
class MyHandler {
 public:
  void HandlerEntry(EventData *eventData) {
    auto releaseConn = [eventData](const std::string &error) {
      WARN("releaseConn %s, events=%s", error.c_str(), EpollCtl::
        EventReadable(eventData->events_).c_str());
      EpollCtl::ClearEvent(eventData->epoll_fd_, eventData->fd_);
      delete eventData;    //释放内存
    };
    Common::TimeStat timeStat;
    Protocol::MixedCodec codec;
    void *req = nullptr;
    void *resp = nullptr;
    if (not readReqMessage(eventData, codec, &req, releaseConn)) {
      return;
    }
    auto codecType = codec.GetCodecType();
    Common::Defer defer([&req, &resp, codecType, this]() {
      release(req, resp, codecType);
    });
    Protocol::Packet pkt;
    resp = createResp(req, codecType);
    if (isFastResp(req, codecType)) {   //在Fast-Resp模式下，先回包，再进行业务处理
      setFastRespContext(req, resp, timeStat);
      codec.Encode(resp, pkt);
      EpollCtl::ModToWriteEvent(eventData->epoll_fd_, eventData->fd_,
        eventData);   //监听可写事件
      if (not writeRespMessage(eventData, pkt, releaseConn)) {
        return;
      }
    }
    //每个从协程都只能有一个I/O事件唤醒点，但handler函数中可能存在其他I/O事件唤醒点
    //（当执行其他RPC时），所以这里暂时清空对客户端I/O事件的监听
    EpollCtl::ClearEvent(eventData->epoll_fd_, eventData->fd_, false);
    handler(req, resp, codecType, timeStat);    //业务处理由具体的业务实现
    if (isReqResp(req, codecType)) {    //在Req-Resp模式下，需要在handler函数
                                        //之后再回包
      codec.Encode(resp, pkt);
      EpollCtl::AddWriteEvent(eventData->epoll_fd_, eventData->fd_, eventData);
      if (not writeRespMessage(eventData, pkt, releaseConn)) {
        return;
      }
      //Req-Resp模式会从可写事件的监听切换成可读事件的监听
      EpollCtl::ModToReadEvent(eventData->epoll_fd_, eventData->fd_, eventData);
    } else {
      //oneway和Fast-Resp模式会重启可读事件的监听
      EpollCtl::AddReadEvent(eventData->epoll_fd_, eventData->fd_, eventData);
    }
    //在处理完之后，需要将关联的协程id设置为无效，对于客户端后续的请求才能创建新的协程来处理
    eventData->cid_ = MyCoroutine::INVALID_ROUTINE_ID;
  }
  virtual void MySvrHandler(Protocol::MySvrMessage &req, Protocol::
    MySvrMessage &resp) = 0;
 private:
```

```cpp
    bool readReqMessage(EventData *eventData, Protocol::MixedCodec &codec,
        void **req, std::function<void(const std::string &error)> releaseConn
        ) {
        RpcTimeOut.Set(TimeOut());     //这里需要重新设置,因为在handler函数中可能存在
                                       //RPC调用覆盖超时配置的情况
        while (true) {
            ssize_t ret = Core::CoRead(eventData->fd_, codec.Data(), codec.
                Len(), false);
            if (0 == ret) {
                releaseConn("peer close connection");
                return false;
            }
            if (ret < 0) {
                releaseConn(Common::Strings::StrFormat((char *)
                    "read failed.errMsg[%s]", strerror(errno)));
                return false;
            }
            if (not codec.Decode(ret)) {
                releaseConn("decode failed.");
                return false;
            }
            *req = codec.GetMessage();
            if (*req) {
                return true;
            }
        }
    }
    bool writeRespMessage(EventData *eventData, Protocol::Packet &pkt,
        std::function<void(const std::string &error)> releaseConn) {
        RpcTimeOut.Set(TimeOut());     //这里需要重新设置,因为在handler函数中可能存在
                                       //RPC覆盖超时配置的情况
        ssize_t sendLen = 0;
        uint8_t *buf = pkt.DataRaw();
        ssize_t needSendLen = pkt.UseLen();
        while (sendLen != needSendLen) {   //写操作
            ssize_t ret = Core::CoWrite(eventData->fd_, buf + sendLen, needSendLen -
                sendLen, false);
            if (ret < 0) {
                releaseConn(Common::Strings::StrFormat((char *)
                    "write failed. errMsg[%s]", strerror(errno)));
                return false;
            }
            sendLen += ret;
        }
        return true;
    }
    void handler(void *req, void *resp, Protocol::CodecType codecType,
        Common::TimeStat &timeStat) {
        if (Protocol::HTTP == codecType) {
            Protocol::HttpMessage *httpReq = (Protocol::HttpMessage *)req;
            Protocol::HttpMessage *httpResp = (Protocol::HttpMessage *)resp;
            if (not httpRequestValidCheck(httpReq, httpResp)) {
                return;
            }
            Protocol::MySvrMessage mySvrReq;
            Protocol::MySvrMessage mySvrResp;
            Protocol::MixedCodec::Http2MySvr(*httpReq, mySvrReq);
            DistributedTrace::InitTraceInfo(mySvrReq.context_);
            mySvrResp.head_.flag_ = mySvrReq.head_.flag_;
            MySvrHandler(mySvrReq, mySvrResp);  //转换成MySvr的handler调用
            DistributedTrace::AddTraceInfo(timeStat.GetSpendTimeUs(), mySvrResp
                .StatusCode(), mySvrResp.Message());
            ReqCtx.Get().set_status_code(mySvrResp.StatusCode());
            mySvrResp.context_.CopyFrom(ReqCtx.Get());
            DistributedTrace::PrintTraceInfo(ReqCtx.Get(), ReqCtx.Get().
                current_stack_id(), 0);
```

```cpp
        Protocol::MixedCodec::MySvr2Http(mySvrResp, *httpResp);
      } else {
        Protocol::MySvrMessage *mySvrReq = (Protocol::MySvrMessage *)req;
        Protocol::MySvrMessage *mySvrResp = (Protocol::MySvrMessage *)resp;
        if (not mySvrRequestValidCheck(mySvrReq, mySvrResp)) {
          return;
        }
        DistributedTrace::InitTraceInfo(mySvrReq->context_);
        mySvrResp->head_.flag_ = mySvrReq->head_.flag_;
        MySvrHandler(*mySvrReq, *mySvrResp);
        DistributedTrace::AddTraceInfo(timeStat.GetSpendTimeUs(),
          mySvrResp->StatusCode(), mySvrResp->Message());
        ReqCtx.Get().set_status_code(mySvrResp->StatusCode());
        mySvrResp->context_.CopyFrom(ReqCtx.Get());
        DistributedTrace::PrintTraceInfo(ReqCtx.Get(), ReqCtx.Get().
          current_stack_id(), 0);
      }
    }
    virtual bool isSupportRpc(std::string serviceName, std::string rpcName) {
      if (service_name_ != serviceName) return false;
      if (rpc_names_.find(rpcName) == rpc_names_.end()) return false;
      return true;
    }
    bool mySvrRequestValidCheck(Protocol::MySvrMessage *request, Protocol::
      MySvrMessage *response) {
      if (not isSupportRpc(request->context_.service_name(), request->
        context_.rpc_name())) {
        response->context_.set_status_code(NOT_SUPPORT_RPC);
        return false;
      }
      return true;
    }
    bool httpRequestValidCheck(Protocol::HttpMessage *request, Protocol::
      HttpMessage *response) {
      std::string contentType = request->GetHeader("Content-Type");
      if (contentType == "" ||
        contentType.find("application/json") == std::string::npos) {
        //body必须是JSON格式
        response->SetBody(R"({"message": "Content-Type not json"})");
        response->SetStatusCode(Protocol::BAD_REQUEST);
        return false;
      }
      std::string rpcName = request->GetHeader("rpc_name");
      std::string serviceName = request->GetHeader("service_name");
      if (not isSupportRpc(serviceName, rpcName)) {
        response->SetBody(R"({"message":"rpc_name or service_name not support"})");
        response->SetStatusCode(Protocol::BAD_REQUEST);
        return false;
      }
      std::string method, url;
      request->GetMethodAndUrl(method, url);
      if (method != "POST") {   //只支持POST请求
        response->SetBody(R"({"message":"not post request"})");
        response->SetStatusCode(Protocol::BAD_REQUEST);
        return false;
      }
      if (url != "/index") {   //URL只支持/index
        response->SetBody(R"({"message":"url is invalid"})");
        response->SetStatusCode(Protocol::BAD_REQUEST);
        return false;
      }
      return true;
    }
    void *createResp(void *req, Protocol::CodecType codecType) {
      if (Protocol::HTTP == codecType) return new Protocol::HttpMessage;
      Protocol::MySvrMessage *mySvrReq = (Protocol::MySvrMessage *)req;
```

```cpp
      Protocol::MySvrMessage *mySvrResp = new Protocol::MySvrMessage;
      if (isFastResp(req, codecType)) {  //在Fast-Resp模式下,body使用默认的
                                         //MySvr::Base::FastRespResponse对象来设置
        mySvrResp->head_.flag_ = mySvrReq->head_.flag_;
        auto fastRespResponse = MySvr::Base::FastRespResponse();
        Protocol::MixedCodec::PbSerializeToMySvr(fastRespResponse, *mySvrResp, 0);
      }
      return mySvrResp;
    }
    void release(void *req, void *resp, Protocol::CodecType codecType) {
      if (Protocol::HTTP == codecType) {
        delete (Protocol::HttpMessage *)req;
        delete (Protocol::HttpMessage *)resp;
      } else {
        delete (Protocol::MySvrMessage *)req;
        delete (Protocol::MySvrMessage *)resp;
      }
    }
    bool isOneway(void *req, Protocol::CodecType codecType) {
      if (Protocol::HTTP == codecType) return false;  //HTTP不支持oneway模式
      Protocol::MySvrMessage *mySvrMessage = (Protocol::MySvrMessage *)req;
      return mySvrMessage->IsOneway();
    }
    bool isFastResp(void *req, Protocol::CodecType codecType) {
      if (Protocol::HTTP == codecType) return false;  //HTTP不支持Fast-Resp模式
      Protocol::MySvrMessage *mySvrMessage = (Protocol::MySvrMessage *)req;
      return mySvrMessage->IsFastResp();
    }
    bool isReqResp(void *req, Protocol::CodecType codecType) {
      if (Protocol::HTTP == codecType) return true;  //HTTP只支持Fast-Resp模式
      return not isOneway(req, codecType) && not isFastResp(req, codecType);
    }
    void setFastRespContext(void *req, void *resp, Common::TimeStat &timeStat) {
      Protocol::MySvrMessage *mySvrReq = (Protocol::MySvrMessage *)req;
      Protocol::MySvrMessage *mySvrResp = (Protocol::MySvrMessage *)resp;
      DistributedTrace::InitTraceInfo(mySvrReq->context_);
      DistributedTrace::AddTraceInfo(timeStat.GetSpendTimeUs(), 0, "success");
      mySvrResp->context_.CopyFrom(ReqCtx.Get());
      DistributedTrace::PrintTraceInfo(ReqCtx.Get(),
        ReqCtx.Get().current_stack_id(), 0);
    }
  protected:
    std::string service_name_;
    std::unordered_set<std::string> rpc_names_;
  };
}  //命名空间Core
```

在 MyHandler 类中,为了同时支持 HTTP 和 MySvr,我们使用了 MixedCodec 对象来完成数据的解析。当请求通过 HTTP 发送时,先把请求数据转换成 MySvr 的请求对象,再使用 MySvr 的业务逻辑处理函数获取应答对象。接下来,把 MySvr 的应答对象转换成 HTTP 的应答对象。当请求通过 MySvr 发送时,和 HTTP 的处理流程类似,只是少了协议对象转换的处理。但在执行业务逻辑处理之前,会对请求对象做如下参数校验:必须是服务支持的 RPC 接口;并且 HTTP 的请求格式也是受限的,必须是 POST 请求;URL 只支持/index;body 必须是 JSON 格式。之所以对 HTTP 的请求格式做限制,是为了简化转换处理逻辑。

### 1. 事件监听状态的迁移

HandlerEntry 函数会根据不同的请求模式,在请求的不同阶段做事件监听状态的调整。事件监听的管理封装在 epollctl.hpp 文件中,对应的代码如代码清单 13-9 所示。

### 代码清单 13-9　头文件 epollctl.hpp

```cpp
#pragma once
#include <assert.h>
#include <sys/epoll.h>
#include <unistd.h>
#include <map>
#include <string>
namespace Core {
enum EventType {    //监听的逻辑类型
  LISTEN = 1,       //连接事件的监听
  CLIENT = 2,       //客户端事件的监听
  RPC_CLIENT = 3,   //RPC客户端事件的监听
};
struct EventData {
  EventData(int fd, int epoll_fd, int type) : fd_(fd), epoll_fd_(epoll_fd),
    type_(type) {}
  int fd_{0};
  int epoll_fd_{0};
  int type_;                   //监听的逻辑类型
  uint32_t events_{0};         //epoll触发的具体事件
  int cid_{-1};                //关联的协程id
  int64_t timer_id_{-1};       //mainReactor中用于关联空闲连接超时定时器的id
  void *handler_{nullptr};     //客户端初始事件的处理入口
};
class EpollCtl {
 public:
  static void AddReadEvent(int epollFd, int fd, void *userData) {
    opEvent(epollFd, fd, userData, EPOLL_CTL_ADD, EPOLLIN);
  }
  static void AddWriteEvent(int epollFd, int fd, void *userData) {
    opEvent(epollFd, fd, userData, EPOLL_CTL_ADD, EPOLLOUT);
  }
  static void ModToReadEvent(int epollFd, int fd, void *userData) {
    opEvent(epollFd, fd, userData, EPOLL_CTL_MOD, EPOLLIN);
  }
  static void ModToWriteEvent(int epollFd, int fd, void *userData) {
    opEvent(epollFd, fd, userData, EPOLL_CTL_MOD, EPOLLOUT);
  }
  static void ClearEvent(int epollFd, int fd, bool isClose = true) {
    assert(epoll_ctl(epollFd, EPOLL_CTL_DEL, fd, nullptr) != -1);
    if (isClose) close(fd);
  }
  static std::string EventReadable(int events) {
    static std::map<uint32_t, std::string> event2Str = {
        {EPOLLIN, "EPOLLIN"},       {EPOLLOUT, "EPOLLOUT"},
        {EPOLLRDHUP, "EPOLLRDHUP"}, {EPOLLPRI, "EPOLLPRI"},
        {EPOLLERR, "EPOLLERR"},     {EPOLLHUP, "EPOLLHUP"},
        {EPOLLET, "EPOLLET"},       {EPOLLONESHOT, "EPOLLONESHOT"}};
    std::string result = "";
    auto addEvent = [&result](std::string event) {
      if ("" == result) {
        result = event;
      } else {
        result += "|";
        result += event;
      }
    };
    for (auto &item : event2Str) {
      if (events & item.first) {
        addEvent(item.second);
      }
```

```
            }
            return result;
        }
    private:
        static void opEvent(int epollFd, int fd, void *userData, int op,
            uint32_t events) {
            epoll_event event;
            event.data.ptr = userData;
            event.events = events;
            assert(epoll_ctl(epollFd, op, fd, &event) != -1);
        }
    };
}   //命名空间Core
```

EpollCtl 类封装了 5 个函数，用于管理 epoll 实例上的事件监控，同时也提供了 EventReadable 函数，用于完成事件标识易读化的转换。EventData 结构体是用于事件触发的回调数据，EventType 则是事件的逻辑分类。在不同的请求模式下，客户端连接上事件监听状态的迁移流程如图 13-7 所示。

这里有一点需要特别说明一下，在 MyHandler 类的 HandlerEntry 函数中，调用 handler 函数做业务逻辑处理之前，需要清空事件监听。这是因为 HandlerEntry 函数已经运行在从协程的调用栈中，而一个从协程只能有一个 I/O 事件唤醒点。但在 handler 函数中，可能存在其他 I/O 事件唤醒点（比如调用其他服务的 RPC 接口），所以这里需要暂时清空对客户端 I/O 事件的监听。

**2．协程版读写函数的封装**

在 HandlerEntry 函数中，我们没有看到显式的协程切换调用。这是因为协程的切换被封装在 CoRead 函数、CoWrite 函数和 CoConnect 函数中。当非阻塞的 I/O 暂不可用时，就主动让出执行权，切换到主协程中执行。对应的代码如代码清单 13-10 所示。

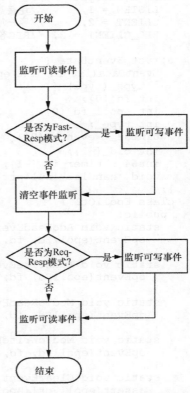

图13-7　客户端连接上事件监听状态的迁移流程

**代码清单 13-10　头文件 coroutineio.hpp**

```
#pragma once
#include <errno.h>
#include <unistd.h>
#include "../common/defer.hpp"
#include "../common/log.hpp"
#include "../common/singleton.hpp"
#include "../common/sockopt.hpp"
#include "../common/timedeal.hpp"
#include "../common/utils.hpp"
#include "coroutinelocal.hpp"
#include "epollctl.hpp"
#include "routeinfo.hpp"
#include "timer.hpp"
#define SYSTEM Common::Singleton<Core::System>::Instance()
extern Core::CoroutineLocal<int> EpollFd;
extern Core::CoroutineLocal<Core::TimeOut> RpcTimeOut;
```

```cpp
namespace Core {
class SocketIoMock {
 public:
  virtual ssize_t read(int fd, void* buf, size_t count) = 0;
  virtual ssize_t write(int fd, const void* buf, size_t count) = 0;
  virtual int connect(int sockfd, const struct sockaddr* addr, socklen_t
      addrlen) = 0;
};
class System {
 public:
  void SetIoMock(SocketIoMock* socketIoMock) { socket_io_mock_ = socketIoMock; }
  ssize_t read(int fd, void* buf, size_t count) {
    if (not socket_io_mock_) {
      return ::read(fd, buf, count);
    }
    return socket_io_mock_->read(fd, buf, count);
  }
  ssize_t write(int fd, const void* buf, size_t count) {
    if (not socket_io_mock_) {
      return ::write(fd, buf, count);
    }
    return socket_io_mock_->write(fd, buf, count);
  }
  int connect(int sockfd, const struct sockaddr* addr, socklen_t addrlen) {
    if (not socket_io_mock_) {
      return ::connect(sockfd, addr, addrlen);
    }
    return socket_io_mock_->connect(sockfd, addr, addrlen);
  }
 private:
  SocketIoMock* socket_io_mock_{nullptr};
};
typedef struct TimeOutData {
  int cid_;
  bool time_out_{false};
} TimeOutData;
inline void TimeOutCallBack(void* data) {
  TimeOutData* timeOutData = (TimeOutData*)data;
  timeOutData->time_out_ = true;
  MyCoroutine::CoroutineResumeById(SCHEDULE, timeOutData->cid_); //超时
                                                                 //之后，直接唤醒协程
}
inline ssize_t CoRead(int fd, void* buf, size_t size, bool useInnerEventData =
  true) {
  EventData eventData(fd, EpollFd.Get(), RPC_CLIENT);
  eventData.cid_ = MyCoroutine::ScheduleGetRunCid(SCHEDULE);
  if (useInnerEventData) {
    EpollCtl::AddReadEvent(eventData.epoll_fd_, eventData.fd_, &eventData);
  }
  TimeOutData timeOutData;
  timeOutData.cid_ = MyCoroutine::ScheduleGetRunCid(SCHEDULE);
  int64_t timerId = TIMER.Register(TimeOutCallBack, &timeOutData, RpcTimeOut.
    Get().read_time_out_ms_);
  Common::Defer defer([&timeOutData, &eventData, useInnerEventData, timerId]() {
    if (useInnerEventData) {
      EpollCtl::ClearEvent(eventData.epoll_fd_, eventData.fd_, false);
    }
    if (not timeOutData.time_out_) {
      TIMER.Cancel(timerId);   //若定时器不超时，则取消定时器
    }
  });
  while (true) {
    ssize_t ret = SYSTEM.read(fd, buf, size);
```

```cpp
      if (ret >= 0) return ret;          //读成功
      if (EINTR == errno) continue;       //调用被中断，直接重启read调用
      if (EAGAIN == errno or EWOULDBLOCK == errno) {   //暂时不可读
        MyCoroutine::CoroutineYield(SCHEDULE);    //切换到主协程，等待数据可读
        if (timeOutData.time_out_) {   //读超时
          errno = EAGAIN;
          return -1;      //读超时，返回-1，并把errno设置为EAGAIN
        }
        continue;
      }
      return ret;         //读失败
    }
  }
  inline ssize_t CoWrite(int fd, const void* buf, size_t size, bool
    useInnerEventData = true) {
    EventData eventData(fd, EpollFd.Get(), RPC_CLIENT);
    eventData.cid_ = MyCoroutine::ScheduleGetRunCid(SCHEDULE);
    if (useInnerEventData) {
      EpollCtl::AddWriteEvent(eventData.epoll_fd_, eventData.fd_, &eventData);
    }
    TimeOutData timeOutData;
    timeOutData.cid_ = MyCoroutine::ScheduleGetRunCid(SCHEDULE);
    int64_t timerId = TIMER.Register(TimeOutCallBack, &timeOutData, RpcTimeOut.
      Get().write_time_out_ms_);
    Common::Defer defer([&timeOutData, &eventData, useInnerEventData, timerId]() {
      if (useInnerEventData) {
        EpollCtl::ClearEvent(eventData.epoll_fd_, eventData.fd_, false);
      }
      if (not timeOutData.time_out_) {
        TIMER.Cancel(timerId);   //若定时器不超时，则取消定时器
      }
    });
    while (true) {
      ssize_t ret = SYSTEM.write(fd, buf, size);
      if (ret >= 0) return ret;          //写成功
      if (EINTR == errno) continue;       //调用被中断，直接重启write调用
      if (EAGAIN == errno or EWOULDBLOCK == errno) {   //暂时不可写
        MyCoroutine::CoroutineYield(SCHEDULE);    //切换到主协程，等待数据可写
        if (timeOutData.time_out_) {   //写超时
          errno = EAGAIN;
          return -1;      //写超时，返回-1，并把errno设置为EAGAIN
        }
        continue;
      }
      return ret;         //写失败
    }
  }
  inline int CoConnect(int fd, const struct sockaddr* addr, socklen_t size) {
    EventData eventData(fd, EpollFd.Get(), RPC_CLIENT);
    eventData.cid_ = MyCoroutine::ScheduleGetRunCid(SCHEDULE);
    EpollCtl::AddWriteEvent(eventData.epoll_fd_, eventData.fd_, &eventData);
    TimeOutData timeOutData;
    timeOutData.cid_ = MyCoroutine::ScheduleGetRunCid(SCHEDULE);
    int64_t timerId = TIMER.Register(TimeOutCallBack, &timeOutData, RpcTimeOut.
      Get().connect_time_out_ms_);
    Common::Defer defer([&timeOutData, &eventData, timerId]() {
      EpollCtl::ClearEvent(eventData.epoll_fd_, eventData.fd_, false);
      if (not timeOutData.time_out_) {
        TIMER.Cancel(timerId);   //若定时器不超时，则取消定时器
      }
```

```
    });
    while (true) {
      int ret = SYSTEM.connect(fd, addr, size);
      if (0 == ret) return 0;              //连接成功
      if (errno == EINTR) continue;        //若调用被中断,则直接重启connect调用
      if (errno == EINPROGRESS) {          //TCP三次握手进行中
        MyCoroutine::CoroutineYield(SCHEDULE);   //切换到主协程,等待数据可写
        if (timeOutData.time_out_) {     //连接超时
          TRACE("connect_time_out, connect_time_out_ms[%d]", RpcTimeOut.
            Get().connect_time_out_ms_);
          errno = EAGAIN;
          return -1;       //连接超时,返回-1,并把errno设置为EAGAIN
        }
        return Common::SockOpt::GetSocketError(fd);
      }
      return ret;
    }
  }
}   //命名空间Core
```

在封装 CoRead 函数、CoWrite 函数、CoConnect 函数时,我们考虑了可测试性的设计。我们使用 System 类对 read 函数、write 函数、connect 函数进行了封装,并支持通过定义 SocketIoMock 的子类来实现对函数的装饰(mock),以方便进行单元测试。CoRead 函数和 CoWrite 函数在服务器端处理客户端请求和调用其他服务的 RPC 接口时会被调用。因此,这两个函数支持是否自行管理事件的监听。在调用 RPC 接口时,需要自行管理事件的监听。

### 3. RPC_HANDLER 宏

从 handler.cpp 的代码中,我们可以看出,接口的业务逻辑是由 MySvrHandler 函数实现的。这是一个纯虚函数,需要用子类来实现。因此,在实现具体业务服务时,只需要继承 MyHandler 类并实现 MySvrHandler 这个纯虚函数即可。MySvrHandler 函数是请求接口的具体实现。由于 MySvrHandler 函数对不同接口的处理流程有很多共性,我们抽象出了 RPC_HANDLER 宏,用于快速搭建不同 RPC 接口的处理流程。在 13.5 节,我们将会用到这个宏定义。

## 13.3.4 客户端请求处理流程

在看具体代码之前,我们先来看一下客户端请求涉及的核心类之间的类关系简图,如图 13-8 所示。

### 1. 服务发现

在客户端发起请求之前,需要先查询被调服务部署的实例信息(IP 地址 + 端口),然后根据负载均衡策略选择要调用的具体服务实例,最后将请求发送给对应的服务实例。通常,服务发现与服务注册会一起使用。但是,我们的 MyRPC 框架选择简化服务发现,并且没有使用服务注册。我们直接从配置文件中获取服务部署的实例信息。服务发现相关的代码如代码清单 13-11 所示。

## 第13章 MyRPC框架设计与实现

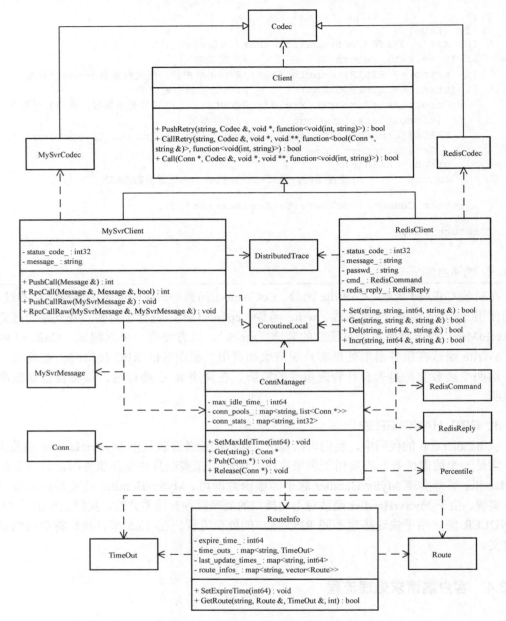

图13-8 客户端请求核心类关系简图

### 代码清单 13-11 头文件 routeinfo.hpp

```
#pragma once
#include <map>
#include <string>
#include <vector>
#include "../common/config.hpp"
#include "../common/log.hpp"
#include "../common/singleton.hpp"
#define ROUTE_INFO Common::Singleton<Core::RouteInfo>::Instance()
namespace Core {
  typedef struct Route {
```

```cpp
    std::string ip_;
    int64_t port_;
  } Route;
  typedef struct TimeOut {
    int64_t read_time_out_ms_{1000};
    int64_t write_time_out_ms_{1000};
    int64_t connect_time_out_ms_{50};
  } TimeOut;
  class RouteInfo {
   public:
    void SetExpireTime(int64_t expire_time) { expire_time_ = expire_time; }
    bool GetRoute(std::string serviceName, Route &route, TimeOut &timeOut,
        int index = 0) {
      Common::Strings::ToLower(serviceName);
      int64_t currentTime = time(nullptr);
      auto update_time_iter = last_update_times_.find(serviceName);
      if (update_time_iter == last_update_times_.end() || update_time_iter->
          second + expire_time_ < currentTime) {
        last_update_times_[serviceName] = currentTime;
        updateRoute(serviceName);
      }
      auto iter = route_infos_.find(serviceName);
      if (iter == route_infos_.end()) {
        ERROR("get Route failed. serviceName[%s]", serviceName.c_str());
        return false;
      }
      ERROR("get Route success. serviceName[%s]", serviceName.c_str());
      if (0 == index) index = rand();
      route = iter->second[index % iter->second.size()];   //返回的路由信息
      timeOut = time_outs_[serviceName];
      return true;
    }
   private:
    void updateRoute(std::string &serviceName) {
      std::string routeFile = "/home/backend/route/" + serviceName +
          "_client.conf";
      Common::Config config;
      if (not config.Load(routeFile)) {   //加载路由文件失败
        ERROR("routeFile[%s] load failed.", routeFile.c_str());
        return;
      }
      config.Dump([](const std::string &section, const std::string &key,
          const std::string &value) {
        INFO("section[%s],keyValue[%s=%s]", section.c_str(), key.c_str(),
            value.c_str());
      });
      int64_t count = 0;
      config.GetIntValue("Svr", "count", count, 0);
      if (count <= 0) return;
      std::vector<Route> routeInfos;
      for (int64_t i = 1; i <= count; i++) {
        Route temp;
        std::string section = "Svr" + std::to_string(i);
        config.GetIntValue(section, "port", temp.port_, 0);
        config.GetStrValue(section, "ip", temp.ip_, "");
        routeInfos.push_back(temp);
      }
      if (routeInfos.size() <= 0) return;
      TimeOut timeOut;
      config.GetIntValue("Svr", "connectTimeOutMs",
          timeOut.connect_time_out_ms_, 50);
      config.GetIntValue("Svr", "readTimeOutMs", timeOut.read_time_out_ms_, 1000);
      config.GetIntValue("Svr", "writeTimeOutMs",
          timeOut.write_time_out_ms_, 1000);
      time_outs_[serviceName] = timeOut;
      route_infos_[serviceName] = routeInfos;
```

```cpp
    }
  private:
    int64_t expire_time_{300};                                    //过期时间，单位为秒
    std::map<std::string, TimeOut> time_outs_;                    //超时配置
    std::map<std::string, int64_t> last_update_times_;            //最后更新时间，单位为秒
    std::map<std::string, std::vector<Route>> route_infos_;       //各个模块的路由信息
};
}    //命名空间Core
```

RouteInfo 类用于获取不同服务的路由和超时配置。它支持给配置设置超时时间，当配置过期时，重新获取配置文件的内容以更新内存中的配置数据。服务的路由和超时配置都保存在/home/backend/route/目录下的"服务名"+_client.conf 文件中。GetRoute 函数会返回路由信息。

### 2. 连接管理

通过服务发现获取路由信息之后，就可以开始建立连接了。此时，我们将面临长短连接的选择。短连接实现简单，每次请求前建立连接，请求结束之后释放连接。短连接虽然简单，但是每次请求都需要付出 3 次 TCP 握手和 4 次 TCP 挥手的成本。长连接的做法则是，在请求结束之后依然保留连接，在下次请求时取出现成的连接即可。长连接需要付出连接池管理的成本，涉及如何控制连接池的大小，以及如何维持连接的可用性等问题。连接管理对应的代码如代码清单 13-12 所示。

**代码清单 13-12　头文件 connmanager.hpp**

```cpp
#pragma once
#include <list>
#include <map>
#include <string>
#include <vector>
#include "../common/percentile.hpp"
#include "../common/singleton.hpp"
#include "coroutineio.hpp"
#include "coroutinelocal.hpp"
#define CONN_MANAGER Common::Singleton<Core::ConnManager>::Instance()
extern Core::CoroutineLocal<Core::TimeOut> RpcTimeOut;
namespace Core
typedef struct Conn {
    int fd_{-1};                          //连接的fd
    bool finish_auth_{false};             //是否完成认证，需要做认证的协议，本字段才启用
    int64_t last_used_time_;              //最近一次使用时间，单位为秒
    std::string service_name_;            //关联的服务
    TimeOut time_out_;                    //超时配置
} Conn;
class ConnManager {
 public:
    ~ConnManager() {
        for (auto &connList : conn_pools_) {
            for (Conn *conn : connList.second) {
                deleteConn(conn);
            }
        }
    }
    void SetMaxIdleTime(int64_t max_idle_time) { max_idle_time_ = max_idle_time; }
    Conn *Get(std::string serviceName) {   //返回的都是完成connect调用的连接
        Conn *conn = nullptr;
        Common::Defer defer([this, &conn, serviceName]() {
            if (conn) {
                conn_stats_[serviceName] = conn_stats_[serviceName] + 1;
```

## 13.3 框架具体实现

```cpp
      }
    });
    auto iter = conn_pools_.find(serviceName);
    if (iter == conn_pools_.end()) {
      conn_pools_[serviceName] = std::list<Conn *>();
      conn_stats_[serviceName] = 0;
      conn = newConn(serviceName);
      return conn;
    }
    int count = 0;
    while (not iter->second.empty()) {
      conn = iter->second.front();
      iter->second.pop_front();
      //当长时间没有请求，突然有请求到来时，需要处理过期的连接
      if (conn->last_used_time_ + max_idle_time_ < time(nullptr)) {
        count++;
        if (count <= 25) {     //每次最多释放25个连接，以避免Get函数耗时过多
          deleteConn(conn);
          conn = nullptr;      //这里设置为null，否则有可能返回一个已经被释放的连接
          continue;
        } else {
          iter->second.push_front(conn);   //把连接再塞回列表中
          conn = nullptr;
          break;
        }
      }
      break;
    }
    if (nullptr == conn) {    //若无法复用已有的连接，则尝试创建新的连接
      conn = newConn(serviceName);
      return conn;
    }
    if (connIsValid(conn)) {   //连接仍然可用，直接返回
      return conn;
    }
    //执行到这里说明连接不可用，需要先删除旧的连接，再尝试创建新的连接
    deleteConn(conn);
    conn = newConn(serviceName);
    return conn;
  }
  void Put(Conn *conn) {   //归还一个连接
    static Common::Percentile pct;
    assert(conn != nullptr);
    std::string serviceName = conn->service_name_;
    Common::Defer defer([this, serviceName]() {
      conn_stats_[serviceName] = conn_stats_[serviceName] - 1;
    });
    conn->last_used_time_ = time(nullptr);
    auto iter = conn_pools_.find(serviceName);
    assert(iter != conn_pools_.end());
    iter->second.push_back(conn);
    pct.Stat(serviceName, conn_stats_[serviceName]);
    double pctValue;
    if (not pct.GetPercentile(serviceName, 0.99, pctValue)) {
      return;
    }
    size_t remainCnt = (size_t)pctValue;
    //释放多余的连接
    while (iter->second.size() > 0 && iter->second.size() > remainCnt) {
      conn = iter->second.front();
      iter->second.pop_front();
      deleteConn(conn);
    }
  }
  void Release(Conn *conn) {
```

325

```cpp
      std::string serviceName = conn->service_name_;
      assert(conn_stats_.find(serviceName) != conn_stats_.end());
      conn_stats_[serviceName] = conn_stats_[serviceName] - 1;
      deleteConn(conn);
    }
  private:
    bool connIsValid(Conn *conn) {
      //这里强制设置一下超时配置，以避免协程在进入之前没有设置的情况发生
      RpcTimeOut.Set(conn->time_out_);
      //恢复超时配置
      Common::Defer defer([conn]() { RpcTimeOut.Set(conn->time_out_); });
      //付出1毫秒的代价，检查连接是否已经被对端关闭
      RpcTimeOut.Get().read_time_out_ms_ = 1;
      char data;
      ssize_t ret = CoRead(conn->fd_, &data, 1);
      if (0 == ret) {   //对端已经关闭了连接
        return false;
      }
      //当连接可用时，read操作会超时，错误码为EAGAIN，从而判断出连接当前是可用的
      if (-1 == ret && errno == EAGAIN) {
        return true;
      }
      return false;
    }
    void deleteConn(Conn *conn) {
      assert(0 == close(conn->fd_));
      delete conn;
    }
    Conn *newConn(std::string serviceName) {
      Route route;
      TimeOut timeOut;
      if (not ROUTE_INFO.GetRoute(serviceName, route, timeOut)) {
        return nullptr;
      }
      int fd = socket(AF_INET, SOCK_STREAM | SOCK_NONBLOCK, 0);
      if (fd < 0) {
        ERROR("socket call failed. %s", strerror(errno));
        return nullptr;
      }
      sockaddr_in addr;
      addr.sin_family = AF_INET;
      addr.sin_port = htons(int16_t(route.port_));
      addr.sin_addr.s_addr = inet_addr(route.ip_.c_str());
      RpcTimeOut.Set(timeOut);
      int ret = CoConnect(fd, (struct sockaddr *)&addr, sizeof(addr));
      if (ret) {
        ERROR("CoConnect call failed. %s", strerror(errno));
        assert(0 == close(fd));
        return nullptr;
      }
      Conn *conn = new Conn;
      conn->fd_ = fd;
      conn->last_used_time_ = time(nullptr);
      conn->service_name_ = serviceName;
      conn->time_out_ = timeOut;
      return conn;
    }
  private:
    int64_t max_idle_time_{300};    //连接最大空闲时间，单位为秒，默认为300秒
    std::map<std::string, std::list<Conn *>> conn_pools_;    //连接池
    std::map<std::string, int32_t> conn_stats_;    //连接使用统计
  };
}   //命名空间Core
```

ConnManager 类实现了连接的管理。Get 函数用于获取连接，Put 函数用于归还连接给

连接池，Release 函数用于释放连接，SetMaxIdleTime 函数用于设置连接最大空闲时间。每个服务连接池的大小都是通过连接数的 PCT99 百分位数来动态调整的。在连接保活方面，我们没有采用 TCP 的保活特性，也没有使用应用层心跳包（浪费网络带宽），而是采用更简单的连接最大空闲时间来控制。这样，不活跃的连接就会被持续淘汰。为了判断连接当前是否可用，我们运用了一个技巧，即尝试从连接上读取 1 字节的数据。如果对端已经关闭了连接，此时读取函数会返回 0。如果连接可用，就会读超时。connIsValid 函数就是通过这样的逻辑来判断当前连接是否可用的。

在连接池的使用过程中，我们还需要解决一个问题，就是当连接的服务有最大连接数限制时，如何有效控制连接池的连接数。解决方案是给连接池设置最大连接数限制，并在连接池满时构建一个支持超时特性的等待队列。当有连接被归还给连接池时，就可以唤醒这个等待队列中的一个协程，选择一个协程来获取连接。当超时时间已到，但仍有协程未获取到连接时，直接返回获取连接失败的信息。由于篇幅的限制，连接池的这个特性我们留给大家自行实现。

### 3. 客户端基类

我们对客户端的基本操作进行了统一抽象，以支持不同协议的消息体的发送和接收。对应的代码如代码清单 13-13 所示。

**代码清单 13-13　头文件 client.hpp**

```cpp
#pragma once
#include <functional>
#include "../common/statuscode.hpp"
#include "../protocol/codec.hpp"
#include "connmanager.hpp"
#include "coroutineio.hpp"
#include "coroutinelocal.hpp"
extern Core::CoroutineLocal<Core::TimeOut> RpcTimeOut;   //RPC调用超时配置
namespace Core {
class Client {
 protected:
  bool PushRetry(std::string serviceName, Protocol::Codec &codec, void
    *pushMessage, std::function<void(int, std::string)> sockErrorDeal) {
    int statusCode = 0;
    std::string error = "";
    for (int i = 0; i < 3; i++) {
      Conn *conn = getConn(serviceName);
      if (nullptr == conn) {
        WARN("get conn failed. serviceName[%s]", serviceName.c_str());
        statusCode = CONNECTION_FAILED;
        error = "get conn failed";
        continue;
      }
      RpcTimeOut.Set(conn->time_out_);
      if (writeMessage(codec, pushMessage, conn->fd_, statusCode, error)) {
        CONN_MANAGER.Put(conn);
        return true;
      }
      CONN_MANAGER.Release(conn);
    }
    sockErrorDeal(statusCode, error);
    return false;
  }
  bool CallRetry(std::string serviceName, Protocol::Codec &codec, void
    *reqMessage, void **respMessage, std::function<bool(Conn *, std::string &)>
    connCallBack, std::function<void(int, std::string)> errorDeal) {
    int statusCode = 0;
```

```cpp
      std::string error = "";
      for (int i = 0; i < 3; i++) {
        Conn *conn = getConn(serviceName);
        if (nullptr == conn) {
          WARN("get conn failed. serviceName[%s]", serviceName.c_str());
          statusCode = CONNECTION_FAILED;
          error = "get conn failed";
          continue;
        }
        std::string connCallBackError;
        if (connCallBack && not connCallBack(conn, connCallBackError)) {
          WARN("connCallBack failed. serviceName[%s]", serviceName.c_str());
          CONN_MANAGER.Release(conn);
          statusCode = CONNECTION_FAILED;
          error = "conn call back failed. " + connCallBackError;
          continue;
        }
        RpcTimeOut.Set(conn->time_out_);
        if (not writeMessage(codec, reqMessage, conn->fd_, statusCode, error)) {
          CONN_MANAGER.Release(conn);
          continue;
        }
        if (not readMessage(codec, respMessage, conn->fd_, statusCode, error)) {
          CONN_MANAGER.Release(conn);
          continue;
        }
        CONN_MANAGER.Put(conn);
        return true;
      }
      errorDeal(statusCode, error);
      return false;
    }
    bool Call(Conn *conn, Protocol::Codec &codec, void *reqMessage, void
      **respMessage, std::function<void(int, std::string)> errorDeal) {
      int statusCode = 0;
      std::string error = "";
      RpcTimeOut.Set(conn->time_out_);
      if (not writeMessage(codec, reqMessage, conn->fd_, statusCode, error)) {
        errorDeal(statusCode, error);
        return false;
      }
      if (not readMessage(codec, respMessage, conn->fd_, statusCode, error)) {
        errorDeal(statusCode, error);
        return false;
      }
      return true;
    }
   private:
    Conn *getConn(std::string serviceName) {
      for (int i = 0; i < 3; i++) { //重试3次,以解决网络抖动导致的连接获取失败问题
        Conn *conn = CONN_MANAGER.Get(serviceName);
        if (conn) return conn;
        WARN("get conn failed. count=%d", i + 1);
      }
      return nullptr;
    }
    bool writeMessage(Protocol::Codec &codec, void *message, int fd, int
      &statusCode, std::string &error) {
      Protocol::Packet pkt;
      codec.Encode(message, pkt);
      ssize_t sendLen = 0;
      uint8_t *buf = pkt.DataRaw();
      ssize_t needSendLen = pkt.UseLen();
      while (sendLen != needSendLen) {
        ssize_t ret = CoWrite(fd, buf + sendLen, needSendLen - sendLen);
        if (ret < 0) {
          statusCode = WRITE_FAILED;
```

```cpp
          error = std::string("CoWrite failed.") + strerror(errno);
          return false;
        }
        sendLen += ret;
      }
      return true;
    }
    bool readMessage(Protocol::Codec &codec, void **respMessage, int fd,
      int &statusCode, std::string &error) {
      while (true) {
        ssize_t ret = CoRead(fd, codec.Data(), codec.Len());
        if (0 == ret) {
          statusCode = READ_FAILED;
          error = "peer close connection";
          return false;
        }
        if (ret < 0) {
          statusCode = READ_FAILED;
          error = std::string("CoRead failed. ") + strerror(errno);
          return false;
        }
        if (not codec.Decode(ret)) {
          statusCode = PARSE_FAILED;
          error = "decode failed.";
          return false;
        }
        *respMessage = codec.GetMessage();
        if ((*respMessage)) {
          break;
        }
      }
      return true;
    }
};
} //namespace Core
```

我们在 Client 类中实现了 PushRetry 函数、CallRetry 函数和 Call 函数。PushRetry 函数用于推送消息，CallRetry 函数和 Call 函数用于接口调用。这 3 个函数通过指向 Codec 对象的引用参数来实现对不同协议的支持，并且使用了支持协程的 CoRead 函数和 CoWrite 函数。这样在执行网络 I/O 操作时，服务就不会被挂起，而是去执行其他可运行的协程，从而提升了服务的并发处理能力。带 Retry 后缀的函数自带失败重试的特性。在每次获取连接时，也有失败重试机制。之所以要添加失败重试机制，是为了应对网络抖动、下游服务抖动、下游服务单机故障等异常情况，提升接口调用的整体成功率。

**4．MySvr 客户端**

MySvr 客户端用于不同 MyRPC 微服务之间的接口调用。MySvrClient 类继承了 Client 类，并支持 oneway、Fast-Resp 和 Req-Resp 这 3 种模式的接口调用。对应的代码如代码清单 13-14 所示。

代码清单 13-14　头文件 mysvrclient.hpp

```cpp
#pragma once
#include "../common/defer.hpp"
#include "../common/statuscode.hpp"
#include "../protocol/mixedcodec.hpp"
#include "client.hpp"
#include "distributedtrace.hpp"
namespace Core {
class MySvrClient : public Client {
  public:
    int PushCall(google::protobuf::Message &pbMessage) {
```

```cpp
    Protocol::MySvrMessage mySvrMessage;
    createMySvrByPb(mySvrMessage, pbMessage);
    mySvrMessage.EnableOneway();
    PushCallRaw(mySvrMessage);
    return mySvrMessage.StatusCode();
}
int RpcCall(google::protobuf::Message &req, google::protobuf::Message
    &resp, bool isFast = false) {
    Protocol::MySvrMessage mySvrReq;
    Protocol::MySvrMessage mySvrResp;
    createMySvrByPb(mySvrReq, req);
    if (isFast) {
        mySvrReq.EnableFastResp();
    }
    RpcCallRaw(mySvrReq, mySvrResp);
    if (mySvrResp.StatusCode() != 0) return mySvrResp.StatusCode();
    if (not Protocol::MixedCodec::PbParseFromMySvr(resp, mySvrResp)) {
        return PARSE_FAILED;
    }
    return mySvrResp.StatusCode();
}
void PushCallRaw(Protocol::MySvrMessage &mySvrMessage) {
    status_code_ = 0;
    message_ = "success";
    Common::TimeStat timeStat;
    Common::Defer defer([&mySvrMessage, &timeStat, this]() {
        //写到socket就返回，直接合入本地调用栈信息
        DistributedTrace::AddTraceInfo(mySvrMessage.context_.service_name(),
            mySvrMessage.context_.rpc_name(), timeStat.GetSpendTimeUs(),
            status_code_, message_);
    });
    std::string serviceName = mySvrMessage.context_.service_name();
    auto sockErrorDeal = [&mySvrMessage, this](int status_code, std::
        string desc) {
        status_code_ = status_code;
        message_ = strerror(errno);
        mySvrMessage.context_.set_status_code(status_code);
        CTX_ERROR(mySvrMessage.context_, "%s", desc.c_str());
    };
    Protocol::MySvrCodec codec;
    mySvrMessage.context_.set_parent_stack_id(ReqCtx.Get().current_stack_id());
    mySvrMessage.context_.set_stack_alloc_id(ReqCtx.Get().stack_alloc_id());
    if (not PushRetry(serviceName, codec, &mySvrMessage, sockErrorDeal)) {
        return;
    }
}
void RpcCallRaw(Protocol::MySvrMessage &req, Protocol::MySvrMessage &resp) {
    status_code_ = 0;
    message_ = "success";
    Common::TimeStat timeStat;
    Common::Defer defer([&req, &resp, &timeStat, this]() {
        if (0 == status_code_ && not MyCoroutine::CoroutineIsInBatch(SCHEDULE)) {
            //非batch且RPC调用成功，直接合入RPC调用栈信息
            DistributedTrace::MergeTraceInfo(resp.context_);
        } else {
            //batch或者RPC调用失败，合入本地调用栈信息
            DistributedTrace::AddTraceInfo(req.context_.service_name(), req.
                context_.rpc_name(), timeStat.GetSpendTimeUs(), status_code_, message_);
        }
    });
    std::string serviceName = req.context_.service_name();
    auto errorDeal = [&req, &resp, this](int status_code, std::string desc) {
        status_code_ = status_code;
        message_ = strerror(errno);
        resp.context_.set_status_code(status_code);
        CTX_ERROR(req.context_, "%s", desc.c_str());
    };
```

```cpp
    Protocol::MySvrCodec codec;
    Protocol::MySvrMessage *respMessage = nullptr;
    req.context_.set_parent_stack_id(ReqCtx.Get().current_stack_id());
    req.context_.set_stack_alloc_id(ReqCtx.Get().stack_alloc_id());
    if (not CallRetry(serviceName, codec, &req, (void **)&respMessage,
      nullptr, errorDeal)) {
      return;
    }
    resp.CopyFrom(*respMessage);
    delete respMessage;
  }
 private:
  void getServiceNameAndRpcName(google::protobuf::Message &req, std::
    string &serviceName, std::string &rpcName) {
    /* fullName, demo:
        MySvr.Echo.EchoMySelfRequest
        MySvr.Echo.OneWayMessage
     */
    std::string fullName = (std::string)(req.GetDescriptor()->full_name());
    std::vector<std::string> items;
    Common::Strings::Split(fullName, ".", items);
    serviceName = items[1];
    //去掉后缀Request或Message
    rpcName = items[2].substr(0, items[2].size() - 7);
  }
  void createMySvrByPb(Protocol::MySvrMessage &mySvrMessage, google::
    protobuf::Message &pbMessage) {
    std::string rpcName;
    std::string serviceName;
    getServiceNameAndRpcName(pbMessage, serviceName, rpcName);
    mySvrMessage.context_.set_rpc_name(rpcName);
    mySvrMessage.context_.set_service_name(serviceName);
    mySvrMessage.context_.set_log_id(ReqCtx.Get().log_id());   //传递日志id
    Protocol::MixedCodec::PbSerializeToMySvr(pbMessage, mySvrMessage, 0);
  }
 private:
  int32_t status_code_{0};
  std::string message_{"success"};
};
}  //命名空间Core
```

MySvrClient 类中的 PushCall 函数实现了 oneway 模式的消息推送，而 RpcCall 函数则用于支持 Fast-Resp 模式和 Req-Resp 模式的接口调用。这里需要特别说明的是，getServiceNameAndRpcName 函数通过消息的元数据来获取要调用接口的 serviceName 和 rpcName。消息的 fullName 需要按照特定的约定来命名。在 13.5 节，我们将介绍相关的约定。我们将通过工具来保证这些约定得到遵守。

当 MySvr 消息的消息体使用 JSON 格式时，不需要下游服务提供请求和应答的定义就可以实现接口的调用，并获取调用结果，从而实现了泛化调用。在后面测试工具的构建过程中，我们使用了泛化调用，以实现对任意 MyRPC 服务的调用。

### 5. RESP 客户端

RESP 客户端用于向 Redis 实例发起请求。我们封装了 4 种常见的键-值操作，包括 Set、Get、Del 和 Incr，并支持连接的认证。对应的代码如代码清单 13-15 所示。

**代码清单 13-15　头文件 redisclient.hpp**

```cpp
#pragma once
#include <string>
#include "../common/defer.hpp"
#include "../common/timedeal.hpp"
```

```cpp
#include "../protocol/rediscodec.hpp"
#include "client.hpp"
#include "connmanager.hpp"
#include "distributedtrace.hpp"
namespace Core {
class RedisClient : public Client {
 public:
  RedisClient(std::string passwd) : passwd_(passwd) {}
  bool Set(std::string key, std::string value, int64_t expireTime, std::
  string &error) {
    beforeExec();
    Common::TimeStat time_stat;
    Common::Defer defer([&time_stat, this]() {
      DistributedTrace::AddTraceInfo("Redis", "Set", time_stat.GetSpendTimeUs(),
        status_code_, message_);
    });
    cmd_.makeSetCmd(key, value, expireTime);
    if (not execAndCheck(error)) {
      return false;
    }
    return redis_reply_.IsOk();
  }
  bool Get(std::string key, std::string &value, std::string &error) {
    beforeExec();
    Common::TimeStat time_stat;
    Common::Defer defer([&time_stat, this]() {
      DistributedTrace::AddTraceInfo("Redis", "Get", time_stat.GetSpendTimeUs(),
        status_code_, message_);
    });
    cmd_.makeGetCmd(key);
    if (not execAndCheck(error)) {
      return false;
    }
    value = redis_reply_.Value();
    return true;
  }
  bool Del(std::string key, int64_t &delCount, std::string &error) {
    beforeExec();
    Common::TimeStat time_stat;
    Common::Defer defer([&time_stat, this]() {
      DistributedTrace::AddTraceInfo("Redis", "Del", time_stat.GetSpendTimeUs(),
        status_code_, message_);
    });
    cmd_.makeDelCmd(key);
    if (not execAndCheck(error)) {
      return false;
    }
    delCount = atol(redis_reply_.Value().c_str());
    return true;
  }
  bool Incr(std::string key, int64_t &value, std::string &error) {
    beforeExec();
    Common::TimeStat time_stat;
    Common::Defer defer([&time_stat, this]() {
      DistributedTrace::AddTraceInfo("Redis", "Incr", time_stat.GetSpendTimeUs(),
        status_code_, message_);
    });
    cmd_.makeIncrCmd(key);
    if (not execAndCheck(error)) {
      return false;
    }
    value = atol(redis_reply_.Value().c_str());
    return true;
  }
 private:
  bool execAndCheck(std::string &error) {
    if (not execRedisCommand(error)) {
```

## 13.3 框架具体实现

```cpp
        return false;
      }
      if (redis_reply_.IsError()) {
        error = redis_reply_.Value();
        message_ = error;
        status_code_ = EXEC_FAILED;
        return false;
      }
      return true;
    }
    bool execAuth(Conn *conn, std::string &error) {
      Protocol::RedisCodec codec;
      Protocol::RedisCommand cmd;
      cmd.makeAuthCmd(passwd_);
      Protocol::RedisReply *reply = nullptr;
      auto errorDeal = [&error, this](int status_code, std::string desc) {
        error = desc;
        message_ = desc;
        status_code_ = status_code;
      };
      if (not Call(conn, codec, &cmd, (void **)&reply, errorDeal)) {
        return false;
      }
      if (reply->IsError() || (not reply->IsOk())) {
        error = reply->Value();
        message_ = error;
        status_code_ = EXEC_FAILED;
        delete reply;
        return false;
      }
      delete reply;
      conn->finish_auth_ = true;
      return true;
    }
    bool execRedisCommand(std::string &error) {
      std::string serviceName = "redis";
      auto errorDeal = [&error, this](int status_code, std::string desc) {
        error = desc;
        message_ = desc;
        status_code_ = status_code;
      };
      auto execAuthCallBack = [this](Conn *conn, std::string &callBackError)
        -> bool {
        if (conn->finish_auth_) {
          return true;
        }
        return execAuth(conn, callBackError);
      };
      Protocol::RedisCodec codec;
      Protocol::RedisReply *reply = nullptr;
      if (not CallRetry(serviceName, codec, &cmd_, (void **)&reply,
        execAuthCallBack, errorDeal)) {
        return false;
      }
      redis_reply_ = *reply;
      delete reply;
      return true;
    }
    void beforeExec() {
      status_code_ = 0;
      message_ = "success";
    }
  private:
    std::string passwd_;
    int32_t status_code_{0};
    std::string message_{"success"};
```

333

```
    Protocol::RedisCommand cmd_;
    Protocol::RedisReply redis_reply_;
};
}   //命名空间Core
```

同样，RedisClient 类也继承了 Client 类。我们在 RedisClient 类中封装了 Set 函数、Get 函数、Del 函数和 Incr 函数，它们分别实现了 Set、Get、Del 和 Incr 操作。所有的操作之前都需要先完成连接的认证。RedisClient 类通过 cmd_成员变量实现了 Redis 操作的生成，并通过 redis_reply_成员变量来获取操作结果。

### 13.3.5 分布式调用栈追踪

在将一个大服务拆分成多个小服务之后，接口调用就从原来的本地函数调用变成了分布式调用。这使得接口调用的调试和分析变得更加困难，特别是当存在复杂调用关系的接口时。

分布式调用和本地函数调用很相似。分布式调用只是把调用过程中不同函数的执行交由不同的服务来完成，但调用的过程和本地函数调用在本质上是一样的。调用从开始到结束，都会形成一个后进先出的调用栈。因此，我们可以在分布式调用的过程中动态收集这个"调用栈"的信息，然后在调用结束后，按类似调用栈的方式输出整个分布式调用的过程。

在 MySvr 的消息上下文——Context 结构中，我们使用 trace_stack 数组来收集分布式调用栈上的信息。让我们回顾一下 Context 结构的具体内容（详见第 12 章），如代码清单 13-16 所示。

**代码清单 13-16　Context 结构的具体内容**

```
message TraceStack {
    int32    parent_id = 1;         //调用方分布式调用栈id
    int32    current_id = 2;        //被调方分布式调用栈id
    string   service_name = 3;      //服务名称
    string   rpc_name = 4;          //RPC名称
    int32    status_code = 5;       //RPC执行结果
    string   message = 6;           //RPC执行结果的描述
    int64    spend_us = 7;          //接口调用耗时，单位为微秒(也就是千分之一毫秒)
    bool     is_batch = 8;          //是否批量执行
}
message Context {
    string   log_id = 1;                    //请求id，用于唯一标识一次请求
    string   service_name = 2;              //要调用服务的名称
    string   rpc_name = 3;                  //要调用接口的名称
    int32    status_code = 4;               //返回的状态码，在应答数据时使用
    int32    current_stack_id = 5;          //当前分布式调用栈id
    int32    parent_stack_id = 6;           //上游分布式调用栈id
    int32    stack_alloc_id = 7;            //当前分布式调用栈分配的id，初始值为0
    repeated TraceStack trace_stack = 8;    //分布式调用栈数据，用于还原分布式调用
}
```

Context 结构中的 service_name 和 rpc_name 是静态的接口元数据信息，而 log_id、status_code、current_stack_id、parent_stack_id 和 stack_alloc_id 则是动态设置的。另外，trace_stack 数组用于收集一次完整分布式调用的全部信息。

在 TraceStack 结构中，parent_id 用于记录调用方分布式调用栈 id，这个 id 类似于函数

调用栈中调用方的函数名称。current_id 用于记录被调方分布式调用栈 id，这个 id 类似于函数调用栈中被调用的函数名称。service_name 和 rpc_name 用于记录分布式调用接口的元数据。status_code、message、spend_us 和 is_batch 用于记录分布式调用的执行结果。

到目前为止，我们已经完成了分布式调用栈信息的实体设计。那么，如何在分布式调用的过程中收集这些信息呢？我们将分 3 种不同的情况来讨论。

### 1. 当前 MySvr 接口的调用

对于当前 MySvr 接口的调用，需要在执行业务逻辑处理之前，先分配当前分布式调用栈 id。执行完业务逻辑处理之后，再设置与当前接口执行结果相关的字段。最后，将当前接口调用信息添加到当前请求的 trace_stack 数组中。

### 2. 依赖 MySvr 接口的调用

对于依赖 MySvr 接口的调用，处理逻辑相对简单。我们需要先更新当前分布式调用栈分配的 id，因为依赖的下游服务也需要分配调用栈 id。之后，将依赖接口请求返回的 trace_stack 数组合并到当前请求的 trace_stack 数组中。

### 3. 依赖非 MySvr 接口的调用

我们的服务不可避免地会使用第三方提供的各种组件。由于这些组件使用的不是 MySvr，因此在收集分布式调用栈信息时需要单独处理。这里的处理也相对简单。在调用时，我们不需要传递分布式调用栈数据（也传递不了）。只需要在调用结束之后，分配调用栈 id 并设置与接口执行结果相关的字段即可。最后，将接口调用信息添加到当前请求的 trace_stack 数组中。

上面讲了这么多，大家有可能感到困惑。下面让我们来看一下具体的代码以帮助理解，如代码清单 13-17 所示。

**代码清单 13-17　头文件 distributedtrace.hpp**

```cpp
#pragma once
#include <assert.h>
#include <vector>
#include "../common/log.hpp"
#include "../protocol/base.pb.h"
#include "../protocol/mysvrmessage.hpp"
#include "coroutinelocal.hpp"
extern Core::CoroutineLocal<MySvr::Base::Context> ReqCtx;
namespace Core {
using namespace MySvr::Base;
class DistributedTrace {
 public:
  static void PrintTraceInfo(Context &ctx, int stackId, int depth, bool
    isLast = false, bool outputIsLog = true) {
    if (stackId <= 0) {
      WARN("invalid stackId[%d]", stackId);
      return;
    }
    std::string message;
    std::string servicePrefix = "";
    if (1 == stackId) {
      servicePrefix = "Direct.";
    }
    const TraceStack traceInfo = getTraceInfo(ctx, stackId);
    message = Common::Strings::StrFormat(
        (char *)"%s[%d]%s%s.%s-[%ldus,%d,%d,%s]",
```

```cpp
            getPrefix(depth, isLast).c_str(),
            traceInfo.current_id(), servicePrefix.c_str(),
            traceInfo.service_name().c_str(),
            traceInfo.rpc_name().c_str(), traceInfo.spend_us(),
            traceInfo.is_batch(), traceInfo.status_code(),
            traceInfo.message().c_str());
    if (outputIsLog) {
      CTX_TRACE(ctx, "%s", message.c_str());
    } else {
      std::cout << message << std::endl;
    }
    std::vector<TraceStack> child;
    getChildTraceInfos(ctx, child, stackId);
    for (size_t i = 0; i < child.size(); i++) {
      PrintTraceInfo(ctx, child[i].current_id(), depth + 1,
        i == child.size() - 1, outputIsLog);
    }
  }
  static void InitTraceInfo(Context &ctx) {
    if (ctx.log_id() == "") {
      ctx.set_log_id(Common::Logger::GetLogId());
    }
    ReqCtx.Set(ctx);
    /*
     * 当没有设置parent_stack_id（调用方）时
     * 使用stack_alloc_id设置，此时parent_stack_id被设置为0
     * stack_alloc_id的值从0开始，parent_stack_id为0，表示该服务节点为分布式调用的起点
     */
    if (0 == ReqCtx.Get().parent_stack_id()) {
      ReqCtx.Get().set_parent_stack_id(ReqCtx.Get().stack_alloc_id());
    }
    //分配的分布式调用栈id（每次自动加1）
    ReqCtx.Get().set_current_stack_id(ReqCtx.Get().stack_alloc_id() + 1);
    //更新分布式调用栈id
    ReqCtx.Get().set_stack_alloc_id(ReqCtx.Get().stack_alloc_id() + 1);
  }
  //用于MyRPC框架，合入当前RPC接口的分布式调用栈信息
  static void AddTraceInfo(int64_t spendTimeUs, int32_t statusCode, std::
    string message) {
    auto trace_stack = ReqCtx.Get().add_trace_stack();
    trace_stack->set_rpc_name(ReqCtx.Get().rpc_name());
    trace_stack->set_service_name(ReqCtx.Get().service_name());
    trace_stack->set_status_code(statusCode);
    trace_stack->set_message(message);
    trace_stack->set_spend_us(spendTimeUs);
    trace_stack->set_is_batch(MyCoroutine::CoroutineIsInBatch(SCHEDULE));
    trace_stack->set_parent_id(ReqCtx.Get().parent_stack_id());
    trace_stack->set_current_id(ReqCtx.Get().current_stack_id());
  }
  //用于合入非MyRPC调用的分布式调用栈信息，比如对Redis的调用
  static void AddTraceInfo(std::string serviceName, std::string rpcName,
    int64_t spendTimeUs, int32_t statusCode, std::string message) {
    auto trace_stack = ReqCtx.Get().add_trace_stack();
    trace_stack->set_rpc_name(rpcName);
    trace_stack->set_service_name(serviceName);
    trace_stack->set_status_code(statusCode);
    trace_stack->set_message(message);
    trace_stack->set_spend_us(spendTimeUs);
    trace_stack->set_is_batch(MyCoroutine::CoroutineIsInBatch(SCHEDULE));
    trace_stack->set_parent_id(ReqCtx.Get().current_stack_id());
    trace_stack->set_current_id(ReqCtx.Get().stack_alloc_id() + 1);
    ReqCtx.Get().set_stack_alloc_id(ReqCtx.Get().stack_alloc_id() + 1);
  }
  //用于MyRPC框架，合入依赖的RPC接口的分布式调用栈信息
  static void MergeTraceInfo(Context &ctx) {
```

```cpp
      ReqCtx.Get().set_stack_alloc_id(ctx.stack_alloc_id());   //更新调用栈分
                                                         //配的id（下游会改变这个分布式调用栈id的值）
      for (int i = 0; i < ctx.trace_stack_size(); i++) {
        ReqCtx.Get().add_trace_stack()->CopyFrom(ctx.trace_stack(i));
      }
    }
  private:
    static std::string getPrefix(int depth, bool isLast) {
      std::string prefix = "";
      if (0 == depth) return prefix;
      depth = (depth * 2) - 1;
      while (depth--) {
        prefix += " ";
      }
      if (isLast) {
        prefix += "L";
      } else {
        prefix += "├";
      }
      return prefix;
    }
    static const TraceStack getTraceInfo(Context &ctx, int stackId) {
      for (int i = 0; i < ctx.trace_stack_size(); i++) {
        if (ctx.trace_stack(i).current_id() == stackId) {
          return ctx.trace_stack(i);
        }
      }
      assert(0);
    }
    static void getChildTraceInfos(Context &ctx, std::vector<TraceStack>
        &childTraceInfo, int parentId) {
      for (int i = 0; i < ctx.trace_stack_size(); i++) {
        if (ctx.trace_stack(i).parent_id() == parentId) {
          childTraceInfo.push_back(ctx.trace_stack(i));
        }
      }
    }
  };
} //命名空间Core
```

DistributedTrace 类对分布式调用栈的收集和输出进行了封装。PrintTraceInfo 函数用于输出分布式调用栈信息。它会根据调用栈的不同深度进行直观的输出，并且可以选择将输出信息输出到日志或终端。InitTraceInfo 函数用于初始化当前 MySvr 接口的调用，它会分配唯一的 log_id 和调用栈 id 等信息。AddTraceInfo 函数有两个不同的签名，分别用于合并当前 MySvr 接口或非 MySvr 接口的分布式调用栈信息。MergeTraceInfo 函数用于合并依赖 MySvr 接口的分布式调用栈信息。

分布式调用栈信息的收集分布在不同的代码中。读者可以回顾一下之前的代码，下面详细列举相关的代码位置。

- ❑ 当前 MySvr 接口的调用：handler.hpp 文件中的 handler 函数和 setFastRespContext 函数。
- ❑ 依赖 MySvr 接口的调用：mysvrclient.hpp 文件中的 PushCallRaw 函数和 RpcCallRaw 函数。
- ❑ 依赖非 MySvr 接口的调用：redisclient.hpp 文件中的 Set 函数、Get 函数、Del 函数和 Incr 函数。

## 13.3.6 超时管理

超时管理是一种能够避免资源被长久占用并及时释放资源的策略。因此，鲁棒的框架必须拥有完备的超时管理机制。在本节中，我们将针对超时管理这个主题进行简单的总结，并介绍 MyRPC 框架是如何实现超时管理的。

**1．空闲连接管理**

空闲连接主要分为两类：客户端连接以及对依赖服务的连接。对于客户端连接，在连接建立之初就创建一个超时时间为 30 秒的定时器。如果客户端连接在 30 秒内没有发送请求，连接就会被强制关闭。对依赖服务的连接支持动态设置连接最大空闲时间，超过这个时间之后，连接也会被强制关闭。

除了超时策略，在管理对依赖服务的连接时，我们还采用了 PCT 百分位数的策略来实时控制连接池的大小。对依赖服务的连接管理体现在 MyRPC 框架的 ConnManager 类中。大家不妨回顾相关代码。

**2．连接与读写的超时**

在 Reactor 事件监听循环中，所有连接都被设置成非阻塞的。因此，使用系统 API 函数 setsockopt 来设置 socket 连接的超时时间是无效的。为了实现非阻塞 socket I/O 操作的超时控制，我们在 Reactor 中提供了定时器机制。相关的代码都封装在 coroutineio.hpp 文件的 CoConnect 函数、CoRead 函数和 CoWrite 函数中。

## 13.3.7 本地协程变量管理

虽然在 MyRPC 框架的代码中，我们可以看到很多读写协程本地变量的代码。但实际上，我们只使用了 3 个协程本地变量。它们的声明都在 service.cpp 中，如代码清单 13-18 所示。

**代码清单 13-18　协程本地变量的声明**

```
Core::CoroutineLocal<int> EpollFd;               //subReactor关联的epoll实例fd
Core::CoroutineLocal<Core::TimeOut> RpcTimeOut;  //RPC调用超时配置
Core::CoroutineLocal<MySvr::Base::Context> ReqCtx; //当前请求的上下文
```

在 service.cpp 中，我们声明了 EpollFd、RpcTimeOut、ReqCtx 这 3 个协程本地变量，现在我们分别介绍一下它们的作用。

**1．EpollFd**

EpollFd 是 Reactor-MS 的 subReactor 关联的 epoll 实例 fd，在很多需要执行 socket I/O 操作的函数中都需要使用它。

**2．RpcTimeOut**

RpcTimeOut 是 RPC 超时配置，在协程中，它统一管理着客户端连接的超时配置，同时也管理着对依赖服务的连接的超时配置。

### 3. ReqCtx

ReqCtx 用于保存协程中当前请求的上下文，以及收集分布式调用栈追踪信息。使用协程本地变量是一种很好的设计，因为它可以确保 ReqCtx 只在当前协程中可见且不会被其他协程访问或修改。

### 13.3.8 业务层的并发

虽然 MyRPC 框架本身提供了并发处理请求的能力，但它在业务层并不具备自行创建并发任务的能力。在某些场景下，为了降低业务接口延迟，业务层需要并发执行多个无依赖的任务。为了提供并发处理能力，我们对协程池中的 batch run 特性进行了封装，提供了类似于 Go 语言中 sync.WaitGroup 的接口。相关的代码如代码清单 13-19 所示。

**代码清单 13-19　头文件 waitgroup.hpp**

```
#pragma once
#include "coroutine.h"
namespace Core {
class WaitGroup {
 public:
  WaitGroup() { batch_id_ = MyCoroutine::BatchInit(SCHEDULE); }
  void Add(MyCoroutine::Entry entry, void* arg) {
    MyCoroutine::BatchAdd (SCHEDULE, batch_id_, entry, arg);
  }
  void Wait() { MyCoroutine::BatchRun(SCHEDULE, batch_id_); }
 private:
  int batch_id_;    //批量运行的id
};
}   //命名空间Core
```

WaitGroup 类对外提供了两个接口：Add 函数和 Wait 函数。其中，Add 函数用于创建并发任务，Wait 函数用于等待所有并发任务执行完毕。

## 13.4 示例服务 Echo

我们已经介绍完一个完整的 RPC 框架了。接下来，让我们看一下如何在这个 RPC 框架下实现自己的业务服务。以 Echo 服务为例，创建一个业务服务主要分为 4 个步骤。

- 编写服务的 proto 文件：在这一步，我们需要定义接口相关的 message，声明服务提供的接口信息，并生成与 proto 文件对应的 C++文件。
- 编写业务逻辑处理类：在这一步，我们需要编写业务逻辑处理类，该类需要继承 MyHandler 类，并实现 MySvrHandler 函数。
- 编写 main 函数：在这一步，我们需要使用 MyRPC 框架代码进行服务的初始化。然后，我们需要注册上一步编写的业务逻辑处理类，并最终启动服务。
- 编写服务配置文件：在这一步，我们需要编写服务配置文件、服务路由配置文件、编译脚本和安装脚本。这些文件将帮助我们管理和配置业务服务。

以上是创建一个业务服务的主要步骤。通过这些步骤，我们可以快速创建一个基于 MyRPC 框架的业务服务，并为其他应用程序提供服务。

## 13.4.1 目录结构划分

我们来看一下 Echo 服务完整的目录结构。

```
echo
├── build.sh
├── conf
│   ├── echo_client.conf
│   └── echo.conf
├── echo.cpp
├── echohandler.h
├── handler
│   ├── echomyself.cpp
│   ├── fastresp.cpp
│   └── oneway.cpp
├── install.sh
├── makefile
└── proto
    ├── echo.pb.cc
    ├── echo.pb.h
    └── echo.proto
```

echo 目录是 Echo 服务的根目录,它包含 3 个子目录:conf、handler 和 proto。conf 子目录用于存放服务本身配置文件和服务路由配置文件,handler 子目录用于存放各个业务接口的处理逻辑文件,proto 子目录用于存放 proto 相关的文件。此外,echo 目录下还有其他文件,包括 echo.cpp 作为服务启动的入口文件,echohandler.h 作为业务接口的管理和入口文件,makefile 和 build.sh 用于编译,install.sh 则是服务安装脚本。

## 13.4.2 服务描述文件

Echo 服务提供了 3 个接口,对应 3 种模式。服务描述文件 echo.proto 的内容如代码清单 13-20 所示。

代码清单 13-20　服务描述文件 echo.proto

```
syntax = "proto3";
import "base.proto";
package MySvr.Echo;
message EchoMySelfRequest {
    string message = 1;   //需要回显的消息
}
message EchoMySelfResponse {
    string message = 1;   //回显的消息
}
message OneWayMessage {
    string message = 1; //oneway消息
}
message FastRespRequest {
    string message = 1; //FastResp消息
}
service Echo {
    option (MySvr.Base.Port) = 1693;
    rpc EchoMySelf(EchoMySelfRequest) returns (EchoMySelfResponse);
    rpc OneWay(OneWayMessage) returns(MySvr.Base.OneWayResponse) {
        option (MySvr.Base.MethodMode) = 2;
    };
    rpc FastResp(FastRespRequest) returns(MySvr.Base.FastRespResponse) {
```

```
        option (MySvr.Base.MethodMode) = 3;
    };
}
```

需要特别说明的是，在 echo.proto 文件中，我们使用了 proto3 语法。后续的所有 proto 文件也都使用了 proto3 语法。在 echo.proto 文件中，EchoMySelf 接口对应 Req-Resp 模式，OneWay 接口对应 oneway 模式，FastResp 接口对应 Fast-Resp 模式。MyRPC 框架约定：对于 oneway 模式的接口，应答的消息体只能是 MySvr.Base.OneWayResponse；对于 Fast-Resp 模式的接口，应答的消息体只能是 MySvr.Base.FastRespResponse。

### 13.4.3　服务启动

服务的启动逻辑非常简单，直接看代码即可。相关的代码如代码清单 13-21 所示。

**代码清单 13-21　源文件 echo.cpp**

```cpp
#include "../../core/service.h"
#include "echohandler.h"
int main(int argc, char *argv[]) {
    EchoHandler handler;
    SERVICE.Init(argc, argv);
    SERVICE.RegHandler(&handler);
    SERVICE.Run();
    return 0;
}
```

在 main 函数中，首先调用全局单例对象 SERVICE 的 Init 函数进行初始化，然后调用 RegHandler 函数进行业务处理类对象的注册，最后调用 Run 函数以启动服务。

### 13.4.4　业务处理

EchoHandler 类实现了 Echo 服务的业务处理，该类定义在 echohandler.h 文件中，如代码清单 13-22 所示。

**代码清单 13-22　头文件 echohandler.h**

```cpp
#pragma once
#include <set>
#include <string>
#include "../../common/log.hpp"
#include "../../common/utils.hpp"
#include "../../core/handler.hpp"
#include "../../core/mysvrclient.hpp"
#include "../../protocol/base.pb.h"
#include "proto/echo.pb.h"
using namespace MySvr::Base;
using namespace MySvr::Echo;
class EchoHandler : public Core::MyHandler {
 public:
    EchoHandler() {
        service_name_ = std::string{"Echo"};
        rpc_names_ = std::unordered_set<std::string>{"EchoMySelf", "OneWay",
            "FastResp"};
    }
    void MySvrHandler(Protocol::MySvrMessage &req, Protocol::MySvrMessage
        &resp) {
        RPC_HANDLER("EchoMySelf", EchoMySelf, EchoMySelfRequest,
            EchoMySelfResponse, req, resp);
```

```
    RPC_HANDLER("OneWay", OneWay, OneWayMessage, OneWayResponse, req, resp);
    RPC_HANDLER("FastResp", FastResp, FastRespRequest, FastRespResponse,
        req, resp);
    }
    int EchoMySelf(EchoMySelfRequest &request, EchoMySelfResponse &response);
    int OneWay(OneWayMessage &request, OneWayResponse &response);
    int FastResp(FastRespRequest &request, FastRespResponse &response);
};
```

EchoHandler 类的构造函数对服务接口元数据进行了初始化。MySvrHandler 函数使用 RPC_HANDLER 宏完成了 3 个接口调用的分发处理。在 EchoHandler 类的最后，我们声明了 3 个接口所对应的处理函数。这 3 个处理函数分别在 handler 子目录下的 oneway.cpp、fastresp.cpp 和 echomyself.cpp 文件中实现，它们的内容如代码清单 13-23～代码清单 13-25 所示。

代码清单 13-23 源文件 oneway.cpp

```
#include "../echohandler.h"
int EchoHandler::OneWay(OneWayMessage &request, OneWayResponse &response) {
    TRACE("get OneWay message[%s]", request.ShortDebugString().c_str());
    return 0;
}
```

代码清单 13-24 源文件 fastresp.cpp

```
#include "../echohandler.h"
int EchoHandler::FastResp(FastRespRequest &request, FastRespResponse &response) {
    TRACE("get FastResp message[%s]", request.ShortDebugString().c_str());
    return 0;
}
```

代码清单 13-25 源文件 echomyself.cpp

```
#include "../echohandler.h"
int EchoHandler::EchoMySelf(EchoMySelfRequest &request, EchoMySelfResponse
    &response) {
    response.set_message(request.message());
    return 0;
}
```

### 13.4.5 配置与辅助文件

Echo 服务有两个配置文件，一个是服务配置文件 echo.conf，另一个是服务路由配置文件 echo_client.conf。

首先，让我们来看一下 echo.conf 文件的内容。

```
[MyRPC]
port = 1693
listen_if = any
coroutine_count = 1024
process_count = 16
```

接下来，我们再来看一下 echo_client.conf 文件的内容。

```
[Svr]
count = 10
connectTimeOutMs = 50
readTimeOutMs = 1000
writeTimeOutMs = 1000
[Svr1]
ip = 127.0.0.1
port = 1693
[Svr2]
```

```
ip = 127.0.0.2
port = 1693
[Svr3]
ip = 127.0.0.3
port = 1693
[Svr4]
ip = 127.0.0.4
port = 1693
[Svr5]
ip = 127.0.0.5
port = 1693
[Svr6]
ip = 127.0.0.6
port = 1693
[Svr7]
ip = 127.0.0.7
port = 1693
[Svr8]
ip = 127.0.0.8
port = 1693
[Svr9]
ip = 127.0.0.9
port = 1693
[Svr10]
ip = 127.0.0.10
port = 1693
```

我们采用 makefile 的方式来编译 Echo 服务，使用的是通用版本的 makefile。我们来看一下其中的内容。

```
TARGET =
PREFIX = /usr/local/
RPATH = $(PREFIX)jsoncpp/libs:$(PREFIX)protobuf/lib:$(PREFIX)snappy/lib
CFLAGS = -g -O2 -Wall -Werror -pipe -m64
CXXFLAGS = -g -O2 -Wall -Werror -pipe -m64 -std=c++11
LDFLAGS = -pthread -lprotobuf -L/usr/local/protobuf/lib\
    -ljson -L/usr/local/jsoncpp/libs -lsnappy -L/usr/local/snappy/lib\
    -lrt -Wl,-rpath=$(RPATH)
INCFLAGS = -I./ -I../../common -I../../protocol\
    -I/usr/local/protobuf/include -I/usr/local/jsoncpp/include\
    -I/usr/local/snappy/include
SRCDIRS = . ./handler ./proto ../../core ../../common ../../protocol
ALONE_SOURCES =
CC = gcc
CXX = g++
SRCEXTS = .c .C .cc .cpp .CPP .c++ .cxx .cp
HDREXTS = .h .H .hh .hpp .HPP .h++ .hxx .hp
ifeq ($(TARGET),)
    TARGET = $(shell basename $(CURDIR))
    ifeq ($(TARGET),)
        TARGET = a.out
    endif
endif
ifeq ($(SRCDIRS),)
    SRCDIRS = .
endif
SOURCES = $(foreach d,$(SRCDIRS),$(wildcard $(addprefix $(d)/*,$(SRCEXTS))))
SOURCES += $(ALONE_SOURCES)
HEADERS = $(foreach d,$(SRCDIRS),$(wildcard $(addprefix $(d)/*,$(HDREXTS))))
SRC_CXX = $(filter-out %.c,$(SOURCES))
OBJS = $(addsuffix .o, $(basename $(SOURCES)))
COMPILE.c    = $(CC)  $(CFLAGS)    $(INCFLAGS) -c
COMPILE.cxx  = $(CXX) $(CXXFLAGS)  $(INCFLAGS) -c
LINK.c       = $(CC)  $(CFLAGS)
LINK.cxx     = $(CXX) $(CXXFLAGS)
.PHONY: all objs clean help debug
all: $(TARGET)
objs: $(OBJS)
%.o:%.c
```

```
        $(COMPILE.c) $< -o $@
%.o:%.C
        $(COMPILE.cxx) $< -o $@
%.o:%.cc
        $(COMPILE.cxx) $< -o $@
%.o:%.cpp
        $(COMPILE.cxx) $< -o $@
%.o:%.CPP
        $(COMPILE.cxx) $< -o $@
%.o:%.c++
        $(COMPILE.cxx) $< -o $@
%.o:%.cp
        $(COMPILE.cxx) $< -o $@
%.o:%.cxx
        $(COMPILE.cxx) $< -o $@
$(TARGET): $(OBJS)
ifeq ($(SRC_CXX),)                          # C程序
        $(LINK.c)    $(OBJS) -o $@ $(LDFLAGS)
        @echo Type $@ to execute the program.
else                                        # C++程序
        $(LINK.cxx) $(OBJS) -o $@ $(LDFLAGS)
        @echo Type $@ to execute the program.
endif
clean:
        rm $(OBJS) $(TARGET)
help:
        @echo '通用版本的makefile用于编译C/C++程序 版本号1.0'
        @echo
        @echo 'Usage: make [TARGET]'
        @echo 'TARGETS:'
        @echo '  all         (相当于直接执行make命令) 编译并链接'
        @echo '  objs        只编译不链接'
        @echo '  clean       清除目标文件和可执行文件'
        @echo '  debug       显示变量，用于调试'
        @echo '  help        显示帮助信息'
        @echo
debug:
        @echo 'TARGET      :' $(TARGET)
        @echo 'SRCDIRS     :' $(SRCDIRS)
        @echo 'SOURCES     :' $(SOURCES)
        @echo 'HEADERS     :' $(HEADERS)
        @echo 'SRC_CXX     :' $(SRC_CXX)
        @echo 'OBJS        :' $(OBJS)
        @echo 'COMPILE.c   :' $(COMPILE.c)
        @echo 'COMPILE.cxx :' $(COMPILE.cxx)
        @echo 'LINK.c      :' $(LINK.c)
        @echo 'LINK.cxx    :' $(LINK.cxx)
```

有了 makefile 之后，我们就可以编译服务了。为了统一编译和安装，我们编写了编译脚本 build.sh 和安装脚本 install.sh，它们的内容如代码清单 13-26 和代码清单 13-27 所示。

代码清单 13-26　脚本 build.sh

```
#!/bin/bash
protoc -I./proto -I../../protocol --cpp_out=./proto echo.proto
make clean
make -j$(nproc)
```

代码清单 13-27　脚本 install.sh

```
#!/bin/bash
PROG=$(pwd | xargs basename)
mkdir -p /home/backend/log/${PROG}              # 创建日志文件所在目录
mkdir -p /home/backend/service/${PROG}          # 创建可执行文件和配置文件所在目录
mkdir -p /home/backend/script                   # 创建执行脚本所在目录
```

## 13.4 示例服务 Echo

```
mkdir -p /home/backend/route                              # 创建路由文件所在目录
cp -f ./${PROG} /home/backend/service/${PROG}             # 复制可执行文件
cp -f ./conf/${PROG}.conf /home/backend/service/${PROG}   # 复制配置文件
cp -f ./conf/${PROG}_client.conf /home/backend/route      # 发布路由文件
cp -f ../daemond.sh /home/backend/script/${PROG}          # 复制服务启停脚本
chmod +x /home/backend/script/${PROG}
chmod +x /home/backend/service/${PROG}
```

### 13.4.6 通用的服务启停脚本

为了方便服务的启停，我们编写了通用的服务启停脚本 daemond.sh。所有的 MyRPC 服务都可以使用这个脚本来启停，其中的内容如代码清单 13-28 所示。

**代码清单 13-28　服务启停脚本 daemond.sh**

```bash
#!/bin/bash
source /etc/init.d/functions    # 加载系统封装好的函数
GREEN='\033[1;32m'              # 绿色
RES='\033[0m'
SRV=$(basename ${BASH_SOURCE})
PROG="/home/backend/service/$SRV/$SRV"        # 程序的绝对路径
LOCK_FILE="/home/backend/lock/subsys/$SRV"    # 服务的锁文件
RET=0
function start() {   # 服务启动函数
    mkdir -p /home/backend/lock/subsys
    if [ ! -f $LOCK_FILE ]; then   # 服务的锁文件不存在，说明服务没有启动
        echo -n $"Starting $PROG: "
        # 启动服务，success和failure是系统封装的shell函数，用于输出提示
        $PROG -d && success || failure
        RET=$?
        echo
    else
        LOCK_FILE_PID=$(cat $LOCK_FILE)
        # 获取服务的进程id，如果获取成功，则表明服务已经在运行，否则启动服务
        PID=$(pidof $PROG | tr -s ' ' '\n' | grep $LOCK_FILE_PID)
        if [ ! -z "$PID" ] ; then
            echo -e "$SRV(${GREEN}$PID${RES}) is already running…"
        else
            # 服务的进程id不存在，启动服务
            echo -n $"Starting $PROG: "
            $PROG -d && success || failure
            RET=$?
            echo
        fi
    fi
    return $RET
}
function stop() {   # 服务停止函数
    # 服务的锁文件不存在，说明服务已经停止
    if [ ! -f $LOCK_FILE ]; then
        echo "$SRV is stopd"
        return $RET
    else
        echo -n $"Stopping $PROG: "
        # killproc是系统封装好的shell函数，用于停止服务
        killproc $PROG
        RET=$?
        # 删除服务的锁文件
        rm -f $LOCK_FILE
```

```bash
            echo
            return $RET
        fi
}
function restart() {    # 服务重启函数
    stop    # 先停止服务
    start   # 再启动服务
}
function status() {     # 服务状态查看函数
    if [ ! -f $LOCK_FILE ] ; then
            echo "$SRV is stoped"
    else
            LOCK_FILE_PID=$(cat $LOCK_FILE)
            PID=$(pidof $PROG | tr -s ' ' '\n' | grep $LOCK_FILE_PID)
            if [ -z "$PID" ] ; then
                echo "$SRV dead but locked"
            else
                echo -e "$SRV(${GREEN}$PID${RES}) is running..."
            fi
    fi
}
case "$1" in
start)
    start
    ;;
stop)
    stop
    ;;
restart)
    restart
    ;;
status)
    status
    ;;
*)
    echo $"Usage: $0 {start|stop|restart|status}"
    exit 1
esac
exit $RET
```

我们之前已经介绍过 shell 编程和后台服务的启停脚本，这里不再赘述 daemond.sh 的实现逻辑。

### 13.4.7 接口测试

在执行完 build.sh 和 install.sh 之后，服务的编译和安装就完成了。然后执行 "/home/backend/script/echo start" 命令，就可以启动 Echo 服务。此时，Echo 服务已经运行在后台。那么，我们该如何测试呢？由于 MyRPC 框架同时支持 HTTP 和 MySvr，因此可以使用 HTTP 的客户端工具来发起接口测试。对于 EchoMySelf 接口，我们可以使用 curl 命令行工具来测试。现在让我们来看一下对应的 curl 命令。

```
curl --location --request POST 'http://127.0.0.1:1693/index' \
--header 'service_name: Echo' \
--header 'rpc_name: EchoMySelf' \
--header 'Content-Type: application/json' \
--data-raw '{
    "message": "hello world"
}'
```

在 curl 命令中，我们可以使用 header 选项来设置 HTTP 请求的头部，并使用 data-raw

选项来设置 HTTP 请求的请求体。虽然我们可以使用 HTTP 的客户端工具来测试 EchoMySelf 接口，但是这种方式不支持 oneway 模式和 Fast-Resp 模式接口的测试。此外，HTTP 本身也不支持 oneway 模式和 Fast-Resp 模式的请求。因此，我们需要开发专门的工具来测试这些接口。在 13.5 节中，我们将编写 MySvr 的通用测试工具。

## 13.5 工具集合

"工欲善其事，必先利其器。"要构建复杂且鲁棒的系统或框架，就必须有配套工具的辅助。因此，在本节中，我们将构建 3 个工具——服务代码生成工具 myrpcc、接口测试工具 myrpct 和接口压测工具 myrpcb。它们的作用分别是提升开发效率、提升测试效率和评估服务接口性能。

### 13.5.1 服务代码生成工具 myrpcc

从示例服务 Echo 中，我们可以看出，业务服务初始的代码、配置及脚本的构成是固定的。因此，我们可以通过一个工具来自动生成这些代码、配置和脚本，以提升开发效率。同时，这也使得不同服务之间能够保持目录结构的一致性，提升代码的易读性，降低服务的维护成本。这个工具被命名为 myrpcc，大家可以认为它就是 MyRPC 框架的脚手架工具。

不同业务服务之间动态变化的信息被称为服务元数据，而这些信息都可以从描述服务的 proto 文件中获取。因此，我们可以先解析出 proto 文件中的服务元数据，再根据服务元数据来动态生成代码、配置和脚本。

我们选择使用 C++ 来编写 myrpcc 工具，当然也可以使用其他编程语言，只要能够实现相关功能即可。在开始编写之前，我们面临的第一个问题是，如何从 proto 文件中解析出服务信息？常见的 proto 解析方案是，首先通过开源的工具（如 antlr4）来完成 proto 文件的词法分析和语法分析，然后生成抽象语法树（Abstract Syntax Tree，AST），并在遍历 AST 的过程中收集服务信息。然而，这种解析方案需要引入其他依赖，实施起来较为复杂，成本也较高。因此，我们选择自己做词法分析，然后根据语法关键字来提取服务信息。

词法分析在本质上就是对有限状态机的状态迁移过程进行翻译。因此，我们只需要梳理出状态机的状态迁移过程，后续的编码就是翻译的过程。词法分析的第一步是划分出不同的状态。在我们的实现中，我们将词法分析划分为 7 个状态，它们的内容如代码清单 13-29 所示。

代码清单 13-29　词法分析的 7 个状态

```
enum ParseStatus {
  INIT = 0,              //初始化状态
  IDENTIFIER = 1,        //标识符（包括关键字）-> syntax "proto3" package
  SPECIAL_CHAR = 2,      //特殊字符 -> = ; { } ( ) [ ]
  ORDER_NUM = 3,         //序号 -> 1 2 3
  COMMENT_BEGIN = 4,     //注释模式
  COMMENT_STAR = 5,      //注释模式1 -> /*
  COMMENT_DOUBLE_SLASH = 6,  //注释模式2 -> //
};
```

这 7 个状态的迁移情况如图 13-9 所示。

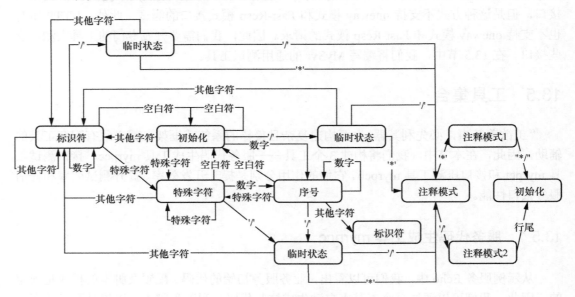

图13-9　词法分析的7个状态的迁移情况

在梳理完词法分析的状态迁移之后，接下来就是编码实现。相应的代码如代码清单 13-30 所示。

**代码清单 13-30　头文件 protosimpleparser.hpp**

```cpp
#pragma once
#include <assert.h>
#include <algorithm>
#include <fstream>
#include <iostream>
#include <string>
#include <vector>
#include "../../common/strings.hpp"
#define GREEN_BEGIN "\033[32m"
#define RED_BEGIN "\033[31m"
#define COLOR_END "\033[0m"
using namespace std;
enum ParseStatus {
    INIT = 0,              //初始化状态
    IDENTIFIER = 1,        //标识符（包括关键字）-> syntax "proto3" package
    SPECIAL_CHAR = 2,      //特殊字符 -> = ; { } ( ) [ ]
    ORDER_NUM = 3,         //序号 -> 1 2 3
    COMMENT_BEGIN = 4,     //注释模式
    COMMENT_STAR = 5,      //注释模式1 -> /*
    COMMENT_DOUBLE_SLASH = 6,  //注释模式2 -> //
};
enum RpcMode {
    REQ_RESP = 1,      //Request-Response模式
    ONE_WAY = 2,       //oneway模式
    FAST_RESP = 3,     //Fast-Response模式
};
typedef struct RpcInfo {
    string rpc_name_;
    RpcMode rpc_mode_;
    string request_name_;
```

```cpp
    string response_name_;
    string cpp_file_name_;
} RpcInfo;
typedef struct ServiceInfo {
  std::string package_name_;
  std::string service_name_;
  std::string cpp_namespace_name_;
  std::string handler_file_prefix_;
  std::string port_;
  std::vector<RpcInfo> rpc_infos_;
} ServiceInfo;
class ProtoSimpleParser {
 public:
    static bool Parse2Token(string proto, vector<string>& tokens) {
      if (proto == "") return false;
      ifstream in;
      string line;
      in.open(proto.c_str());
      if (not in.is_open()) return false;
      std::string token = "";
      ParseStatus parseStatus = INIT;
      while (getline(in, line)) {
        parseLine(line, token, parseStatus, tokens);
      }
      return true;
    }
    static void Parse2ServiceInfo(vector<string>& tokens, ServiceInfo&
      serviceInfo) {
      for (size_t i = 0; i < tokens.size(); i++) {
        //提取package关键字后的包名
        if (tokens[i] == "package" && i + 1 < tokens.size()) {
          serviceInfo.package_name_ = tokens[i + 1];
        }
        //提取service关键字后的服务名
        if (tokens[i] == "service" && i + 1 < tokens.size()) {
          serviceInfo.service_name_ = tokens[i + 1];
        }
        //demo: option (MySvr.Base.Port) = 1693;
        //提取服务监听的端口号
        if (tokens[i] == "option" && i + 5 < tokens.size() && tokens[i + 2]
          == "MySvr.Base.Port") {
          serviceInfo.port_ = tokens[i + 5];
        }
        /* demo:
              rpc OneWay(OneWayMessage) returns(MySvr.Base.OneWayResponse) {
                option (MySvr.Base.MethodMode) = 2;
              };
         */
        if (tokens[i] == "rpc" && i + 7 < tokens.size()) {
          RpcInfo rpcInfo;
          rpcInfo.rpc_mode_ = REQ_RESP;    //默认为REQ_RESP模式
          rpcInfo.rpc_name_ = tokens[i + 1];
          rpcInfo.request_name_ = tokens[i + 3];
          rpcInfo.response_name_ = tokens[i + 7];
          rpcInfo.cpp_file_name_ = rpcInfo.rpc_name_ + ".cpp";
          if (i + 15 < tokens.size() && tokens[i + 12] == "MySvr.Base.MethodMode") {
            if (tokens[i + 15] == "2") {
              rpcInfo.rpc_mode_ = ONE_WAY;
            }
            if (tokens[i + 15] == "3") {
              rpcInfo.rpc_mode_ = FAST_RESP;
            }
          }
          serviceInfo.rpc_infos_.push_back(rpcInfo);
        }
      }
      preDealServiceInfo(serviceInfo);
```

```cpp
  }
 private:
  static void preDealServiceInfo(ServiceInfo& serviceInfo) {
    vector<string> items;
    Common::Strings::Split(serviceInfo.package_name_, ".", items);
    if (items.size() != 2) {
      cout << RED_BEGIN << "package_name only support secondary package."
           << COLOR_END << endl;
      exit(-1);
    }
    if (items[1] != serviceInfo.service_name_) {
      cout << RED_BEGIN << "package_name's suffix[" << items[1]
           << "] and service_name[" << serviceInfo.service_name_
           << "] not match." << COLOR_END << endl;
      exit(-1);
    }
    serviceInfo.cpp_namespace_name_ = Common::Strings::Join(items, "::");
    serviceInfo.handler_file_prefix_ = serviceInfo.service_name_;
    Common::Strings::ToLower(serviceInfo.handler_file_prefix_);
    for (auto& rpcInfo : serviceInfo.rpc_infos_) {
      Common::Strings::ToLower(rpcInfo.cpp_file_name_);
      size_t len = rpcInfo.request_name_.length();
      if (len <= 7) {
        cout << RED_BEGIN << "request_name[" << rpcInfo.request_name_
             << "] is too short" << COLOR_END << endl;
        exit(-1);
      }
      string suffix = rpcInfo.request_name_.substr(len - 7);
      if (not(suffix != "Request" || suffix != "Message")) {
        cout << RED_BEGIN << "request_name[" << rpcInfo.request_name_
             << "] is not end with Request or Message"
             << COLOR_END << endl;
        exit(-1);
      }
      if (suffix == "Request" && rpcInfo.rpc_name_ + "Request" !=
          rpcInfo.request_name_) {
        cout << RED_BEGIN << "rpc_name[" << rpcInfo.rpc_name_
             << "] is not request_name[" << rpcInfo.request_name_
             << "] prefix" << COLOR_END << endl;
        exit(-1);
      }
      if (suffix == "Message" && rpcInfo.rpc_name_ + "Message" !=
          rpcInfo.request_name_) {
        cout << RED_BEGIN << "rpc_name[" << rpcInfo.rpc_name_
             << "] is not request_name[" << rpcInfo.request_name_
             << "] prefix" << COLOR_END << endl;
        exit(-1);
      }
      if (rpcInfo.rpc_mode_ == ONE_WAY && rpcInfo.response_name_ !=
          "MySvr.Base.OneWayResponse") {
        cout << RED_BEGIN
             << "oneway rpc response must MySvr.Base.OneWayResponse"
             << COLOR_END << endl;
        exit(-1);
      }
      if (rpcInfo.rpc_mode_ == FAST_RESP && rpcInfo.response_name_ !=
          "MySvr.Base.FastRespResponse") {
        cout << RED_BEGIN << "fast response rpc response"
             << " must MySvr.Base.FastRespResponse"
             << COLOR_END << endl;
        exit(-1);
      }
      vector<string> items;
      Common::Strings::Split(rpcInfo.request_name_, ".", items);
      rpcInfo.request_name_ = items[items.size() - 1];
      items.clear();
      Common::Strings::Split(rpcInfo.response_name_, ".", items);
      rpcInfo.response_name_ = items[items.size() - 1];
    }
```

```cpp
}
static bool isSpecial(char c) {
  return c == '=' || c == ';' || c == '{' || c == '}' || c == '(' ||
    c == ')' || c == '[' || c == ']';
}
static void parseLine(string line, std::string& token, ParseStatus&
  parseStatus, vector<string>& tokens) {
    auto getOneToken = [&token, &tokens, &parseStatus](ParseStatus
      newStatus) {
      if (token != "") tokens.push_back(token);
      token = "";
      parseStatus = newStatus;
    };
    for (size_t i = 0; i < line.size(); i++) {
      char c = line[i];
      if (parseStatus == INIT) {
        if (isblank(c)) continue;
        if (isdigit(c)) {           //数字
          token = c;
          parseStatus = ORDER_NUM;
        } else if (c == '/') {   //注释
          if (i + 1 < line.size() && (line[i + 1] == '*' || line[i + 1]
            == '/')) {
            parseStatus = COMMENT_BEGIN;
          } else {
            token = c;
            parseStatus = IDENTIFIER;
          }
        } else if (isSpecial(c)) {  //特殊字符
          token = c;
          parseStatus = SPECIAL_CHAR;
        } else {   //执行到这里,说明是标识符
          token = c;
          parseStatus = IDENTIFIER;
        }
      } else if (parseStatus == IDENTIFIER) {
        if (isblank(c)) {
          getOneToken(INIT);
        } else if (isdigit(c)) {
          token += c;
        } else if (c == '/') {
          if (i + 1 < line.size() && (line[i + 1] == '*' || line[i + 1]
            == '/')) {
            getOneToken(COMMENT_BEGIN);
          } else {
            token += c;
          }
        } else if (isSpecial(c)) {
          getOneToken(SPECIAL_CHAR);
          token = c;
        } else {
          token += c;
        }
      } else if (parseStatus == SPECIAL_CHAR) {
        if (isblank(c)) {
          getOneToken(INIT);
        } else if (isdigit(c)) {
          getOneToken(ORDER_NUM);
          token = c;
        } else if (c == '/') {
          if (i + 1 < line.size() && (line[i + 1] == '*' || line[i + 1]
            == '/')) {
            getOneToken(COMMENT_BEGIN);
          } else {
            getOneToken(IDENTIFIER);
            token = c;
```

```cpp
            }
          } else if (isSpecial(c)) {
            getOneToken(SPECIAL_CHAR);
            token = c;
          } else {
            getOneToken(IDENTIFIER);
            token = c;
          }
        } else if (parseStatus == ORDER_NUM) {
          if (isblank(c)) {
            getOneToken(INIT);
          } else if (isdigit(c)) {
            token += c;
          } else if (c == '/') {
            if (i + 1 < line.size() && (line[i + 1] == '*' || line[i + 1]
                == '/')) {
              getOneToken(COMMENT_BEGIN);
            } else {
              getOneToken(IDENTIFIER);
              token = c;
            }
          } else if (isSpecial(c)) {
            getOneToken(SPECIAL_CHAR);
            token = c;
          } else {
            getOneToken(IDENTIFIER);
            token = c;
          }
        } else if (parseStatus == COMMENT_BEGIN) {
          if (c == '*') {
            parseStatus = COMMENT_STAR;
          } else if (c == '/') {
            parseStatus = COMMENT_DOUBLE_SLASH;
          } else {
            assert(0);
          }
        } else if (parseStatus == COMMENT_STAR) {
          if (c == '*' && i + 1 < line.size() && line[i + 1] == '/') {
                                    //尝试下一个字符
            i++;                    //跳过'/'
            parseStatus = INIT;     //解析状态变成初始化
          }
        } else if (parseStatus == COMMENT_DOUBLE_SLASH) {
          if (i == line.size() - 1) {  //双斜线的注释范围到行尾结束
            parseStatus = INIT;     //解析状态变成初始化
          }
        } else {
          assert(0);
        }
      }
    }
  };
```

在上述代码中，ParseStatus 枚举定义了词法分析的 7 个不同状态，RpcMode 枚举定义了 MyRPC 的 3 种调用模式。RpcInfo 结构体用于保存 RPC 接口的元数据，ServiceInfo 结构体用于保存服务的元数据。Parse2Token 函数完成了词法分析的操作，而 parseLine 函数则完成了词法分析状态迁移的全过程。在完成词法分析之后，我们需要从 token 流中解析出服务的元数据。这个任务由 Parse2ServiceInfo 函数来完成，它通过关键字来提取服务的元数据。最后，我们需要对提取的服务元数据进行预处理和各种校验。例如，对于 Fast-Resp 模式的接口，应答的消息体必须是 MySvr.Base.FastRespResponse，请求的后缀必须是 Request 或 Message 等。所有的校验规则都是在 preDealServiceInfo 函数中实现的。

在解决了服务元数据的获取问题之后,接下来的操作就是根据提取的服务元数据来驱动相关代码、配置和脚本的生成。

**1. myrpcc 工具的目录结构**

我们来看一下 myrpcc 工具的目录结构。

```
myrpcc
├── build.sh
├── genbase.hpp
├── genbuild.hpp
├── genconf.hpp
├── genhandler.hpp
├── geninstall.hpp
├── genmain.hpp
├── genmakefile.hpp
├── install.sh
├── makefile
├── myrpcc.cpp
└── protosimpleparser.hpp
```

在 myrpcc 目录下,所有以 gen 为前缀的代码文件都被用于生成文件。接下来,我们将依次介绍这些代码文件。

myrpcc 工具的入口代码保存在 myrpcc.cpp 文件中,如代码清单 13-31 所示。

**代码清单 13-31　myrpcc 工具的入口代码**

```cpp
#include <string.h>
#include <sys/types.h>
#include <sys/wait.h>
#include <unistd.h>
#include <iostream>
#include "../../common/cmdline.h"
#include "../../common/strings.hpp"
#include "genbuild.hpp"
#include "genconf.hpp"
#include "genhandler.hpp"
#include "geninstall.hpp"
#include "genmain.hpp"
#include "genmakefile.hpp"
#include "protosimpleparser.hpp"
#define GREEN_BEGIN "\033[32m"
#define RED_BEGIN "\033[31m"
#define COLOR_END "\033[0m"
using namespace std;
string proto;    //proto的定义文件
bool debug;      //是否输出调试信息
void usage() {
  cout << "myrpcc -proto echo.proto [-debug]" << endl;
  cout << "options:" << endl;
  cout << "    -h,--help      print usage" << endl;
  cout << "    -proto         protobuf file" << endl;
  cout << "    -debug         print debug info" << endl;
  cout << endl;
}
bool IsValidProto() {
  ifstream in;
  string line;
  string cmd = "protoc -I./proto -I../../protocol --cpp_out=./proto " + proto;
  string protoFile = "./proto/" + proto;
  in.open(protoFile.c_str());
  if (not in.is_open()) {
    cout << "open file[" << protoFile << "] failed." << strerror(errno) << endl;
    return false;
  }
```

```cpp
    return GenBase::ExecCmd(cmd);
}
void printTokens(vector<string>& tokens) {
    for (auto token : tokens) {
        cout << token << endl;
    }
}
void printServiceInfo(ServiceInfo& serviceInfo) {
    cout << "package=" << serviceInfo.package_name_ << endl;
    cout << "service=" << serviceInfo.service_name_ << endl;
    cout << "port=" << serviceInfo.port_ << endl;
    cout << "namespace=" << serviceInfo.cpp_namespace_name_ << endl;
    cout << "handler_file_prefix=" << serviceInfo.handler_file_prefix_ << endl;
    for (auto rpcInfo : serviceInfo.rpc_infos_) {
        cout << "rpcInfo[name=" << rpcInfo.rpc_name_ << ",mode="
            << rpcInfo.rpc_mode_ << ",req=" << rpcInfo.request_name_
            << ",resp=" << rpcInfo.response_name_ << ",rpc_file="
            << rpcInfo.cpp_file_name_ << "]" << endl;
    }
}
bool genMySvrFiles(ServiceInfo& serviceInfo) {
    if (not GenMakefile::Gen()) return false;
    if (not GenInstall::Gen()) return false;
    if (not GenBuild::Gen(serviceInfo)) return false;
    if (not GenMain::Gen(serviceInfo)) return false;
    if (not GenHandler::Gen(serviceInfo)) return false;
    if (not GenConf::Gen(serviceInfo)) return false;
    if (not GenBase::ExecCmd("chmod +x ./build.sh ./install.sh")) return false;
    return true;
}
int main(int argc, char* argv[]) {
    Common::CmdLine::StrOptRequired(&proto, "proto");
    Common::CmdLine::BoolOpt(&debug, "debug");
    Common::CmdLine::SetUsage(usage);
    Common::CmdLine::Parse(argc, argv);
    if (not IsValidProto()) {
        cout << RED_BEGIN << proto << " invalid, please check proto file."
            << COLOR_END << endl;
        return -1;
    }
    vector<string> tokens;
    if (not ProtoSimpleParser::Parse2Token("./proto/" + proto, tokens)) {
        cout << RED_BEGIN << "proto parse failed, please check proto file."
            << COLOR_END << endl;
        return -1;
    }
    if (debug) {
        printTokens(tokens);
    }
    ServiceInfo serviceInfo;
    ProtoSimpleParser::Parse2ServiceInfo(tokens, serviceInfo);
    printServiceInfo(serviceInfo);
    cout << GREEN_BEGIN << "parse Proto[" << proto << "] success"
        << COLOR_END << endl;
    if (not genMySvrFiles(serviceInfo)) {
        cout << RED_BEGIN << "gen myrpc files failed." << COLOR_END << endl;
        return -1;
    }
    cout << GREEN_BEGIN << "gen myrpc files success" << COLOR_END << endl;
    return 0;
}
```

myrpcc.cpp 文件中定义了 main 函数。在 main 函数中，首先完成命令行参数的解析，然后通过 IsValidProto 函数执行 protoc 命令以校验 proto 文件是否符合语法规则。接下来，使用前面编写的 proto 解析类解析 proto 文件并获取服务元数据信息。最后，调用 genMySvrFiles

函数以实现所有文件的自动生成。

myrpcc 工具支持的命令行选项非常简单，只有两个。一个是 proto 文件名称的选项，另一个是输出调试信息的开关选项。命令行参数的解析已经在前面的内容中介绍过了，这里不再赘述。需要注意的是，proto 文件名称不需要带任何路径，myrpcc 工具只会在当前目录的 proto 子目录中查找指定的 proto 文件。当 debug 选项被打开时，myrpcc 工具在执行时会把解析出来的 token 流输出到当前的命令行终端。

由于文件的生成需要执行许多通用操作，我们首先创建了一个名为 GenBase 的基类。它完成了许多通用操作的封装，相应的代码如代码清单 13-32 所示。

**代码清单 13-32　头文件 genbase.hpp**

```cpp
#pragma once
#include <sys/stat.h>
#include <sys/types.h>
#include <fstream>
#include <iostream>
#include <sstream>
#include <string>
using namespace std;
class GenBase {
 public:
  static bool GenFile(string file, string content) {
    ofstream out;
    out.open(file);
    if (not out.is_open()) {
      cout << "open file[" << file << "] failed." << endl;
      return false;
    }
    out << content << endl;
    return true;
  }
  static bool ExecCmd(string cmd) {
    pid_t pid = fork();
    if (pid < 0) {
      perror("call fork failed.");
      return false;
    }
    if (0 == pid) {
      cout << "exec cmd[" << cmd << "]" << endl;
      execl("/bin/bash", "bash", "-c", cmd.c_str(), nullptr);
      exit(1);
    }
    int status = 0;
    int ret = waitpid(pid, &status, 0);   //调用waitpid函数，等待子进程执行子命令结束
    if (ret != pid) {
      perror("call waitpid failed.");
      return false;
    }
    if (WIFEXITED(status) && WEXITSTATUS(status) == 0) {   //判断命令执行结果
      return true;
    }
    return false;
  }
  static bool IsFileExist(string file) { return ifstream(file).good(); }
  static bool Mkdir(string dir) {
    if (0 == mkdir(dir.c_str(), 0)) return true;
    if (errno == EEXIST) return true;
    return false;
  }
};
```

在 GenBase 类中，GenFile 函数用于使用指定内容来创建文件。ExecCmd 函数通过执

行 fork 函数、execl 函数和 waitpid 函数来实现执行指定命令行的功能。IsFileExist 函数用于判断文件是否已经存在，Mkdir 函数则用于创建目录。如果目录已经存在，Mkdir 函数会直接返回 true。

用于生成 build.sh 文件的代码保存在头文件 genbuild.hpp 中，如代码清单 13-33 所示。

**代码清单 13-33　头文件 genbuild.hpp**

```cpp
#pragma once
#include "genbase.hpp"
#include "protosimpleparser.hpp"
extern string proto;
class GenBuild : public GenBase {
 public:
  static bool Gen(ServiceInfo &serviceInfo) {
    string content = R"(#!/bin/bash
      protoc -I./proto -I../../protocol --cpp_out=./proto )" + proto + R"(
      make clean
      make -j$(nproc))";
    return GenFile("build.sh", content);
  }
};
```

上述代码非常简单，就是将 build.sh 脚本的内容直接输出到文件中。在这里，我们使用了 C++11 的一个新的语法特性——字符串的原始字面量 R"(str)"。原始字面量的内容不会被转义，而是被原样输出。使用原始字面量可以非常方便地构造格式化的文件内容并输出到文件中。在后续所有文件的生成代码中，我们都使用了原始字面量。在上面生成的代码中，我们首先执行固定的 protoc 命令来编译服务的 proto 文件，然后使用 make 命令来编译服务。

用于生成配置文件的代码保存在头文件 genconf.hpp 中，如代码清单 13-34 所示。

**代码清单 13-34　头文件 genconf.hpp**

```cpp
#pragma once
#include "genbase.hpp"
#include "protosimpleparser.hpp"
class GenConf : public GenBase {
 public:
  static bool Gen(ServiceInfo &serviceInfo) {
    if (not ExecCmd("mkdir -p ./conf")) return false;
    if (not genConf(serviceInfo)) return false;
    if (not genClientConf(serviceInfo)) return false;
    return true;
  }
 private:
  static bool genConf(ServiceInfo &serviceInfo) {
    std::string file = "./conf/" + serviceInfo.handler_file_prefix_ +
      ".conf";
    if (IsFileExist(file)) {
      return true;
    }
    string content = R"([MyRPC]
      port = )" + serviceInfo.port_ + R"(
      listen_if = any
      coroutine_count = 10240
      process_count = 16)";
    GenFile(file, content);
    return true;
  }
  static bool genClientConf(ServiceInfo &serviceInfo) {
    std::string file = "./conf/" + serviceInfo.handler_file_prefix_ +
      "_client.conf";
```

```
    if (IsFileExist(file)) {
      return true;
    }
    string content = R"([Svr]
      count = 1
      connectTimeOutMs = 50
      readTimeOutMs = 1000
      writeTimeOutMs = 1000
      [Svr1]
      ip = 127.0.0.1
      port = )" + serviceInfo.port_;
    GenFile(file, content);
    return true;
  }
```

头文件 genconf.hpp 用于生成默认的服务配置文件和服务路由配置文件。在生成这些配置文件之前,先在当前目录下创建 conf 子目录。服务配置文件中的监听端口使用服务元数据的端口信息进行配置,服务默认在 0.0.0.0 地址上监听,启动 16 个工作子进程,每个工作子进程会创建 10 240 大小的协程池。服务路由配置文件中默认只有一个服务实例,在 127.0.0.1 地址上监听,端口也使用服务元数据的端口信息进行配置。服务的连接超时时间为 50 ms,读写超时时间为 1000 ms。

用于生成 handler 系列文件的代码保存在头文件 genhandler.hpp 中,如代码清单 13-35 所示。

**代码清单 13-35　头文件 genhandler.hpp**

```
#pragma once
#include "genbase.hpp"
#include "protosimpleparser.hpp"
class GenHandler : public GenBase {
 public:
  static bool Gen(ServiceInfo &serviceInfo) {
    if (not ExecCmd("mkdir -p ./handler")) return false;
    for (auto rpcInfo : serviceInfo.rpc_infos_) {
      string file = "./handler/" + rpcInfo.cpp_file_name_;
      if (IsFileExist(file)) {
        continue;
      }
      if (not genRpcHandler(serviceInfo, rpcInfo, file)) return false;
    }
    if (not genHandler(serviceInfo)) return false;
    return true;
  }
 private:
  static bool genRpcHandler(ServiceInfo &serviceInfo, RpcInfo rpcInfo,
    string file) {
    string prefix = serviceInfo.handler_file_prefix_;
    string serviceName = serviceInfo.service_name_;
    stringstream out;
    out << R"(#include "../)" + prefix + R"(handler.h")" << endl;
    out << endl;
    out << "int " + serviceName + "Handler::" + rpcInfo.rpc_name_ +
           "(" + rpcInfo.request_name_ + " &request, " +
           rpcInfo.response_name_ + " &response) {"
        << endl;
    out << R"( //TODO)" << endl;
    out << "  return 0;" << endl;
    out << "}" << endl;
    return GenFile(file, out.str());
  }
  static bool genHandler(ServiceInfo &serviceInfo) {
```

```cpp
        string file = serviceInfo.handler_file_prefix_ + "handler.h";
        string rpcHandler;
        string rpcHandlerStatement;
        string rpcNames;
        for (size_t i = 0; i < serviceInfo.rpc_infos_.size(); i++) {
            auto rpcInfo = serviceInfo.rpc_infos_[i];
            rpcNames += "\"" + rpcInfo.rpc_name_ + "\"";
            rpcHandler += "    RPC_HANDLER(\"" + rpcInfo.rpc_name_ + "\", " +
                rpcInfo.rpc_name_ + ", " + rpcInfo.request_name_ + "," +
                rpcInfo.response_name_ + ", req, resp);";
            rpcHandlerStatement += "    int " + rpcInfo.rpc_name_ + "(" + rpcInfo.
                request_name_ + " &request, " + rpcInfo.response_name_ +
                " &response);";
            if (i != serviceInfo.rpc_infos_.size() - 1) {
                rpcNames += ", ";
                rpcHandler += "\n";
                rpcHandlerStatement += "\n";
            }
        }
        stringstream out;
        out << R"(//Generated by the MyRPC compiler v1.0.0 . DO NOT EDIT!
#pragma once
#include <set>
#include <string>
#include "../../common/log.hpp"
#include "../../common/utils.hpp"
#include "../../core/handler.hpp"
#include "../../core/mysvrclient.hpp"
#include "../../protocol/base.pb.h")"
            << endl;
        out << R"(#include "proto/)" + serviceInfo.handler_file_prefix_ +
            R"(.pb.h")" << endl;
        out << endl;
        out << "using namespace MySvr::Base;" << endl;
        out << "using namespace " << serviceInfo.cpp_namespace_name_ << ";"
            << endl;
        out << endl;
        out << R"(class )" + serviceInfo.service_name_ +
            R"(Handler : public Core::MyHandler {
public:
    )" + serviceInfo.service_name_ +
            R"(Handler() {
        service_name_ = std::string{")" + serviceInfo.service_name_ +
            R"("};
        rpc_names_ = std::unordered_set<std::string>{)" + rpcNames +
            R"(};
    }
    void MySvrHandler(Protocol::MySvrMessage &req, Protocol::MySvrMessage&resp) {
    )" + rpcHandler +
            R"(
    }
    )" + rpcHandlerStatement +
            R"(
};)";
        return GenFile(file, out.str());
    }
};
```

头文件 genhandler.hpp 用于生成 MyRPC 框架接口处理函数 MySvrHandler 在服务中的分发逻辑和初始化服务接口的元数据逻辑。在生成 handler 系列文件之前，首先在当前目录下创建 handler 子目录。然后为每个 RPC 接口生成对应的.cpp 文件，每个.cpp 文件默认只完成一个接口的处理，接口的具体逻辑预留到后面实现。接下来，在当前目录下创建一个以全小写的服务名为前缀且使用 handler 结尾的头文件。在这个头文件中实现 Handler 类，该类继承了 MyHandler 类并实现了 MySvrHandler 函数。在 MySvrHandler 函数中，使用之前提到的 RPC_HANDLER 宏实现 RPC 接口的分发。在 Handler 类的构造函数中，实现服务接口元数据的初始化。Handler 类的最后是每个 RPC 接口处理函数的声明。

用于生成 install.sh 文件的代码保存在头文件 geninstall.hpp 中，如代码清单 13-36 所示。

**代码清单 13-36　头文件 geninstall.hpp**

```cpp
#pragma once
#include "genbase.hpp"
class GenInstall : public GenBase {
 public:
  static bool Gen() {
    if (IsFileExist("install.sh")) {
      return true;
    }
    string content = R"(#!/bin/bash
      PROG=$(pwd | xargs basename)
      mkdir -p /home/backend/log/${PROG}            # 创建日志文件目录
      mkdir -p /home/backend/service/${PROG}        # 创建可执行文件和配置文件所在目录
      mkdir -p /home/backend/script                 # 创建执行脚本所在目录
      mkdir -p /home/backend/route                  # 创建路由文件所在目录
      cp -f ./${PROG} /home/backend/service/${PROG} # 拷贝可执行文件
      cp -f ./conf/${PROG}.conf /home/backend/service/${PROG}# 拷贝配置文件
      cp -f ./conf/${PROG}_client.conf /home/backend/route   # 发布路由文件
      cp -f ../daemond.sh /home/backend/script/${PROG}       # 拷贝服务启停脚本
      chmod +x /home/backend/script/${PROG}
      chmod +x /home/backend/service/${PROG})";
    return GenFile("install.sh", content);
  }
};
```

头文件 geninstall.hpp 的逻辑非常简单，因为脚本中的内容并不需要具体的服务元数据，所以直接输出通用的 install.sh 脚本内容即可。只不过在生成文件之前，需要判断文件是否已经存在，如果已经存在，就不再生成了。

用于生成服务入口文件的代码保存在头文件 genmain.hpp 中，如代码清单 13-37 所示。

**代码清单 13-37　头文件 genmain.hpp**

```cpp
#pragma once
#include "genbase.hpp"
#include "protosimpleparser.hpp"
class GenMain : public GenBase {
 public:
  static bool Gen(ServiceInfo &serviceInfo) {
    string prefix = serviceInfo.handler_file_prefix_;
    if (IsFileExist(prefix + ".cpp")) {
      return true;
    }
    string serviceName = serviceInfo.service_name_;
    stringstream out;
    out << R"(#include "../../core/service.h")" << endl;
    out << R"(#include ")" + prefix + R"(handler.h")" << endl;
    out << endl;
    out << R"(int main(int argc, char *argv[]) {
)" + serviceName + R"(Handler handler;
  SERVICE.Init(argc, argv);
  SERVICE.RegHandler(&handler);
  SERVICE.Run();
  return 0;
})";
```

```cpp
        return GenFile(prefix + ".cpp", out.str());
    }
};
```

头文件 genmain.hpp 的逻辑也相对比较简单,只需要生成 main 函数的入口即可,这里仅用到少部分的服务元数据。在生成文件之前,也需要先校验文件是否已经存在。

用于生成 makefile 文件的代码保存在头文件 genmakefile.hpp 中,如代码清单 13-38 所示。

**代码清单 13-38　头文件 genmakefile.hpp**

```cpp
#pragma once
#include "genbase.hpp"
class GenMakefile : public GenBase {
 public:
    static bool Gen() {
        if (IsFileExist("makefile")) {
            return true;
        }
        string content = R"(TARGET =
PREFIX = /usr/local/
RPATH = $(PREFIX)jsoncpp/libs:$(PREFIX)protobuf/lib:$(PREFIX)snappy/lib
CFLAGS = -g -O2 -Wall -Werror -pipe -m64
CXXFLAGS = -g -O2 -Wall -Werror -pipe -m64 -std=c++11
LDFLAGS = -pthread -lprotobuf -L/usr/local/protobuf/lib\
  -ljson -L/usr/local/jsoncpp/libs -lsnappy -L/usr/local/snappy/lib\
  -lrt -Wl,-rpath=$(RPATH)
INCFLAGS = -I./ -I../../common -I../../protocol\
  -I/usr/local/protobuf/include -I/usr/local/jsoncpp/include\
  -I/usr/local/snappy/include
SRCDIRS = . ../handler ./proto ../../core ../../common ../../protocol
ALONE_SOURCES =
CC = gcc
CXX = g++
SRCEXTS = .c .C .cc .cpp .CPP .c++ .cxx .cp
HDREXTS = .h .H .hh .hpp .HPP .h++ .hxx .hp
ifeq ($(TARGET),)
    TARGET = $(shell basename $(CURDIR))
    ifeq ($(TARGET),)
        TARGET = a.out
    endif
endif
ifeq ($(SRCDIRS),)
    SRCDIRS = .
endif
SOURCES = $(foreach d,$(SRCDIRS),$(wildcard $(addprefix $(d)/*,$(SRCEXTS))))
SOURCES += $(ALONE_SOURCES)
HEADERS = $(foreach d,$(SRCDIRS),$(wildcard $(addprefix $(d)/*,$(HDREXTS))))
SRC_CXX = $(filter-out %.c,$(SOURCES))
OBJS = $(addsuffix .o, $(basename $(SOURCES)))
COMPILE.c    = $(CC)  $(CFLAGS)    $(INCFLAGS) -c
COMPILE.cxx  = $(CXX) $(CXXFLAGS)  $(INCFLAGS) -c
LINK.c       = $(CC)  $(CFLAGS)
LINK.cxx     = $(CXX) $(CXXFLAGS)
.PHONY: all objs clean help debug
all: $(TARGET)
objs: $(OBJS)
%.o:%.c
    $(COMPILE.c) $< -o $@
%.o:%.C
    $(COMPILE.cxx) $< -o $@
%.o:%.cc
    $(COMPILE.cxx) $< -o $@
%.o:%.cpp
    $(COMPILE.cxx) $< -o $@
%.o:%.CPP
    $(COMPILE.cxx) $< -o $@
```

```
%.o:%.c++
    $(COMPILE.cxx) $< -o $@
%.o:%.cp
    $(COMPILE.cxx) $< -o $@
%.o:%.cxx
    $(COMPILE.cxx) $< -o $@
$(TARGET): $(OBJS)
ifeq ($(SRC_CXX),)                    #C程序
    $(LINK.c)   $(OBJS) -o $@ $(LDFLAGS)
    @echo Type $@ to execute the program.
else                                  #C++程序
    $(LINK.cxx) $(OBJS) -o $@ $(LDFLAGS)
    @echo Type $@ to execute the program.
endif
clean:
    rm $(OBJS) $(TARGET)
help:
    @echo '通用版本的makefile用于编译C/C++程序 版本号1.0'
    @echo
    @echo 'Usage: make [TARGET]'
    @echo 'TARGETS:'
    @echo '   all       (相当于直接执行make命令) 编译并链接'
    @echo '   objs      只编译不链接'
    @echo '   clean     清除目标文件和可执行文件'
    @echo '   debug     显示变量，用于调试'
    @echo '   help      显示帮助信息'
    @echo
debug:
    @echo 'TARGET       :' $(TARGET)
    @echo 'SRCDIRS      :' $(SRCDIRS)
    @echo 'SOURCES      :' $(SOURCES)
    @echo 'HEADERS      :' $(HEADERS)
    @echo 'SRC_CXX      :' $(SRC_CXX)
    @echo 'OBJS         :' $(OBJS)
    @echo 'COMPILE.c    :' $(COMPILE.c)
    @echo 'COMPILE.cxx  :' $(COMPILE.cxx)
    @echo 'LINK.c       :' $(LINK.c)
    @echo 'LINK.cxx     :' $(LINK.cxx))";
    return GenFile("makefile", content);
  }
};
```

头文件 genmakfile.hpp 的实现也很简单，只需要输出通用的 makefile 文件即可。这个通用的 makefile 文件对 MyRPC 框架做了一些适配，例如进行 MyRPC 依赖的第三方库的编译设置。同样，在生成文件之前，也需要先判断文件是否已经存在。

myrpcc 工具的安装脚本保存在 install.sh 文件中，如代码清单 13-39 所示。

**代码清单 13-39　myrpcc 工具的安装脚本**

```
#!/bin/bash
mkdir -p /home/backend/bin #请把这个路径设置到PATH变量中
cp -f ./myrpcc /home/backend/bin
chmod +x /home/backend/bin/myrpcc
```

我们将 myrpcc 工具安装到了 /home/backend/bin 目录下，大家需要将这个目录添加到 PATH 变量中，这样就可以在任何地方使用 myrpcc 工具了。在 myrpcc 目录下，还有 build.sh 和 makefile 这两个文件。这两个文件的编写相信大家已经学会了，我们不再介绍和展示。

### 2. 使用 myrpcc 工具生成 Echo 服务

至此，我们已经完成了 myrpcc 工具的编写。现在，让我们试着使用这个工具来生成 Echo 服务的代码。请先切换到 Echo 服务的根目录下，然后执行如下命令。

```
[root@VM-114-245-centos echo]# myrpcc -proto echo.proto
exec cmd[protoc -I./proto -I../../protocol --cpp_out=./proto echo.proto]
[libprotobuf WARNING google/protobuf/compiler/parser.cc:562] No syntax
specified for the proto file: google/protobuf/descriptor.proto. Please use
'syntax = "proto2";' or 'syntax = "proto3";' to specify a syntax version.
(Defaulted to proto2 syntax.)
package=MySvr.Echo
service=Echo
port=1693
namespace=MySvr::Echo
handler_file_prefix=echo
rpcInfo[name=EchoMySelf,mode=1,req=EchoMySelfRequest,resp=EchoMySelfResponse,
rpc_file=echomyself.cpp]
rpcInfo[name=OneWay,mode=2,req=OneWayMessage,resp=OneWayResponse,rpc_file=
oneway.cpp]
rpcInfo[name=FastResp,mode=3,req=FastRespRequest,resp=FastRespResponse,
rpc_file=fastresp.cpp]
parse Proto[echo.proto] success
exec cmd[mkdir -p ./handler]
exec cmd[mkdir -p ./conf]
exec cmd[chmod +x ./build.sh ./install.sh]
gen myrpc files success
[root@VM-114-245-centos echo]#
```

在使用 myrpcc 工具生成 Echo 服务的代码时，首先需要执行"protoc -I./proto -I../../protocol --cpp_out=./proto echo.proto"命令，以生成最新的 pb 文件并校验 echo.proto 文件是否存在语法错误。接下来，myrpcc 工具会输出 Echo 服务的元数据，创建其他的子目录并生成相关文件。最后，在当前目录下执行生成的 build.sh 脚本，即可正常完成 Echo 服务的编译。

### 3．如何构建脚手架

在构建脚手架时，我们需要遵循以下步骤：第 1 步是编写一个没有错误的演示实例；第 2 步是找出结构化的元数据，并抽象出模板；第 3 步是确认如何获取结构化的元数据；第 4 步是选择自己擅长的编程语言来获取结构化的元数据，并使用这些元数据和模板生成相应的文件。

## 13.5.2　接口测试工具 myrpct

为了测试 oneway 模式和 Fast-Resp 模式的接口，需要为 MySvr 构建专门的接口测试工具，而 myrpct 就是这样的接口测试工具。myrpct 的实现相对简单，只需要组合之前封装的基础代码和 MySvr 相关的代码即可。由于 MySvr 的客户端支持泛化调用，因此 myrpct 只需要编译一次就可以实现对所有 MyRPC 框架服务的调用。当需要支持新的服务接口测试时，myrpct 无须修改或重新编译。myrpct 相关的代码如代码清单 13-40 所示。

**代码清单 13-40　源文件 myrpct.cpp**

```
#include <iostream>
#include <string>
#include "../../common/cmdline.h"
#include "../../common/robustio.hpp"
#include "../../core/distributedtrace.hpp"
#include "../../core/routeinfo.hpp"
#include "../../protocol/mixedcodec.hpp"
#define GREEN_BEGIN "\033[32m"
#define RED_BEGIN "\033[31m"
#define COLOR_END "\033[0m"
using namespace std;
```

```cpp
using namespace Core;
string serviceName;
string rpcName;
string jsonStr;
bool byAccessService;
bool printTrace;
bool printContext;
bool oneway;
bool fastResp;
void usage() {
  cout << "myrpct -service_name Echo -rpc_name EchoMySelf -json "
       << "'{\"message\":\"hello\"}' [-a] [-t] [-c]" << endl;
  cout << "options:" << endl;
  cout << "    -h,--help     print usage" << endl;
  cout << "    -service_name service name" << endl;
  cout << "    -rpc_name     rpc name" << endl;
  cout << "    -json         json message" << endl;
  cout << "    -a            by access service" << endl;
  cout << "    -t            print trace info" << endl;
  cout << "    -c            print context info" << endl;
  cout << "    -o            is oneway message mode" << endl;
  cout << "    -f            is fast response message mode" << endl;
  cout << endl;
}
int createSockAndConnect(Core::Route route) {
  string error;
  int sockFd = socket(AF_INET, SOCK_STREAM, 0);
  if (sockFd < 0) {
    error = strerror(errno);
    cout << RED_BEGIN << "create socket failed. " << error << COLOR_END
         << endl;
    return -1;
  }
  sockaddr_in addr;
  addr.sin_family = AF_INET;
  addr.sin_port = htons(int16_t(route.port_));
  addr.sin_addr.s_addr = inet_addr(route.ip_.c_str());
  int ret = connect(sockFd, (struct sockaddr*)&addr, sizeof(addr));
  if (ret) {
    error = strerror(errno);
    cout << RED_BEGIN << "connect failed. " << error << COLOR_END << endl;
    return -1;
  }
  return sockFd;
}
Core::Route getRoute() {
  Core::Route route;
  Core::TimeOut timeOut;
  Core::RouteInfo routeInfo;
  if (byAccessService) {
    if (not routeInfo.GetRoute("access", route, timeOut)) {
      cout << RED_BEGIN << "can't get service_name[" << serviceName
           << "] route info" << COLOR_END << endl;
      exit(-1);
    }
  } else {
    if (not routeInfo.GetRoute(serviceName, route, timeOut)) {
      cout << RED_BEGIN << "can't get service_name[" << serviceName
           << "] route info" << COLOR_END << endl;
      exit(-1);
    }
  }
  return route;
}
void execTest() {
  Core::Route route = getRoute();
  int sockFd = createSockAndConnect(route);
```

```cpp
    if (sockFd < 0) {
      exit(-1);
    }
    Protocol::Packet pkt;
    Protocol::MySvrCodec codec;
    Protocol::MySvrMessage reqMessage;
    //body使用JSON格式
    Protocol::MixedCodec::JsonStrSerializeToMySvr(serviceName, rpcName,
      jsonStr, reqMessage);
    if (oneway) {
      reqMessage.EnableOneway();        //开启oneway模式的标志位
    }
    if (not oneway && fastResp) {
      reqMessage.EnableFastResp();      //开启Fast-Resp模式的标志位
    }
    codec.Encode(&reqMessage, pkt);
    Common::RobustIo robustIo(sockFd);
    if (robustIo.Write(pkt.DataRaw(), pkt.UseLen()) != (ssize_t)pkt.UseLen()) {
      cout << RED_BEGIN << "send request failed." << COLOR_END << endl;
      exit(-1);
    }
    if (oneway) {   //单路消息发送成功即可，然后直接返回
      cout << GREEN_BEGIN << "oneway message send success" << COLOR_END << endl;
      return;
    }
    void* message;
    while (true) {
      if (robustIo.Read(codec.Data(), codec.Len()) != (ssize_t)codec.Len()) {
        cout << RED_BEGIN << "recv response failed." << COLOR_END << endl;
        exit(-1);
      }
      if (not codec.Decode(codec.Len())) {
        cout << RED_BEGIN << "decode response failed." << COLOR_END << endl;
        exit(-1);
      }
      message = codec.GetMessage();
      if (message) {
        break;
      }
    }
    Protocol::MySvrMessage respMessage;
    respMessage.CopyFrom(*(Protocol::MySvrMessage*)message);
    string contextJsonStr;
    Common::Convert::Pb2JsonStr(respMessage.context_, contextJsonStr, true);
    if (printContext) {
      cout << GREEN_BEGIN << "context[" << contextJsonStr << "]"
           << COLOR_END << endl;
    }
    if (printTrace) {
      int stackId = respMessage.context_.current_stack_id();
      DistributedTrace::PrintTraceInfo(respMessage.context_, stackId, 0,
        false, false);
    }
    string respJsonStr((char*)respMessage.body_.DataRaw(), respMessage.
      body_.UseLen());
    if (respMessage.IsFastResp()) {
      cout << GREEN_BEGIN << "is fast response, response is empty"
           << COLOR_END << endl;
    } else {
      cout << GREEN_BEGIN << "response[" << respJsonStr << "]"
           << COLOR_END << endl;
    }
    delete (Protocol::MySvrMessage*)message;
  }
  int main(int argc, char* argv[]) {
    Common::CmdLine::StrOptRequired(&serviceName, "service_name");
    Common::CmdLine::StrOptRequired(&rpcName, "rpc_name");
```

## 13.5 工具集合

```
    Common::CmdLine::StrOptRequired(&jsonStr, "json");
    Common::CmdLine::BoolOpt(&byAccessService, "a");
    Common::CmdLine::BoolOpt(&printTrace, "t");
    Common::CmdLine::BoolOpt(&printContext, "c");
    Common::CmdLine::BoolOpt(&oneway, "o");
    Common::CmdLine::BoolOpt(&fastResp, "f");
    Common::CmdLine::SetUsage(usage);
    Common::CmdLine::Parse(argc, argv);
    execTest();
    return 0;
}
```

在 main 函数的入口，首先解析命令行选项，以获取要测试接口的元数据、JSON 格式的请求数据、是否通过 access 服务（第 14 章会介绍）来访问、是否输出分布式调用栈跟踪信息、是否输出请求上下文信息、是否开启 oneway 模式以及是否开启 Fast-Resp 模式。接下来就是执行接口测试的逻辑了。

接口测试的执行逻辑也很简单。首先，获取被测服务的路由信息。然后，创建 socket 并完成连接操作。接下来，构造请求数据并发送。最后，等待服务的应答数据并根据命令行选项进行不同的输出。

使用 myrpct 工具执行 "myrpct -service_name Echo -rpc_name EchoMySelf -json '{"message":"hello"}' -t -c" 命令，对 Echo 服务的 EchoMySelf 接口进行测试。以上命令的输出如下。

```
[root@VM-114-245-centos ~]# myrpct -service_name Echo -rpc_name EchoMySelf
-json '{"message":"hello"}' -t -c
context[{
 "log_id": "20230329111945127000000001576380",
 "service_name": "Echo",
 "rpc_name": "EchoMySelf",
 "status_code": 0,
 "current_stack_id": 1,
 "parent_stack_id": 0,
 "stack_alloc_id": 1,
 "trace_stack": [
  {
   "parent_id": 0,
   "current_id": 1,
   "service_name": "Echo",
   "rpc_name": "EchoMySelf",
   "status_code": 0,
   "message": "success",
   "spend_us": "718",
   "is_batch": false
  }
 ]
}
]
[1]Direct.Echo.EchoMySelf-[718us,0,0,success]
response[{"message":"hello"}]
[root@VM-114-245-centos ~]#
```

我们为接口测试命令设置了 -t 和 -c 选项，这使得测试命令可以输出请求的上下文信息和分布式调用栈信息。可以看到，对于 Echo 服务的 EchoMySelf 接口，耗时 718 μs。

### 13.5.3 接口压测工具 myrpcb

在测试服务时，只提供简单的接口测试工具是远远不够的。有些问题只有在高负载的情况下才会暴露出来，例如不同接口返回的时序问题、数据竞争导致的并发安全问题、内存读写异常问题等等。因此，压测工具是必不可少的。在这里，我们简单构建了一个单机版的压测工具 myrpcb。这个压测工具的实现方式类似于第 10 章的压测工具，也是通过多线程并发的方式来构造高并发请求。相关的代码如代码清单 13-41 所示。

**代码清单 13-41　源文件 myrpcb.cpp**

```cpp
#include <iostream>
#include <mutex>
#include <string>
#include <thread>
#include "../../common/cmdline.h"
#include "../../common/robustio.hpp"
#include "../../core/routeinfo.hpp"
#include "../../protocol/mixedcodec.hpp"
using namespace std;
#define GREEN_BEGIN "\033[32m"
#define RED_BEGIN "\033[31m"
#define COLOR_END "\033[0m"
string serviceName;
string rpcName;
string jsonStr;
bool byAccessService;
bool oneway;
bool fastResp;
int64_t sleepTime = 2;   //默认睡眠2秒
int64_t totalTime;
int64_t concurrency;
typedef struct Stat {
  int sum{0};
  int success{0};
  int failure{0};
  int spendms{0};
} Stat;
std::mutex Mutex;
Stat FinalStat;
int createSockAndConnect(Core::Route route) {
  string error;
  int sockFd = socket(AF_INET, SOCK_STREAM, 0);
  if (sockFd < 0) {
    error = strerror(errno);
    cout << RED_BEGIN << "create socket failed. " << error << COLOR_END << endl;
    return -1;
  }
  sockaddr_in addr;
  addr.sin_family = AF_INET;
  addr.sin_port = htons(int16_t(route.port_));
  addr.sin_addr.s_addr = inet_addr(route.ip_.c_str());
  int ret = connect(sockFd, (struct sockaddr *)&addr, sizeof(addr));
  if (ret) {
    error = strerror(errno);
    cout << RED_BEGIN << "connect failed. " << error << COLOR_END << endl;
    return -1;
  }
  struct linger lin;
  lin.l_onoff = 1;
  lin.l_linger = 0;
  //设置在通过调用close函数关闭TCP连接时，直接发送RST包，TCP连接直接复位，进入CLOSED状态
  if (setsockopt(sockFd, SOL_SOCKET, SO_LINGER, &lin, sizeof(lin)) != 0) {
    return -1;
  }
  return sockFd;
}
Core::Route getRoute(int index) {
  Core::Route route;
```

```cpp
    Core::TimeOut timeOut;
    Core::RouteInfo routeInfo;
    if (byAccessService) {
      if (not routeInfo.GetRoute("access", route, timeOut, index)) {
        cout << RED_BEGIN << "can't get service_name[" << serviceName
             << "] route info" << COLOR_END << endl;
        exit(-1);
      }
    } else {
      if (not routeInfo.GetRoute(serviceName, route, timeOut, index)) {
        cout << RED_BEGIN << "can't get service_name[" << serviceName
             << "] route info" << COLOR_END << endl;
        exit(-1);
      }
    }
    return route;
  }
  int getSpendMs(timeval begin, timeval end) {
    end.tv_sec -= begin.tv_sec;
    end.tv_usec -= begin.tv_usec;
    if (end.tv_usec <= 0) {
      end.tv_sec -= 1;
      end.tv_usec += 1000000;
    }
    return end.tv_sec * 1000 + end.tv_usec / 1000;   //计算运行的时间,单位为毫秒
  }
  void UpdateFinalStat(Stat stat) {
    FinalStat.sum += stat.sum;
    FinalStat.success += stat.success;
    FinalStat.failure += stat.failure;
    FinalStat.spendms += stat.spendms;
  }
  bool SendRequest(int sockFd) {
    Protocol::Packet pkt;
    Protocol::MySvrCodec codec;
    Protocol::MySvrMessage reqMessage;
    Protocol::MixedCodec::JsonStrSerializeToMySvr(serviceName, rpcName,
      jsonStr, reqMessage);
    if (oneway) {
      reqMessage.EnableOneway();       //开启oneway模式的标志位
    }
    if (not oneway && fastResp) {
      reqMessage.EnableFastResp();     //开启Fast-Resp模式的标志位
    }
    codec.Encode(&reqMessage, pkt);
    Common::RobustIo robustIo(sockFd);
    if (robustIo.Write(pkt.DataRaw(), pkt.UseLen()) != (ssize_t)pkt.UseLen()) {
      cout << RED_BEGIN << "send request failed." << COLOR_END << endl;
      return false;
    }
    return true;
  }
  bool RecvResponse(int sockFd) {
    void *message;
    Protocol::MySvrCodec codec;
    Common::RobustIo robustIo(sockFd);
    while (true) {
      if (robustIo.Read(codec.Data(), codec.Len()) != (ssize_t)codec.Len()) {
        cout << RED_BEGIN << strerror(errno) << COLOR_END << endl;
        cout << RED_BEGIN << "recv response failed." << COLOR_END << endl;
        return false;
      }
      if (not codec.Decode(codec.Len())) {
        cout << RED_BEGIN << "decode response failed." << COLOR_END << endl;
        return false;
      }
      message = codec.GetMessage();
```

```cpp
      if (message) {
        break;
      }
    }
    Protocol::MySvrMessage *respMessage = (Protocol::MySvrMessage *)message;
    if (respMessage->context_.status_code() != 0) {
      cout << RED_BEGIN << "response.status_code = "
           << respMessage->context_.status_code() << COLOR_END << endl;
      delete respMessage;
      return false;
    }
    delete respMessage;
    return true;
  }
  void client(int theadId, Stat *curStat, Core::Route route) {
    int sum = 0;
    int success = 0;
    int failure = 0;
    int spendms = 0;
    int concurrencyPerThread = concurrency / 10;   //每个线程的并发数
    if (concurrencyPerThread <= 0) concurrencyPerThread = 1;
    int *sockFd = new int[concurrencyPerThread];
    timeval end;
    timeval begin;
    gettimeofday(&begin, NULL);
    for (int i = 0; i < concurrencyPerThread; i++) {
      sockFd[i] = createSockAndConnect(route);
      if (sockFd[i] < 0) {
        sockFd[i] = 0;
        failure++;
      }
    }
    auto failureDeal = [&sockFd, &failure](int i) {
      close(sockFd[i]);
      sockFd[i] = 0;
      failure++;
    };
    std::cout << "threadId[" << theadId << "] finish connection" << std::endl;
    for (int i = 0; i < concurrencyPerThread; i++) {
      if (sockFd[i]) {
        if (not SendRequest(sockFd[i])) {
          failureDeal(i);
        }
      }
    }
    std::cout << "threadId[" << theadId << "] finish send message" << std::endl;
    for (int i = 0; i < concurrencyPerThread; i++) {
      if (sockFd[i]) {
        if (oneway) {
          close(sockFd[i]);
          success++;
          continue;
        }
        if (not RecvResponse(sockFd[i])) {
          failureDeal(i);
          continue;
        }
        close(sockFd[i]);
        success++;
      }
    }
    if (not oneway) {
      std::cout << "threadId[" << theadId << "] finish recv message" << std::endl;
    }
    delete[] sockFd;
    sum = success + failure;
```

## 13.5 工具集合

```cpp
    gettimeofday(&end, NULL);
    spendms = getSpendMs(begin, end);
    std::lock_guard<std::mutex> guard(Mutex);
    curStat->sum += sum;
    curStat->success += success;
    curStat->failure += failure;
    curStat->spendms += spendms;
}
void usage() {
    cout << "myrpcb -service_name Echo -rpc_name EchoMySelf -json "
         << "'{\"message\":\"hello\"}' -t 10 -c 1000 [-a -o -f]" << endl;
    cout << "options:" << endl;
    cout << "    -h,--help       print usage" << endl;
    cout << "    -service_name   service name" << endl;
    cout << "    -rpc_name       rpc name" << endl;
    cout << "    -json           json message" << endl;
    cout << "    -s              sleep time(unit second)" << endl;
    cout << "    -t              benchmark total time" << endl;
    cout << "    -c              benchmark concurrency" << endl;
    cout << "    -a              by access service" << endl;
    cout << "    -o              is oneway message mode" << endl;
    cout << "    -f              is fast response message mode" << endl;
}
void execBenchMark() {
    timeval end;
    timeval begin;
    gettimeofday(&begin, NULL);
    int runRoundCount = 0;
    while (true) {
        Stat curStat;
        std::thread threads[10];
        for (int threadId = 0; threadId < 10; threadId++) {
            Core::Route route = getRoute(threadId + 1);
            threads[threadId] = std::thread(client, threadId, &curStat, route);
        }
        for (int threadId = 0; threadId < 10; threadId++) {
            threads[threadId].join();
        }
        runRoundCount++;
        curStat.spendms /= 10;
        UpdateFinalStat(curStat);
        gettimeofday(&end, NULL);
        std::cout << "round " << runRoundCount << " spend "
                  << curStat.spendms << " ms. " << std::endl;
        if (getSpendMs(begin, end) >= totalTime * 1000) {
            break;
        }
        sleep(sleepTime);   //在间隔一段时间后,再发起下一轮压测,这样压测结果更稳定
    }
    std::cout << "total spend " << FinalStat.spendms << " ms. avg spend "
              << FinalStat.spendms / runRoundCount
              << " ms. sum[" << FinalStat.sum << "],success["
              << FinalStat.success << "],failure[" << FinalStat.failure
              << "]" << std::endl;
}
int main(int argc, char *argv[]) {
    Common::CmdLine::StrOptRequired(&serviceName, "service_name");
    Common::CmdLine::StrOptRequired(&rpcName, "rpc_name");
    Common::CmdLine::StrOptRequired(&jsonStr, "json");
    Common::CmdLine::Int64Opt(&totalTime, "t", 1);
    Common::CmdLine::Int64Opt(&concurrency, "c", 1);
    Common::CmdLine::Int64Opt(&sleepTime, "s", 2);
    Common::CmdLine::BoolOpt(&byAccessService, "a");
    Common::CmdLine::BoolOpt(&oneway, "o");
```

```
    Common::CmdLine::BoolOpt(&fastResp, "f");
    Common::CmdLine::SetUsage(usage);
    Common::CmdLine::Parse(argc, argv);
    execBenchMark();
    return 0;
}
```

在 main 函数的入口，首先解析命令行选项，以获取要压测接口的元数据、JSON 格式的请求数据、压测运行总时长、压测并发量、不同批次压测的间隔时长、是否通过 access 服务来访问、是否开启 oneway 模式以及是否开启 Fast-Resp 模式。接下来就是执行压测的逻辑了。

在压测运行总时长还未到期时，我们会一直进行接口的压测。每个压测批次都会启用 10 个压测线程来并发地发起接口请求。每个压测线程都批量建立连接、发送请求并等待应答。每个压测线程运行结束之后，各自更新压测统计数据。每个压测批次结束之后，更新汇总的压测统计数据。当整体压测结束之后，输出汇总的压测结果。

使用 myrpcb 工具执行 "myrpcb -service_name Echo -rpc_name EchoMySelf -json '{"message": "hello"}' -t 3 -c 200000" 命令，对 Echo 服务的 EchoMySelf 接口进行压测。以上命令的输出如下。

```
[root@VM-114-245-centos ~]# myrpcb -service_name Echo -rpc_name EchoMySelf
 -json '{"message":"hello"}' -t 3 -c 200000
threadId[2] finish connection
threadId[2] finish send message
threadId[2] finish recv message
threadId[1] finish connection
threadId[9] finish connection
threadId[4] finish connection
threadId[6] finish connection
threadId[8] finish connection
threadId[3] finish connection
threadId[5] finish connection
threadId[0] finish connection
threadId[7] finish connection
threadId[9] finish send message
threadId[1] finish send message
threadId[5] finish send message
threadId[8] finish send message
threadId[4] finish send message
threadId[3] finish send message
threadId[6] finish send message
threadId[7] finish send message
threadId[0] finish send message
threadId[9] finish recv message
threadId[1] finish recv message
threadId[5] finish recv message
threadId[8] finish recv message
threadId[4] finish recv message
threadId[3] finish recv message
threadId[6] finish recv message
threadId[7] finish recv message
threadId[0] finish recv message
round 1 spend 5010 ms.
total spend 5010 ms. avg spend 5010 ms. sum[200000],success[200000],failure[0]
[root@VM-114-245-centos ~]#
```

我们为接口压测命令指定了 20 万的并发量，并设置持续进行压测 3 秒钟。从最后的输出中可以看出，压测工具一共发起了 20 万个请求并且全部成功，压测共耗时 5010 ms。

## 13.6 本章小结

本章首先对 MyRPC 框架的整体特性做了概括性总结，然后介绍了 MyRPC 框架采用的并发模型。在实现层面，我们通过由浅入深的方式，逐层递进地介绍了服务启动流程、事件分发流程和服务器端请求处理流程，展示了一个请求在 MyRPC 框架中是如何被处理的。我们还从客户端的视角介绍了如何在 MyRPC 框架中实现客户端请求的高效处理。针对重要的特性，我们专门按主题做了总结，例如分布式调用栈追踪、超时管理、本地协程变量管理以及业务层并发。

在介绍完 MyRPC 框架的整体代码之后，我们展示了如何使用 MyRPC 框架的 Echo 服务，演示了使用 MyRPC 框架构建业务服务的全部细节。在本章的最后，我们介绍了 3 个工具——一个是 MyRPC 框架的脚手架工具（即服务代码生成工具）myrpcc，另一个是接口测试工具 myrpct，还有一个是接口压测工具 myrpcb。

# 第 14 章 微服务集群

在前面的章节中,我们已经学习了如何使用 MyRPC 框架来构建自己的服务。在本章中,我们将解决如何通过不同的服务来构建一个集群的问题。具体来说,我们将使用 MyRPC 框架来构建微服务集群。

## 14.1 集群架构概述

我们的微服务集群将提供两类服务:用户相关服务和认证相关服务。这个集群分为 3 层,整个集群的架构简图如图 14-1 所示。

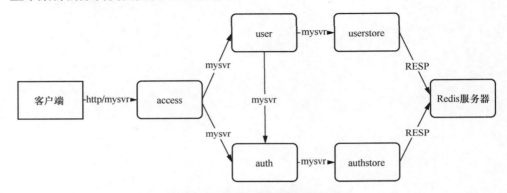

图14-1 微服务集群的架构简图

我们的微服务集群分为 3 层:接入层、业务逻辑层和持久化层。其中,接入层由 access 服务完成请求的接入并转发给后面的业务逻辑层的 user 服务和 auth 服务。如果有应答数据,则将其返回给客户端。业务逻辑层包括 user 服务和 auth 服务,其中 user 服务提供了用户增删改查的功能,而 auth 服务提供了票据生成、更新和验证的功能。持久化层由用户实体操作服务 userstore 和认证实体操作服务 authstore 组成,它们对外屏蔽了持久化层的细节。为了降低实现复杂度,我们使用 Redis 做持久化层的存储,并只使用最简单的键-值模型,将用户实体数据和认证实体数据存储在 Redis 中。

由于 user、auth、userstore、authstore 都是 MyRPC 框架的服务,它们的 makefile 文件、编译脚本、安装脚本、服务配置文件、服务路由配置文件、main 入口文件和业务接口分发文件都是通用的;因此在后面的章节中,这些内容不再赘述。

## 14.2 持久化层

持久化层完成数据的持久化存储,业务可以根据业务特性和需求选择不同的存储服务,例如关系数据库或非关系型的键-值数据库。为了降低实现复杂度,我们选择将 Redis 这种

## 14.2 持久化层

非关系型的键-值数据库作为持久化层。在第 13 章，我们已经实现了相关的客户端，因此可以直接使用它来执行持久化操作。

### 14.2.1 Redis 服务

为了安装 Redis 服务，我们需要从 Redis 官网下载最新的稳定版本的压缩包 redis-stable.tar.gz，下载完成后，执行下面的操作以完成 Redis 服务的编译和启动。

1. 编译
   - 执行 "tar -zxf redis-stable.tar.gz" 命令，解压源文件。
   - 执行 "cd redis-stable" 命令，切换到源文件所在目录。
   - 执行 "make -j$(nproc)" 命令，对源文件进行编译。

2. 启动
   - 编辑当前目录下的 redis.conf 文件，修改 daemonize 配置为 yes，开启 requirepass 认证配置并设置密码，这里将密码暂时设置成 backend。
   - 执行 "./src/redis-server ./redis.conf" 命令，启动 Redis 服务。
   - 执行 "ps -ef | grep redis" 命令，可以看到 Redis 服务已经在正常运行了。

安装完 Redis 服务后，我们需要将 Redis 服务的路由配置信息发布到 /home/backend/route 目录下。只有这样，其他服务才能通过我们之前封装的 Redis 客户端来访问 Redis 服务。下面我们来看一下 Redis 服务的路由配置文件 redis_client.conf 的内容。

```
[Svr]
count = 1
connectTimeOutMs = 200
readTimeOutMs = 1000
writeTimeOutMs = 1000
[Svr1]
ip = 127.0.0.1
port = 6379
```

### 14.2.2 authstore 服务

authstore 服务提供了两个接口。authstore 服务的 proto 文件定义如代码清单 14-1 所示。

**代码清单 14-1　proto 文件 authstore.proto**

```
syntax = "proto3";
import "base.proto";
package MySvr.AuthStore;
message Ticket {
  string user_id = 1;   //用户id
  string ticket = 2;    //票据
}
message SetTicketRequest {
  Ticket ticket = 1;    //用户票据
  int32 expire_time = 2;   //过期时间
}
message SetTicketResponse {
  string message = 1;      //返回消息，成功时为success，失败时为对应的错误消息
```

```
}
message GetTicketRequest {
   string user_id = 1;        //用户id
}
message GetTicketResponse {
   Ticket ticket = 1;         //用户票据
   string message = 2;        //返回消息,成功时为success,失败时为对应的错误消息
}
service AuthStore {
   option (MySvr.Base.Port) = 1692;
   rpc SetTicket(SetTicketRequest) returns (SetTicketResponse);
   rpc GetTicket(GetTicketRequest) returns (GetTicketResponse);
}
```

从上述 proto 文件的定义中,我们可以看出,authstore 服务监听在 1692 端口。其中,SetTicket 接口用于设置票据,GetTicket 接口用于获取票据。在完成 proto 文件的编写之后,使用 myrpcc 工具生成 authstore 服务的相关文件。我们来看一下 authstore 服务的目录结构。

```
authstore
├── authstore.cpp
├── authstorehandler.h
├── build.sh
├── conf
│   ├── authstore_client.conf
│   └── authstore.conf
├── handler
│   ├── getticket.cpp
│   └── setticket.cpp
├── install.sh
├── makefile
└── proto
    ├── authstore.pb.cc
    ├── authstore.pb.h
    └── authstore.proto
```

在这里,我们只需要关注 handler 子目录下的两个文件:getticket.cpp 实现了 GetTicket 接口,setticket.cpp 实现了 SetTicket 接口。

### 1. 接口实现

代码清单 14-2 和代码清单 14-3 分别实现了 GetTicket 接口和 SetTicket 接口。

**代码清单 14-2　源文件 getticket.cpp**

```cpp
#include "../../../core/redisclient.hpp"
#include "../authstorehandler.h"
int AuthStoreHandler::GetTicket(GetTicketRequest &request, GetTicketResponse
   &response) {
   std::string key = "user:ticket:" + request.user_id();
   std::string value;
   std::string error;
   bool result = Core::RedisClient("backend").Get(key, value, error);
   if (not result) {
      response.set_message("failed, " + error);
      return GET_FAILED;
   }
   if (value == "") {
      response.set_message("empty value");
      return EMPTY_VALUE;
   }
   result = Common::Convert::JsonStr2Pb(value, *response.mutable_ticket());
```

```
    if (not result) {
      response.set_message("jsonStr2Pb failed");
      return SERIALIZE_FAILED;
    }
    response.set_message("success");
    return 0;
}
```

GetTicket 接口会按照约定的规则生成查询的键,然后调用 Redis 客户端提供的 Get 接口来获取对应的值。在获取到值之后,就将其反序列化为内存对象。

**代码清单 14-3　源文件 setticket.cpp**

```
#include "../../../common/argv.hpp"
#include "../../../core/redisclient.hpp"
#include "../authstorehandler.h"
int AuthStoreHandler::SetTicket(SetTicketRequest &request, SetTicketResponse
    &response) {
    std::string key = "user:ticket:" + request.ticket().user_id();
    std::string value;
    std::string error;
    Common::Convert::Pb2JsonStr(request.ticket(), value);
    bool result = false;
    int64_t expireTime = request.expire_time();
    result = Core::RedisClient("backend").Set(key, value, expireTime, error);
    TRACE("set key[%s], value[%s], result[%d]", key.c_str(), value.c_str(),
        result);
    if (not result) {
      response.set_message("failed, " + error);
      return SET_FAILED;
    }
    response.set_message("success");
    return 0;
}
```

SetTicket 接口会按照约定的规则生成键、值和过期时间,然后通过调用 Redis 客户端提供的 Set 接口来完成值的设置。

#### 2. 接口测试

使用 myrpct 工具对 SetTicket 接口和 GetTicket 接口进行测试,并输出分布式调用跟踪信息。

```
[root@VM-114-245-centos authstore]# myrpct -service_name AuthStore -rpc_
name SetTicket -json '{"ticket":{"user_id":"123","ticket":"123456"},
"expire_time":3600}' -t
[1]Direct.AuthStore.SetTicket-[929us,0,0,success]
 └[2]Redis.Set-[338us,0,0,success]
response[{"message":"success"}]
[root@VM-114-245-centos authstore]#
[root@VM-114-245-centos authstore]# myrpct -service_name AuthStore -rpc_
name GetTicket -json '{"user_id":"123"}' -t
[1]Direct.AuthStore.GetTicket-[401us,0,0,success]
 └[2]Redis.Get-[261us,0,0,success]
response[{"ticket":{"user_id":"123","ticket":"123456"},"message":"success"}]
[root@VM-114-245-centos authstore]#
```

### 14.2.3　userstore 服务

userstore 服务一共提供了 4 个接口。userstore 服务的 proto 文件定义如代码清单 14-4 所示。

**代码清单 14-4　proto 文件 userstore.proto**

```
syntax = "proto3";
import "base.proto";
package MySvr.UserStore;
message User {
  string user_id = 1;       //用户id
  string nick_name = 2;     //昵称
  string password = 3;      //密码
}
message CreateUserRequest {
  User user = 1;            //用户信息
}
message CreateUserResponse {
  string message = 1;       //返回消息，成功时为success，失败时为对应的错误消息
  string user_id = 2;       //用户id
}
message UpdateUserRequest {
  User user = 1;            //用户信息
}
message UpdateUserResponse {
  string message = 1;       //返回消息，成功时为success，失败时为对应的错误消息
}
message ReadUserRequest {
  string user_id = 1;       //用户id
}
message ReadUserResponse {
  string message = 1;       //返回消息，成功时为success，失败时为对应的错误消息
  User user = 2;            //用户信息
}
message DeleteUserRequest {
  string user_id = 1;       //用户id
}
message DeleteUserResponse {
  string message = 1;       //返回消息，成功时为success，失败时为对应的错误消息
}
service UserStore {
  option (MySvr.Base.Port) = 1695;
  rpc CreateUser(CreateUserRequest) returns (CreateUserResponse);
  rpc UpdateUser(UpdateUserRequest) returns (UpdateUserResponse);
  rpc ReadUser(ReadUserRequest) returns (ReadUserResponse);
  rpc DeleteUser(DeleteUserRequest) returns (DeleteUserResponse);
}
```

从上面的 proto 文件定义中，我们可以看出，userstore 服务监听在 1695 端口。其中，CreateUser 接口用于创建用户，UpdateUser 接口用于更新用户信息，ReadUser 接口用于读取用户信息，DeleteUser 接口用于删除用户。在完成 proto 文件的编写之后，使用 myrpcc 工具生成 userstore 服务的相关文件。我们来看一下 userstore 服务的目录结构。

```
userstore
├── build.sh
├── conf
│   ├── userstore_client.conf
│   └── userstore.conf
├── handler
│   ├── createuser.cpp
│   ├── deleteuser.cpp
│   ├── readuser.cpp
│   └── updateuser.cpp
├── install.sh
├── makefile
```

## 14.2 持久化层

```
├── proto
│   ├── userstore.pb.cc
│   ├── userstore.pb.h
│   └── userstore.proto
├── userstore.cpp
└── userstorehandler.h
```

在这里，我们只需要关注 handler 子目录下的 4 个文件：createuser.cpp 实现了 CreateUser 接口，deleteuser.cpp 实现了 DeleteUser 接口，readuser.cpp 实现了 ReadUser 接口，updateuser.cpp 实现了 UpdateUser 接口。

**1. 接口实现**

代码清单 14-5～代码清单 14-8 分别实现了 CreateUser 接口、DeleteUser 接口、ReadUser 接口和 UpdateUser 接口。

**代码清单 14-5　源文件 createuser.cpp**

```cpp
#include "../../../core/redisclient.hpp"
#include "../userstorehandler.h"
int UserStoreHandler::CreateUser(CreateUserRequest &request, CreateUserResponse
    &response) {
  std::string key = "user_alloc_id";
  std::string error;
  int64_t userId = 0;
  bool result = Core::RedisClient("backend").Incr(key, userId, error);
  if (not result) {
    response.set_message("alloc user_id failed. " + error);
    return SET_FAILED;
  }
  key = "user:" + std::to_string(userId);
  std::string value;
  request.mutable_user()->set_user_id(std::to_string(userId));
  Common::Convert::Pb2JsonStr(request.user(), value);
  result = Core::RedisClient("backend").Set(key, value, 0, error);
  if (not result) {
    response.set_message("set user failed. " + error);
    return SET_FAILED;
  }
  response.set_user_id(std::to_string(userId));
  response.set_message("success");
  return 0;
}
```

CreateUser 接口首先调用 Redis 客户端提供的 Incr 接口，以分配 userId。然后，按照约定的规则生成与当前用户信息对应的键和值。最后，调用 Redis 客户端提供的 Set 接口，以完成用户信息的保存。

**代码清单 14-6　源文件 deleteuser.cpp**

```cpp
#include "../../../core/redisclient.hpp"
#include "../userstorehandler.h"
int UserStoreHandler::DeleteUser(DeleteUserRequest &request,
    DeleteUserResponse &response) {
  std::string key = "user:" + request.user_id();
  std::string error;
  std::string value;
  bool result = Core::RedisClient("backend").Get(key, value, error);
  if (not result) {
    response.set_message("get user failed. " + error);
    return GET_FAILED;
  }
  if (value == "") {
    response.set_message("user not exist");
```

```
      return EMPTY_VALUE;
  }
  int64_t delCount = 0;
  result = Core::RedisClient("backend").Del(key, delCount, error);
  if (not result) {
      response.set_message("del user failed. " + error);
      return DEL_FAILED;
  }
  response.set_message("success");
  return 0;
}
```

DeleteUser 接口首先调用 Redis 客户端提供的 Get 接口，以判断用户是否存在。如果用户不存在，则直接返回"用户不存在"这一信息；否则，调用 Redis 客户端提供的 Del 接口，删除用户信息。

**代码清单 14-7　源文件 readuser.cpp**

```
#include "../../../core/redisclient.hpp"
#include "../userstorehandler.h"
int UserStoreHandler::ReadUser(ReadUserRequest &request, ReadUserResponse
  &response) {
  std::string key = "user:" + request.user_id();
  std::string error;
  std::string value;
  bool result = Core::RedisClient("backend").Get(key, value, error);
  if (not result) {
      response.set_message("get user failed. " + error);
      return GET_FAILED;
  }
  if (value == "") {
      response.set_message("user not exist.");
      return PARAM_INVALID;
  }
  result = Common::Convert::JsonStr2Pb(value, *response.mutable_user());
  if (not result) {
      TRACE("value[%s]", value.c_str());
      response.set_message("JsonStr2Pb failed. ");
      return PARSE_FAILED;
  }
  response.set_message("success");
  return 0;
}
```

ReadUser 接口首先调用 Redis 客户端提供的 Get 接口，以判断用户是否存在。如果用户不存在，则直接返回"用户不存在"这一信息；否则，调用反序列化接口，构建出用户信息并将其返回。

**代码清单 14-8　源文件 updateuser.cpp**

```
#include "../../../core/redisclient.hpp"
#include "../userstorehandler.h"
int UserStoreHandler::UpdateUser(UpdateUserRequest &request, UpdateUserResponse
  &response) {
  std::string key = "user:" + request.user().user_id();
  std::string error;
  std::string value;
  bool result = Core::RedisClient("backend").Get(key, value, error);
  if (not result) {
      response.set_message("get user failed. " + error);
      return GET_FAILED;
  }
  if (value == "") {
      response.set_message("user not exist");
      return PARAM_INVALID;
  }
```

```cpp
    value = "";
    Common::Convert::Pb2JsonStr(request.user(), value);
    result = Core::RedisClient("backend").Set(key, value, 0, error);
    if (not result) {
      response.set_message("set user failed. " + error);
      return SET_FAILED;
    }
    response.set_message("success");
    return 0;
}
```

UpdateUser 接口首先调用 Redis 客户端提供的 Get 接口，以判断用户是否存在。如果用户不存在，则直接返回"用户不存在"这一信息；否则，调用 Redis 客户端提供的 Set 接口，更新用户信息。

**2．接口测试**

使用 myrpct 工具分别对 CreateUser、ReadUser、UpdateUser 和 DeleteUser 接口进行测试，并输出分布式调用跟踪信息。

```
[root@VM-114-245-centos userstore]# myrpct -service_name UserStore -rpc_name CreateUser -json '{"user":{"user_id":"","nick_name":"koukou","password":"666"}}' -t
[1]Direct.UserStore.CreateUser-[6118us,0,0,success]
 ├[2]Redis.Incr-[867us,0,0,success]
 └[3]Redis.Set-[4113us,0,0,success]
response[{"message":"success","user_id":"1"}]
[root@VM-114-245-centos userstore]#
[root@VM-114-245-centos userstore]# myrpct -service_name UserStore -rpc_name ReadUser -json '{"user_id":"1"}' -t
[1]Direct.UserStore.ReadUser-[888us,0,0,success]
 └[2]Redis.Get-[282us,0,0,success]
response[{"message":"success","user":{"user_id":"1","nick_name":"koukou","password":"666"}}]
[root@VM-114-245-centos userstore]#
[root@VM-114-245-centos userstore]# myrpct -service_name UserStore -rpc_name UpdateUser -json '{"user":{"user_id":"1","nick_name":"koukou","password":"888"}}' -t
[1]Direct.UserStore.UpdateUser-[5291us,0,0,success]
 ├[2]Redis.Get-[324us,0,0,success]
 └[3]Redis.Set-[4152us,0,0,success]
response[{"message":"success"}]
[root@VM-114-245-centos userstore]#
[root@VM-114-245-centos userstore]# myrpct -service_name UserStore -rpc_name DeleteUser -json '{"user_id":"1"}' -t
[1]Direct.UserStore.DeleteUser-[8401us,0,0,success]
 ├[2]Redis.Get-[4152us,0,0,success]
 └[3]Redis.Del-[4105us,0,0,success]
response[{"message":"success"}]
[root@VM-114-245-centos userstore]#
```

## 14.3 业务逻辑层

业务逻辑层由具体的业务服务构成，我们的微服务集群有两个业务服务：auth 服务和 user 服务。auth 服务负责生成、更新和验证票据，user 服务负责用户的增删改查。

### 14.3.1 auth 服务

auth 服务一共提供了 3 个接口。auth 服务的 proto 文件定义如代码清单 14-9 所示。

### 代码清单 14-9　proto 文件 auth.proto

```
syntax = "proto3";
import "base.proto";
package MySvr.Auth;
message GenTicketRequest {
    string user_id = 1;        //用户id
    int32  expire_time = 2;    //过期时间，单位为秒
}
message GenTicketResponse {
    string ticket = 1;         //生成的票据
    string message = 2;        //返回消息，成功时为success，失败时为对应的错误信息
}
message VerifyTicketRequest {
    string user_id = 1;        //用户id
    string ticket = 2;         //票据
}
message VerifyTicketResponse {
    string message = 1;        //返回消息，成功时为success，失败时为对应的错误信息
}
message UpdateTicketRequest {
    string user_id = 1;        //用户id
    string ticket = 2;         //票据
}
message UpdateTicketResponse {
    string ticket = 1;         //新的票据
    string message = 2;        //返回消息，成功时为success，失败时为对应的错误信息
}
service Auth {
    option (MySvr.Base.Port) = 1691;
    rpc GenTicket(GenTicketRequest) returns (GenTicketResponse);
    rpc VerifyTicket(VerifyTicketRequest) returns (VerifyTicketResponse);
    rpc UpdateTicket(UpdateTicketRequest) returns (UpdateTicketResponse);
}
```

从上面的 proto 文件定义中可以看出，auth 服务监听在 1691 端口，auth 服务提供的 3 个接口分别是 GenTicket、VerifyTicket 和 UpdateTicket。在完成 proto 文件的编写之后，使用 myrpcc 工具生成 auth 服务所需的相关文件。我们来看一下 auth 服务的目录结构。

```
auth
├── auth.cpp
├── authhandler.h
├── build.sh
├── conf
│   ├── auth_client.conf
│   └── auth.conf
├── handler
│   ├── genticket.cpp
│   ├── updateticket.cpp
│   └── verifyticket.cpp
├── install.sh
├── makefile
└── proto
    ├── auth.pb.cc
    ├── auth.pb.h
    └── auth.proto
```

在这里，我们只需要关注 handler 子目录下的 3 个文件：genticket.cpp 实现了 GenTicket 接口，updateticket.cpp 实现了 UpdateTicket 接口，verifyticket.cpp 实现了 VerifyTicket 接口。

**1. 接口实现**

代码清单 14-10～代码清单 14-12 分别实现了 GenTicket 接口、UpdateTicket 接口和 VerifyTicket 接口。

**代码清单 14-10　源文件 genticket.cpp**

```cpp
#include "../../authstore/proto/authstore.pb.h"
#include "../authhandler.h"
int AuthHandler::GenTicket(GenTicketRequest &request, GenTicketResponse
    &response) {
  MySvr::AuthStore::SetTicketRequest setTicketReq;
  MySvr::AuthStore::SetTicketResponse setTicketResp;
  setTicketReq.mutable_ticket()->set_user_id(request.user_id());
  std::string ticket;
  for (int i = 0; i < 6; i++) {
    char temp[10]{0};
    sprintf(temp, "%02X", rand());
    ticket += temp;
  }
  setTicketReq.mutable_ticket()->set_ticket(ticket);
  setTicketReq.set_expire_time(request.expire_time());
  int ret = Core::MySvrClient().RpcCall(setTicketReq, setTicketResp);
  if (ret) {
    response.set_message("failed");
    return ret;
  }
  response.set_ticket(ticket);
  response.set_message("success");
  return 0;
}
```

GenTicket 接口的实现逻辑是，首先生成票据，然后调用 authstore 服务的 SetTicket 接口来完成票据的保存，最后将生成的票据返回给调用者。

**代码清单 14-11　源文件 updateticket.cpp**

```cpp
#include "../../authstore/proto/authstore.pb.h"
#include "../authhandler.h"
int AuthHandler::UpdateTicket(UpdateTicketRequest &request, UpdateTicketResponse
    &response) {
  MySvr::AuthStore::GetTicketRequest getTicketReq;
  MySvr::AuthStore::GetTicketResponse getTicketResp;
  getTicketReq.set_user_id(request.user_id());
  int ret = Core::MySvrClient().RpcCall(getTicketReq, getTicketResp);
  if (ret) {
    response.set_message("failed");
    return ret;
  }
  if (getTicketResp.ticket().ticket() != request.ticket()) {
    response.set_message("ticket is invalid");
    return -2;
  }
  MySvr::AuthStore::SetTicketRequest setTicketReq;
  MySvr::AuthStore::SetTicketResponse setTicketResp;
  setTicketReq.mutable_ticket()->set_user_id(request.user_id());
  std::string ticket;
  for (int i = 0; i < 6; i++) {
    char temp[10]{0};
    sprintf(temp, "%02X", rand());
    ticket += temp;
  }
  setTicketReq.mutable_ticket()->set_ticket(ticket);
  setTicketReq.set_expire_time(36000);
  ret = Core::MySvrClient().RpcCall(setTicketReq, setTicketResp);
  if (ret) {
    response.set_message("failed");
```

```
    return ret;
  }
  response.set_ticket(ticket);
  response.set_message("success");
  return 0;
}
```

UpdateTicket 接口的实现逻辑是，首先调用 authstore 服务的 GetTicket 接口，判断要更新的票据是否存在。如果不存在，则直接返回票据更新失败的信息；否则，校验请求中的票据和 GetTicket 接口返回的票据是否一致。如果不一致，则直接返回票据更新失败的信息；否则，调用 authstore 服务的 SetTicket 接口来完成票据的更新。

代码清单 14-12　源文件 verifyticket.cpp

```
#include "../../authstore/proto/authstore.pb.h"
#include "../authhandler.h"
int AuthHandler::VerifyTicket(VerifyTicketRequest &request, VerifyTicketResponse
  &response) {
  MySvr::AuthStore::GetTicketRequest getTicketReq;
  MySvr::AuthStore::GetTicketResponse getTicketResp;
  getTicketReq.set_user_id(request.user_id());
  int ret = Core::MySvrClient().RpcCall(getTicketReq, getTicketResp);
  if (ret) {
    response.set_message("get ticket failed");
    return ret;
  }
  if (request.ticket() != getTicketResp.ticket().ticket()) {
    response.set_message("ticket is invalid");
    return -1;
  }
  response.set_message("success");
  return 0;
}
```

VerifyTicket 接口的实现逻辑是，首先调用 authstore 服务的 GetTicket 接口，然后校验请求中的票据和 GetTicket 接口返回的票据是否一致。

**2．接口测试**

使用 myrpct 工具对 GenTicket 接口、VerifyTicket 接口和 UpdateTicket 接口进行测试，并输出分布式调用跟踪信息。

```
[root@VM-114-245-centos auth]# myrpct -service_name Auth -rpc_name GenTicket
-json '{"user_id":"1","expire_time":3600}' -t
[1]Direct.Auth.GenTicket-[2732us,0,0,success]
 └[2]AuthStore.SetTicket-[794us,0,0,success]
   └[3]Redis.Set-[333us,0,0,success]
response[{"ticket":"455ED65B283869047DA2105C1FA57D3E44934AD574E16C0E",
"message":"success"}]
[root@VM-114-245-centos auth]#
[root@VM-114-245-centos auth]# myrpct -service_name Auth -rpc_name
VerifyTicket -json '{"user_id":"1","ticket":"455ED65B283869047DA2105C1FA5
7D3E44934AD574E16C0E"}' -t
[1]Direct.Auth.VerifyTicket-[1707us,0,0,success]
 └[2]AuthStore.GetTicket-[779us,0,0,success]
   └[3]Redis.Get-[310us,0,0,success]
response[{"message":"success"}]
[root@VM-114-245-centos auth]#
[root@VM-114-245-centos auth]# myrpct -service_name Auth -rpc_name
UpdateTicket -json '{"user_id":"1","ticket":"455ED65B283869047DA2105C1FA5
7D3E44934AD574E16C0E"}' -t
[1]Direct.Auth.UpdateTicket-[10306us,0,0,success]
```

```
├[2]AuthStore.GetTicket-[811us,0,0,success]
│  └[3]Redis.Get-[317us,0,0,success]
└[4]AuthStore.SetTicket-[4220us,0,0,success]
   └[5]Redis.Set-[4136us,0,0,success]
response[{"ticket":"1D0867AC43DAD1FD6E63A6582CD4BD3C2A23CADC2CE07534",
"message":"success"}]
[root@VM-114-245-centos auth]#
```

### 14.3.2 user 服务

user 服务一共提供了 4 个接口。user 服务的 proto 定义文件如代码清单 14-13 所示。

**代码清单 14-13　proto 文件 user.proto**

```
syntax = "proto3";
import "base.proto";
package MySvr.User;
message CreateRequest {
  string nick_name = 1;    //昵称
  string password = 2;     //密码
}
message CreateResponse {
  string user_id = 1;      //用户id
  string ticket = 2;       //生成的票据，可以用于后续的操作
  string message = 3;      //返回消息，成功时为success，失败时为对应的错误信息
}
message UpdateRequest {
  string user_id = 1;      //用户id
  string nick_name = 2;    //最新的昵称
  string password = 3;     //校验的密码，后面扩展使用
  string ticket = 4;       //校验的票据
}
message UpdateResponse {
  string message = 1;      //返回消息，成功时为success，失败时为对应的错误信息
}
message ReadRequest {
  string user_id = 1;      //用户id
  string ticket = 2;       //票据
}
message ReadResponse {
  string nick_name = 1;    //昵称
  string message = 2;      //返回消息，成功时为success，失败时为对应的错误信息
}
message DeleteRequest {
  string user_id = 1;      //用户id
  string ticket = 2;       //票据
}
message DeleteResponse {
  string message = 1;      //返回消息，成功时为success，失败时为对应的错误信息
}
message TicketRenewalRequest {
  string user_id = 1;      //用户id
  string ticket = 2;       //旧的票据
}
service User {
  option (MySvr.Base.Port) = 1694;
  rpc Create(CreateRequest) returns (CreateResponse);
  rpc Update(UpdateRequest) returns (UpdateResponse);
  rpc Read(ReadRequest) returns (ReadResponse);
  rpc Delete(DeleteRequest) returns (DeleteResponse);
}
```

从上面 proto 文件的定义中可以看出，user 服务监听在 1694 端口，user 服务提供的 4 个接口分别是 Create、Update、Read 和 Delete。在完成 proto 文件的编写之后，使用 myrpcc 工具生成 user 服务的相关文件。我们来看一下 user 服务的目录结构。

```
user
├── build.sh
├── conf
│   ├── user_client.conf
│   └── user.conf
├── handler
│   ├── create.cpp
│   ├── delete.cpp
│   ├── read.cpp
│   └── update.cpp
├── install.sh
├── makefile
├── proto
│   ├── user.pb.cc
│   ├── user.pb.h
│   └── user.proto
├── user.cpp
└── userhandler.h
```

**1. 接口实现**

代码清单 14-14～代码清单 14-17 分别实现了 Create 接口、Update 接口、Read 接口和 Delete 接口。

代码清单 14-14　源文件 create.cpp

```cpp
#include "../../auth/proto/auth.pb.h"
#include "../../userstore/proto/userstore.pb.h"
#include "../userhandler.h"
int UserHandler::Create(CreateRequest &request, CreateResponse &response) {
  MySvr::UserStore::CreateUserRequest createUserReq;
  MySvr::UserStore::CreateUserResponse createUserResp;
  createUserReq.mutable_user()->set_nick_name(request.nick_name());
  createUserReq.mutable_user()->set_password(request.password());
  int ret = Core::MySvrClient().RpcCall(createUserReq, createUserResp);
  if (ret) {
    response.set_message(createUserResp.message());
    return ret;
  }
  MySvr::Auth::GenTicketRequest genTicketReq;
  MySvr::Auth::GenTicketResponse genTicketResp;
  genTicketReq.set_expire_time(3600 * 24);
  genTicketReq.set_user_id(createUserResp.user_id());
  ret = Core::MySvrClient().RpcCall(genTicketReq, genTicketResp);
  if (ret) {
    response.set_message(genTicketResp.message());
    return ret;
  }
  response.set_user_id(createUserResp.user_id());
  response.set_ticket(genTicketResp.ticket());
  response.set_message("success");
  return 0;
}
```

Create 接口的实现逻辑是，首先调用 userstore 服务的 CreateUser 接口以创建用户，然后调用 auth 服务的 GenTicket 接口以生成和创建用户关联的票据。

代码清单 14-15　源文件 update.cpp

```cpp
#include "../../auth/proto/auth.pb.h"
#include "../../userstore/proto/userstore.pb.h"
```

```
#include "../userhandler.h"
int UserHandler::Update(UpdateRequest &request, UpdateResponse &response) {
  MySvr::Auth::VerifyTicketRequest verifyTicketReq;
  MySvr::Auth::VerifyTicketResponse verifyTicketResp;
  verifyTicketReq.set_user_id(request.user_id());
  verifyTicketReq.set_ticket(request.ticket());
  int ret = Core::MySvrClient().RpcCall(verifyTicketReq, verifyTicketResp);
  if (ret) {
    response.set_message("verifyTicket failed.");
    return ret;
  }
  MySvr::UserStore::UpdateUserRequest updateUserReq;
  MySvr::UserStore::UpdateUserResponse updateUserResp;
  updateUserReq.mutable_user()->set_user_id(request.user_id());
  updateUserReq.mutable_user()->set_nick_name(request.nick_name());
  updateUserReq.mutable_user()->set_password(request.password());
  ret = Core::MySvrClient().RpcCall(updateUserReq, updateUserResp);
  if (ret) {
    response.set_message("updateUser failed.");
    return ret;
  }
  response.set_message("success");
  return 0;
}
```

Update 接口的实现逻辑是，先调用 auth 服务的 VerifyTicket 接口以校验用户票据，等用户票据验证通过之后，再调用 userstore 服务的 UpdateUser 接口以完成用户信息的更新。

**代码清单 14-16　源文件 read.cpp**

```
#include "../../auth/proto/auth.pb.h"
#include "../../userstore/proto/userstore.pb.h"
#include "../userhandler.h"
int UserHandler::Read(ReadRequest &request, ReadResponse &response) {
  MySvr::Auth::VerifyTicketRequest verifyTicketReq;
  MySvr::Auth::VerifyTicketResponse verifyTicketResp;
  verifyTicketReq.set_user_id(request.user_id());
  verifyTicketReq.set_ticket(request.ticket());
  int ret = Core::MySvrClient().RpcCall(verifyTicketReq, verifyTicketResp);
  if (ret) {
    response.set_message("verifyTicket failed.");
    return ret;
  }
  MySvr::UserStore::ReadUserRequest readUserReq;
  MySvr::UserStore::ReadUserResponse readUserResp;
  readUserReq.set_user_id(request.user_id());
  ret = Core::MySvrClient().RpcCall(readUserReq, readUserResp);
  if (ret) {
    response.set_message("readUser failed.");
    return ret;
  }
  response.set_nick_name(readUserResp.user().nick_name());
  response.set_message("success");
  return 0;
}
```

Read 接口的实现逻辑是，先调用 auth 服务的 VerifyTicket 接口以校验用户票据，等用户票据验证通过之后，再调用 userstore 服务的 ReadUser 接口以获取用户信息。

**代码清单 14-17　源文件 delete.cpp**

```
#include "../../../common/argv.hpp"
#include "../../../core/waitgroup.hpp"
#include "../../auth/proto/auth.pb.h"
#include "../../userstore/proto/userstore.pb.h"
#include "../userhandler.h"
void getUser(void *arg) {
```

```cpp
  Common::Argv *getUserArgv = (Common::Argv *)arg;
  MySvr::UserStore::ReadUserRequest readUserReq;
  MySvr::UserStore::ReadUserResponse readUserResp;
  readUserReq.set_user_id(getUserArgv->Arg<std::string>("user_id"));
  int ret = Core::MySvrClient().RpcCall(readUserReq, readUserResp);
  if (ret) {
    getUserArgv->Arg<int>("getUserResult") = -1;
    return;
  }
  getUserArgv->Arg<int>("getUserResult") = 0;
}
void verifyTicket(void *arg) {
  Common::Argv *verifyTicketArgv = (Common::Argv *)arg;
  MySvr::Auth::VerifyTicketRequest verifyTicketReq;
  MySvr::Auth::VerifyTicketResponse verifyTicketResp;
  verifyTicketReq.set_user_id(verifyTicketArgv->Arg<std::string>("user_id"));
  verifyTicketReq.set_ticket(verifyTicketArgv->Arg<std::string>("ticket"));
  int ret = Core::MySvrClient().RpcCall(verifyTicketReq, verifyTicketResp);
  if (ret) {
    verifyTicketArgv->Arg<int>("verifyTicketResult") = -1;
    return;
  }
  verifyTicketArgv->Arg<int>("verifyTicketResult") = 0;
}
int UserHandler::Delete(DeleteRequest &request, DeleteResponse &response) {
  Common::Argv getUserArgv;
  Common::Argv verifyTicketArgv;
  int getUserResult = 0;
  int verifyTicketResult = 0;
  getUserArgv.Set("user_id", request.mutable_user_id());
  getUserArgv.Set("getUserResult", &getUserResult);
  verifyTicketArgv.Set("ticket", request.mutable_ticket());
  verifyTicketArgv.Set("user_id", request.mutable_user_id());
  verifyTicketArgv.Set("verifyTicketResult", &verifyTicketResult);
  Core::WaitGroup waitGroup;
  waitGroup.Add(getUser, &getUserArgv);
  waitGroup.Add(verifyTicket, &verifyTicketArgv);
  waitGroup.Wait();
  TRACE("getUserResult[%d],verifyTicketResult[%d]", getUserResult,
    verifyTicketResult);
  if (getUserResult) {
    response.set_message("getUser failed.");
    return getUserResult;
  }
  if (verifyTicketResult) {
    response.set_message("verifyTicket failed.");
    return verifyTicketResult;
  }
  MySvr::UserStore::DeleteUserRequest deleteUserReq;
  MySvr::UserStore::DeleteUserResponse deleteUserResp;
  deleteUserReq.set_user_id(request.user_id());
  int ret = Core::MySvrClient().RpcCall(deleteUserReq, deleteUserResp);
  if (ret) {
    response.set_message("delete user failed");
    return ret;
  }
  response.set_message("success");
  return 0;
}
```

Delete 接口的实现逻辑是，先使用 WaitGroup 特性发起对 userstore 服务的 ReadUser 接口和 auth 服务的 VerifyTicket 接口的并发调用，等到两个请求都返回之后，再校验用户是否存在，最后校验用户票据是否有效。如果上述校验都通过了，就调用 userstore 服务的 DeleteUser 接口以完成用户的删除。

### 2. 接口测试

使用 myrpct 工具对 Create、Update、Read 和 Delete 接口进行测试，并输出分布式调用跟踪信息。

```
[root@VM-114-245-centos user]# myrpct -service_name User -rpc_name Create -json '{"nick_name":"xiaoai","password":"666888"}' -t
[1]Direct.User.Create-[7984us,0,0,success]
  ├[2]UserStore.CreateUser-[4904us,0,0,success]
  │  ├[3]Redis.Incr-[335us,0,0,success]
  │  └[4]Redis.Set-[4087us,0,0,success]
  └[5]Auth.GenTicket-[1608us,0,0,success]
     ├[6]AuthStore.SetTicket-[731us,0,0,success]
     └[7]Redis.Set-[302us,0,0,success]
response[{"user_id":"2","ticket":"57EBE66158283BB91EF918DF1620E4DE455ED65B28386904","message":"success"}]
[root@VM-114-245-centos user]#
[root@VM-114-245-centos user]# myrpct -service_name User -rpc_name Update -json '{"user_id":"2","nick_name":"koukou","ticket":"57EBE66158283BB91EF918DF1620E4DE455ED65B28386904"}' -t
[1]Direct.User.Update-[7641us,0,0,success]
  ├[2]Auth.VerifyTicket-[1267us,0,0,success]
  │  └[3]AuthStore.GetTicket-[473us,0,0,success]
  │     └[4]Redis.Get-[295us,0,0,success]
  └[5]UserStore.UpdateUser-[4869us,0,0,success]
     ├[6]Redis.Get-[265us,0,0,success]
     └[7]Redis.Set-[4111us,0,0,success]
response[{"message":"success"}]
[root@VM-114-245-centos user]#
[root@VM-114-245-centos user]# myrpct -service_name User -rpc_name Read -json '{"user_id":"2","ticket":"57EBE66158283BB91EF918DF1620E4DE455ED65B28386904"}' -t
[1]Direct.User.Read-[3472us,0,0,success]
  ├[2]Auth.VerifyTicket-[1186us,0,0,success]
  │  └[3]AuthStore.GetTicket-[807us,0,0,success]
  │     └[4]Redis.Get-[288us,0,0,success]
  └[5]UserStore.ReadUser-[772us,0,0,success]
     └[6]Redis.Get-[254us,0,0,success]
response[{"nick_name":"koukou","message":"success"}]
[root@VM-114-245-centos user]#
[root@VM-114-245-centos user]# myrpct -service_name User -rpc_name Delete -json '{"user_id":"2","ticket":"57EBE66158283BB91EF918DF1620E4DE455ED65B28386904"}' -t
[1]Direct.User.Delete-[18889us,0,0,success]
  ├[2]UserStore.ReadUser-[1166us,1,0,success]
  ├[3]Auth.VerifyTicket-[5684us,0,0,success]
  └[4]UserStore.DeleteUser-[8272us,0,0,success]
     ├[5]Redis.Get-[4119us,0,0,success]
     └[6]Redis.Del-[4108us,0,0,success]
response[{"message":"success"}]
[root@VM-114-245-centos user]#
```

## 14.4 接入层

顾名思义，接入层用于连接客户端和后端集群服务。接入层充当着客户端和后端集群之间的桥梁，客户端无法感知后端集群的变动，因此只能通过接入层来访问后端服务。

### 14.4.1 目录结构

access 服务使用的是 MyRPC 框架，我们来看一下 access 服务的目录结构。

```
access
├── access.cpp
├── accesshandler.h
├── build.sh
├── conf
│   ├── access_client.conf
│   └── access.conf
├── install.sh
└── makefile
```

access 服务本身并没有定义接口,因此我们在上面的目录结构中看不到 proto 子目录。access 服务的实现也非常简单,让我们继续往下看。

### 14.4.2 代码与配置

access 服务只需要实现 MySvrHandler 函数和 isSupportRpc 函数即可,MySvrHandler 函数实现了请求包的转发,isSupportRpc 函数实现了请求包的简单校验。对应的代码如代码清单 14-18 所示。

**代码清单 14-18 头文件 accesshandler.h**

```cpp
#pragma once
#include "../../common/log.hpp"
#include "../../core/handler.hpp"
#include "../../core/mysvrclient.hpp"
class AccessHandler : public Core::MyHandler {
 public:
  void MySvrHandler(Protocol::MySvrMessage &req, Protocol::MySvrMessage
    &resp) {
    if (req.IsOneway()) {
      Core::MySvrClient().PushCallRaw(req);            //直接推送请求到下游
    } else {
      Core::MySvrClient().RpcCallRaw(req, resp);       //直接转发请求到下游
    }
  }
 private:
  bool isSupportRpc(std::string serviceName, std::string rpcName) override {
    if (serviceName == "Auth" or serviceName == "User") {
      return true;
    }
    return false;
  }
};
```

我们在头文件 accesshandler.h 中实现了 AccessHandler 类,这个类是 access 服务的核心处理逻辑所在。MySvrHandler 函数对客户端的请求进行了转换。由于 MySvr 客户端支持泛化调用,因此我们在这里看不到要调用的下游服务的任何信息。在 isSupportRpc 函数的实现中,只支持 auth 服务和 user 服务。

我们来看一下 access 服务的配置文件 access.conf。

```
[MyRPC]
port = 1690
listen_if = any
coroutine_count = 10240
process_count = 16
```

access 服务的配置如上所示,服务监听在地址 0.0.0.0 的 1690 端口,我们启动了 16 个工作子进程,每个工作子进程都会创建大小为 10 240 的协程池。

我们再来看一下 access 服务的路由配置文件 access_cleint.conf。

```
[Svr]
count = 3
connectTimeOutMs = 50
readTimeOutMs = 1000
writeTimeOutMs = 1000
[Svr1]
ip = 127.0.0.1
port = 1690
[Svr2]
ip = 127.0.0.2
port = 1690
[Svr3]
ip = 127.0.0.3
port = 1690
```

在 access 服务的路由配置中，连接超时、读超时和写超时分别被设置为 50 ms、1000 ms 和 1000 ms。我们一共配置了 3 个服务实例信息。

### 14.4.3 接口测试

下面我们使用 myrpct 工具来测试 access 服务。在命令行参数中新增-a 选项，这样所有的请求都会被直接发送给 access 服务。如下所示，我们以创建用户和删除用户为例，执行相关命令。

```
[root@VM-114-245-centos user]# myrpct -service_name User -rpc_name Create
-json '{"nick_name":"xiaoai","password":"666888"}' -t -a
[1]Direct.User.Create-[8547us,0,0,success]
 └[2]User.Create-[8022us,0,0,success]
   ├[3]UserStore.CreateUser-[5030us,0,0,success]
   │ ├[4]Redis.Incr-[337us,0,0,success]
   │ └[5]Redis.Set-[4126us,0,0,success]
   └[6]Auth.GenTicket-[1637us,0,0,success]
     ├[7]AuthStore.SetTicket-[802us,0,0,success]
       └[8]Redis.Set-[291us,0,0,success]
response[{"user_id":"3","ticket":"1EF918DF1620E4DE455ED65B283869047DA2105
C1FA57D3E","message":"success"}]
[root@VM-114-245-centos user]#
[root@VM-114-245-centos user]# myrpct -service_name User -rpc_name Delete
-json '{"user_id":"3","ticket":"1EF918DF1620E4DE455ED65B283869047DA2105C1
FA57D3E"}' -t -a
[1]Direct.User.Delete-[18445us,0,0,success]
 └[2]User.Delete-[17986us,0,0,success]
   ├[3]Auth.VerifyTicket-[1320us,1,0,success]
   ├[4]UserStore.ReadUser-[4639us,1,0,success]
   └[5]UserStore.DeleteUser-[8278us,0,0,success]
     ├[6]Redis.Get-[4116us,0,0,success]
     └[7]Redis.Del-[4115us,0,0,success]
response[{"message":"success"}]
[root@VM-114-245-centos user]#
```

## 14.5 本章小结

本章向大家展示了如何使用 MyRPC 框架和配套工具来构建一个简单的微服务集群，这个微服务集群分为 3 层，它们分别是接入层、业务逻辑层和持久化层。因为 MyRPC 框架对外暴露的是简单易用的封装，所以使用 MyRPC 框架可以快速构建不同的服务，服务可以专注于业务逻辑本身。

# 第15章　回顾总结

通过前面 14 章的内容，我们系统地介绍了 Linux 后端开发人员需要掌握的技能树。我们首先搭建了开发环境，然后学习了 Linux 系统下的命令行操作，以便能够更好地进行后续的学习和开发。为了提高操作 Linux 系统的效率，我们学习了 shell 编程，并通过自行实现一个简易的 shell 来加深对 shell 的理解。同时，为了更好地管理代码，我们还学习了分布式版本控制系统 Git。

在开始编写代码之后，我们学习了编译和链接的原理，并了解了如何使用调试工具进行调试。接下来，我们学习了后端服务的标准写法和配套的启停脚本。在互联网的世界里，通信必须通过网络来进行，因此我们深入学习了网络通信相关的基础知识。为了编写高性能、高并发的网络服务，我们还学习了不同的 I/O 模型和并发模型，并对 17 种并发模型进行了对比。

通过前面的学习，我们已经储备了足够的知识，可以开始构建自己的 RPC 框架了。我们从最基础的公共代码开始，逐步深入应用层协议，设计并实现了自己的应用层协议 MySvr。在 MySvr 和公共代码的基础上，我们采用"进程池+ReactorMS+协程池"的并发模型，构建了我们自己的 RPC 框架——MyRPC。最后，我们使用 MyRPC 框架构建了一个简单的微服务集群。

## 15.1　6 种思维模式

本节总结了全书最重要的 6 种思维模式，这些思维模式是我们在 Linux 后端开发的学习和实践中不可或缺的一部分。

### 15.1.1　不要被编程语言所限制

不要被编程语言所限制，因为有些编程语言可能没有提供你所需要的特性，但这并不意味着你无法完成相应的功能。相反，你可以自行实现这些特性，从而提升效率，而不是用低效或容易出错的方式来实现它们。例如，Go 语言有 defer 特性，C++11 中虽然没有提供 defer 特性，但我们可以通过 Common::Defer 类实现对该特性的模拟。同样，虽然我们实现的协程池中已经提供了 batch run 的能力，但并不易用，因此我们通过 Core::WaitGroup 类对 batch run 进行了封装，从而实现了类似于 Go 语言中 WaitGroup 特性的易用接口。

### 15.1.2　掌握多种编程语言是必然的

从本质上看，makefile、ini、protobuf、HTTP、RESP 和 MySvr，以及不同的编程语言，都需要我们掌握相关的语法，然后编写符合语法规则的内容，才能进行应用。此外，shell 和 C/C++ 也是 Linux 后端开发人员必须掌握的技能。因此，掌握多种编程语言是必然的。

### 15.1.3 计算机本身就是一个状态机

计算机本身就是一个状态机，寄存器和内存中不同的值构成了独一无二的状态。每当 CPU 执行一条指令时，寄存器和内存中的值就会发生变化，从而迁移到另一个状态。因此，计算机运行的过程就是一个状态迁移的过程。在我们的代码中，也可以看到很多明显使用状态机的地方，例如我们在实现简单 shell 时对命令行的解析、HTTP 的解析、RESP 的解析、MySvr 的解析、protobuf 描述文件的解析，以及 socket 上事件监听的迁移。

### 15.1.4 动手是最好的实践

物理学家费曼曾说过，"凡我不能创造的我就不能理解"，这句名言也适用于硬核的技术点。要想熟练掌握这些技术，最好的方式就是亲自实现一遍。例如，在工具方面，我们实现了 cat 命令、简易 shell、arp 命令、ping 命令、traceroute 命令；在协议方面，我们实现了自定义的应用层协议 MySvr；在框架方面，我们实现了 MyRPC 框架。

### 15.1.5 依靠工具提高效率和质量

在编写一些小的函数以及实现一些简单的功能或工具时，不需要太多工具的辅助，直接动手就行。但是，如果要构建一个复杂的系统，没有工具的辅助，就无法构建出鲁棒且稳定的系统。在实现 MyRPC 框架时，我们的所有代码都经过了测试，并进行了内存泄漏的检测。最后，我们还对 MyRPC 框架进行了多轮性能压测，以确保其鲁棒性和稳定性。

### 15.1.6 像工匠一样为自己创造工具

研发人员常常使用糟糕的方式或工具来完成手头的工作，并习以为常。我们应该像工匠一样工作，定期添加或更新工具，甚至自己创造工具。例如，为了比较不同 I/O 模型和并发模型的性能差异，我们编写了自己的压测工具；为了提高开发和自测效率，我们为 MyRPC 框架编写了脚手架工具 myrpcc 和接口测试工具 myrpct；为了测试 MyRPC 框架的性能，我们编写了接口压测工具 myrpcb。

## 15.2 写在最后

本书的内容旨在降低 Linux 后端开发的学习门槛，帮助不同层次的软件工程师掌握 Linux 后端开发的核心技术要点，快速提升技术水平，完善自身的技术知识体系，并在实践中掌握 Linux 后端开发的最佳实践。最后，让我们引用《荀子·修身》中的名言："道阻且长，行则将至；行而不辍，未来可期。"愿我们共同努力，不断前行。